Wolfgang Wagner · Die ersten Strahlflugzeuge der Welt

Die deutsche Luftfahrt

Buchreihe über die Entwicklungsgeschichte der deutschen Luftfahrttechnik

Herausgegeben von Dr. Theodor Benecke in Zusammenarbeit mit dem Deutschen Museum (München), dem Bundesverband der Deutschen Luftfahrt-, Raumfahrt- und Ausrüstungsindustrie e. V. (Bonn—Bad Godesberg) und der Deutschen Gesellschaft für Luft- und Raumfahrt e. V. (Bonn)

Wolfgang Wagner

Die ersten Strahlflugzeuge der Welt

Bernard & Graefe Verlag Koblenz

Das Titelbild zeigt eine Heinkel He 178, das erste Turbo-Strahlflugzeug der Welt, das nach gelungenem Erstflug am 27. August 1939 zur Landung ansetzt. Darunter: Vierstrahliges Langstreckenflugzeug Junkers Ju 287 V 1 während der Flugerprobung Mitte 1944 in Brandis bei Leipzig

Bildnachweis

Deutsches Museum, Avicentra-Archiv, MTU, MBB Bremen und München, Daimler-Benz, Archiv Herwig, Archiv Nowarra, Dr. Hans-Joachim Pabst von Ohain, Bruno Lange

Lithos: Repro GmbH, Ergolding
Satz und Druck: Manz AG, Dillingen
Bindung: Großbuchbinderei Röck, Weinsberg
Herstellung und Layout: Walter Amann, München
Printed in Germany

ISBN 3-7637-5297-8

Inhalt

Vorbemerkungen

Die technischen Entwicklungen dieses Jahrhunderts haben die Lebensgewohnheiten eines großen Teiles der Menschheit beeinflußt wie keine vorhergehende Zeit. Die vorwärts treibende Wechselwirkung der vielen verschiedenen und unterschiedlichen Gebiete der Technik führen zu neuen epochemachenden Konstruktionen – oft gleichzeitig und unabhängig voneinander an mehreren Stellen. So auch die Anwendung der Gasturbine als Antrieb für das Flugzeug.
Die Verwirklichung einer neuen Idee gelingt meistens nur denjenigen genialen Menschen, die nicht locker lassen und dann das Glück haben, geeignete Förderer zu finden. So wollte es eine glückliche Fügung, daß Hans-Joachim von Ohain mit Ernst Heinkel, dem Pionier der Schnellflugzeuge (Band 5 dieser Buchreihe), zusammenkam. Eine neue Epoche der Luftfahrt, die strahlgetriebenen Flugzeuge, nahm ihren Anfang.
Vor fünfzig Jahren, 1939, flog das erste Turbostrahlflugzeug, die Heinkel He 178: ein Meilenstein der Luftfahrtgeschichte. In unermüdlicher Kleinarbeit hat der Autor alles zusammengetragen und beschrieben, was zu den großen Entwicklungen der Turbo-Luftstrahlflugzeuge führte.

Dieser Band der Buchreihe »Die deutsche Luftfahrt« beinhaltet nicht nur alle Flugzeuge, die bis 1945 mit Turbostrahltriebwerken ausgerüstet waren, sondern geht auch auf die Entwicklung dieser Triebwerke ein. Die gleichzeitige Entwicklung von Flugzeugen mit Flüssigkeits-Raketentriebwerken wird ebenfalls dargestellt.

Dr. Theodor Benecke

Erstflüge von Turbo-Strahlflugzeugen

Heinkel He 178	27. August 1939
Heinkel He 280	30. März 1941
Gloster E. 28/39	15. Mai 1941
Me 163	10. August 1941
Messerschmitt Me 262	18. Juli 1942
Bell XP-59 A	2. Oktober 1942
Gloster Meteor	5. März 1943
Arado Ar 234	30. Juli 1943
De Havilland Vampire	20. September 1943
Lockheed P 80	8. Januar 1944
Junkers Ju 287	16. August 1944
Heinkel He 162	6. Dezember 1944

Vorwort

Der Anlaß zu diesem Buch ist der erste Flug eines Turbo-Luftstrahlflugzeuges, einer Heinkel He 178 vor fünfzig Jahren, am 27. August 1939. Wenige Wochen zuvor startet am 20. Juni 1939 das Raketenflugzeug Heinkel He 176 zum Erstflug. Der Raketenflug gehört nicht zur Aufgabenstellung dieses Buches, er sollte aber als Pionierleistung, insbesondere für die heutige Raumfahrt, entsprechend gewürdigt werden.
Die Entscheidung, welche Typen aus der Fülle bis zum Ende des Zweiten Weltkrieges entstandenen Strahlflugzeug-Projekte behandelt werden sollen, ist nicht einfach. Nur eine klare Definition der Aufgabe, die sich Verlag und Autor mit diesem Buch gestellt haben, kann zu einer befriedigenden Lösung führen. Sie sieht eine bevorzugte Behandlung der Flugzeuge vor, die tatsächlich geflogen sind, deren Weiterentwicklungen und solche Flugzeuge, die sich bereits im Bau befanden. Ausnahmen bestätigen die Regel.
Eine Lücke besteht in einer Würdigung der »Technik des Strahlfluges« im Hinblick auf seine spätere umwälzende Bedeutung für die Luftfahrt. Durch das Turbo-Strahlverkehrsflugzeug rücken die Kontinente auf Stunden einander näher, sind ganz neue Beziehungen im Zusammenleben der Völker möglich geworden.
Die ersten Turbo-Luftstrahlflugzeuge sind unter schwierigsten Umständen innerhalb von zwei Jahren gebaut und geflogen worden. Die Motorenwerke jedoch brauchten viel mehr Zeit, um ihre ersten Turbo-Luftstrahltriebwerke zur Serienreife zu bringen. Gerade im Triebwerkbau war ein ungewöhnlich hohes Maß an Ingenieurarbeit zu leisten, um mit den Problemen einer ganz neuen Technik fertig zu werden und dabei den Mangel an hochwertigen Rohstoffen und Fachkräften zu überwinden.

Ohne die Unterstützung zahlreicher Institutionen und Persönlichkeiten aus weiten Kreisen der Luftfahrt hätte nicht so detailliert über die erstaunliche Entwicklung des Strahlfluges unter dem Einfluß des Krieges berichtet werden können.
Dank schuldet der Verfasser Theo Lässig für die Herstellung der Dreiseiten-Ansichten und für die graphische Bearbeitung der Zeichnungen aus Handbüchern und Werksunterlagen. Einen wichtigen Beitrag leistete die Sondersammlung des Deutschen Museums, darunter das Avicentra- und v. Römer-Archiv mit Dr. Rudolf Heinrich und Albert Limmer, das National Air and Space Museum in Washington mit Susan Ewing, das Bundesarchiv in Freiburg und Koblenz mit Anette Wagner, Karl-Ernst Heinkel mit dem Heinkel-Archiv und Frau Doris Volk, das Rheinisch-Westfälische Wirtschafts-Archiv in Köln, die Literaturabteilung von MBB in Bremen mit Hans Hollendieck und Helmut Roosenboom, Hans J. Ebert mit dem MBB-Archiv in Ottobrunn, Helmut Schubert, Odilo Mühling und Heinz Egger von der MTU in München.
Mein Dank gilt Kyrill von Gersdorff, den Flugbaumeistern Heinrich Beauvais, Fritz Schäfer und Julius Schuck, Siegfried Holzbauer, ferner Klaus Dietrich (DGLR), Dr. techn. Hermann Hagen, Adolf Galland, Walter Krupinski, Wolfgang Späte, Rüdiger Kosin, Karl Kössler, Dr. rer. nat. Volker Koos, Wilhelm Gundermann, Martin Graalmann, Dr. phil. Hans-Joachim Pabst von Ohain, Wolfgang Degel, Walter Horten, Heinrich Runkel, Erwin Schnell, Heinz Nowarra, vielen Ungenannten und Sontka Wegener für das Lektorat.

Köln, Juni 1989 — Wolfgang Wagner

Zum Geleit

Als sich am 27. August 1939 geheimnisumwoben ein winziges propellerloses Flugzeug bei Heinkel in Rostock mit einem Turbo-Luftstrahltriebwerk in die Luft erhebt, bricht eine neue Ära in der Luftfahrt an. Verlag und Verfasser dieses Buches haben es sich zur Aufgabe gemacht, mit einem Rückblick auf die fünfzigste Wiederkehr dieses Ereignisses an den ungewöhnlichen Werdegang des Strahlflugzeuges zu erinnern, ohne das weder der heutige Luftverkehr noch die Militär-Luftfahrt denkbar sind. Das Strahlverkehrsflugzeug hat Länder und Kontinente aneinander näher gebracht, und aus mühseligen Reisen von Tagen, Wochen und Monaten sind Sprünge von wenigen Stunden geworden.

Der Verfasser dieses Buches stellt aber nicht nur die Flugzeuge als Schrittmacher dieser Entwicklung in den Vordergrund, sondern auch die Ingenieure und Flugversuchspiloten, die sie gebaut und geflogen haben.

Als ehemaliger Seeflieger im Ersten Weltkrieg und späterer Abteilungschef für den Triebwerkbau im Reichsluftfahrt-Ministerium schätze ich es besonders, daß den Anfängen der Turbo-Luftstrahltriebwerke hier weiter Raum eingeräumt wird. Erstmals in der Literatur wird neben den großen Motorenherstellern Junkers und BMW das Heinkel-Hirth-Werk in Zuffenhausen hervorgehoben. Berichtet wird über die Erfolge, aber auch über die Rückschläge, die mit den Flugzeugen und Strahltriebwerken hingenommen werden mußten. Der Verfasser vermeidet, nur gelungene Konstruktionen hochzujubeln, sondern beschreibt auch das viele Mißgeschick, das die Motoren-Ingenieure mit den Triebwerken auf den Prüfständen und die Flugzeugkonstrukteure beim Erreichen der Schallschwelle zu meistern hatten. Nur Zähigkeit, unermüdliche Arbeit, Glaube an die Richtigkeit des eingeschlagenen Weges führen schließlich zum Erfolg.

Die ganze Geschichte des Strahlfluges wird durch umfangreiche Quellenhinweise aus der Industrie, aus dem Reichsluftfahrt-Ministerium (RLM), aus Forschungsanstalten und Bundes-Archiven dokumentiert, durch Zeichnungen und durch Bilder ergänzt, durch die das Buch eine illustrierte Dokumentation wird, dessen Text das Lesen für den Laien aber leicht verständlich macht.

Viele der damals maßgebenden Konstrukteure wie *Siegfried Günter, Woldemar Voigt, Dr. Alexander Lippisch, Rüdiger Kosin, Wolfgang Degel, Fritz Freytag, Robert Lusser, Anselm Franz* und *Dr. Hermann Oestrich* kommen selbst zu Wort.

Diesen Männern und ihren zahlreichen nicht genannten Mitarbeitern gelingt es unter dem Zwang des Krieges, mit dem Strahlflugzeug ein Spitzenprodukt der High-Technik zu schaffen. Mit Hilfe hunderter deutscher Ingenieure, die nach dem Krieg in ausländische Firmen engagiert oder zwangsverpflichtet wurden, überspringt die Luftfahrttechnik unter Führung von Deutschland in Europa, in den USA und in der Sowjetunion weit über ein Jahrzehnt Entwicklungszeit. Dies historisch belegt und dokumentiert zu haben, ist das große Verdienst dieses Buches. Es ist wünschenswert, daß es weite Verbreitung findet.

Weinheim, im März 1989

Wolfram Eisenlohr
Generaling. a. D. Dipl.-Ing.
Ehrenpräsident der Alten Adler

HEINKEL
Sternstunden des Strahlfluges

Während der Jahre 1934 und 1935 werden die Grundsteine für eine neue Ära in der Luft- und Raumfahrt gelegt. Ohne die Entwicklungsarbeit junger Ingenieure, fliegerisch erfahrener Piloten und weitblickender Firmeninhaber sind weder die heutigen Strahlverkehrsflugzeuge denkbar noch Überschallflug oder gar Raumfahrt, mit der sich der Mensch den alten Traum erfüllt, den Sternen näher zu kommen.

Der junge Physiker *Hans-Joachim Pabst von Ohain* unternimmt 1933 eine Reise mit einem Verkehrsflugzeug, in dessen Kabine ihn Lärm und Vibrationen so sehr stören, daß er beginnt, nach einem neuen Antrieb für Flugzeuge zu suchen. Bald glaubt er, in der Gasturbine mit Rückstoßantrieb das geeignete Triebwerk gefunden zu haben: Er plant ein Luftstrahltriebwerk mit radialem Verdichter* und einer radialen Turbine[1], die den Verdichter antreibt.
Dr.-Ing. Herbert Wagner, Professor an der Technischen Hochschule in Berlin, entwirft 1934 eine Mischung von Propellerturbine und Strahltriebwerk mit axialem Verdichter[2] und axialer Turbine. Er setzt seine Arbeiten in den Jahren 1936 bis 1938 bei Junkers in Magdeburg fort, später finden sie bei der Heinkel-Triebwerkentwicklung ihre praktische Anwendung.
Ein Physiker namens *Wernher von Braun* experimentiert zur gleichen Zeit (1935) mit einem Raketenantrieb. 34 Jahre später landet ein von Raketen angetriebenes Raumfahrzeug mit den ersten Astronauten auf dem Mond. Fahrzeug und Antrieb sind das Ergebnis langer theoretischer und praktischer Forschungsarbeit von *Wernher von Braun* und seinen Mitarbeitern mit Flüssigkeits-Raketen in Deutschland und in den USA.
Auf der 5. Volta-Tagung in Rom (30. September bis 6. Oktober 1935) hält der Dresdner Professor *Dr.-Ing. Adolf Busemann* einen viel beachteten Vortrag über den »aerodynamischen Auftrieb bei Überschallgeschwindigkeit«[3]. Er zeigt den Weg, den Aerodynamiker und Flugzeugingenieure gehen müssen, wenn sie einmal mit Strahlflugzeugen die Schallgeschwindigkeit erreichen oder gar überschreiten wollen. Busemann – später vielfach als Vater der Überschall-Aerodynamik bezeichnet – kommt in seinem Vortrag zu dem Ergebnis, daß der Überschallflug nur mit gepfeilten Tragflügeln möglich werden wird. Die Alliierten des Zweiten Weltkrieges aus Ost und West entdecken nach dem Krieg zu ihrer Überraschung eine große Zahl von deutschen Pfeilflügelprojekten und begonnenen Pfeilflügel-Flugzeugen. Bald findet dieser Flügel Eingang im Flugzeugbau der ganzen Welt.

* Anmerkungen siehe Seite 52

Professor Dr.-Ing. e. h., Dr.-phil. h. c. Ernst Heinkel

Ernst Heinkel — Faszination der Geschwindigkeit

Einer der Schrittmacher des Schnellfluges ist *Ernst Heinkel.* Er ist fasziniert von der Geschwindigkeit und hat auf dem Weg zum Schnellflug mehrere Meilensteine gesetzt: He 70, He 100 und die He 178. Sein Gespür für die richtige Entscheidung zum richtigen Zeitpunkt ermöglicht es ihm, zukunftsträchtige Ideen zu verwirklichen, sein ausgeprägtes soziales Bewußtsein hilft ihm, seine Mitarbeiter bis an ihre Leistungsgrenzen zu motivieren.
Ernst Heinkel wird am 24. Januar 1888 in Grunbach in Württemberg geboren. Er studiert Maschinenbau und baut 1911 sein erstes Flugzeug, mit dem er sich das Fliegen beibringen will. Am 19. Juli 1911 stürzt er jedoch bei seinen Versuchen ab und wird schwer verletzt. Kaum genesen, nimmt er noch im gleichen Jahr als Konstrukteur bei der Luftverkehrs-Gesellschaft (LVG) in Berlin-Johannisthal

Erstes im Jahre 1911 von Heinkel nach dem Farman-Prinzip konstruiertes Flugzeug, mit dem er das Fliegen selbst erlernen will, dabei aber abstürzt und schwer verletzt wird

eine Stelle an. Ein Jahr später wechselt er zu Albatros und wird Mitte 1913 Chefkonstrukteur dieses bekannten Flugzeugwerkes. Als unruhigen, aber genialen Geist finden wir *Heinkel* später als Chefkonstrukteur bei Hansa Brandenburg. Während des Krieges entstehen hier unter seiner Leitung zahlreiche Militärflugzeuge, die in Österreich lizenzweise nachgebaut werden. Nach dem Kriege setzt *Ernst Heinkel* 1921 bei den Caspar-Werken seine Tätigkeit als Flugzeug-Konstrukteur fort und baut ein U-Bootflugzeug für die USA und Japan sowie zwei Seeflugzeuge.
Am 1. Oktober 1922 gründet er in Travemünde die »Ernst Heinkel Flugzeugwerke« und am 1. Dezember 1922 die »Ernst Heinkel Flugzeugwerke GmbH« in Warnemünde. In schneller Folge entstehen die verschiedensten Zivil- und Militärflugzeuge für das In- und Ausland. Bald genießen Heinkel-Flugzeuge internationalen Ruf.
Von etwa 1930 ab ist Heinkels ausgeprägtes Ziel der Schnellflug; mit der He 70 und He 100 werden zahlreiche Geschwindigkeits-Weltrekorde erflogen. Es folgen die ersten Strahlflugzeuge der Welt, das Raketen-Flugzeug He 176 (Erstflug 20. Juni 1939) und die He 178, das erste Turbo-Luftstrahlflugzeug mit Heinkel-Luftstrahltriebwerk He S 3B (Erstflug 27. August 1939). Im Werk Marienehe startet ferner am 30. März 1941 das erste zweistrahlige Strahlflugzeug He 280. Für das Jägernotprogramm baut Heinkel Ende des Krieges in zweieinhalb Monaten die einstrahlige He 162. In seinem Werk entstehen außerdem Katapulte für Seeflugzeuge, der erste Schleudersitz, und die Spreng- und Senknietung werden erfunden.

Nach dem Krieg beginnt *Heinkel* mit dem Bau von Kabinenrollern, nimmt aber 1955 wieder den Flugzeugbau in Speyer auf. *Ernst Heinkel* stirbt am 30. Januar 1958 im Alter von 70 Jahren. Ein Jahr später gründen die Heinkel-Werke, Messerschmitt und Bölkow den Entwicklungsring Süd. Seine Luftfahrt-Aktivitäten wechseln 1964 zu den Vereinigten Flugtechnischen Werken (VFW) und gehen 1980 im Messerschmitt-Bölkow-Blohm-Konzern (MBB) auf.

Eine Idee nimmt Gestalt an

Eine wichtige Voraussetzung für den von *Heinkel* angestrebten Schnellflug ist das Triebwerk, für das neue Lösungen gesucht werden. Am 3. März 1936 erhält *Heinkel* ein Schreiben des Göttinger Professors *Robert W. Pohl,* der den Flugzeugkonstrukteur auf seinen Assistenten *Hans Joachim Pabst von Ohain* aufmerksam macht. Dieser tüchtige und begabte Physiker befasse sich mit Rückstoßantrieben für Flugzeuge und suche nun einen Geldgeber für die Fortsetzung der ersten prinzipiellen Versuche.
Ernst Heinkel lädt *Ohain* zum 17. März 1936 nach Warnemünde ein und ist beeindruckt von den Ideen des jungen Physikers. *Hans-Joachim Pabst von Ohain,* am 14. Dezember 1911 in Dessau als Sohn eines Majors geboren, arbeitet 1934 an seiner Dissertation im Göttinger Physikalischen

Institut unter Professor *Robert W. Pohl*. Nebenbei beschäftigt er sich mit theoretischen Überlegungen und Berechnungen an Turbinen-Strahlantrieben, entwickelt eine einfache Konstruktionsform und meldet sie zum Patent an. *Ohain* entwirft auch einen Versuchsapparat, den er Ende 1934 aus seinen Ersparnissen in der Reparatur-Werkstatt »Bartels & Becker« in Göttingen bauen läßt.
Mit dieser Garage und ihrem Mechaniker *Max Hahn* ist *Ohain* gut bekannt, weil er dort seinen Ford unterstellt und pflegen läßt. Bei einer Unterhaltung über Herstellungsmöglichkeiten und Kosten eines Versuchsapparates ist *Max Hahn* bereit, zu helfen; er macht sogleich Vereinfachungsvorschläge.
In einer kleinen Abstellhalle bereitet *Ohain* die Versuche vor und unternimmt zusammen mit *Max Hahn* auch einige Vorversuche, bis er Professor *Pohl* seine Resultate und Schlußfolgerungen vorlegen kann. *Pohl* reagiert positiv und erlaubt seinem Doktoranden in großzügiger Weise die Benutzung von Institutsgeräten. So können erste Druck- und Temperaturmessungen erfolgen, und einige Erfahrungen gesammelt werden. Vor allem mit der Verbrennung liegt es im argen – es scheint, daß sie im wesentlichen in und hinter dem Turbinenrotor stattfindet. Ein Selbstlauf ist mit dem Versuchsgerät nicht zu erzielen, dennoch ist eine wesentliche Entlastung des Antriebsmotors deutlich festzustellen.
Bei diesen Versuchen wird *Ohain* klar, daß grundsätzliche Verbrennungsuntersuchungen über längere Zeit notwendig sind, die hohe Kosten verursachen werden. In dieser Lage kommt ihm Professor *Pohl* mit seinem Brief an *Ernst Heinkel* zur Hilfe.
An jenem denkwürdigen 17. März 1936 nun berichtet der junge Physiker *Ohain* vor *Heinkel* und einem kleinen Kreis seiner Mitarbeiter von seinem Turbo-Luftstrahltriebwerk mit radialem Verdichter und den bedeutenden Vorteilen des Rückstoßantriebes gegenüber dem Propellerantrieb. Mit begeisternden Worten versucht er, die Anwesenden von der Brauchbarkeit seiner Pläne zu überzeugen. Einige Mitarbeiter Heinkels stehen den Vorschlägen eher skeptisch gegenüber, andere sind ebenso beeindruckt wie *Heinkel* selbst.
Auch Heinkels Chefkonstrukteur, *Siegfried Günter*[4], ist bei dem Gespräch zugegen und berichtet darüber:

»Mein Bruder Walter und ich werden zu Heinkel gerufen und Dr. v. Ohain vorgestellt. Ernst Heinkel bestimmt in meiner Gegenwart, daß mein Bruder das zu Ohains Vorschlag gehörende Flugzeug bauen soll, die spätere He 178. Das ist ein viel wichtigerer Auftrag als der für das Raketenflugzeug He 176, dessen Entwurf ebenfalls von meinem Bruder stammt. Walter ist schon seit dem ›Sausewind‹ allgemein als sehr guter Aerodynamiker anerkannt. Es ist klar, daß er der bestgeeignete Mann für den aerodynamischen Entwurf neuartiger, superschneller Flugzeuge ist.«

Bevor *Ernst Heinkel* jedoch mit *Ohain* einen Vertrag abschließt, läßt er dessen Vorschläge durch das Projektbüro überprüfen. Dazu liegt eine Mitteilung von *Siegfried Günter* vor, die von *Ohain* gegengezeichnet ist[5].

»1) Es wurden Zeichnungen und Berechnungsunterlagen von Herrn v. Ohain vorgelegt.
2) Es wurde festgestellt, daß der thermische Wirkungsgrad ca. 20% und der Strahl-Wirkungsgrad ca. 60% beträgt gegenüber einem Gesamtwirkungsgrad von ca. 24% bei normalem Triebwerk. Der Antrieb eignet sich somit hauptsächlich für Flugzeuge, die nicht sehr lange Zeit fliegen müssen.
Es wurde angegeben, daß zum Start eine Steigerung des Schubes bis etwa zum dreifachen Wert erreicht werden kann durch Leistungssteigerung bei Verschlechterung des Wirkungsgrades.
3) Beim Höhenflug bleibt der Gesamtwirkungsgrad bis zu halber Bodenluftdichte konstant bei konstanter Antriebskraft.
4) Nach Ansicht von EHF ist der jetzige Durchmesser der Turbine sehr groß und müßte verkleinert werden. Vergleichsweise hat die He 119 bei 1½ m Rumpfdurchmesser etwa 1500 PS Nutzleistung, der Strahlantrieb in der jetzigen Form hätte etwa die halbe Nutzleistung bei diesem Durchmesser. Durch einige konstruktive Änderungen läßt sich aber der Durchmesser bei gleicher Leistung wahrscheinlich wesentlich herabsetzen.
5) Herr v. Ohain wird in der nächsten Zeit seine Konstruktion entsprechend den Anforderungen des Flugzeuges verbessern und in ca. 14 Tagen Unterlagen darüber vorlegen. Sobald diese Unterlagen fertig sind, wird das Projektbüro feststellen, für welche Flugzeugarten sich die Vorrichtung eignet.
6) Es wird festgestellt, daß irgendwelche wirklichen Messungen über Wirkungsgrad nicht vorhanden sind. Die notwendigen Vorversuche müßten daher jedenfalls bei den EHF durchgeführt werden.

S. G. v. Ohain«

Heinkel wertet diese gemeinsamen Feststellungen *Günters* und *Ohains* positiv und ist nun bereit, die praktischen Vorversuche für das von *Ohain* vorgeschlagene Triebwerk zu übernehmen.
Am 15. April 1936 engagiert *Heinkel Ohain* zusammen mit seinem Mechaniker *Max Hahn* und stellt ihm eine kleine Mannschaft unter Leitung von Dipl.-Ing. *Wilhelm Gundermann*[6] zur Mitarbeit an dem neuen Antrieb zur Verfügung. Um die Arbeiten geheim zu halten, wird eine Baracke gebaut und diese durch einen Palisadenzaun vom Werk getrennt. *Ohain* glaubt, für *Heinkel* innerhalb weniger Monate einen Prototyp seines Triebwerkes bauen zu können und rechnet mit einem Kostenaufwand von etwa 50 000 Mark. Weder er noch *Heinkel* ahnen, daß daraus einmal viele Millionen werden sollen.

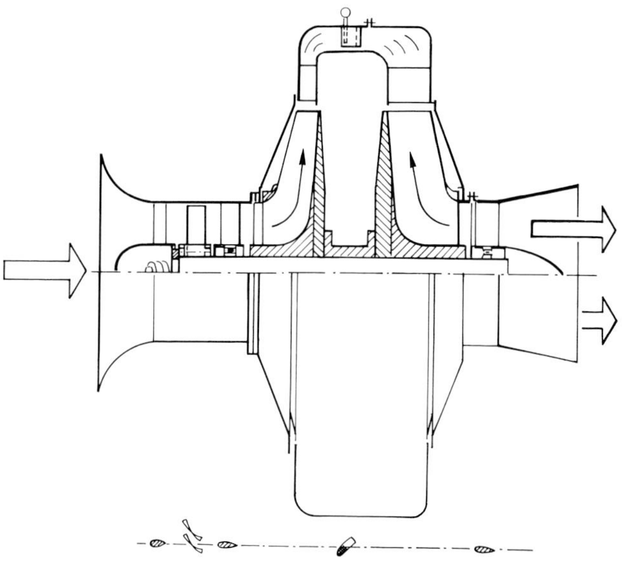

Um die Jahreswende 1936/37 entsteht unter Leitung von Ohain bei Heinkel das Versuchstriebwerk He S 2

Demonstrations-Triebwerk He S 2

Um die Wende des Jahres 1936/37 entsteht nun in der Baracke, inzwischen Abteilung Sonderentwicklung II benannt, unter Leitung von *Ohain* das Versuchstriebwerk He S 2[7], das mit Wasserstoff[8] als Kraftstoff arbeitet. Ende März 1937 kommt das Triebwerk auf den Prüfstand, und noch im März oder April 1937[9] gelingen die ersten Probeläufe mit 1,28 kN (130 kp) Schub bei 10 000 min^{-1}. Sie erhärten die Richtigkeit des Prinzips und geben *Ohain* und seinen wenigen Mitarbeitern den notwendigen Rückhalt, den einmal beschrittenen Weg fortzusetzen. Die gelungenen Probeläufe sind um so höher zu bewerten, da das Triebwerk fast ganz aus Blechen hergestellt worden ist, wie sie in einem Flugzeugwerk vorhanden sind. Der gesamte Aufwand beläuft sich tatsächlich auf rund 50 000 Mark.
Ohne die Bedeutung der Erfindung *Ohains* schmälern zu wollen, darf doch nicht unerwähnt bleiben, daß er nicht der erste Erfinder eines Luftstrahlantriebes ist. Schon 1908 wird dem Franzosen *René Lorin* ein Staustrahltriebwerk patentiert; es handelt sich um einen luftatmenden Rückstoßantrieb. 1913 erhält *Lorin* ein weiteres Patent auf ein Staustrahltriebwerk für den Überschallflug. Der Franzose *Maxime Guillaume* erhält im Jahre 1921 unter der französischen Patentnummer 534 801 das Patent auf ein Strahltriebwerk mit mehrstufigem Axialverdichter. Weder die Patente von *Lorin* noch das von *Guillaume* finden praktische Anwendung in der Luftfahrt, sie geraten in Vergessenheit.
Das erste Patent auf ein Turbo-Luftstrahltriebwerk als Flugzeugantrieb stammt von dem Engländer *Frank Whittle* aus dem Jahre 1930. Es zeigt einen Axialverdichter, dem eine Radialstufe folgt. Am 12. April 1937 läuft das erste Whittle-Triebwerk auf dem Prüfstand, etwa zur gleichen

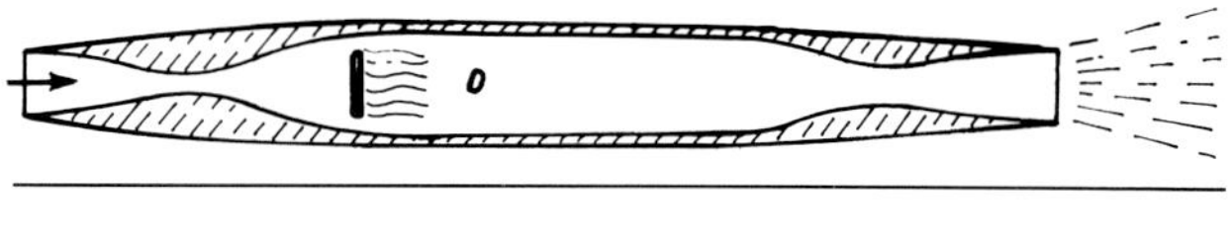

Patent des Franzosen René Lorin für ein Staustrahltriebwerk aus dem Jahre 1908

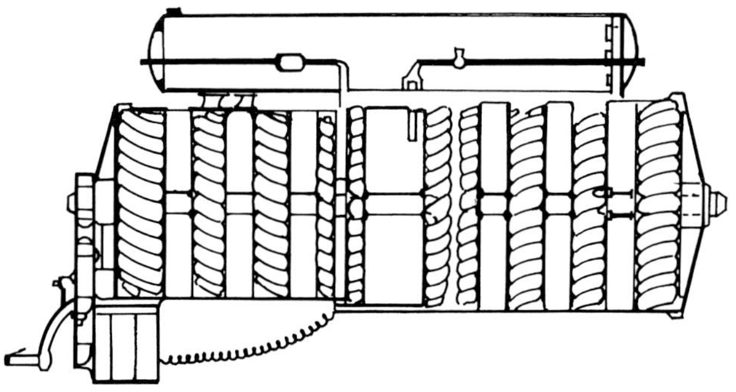

Patent des Franzosen Maxime Guillaume aus dem Jahre 1921 für einen axialen Strahlantrieb

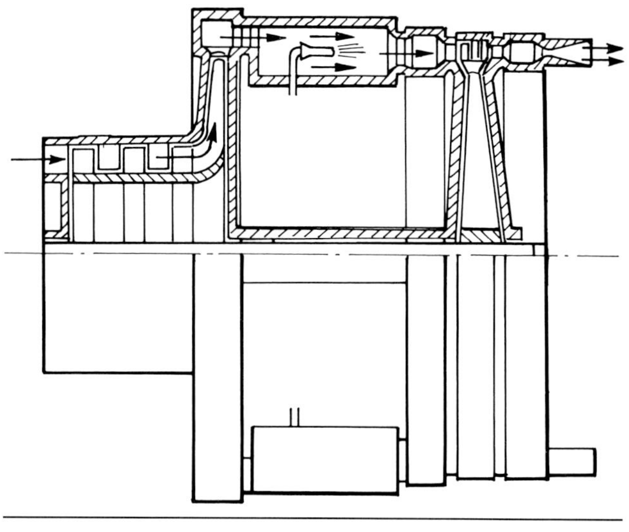

Das Whittle-Patent aus dem Jahre 1930 zeigt ein Strahltriebwerk mit einem Axialverdichter und einer darauf folgenden Radialstufe

Zeit wie *Hans-Joachim Pabst von Ohains* Turbo-Luftstrahltriebwerk bei *Heinkel.* Zwei Jahre später, am 27. August 1939, startet eine Heinkel He 178 mit Ohains Triebwerk zum erfolgreichen Erstflug, während das Gloster-Versuchsflugzeug E 28/29 mit dem Whittle-Triebwerk am 15. Mai 1941 fliegt.

Nach diesem historischen Streifzug zurück zu Heinkel.

Heinkel drängt nun und will das Triebwerk so schnell wie möglich einbauen und damit fliegen – aber unabsehbare Probleme sind noch zu lösen!

Ohain zählt sie in einem Schreiben an *Max Müller* auf, der später mit dem Junkersteam aus Magdeburg zu Heinkel stößt:

- Untersuchungen eines Segmentes einer Ringbrennkammer mit regelbarem Luftdurchsatz
- Einfluß der Gestalt der Kammer und Luftzumischung
- Flammenhalter
- Minimum Druckverlust
- kleinstes Brennkammer-Volumen
- Gasolin-Dampf, erzeugt in einem elektrisch geheizten Gasolin-Verdampfer
- zerstäubtes Gasolin

He S 3A schafft den Durchbruch

Im Frühjahr 1938 erreicht eine inzwischen verbesserte He S 3A annähernd 4,5 kN (450 kp) Schub, und im Sommer 1938 kann mit der Flugerprobung unter dem Rumpf einer He 118 begonnen werden. Dieses Flugzeug hat Heinkel nach einer Ausschreibung des Reichsluftfahrt-Ministeriums (RLM) als Sturzbomber entwickelt. Es gleicht der He 70, hat aber ein höheres Einziehfahrwerk, Knickflügel und einen großen Stirnkühler. Die He 118 ist wegen des hohen Fahrwerkes für eine Triebwerkerprobung gut geeignet; der Rumpf hat einen hohen Abstand vom Boden mit reichlichem Raum für die Aufhängung eines Triebwerkes.

Um die Entwicklung geheim zu halten, beginnen die Probeflüge morgens um vier Uhr und enden vor Beginn der Arbeitszeit. *Erich Warsitz*[10] startet mit dem Propellertriebwerk; *Walter Künzel*[11] zündet später das Strahltriebwerk, was vom Boden durch den zusätzlichen Lärm und einen bläulichen Feuerstrahl leicht zu erkennen ist. Gleichzeitig wird das Flugzeug bedeutend schneller. Nach mehreren Versuchsflügen, die wertvolle Erfahrungen bringen, brennt das He S 3A-Triebwerk nach einer Landung infolge einer lecken Kraftstoffleitung aus.

He 178, erstes Turbo-Strahlflugzeug

Mitte 1938 drängt *Heinkel* auf die Fertigstellung der Konstruktionszeichnungen der He 178. Die Skizzen liegen bis ins Detail fertig bei *Walter Günter* vor, als dieser im September 1937 bei einem Auto-Unfall tödlich verunglückt. *Walter* und sein Bruder *Siegfried* teilen ein Arbeitszimmer, so daß *Siegfried* über das Projekt gut informiert ist. An *Walters* Stelle tritt sein engster Mitarbeiter, *Heinrich Helmbold*[12], der an dem Entwurf der He 178 nichts ändert, sondern ihn im Sinne von *Walter* zusammen mit *Siegfried* zu Ende führt. *Helmbold* schreibt über die He 178[13]:

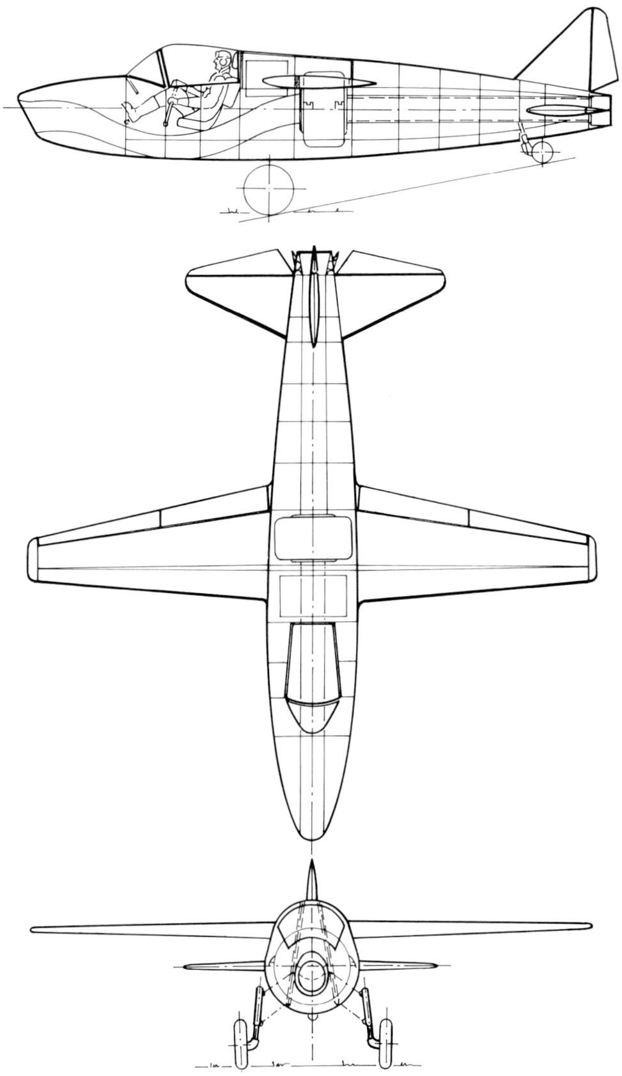

Nach dem Krieg mit Hilfe von Hans Regner, der als Konstrukteur an dem Flugzeug mitarbeitete, rekonstruierte Zeichnung der He 178 ▷

Ernst Heinkels erfolgreiches Dreigestirn (v. r.): Karl Schwärzler, seit 1922 Konstruktions-Chef; Siegfried und Walter Günter, die gemeinsam für die Aerodynamik und das Projektbüro verantwortlich zeichnen

»Die aerodynamischen Entwürfe von He 178 und 280 lagen in meinen Händen. Die He 178 war für 800 km/h Geschwindigkeit entworfen. Der Flügel war trapezförmig. Das Dickenverhältnis betrug etwa elf Prozent an der Wurzel und sieben Prozent an der Spitze. Hier erfolgte ein neuer Schritt mit der Verwendung symmetrischer (ungewölbter) Günter-Profile.«

Über den Aufbau der He 178 schreibt *Hans Regner,* der mit der Bearbeitung der Konstruktion beauftragt war:

». . . Der konstruktive Aufbau der He 178[14] ist einfach. Aerodynamische und konstruktive Überlegungen führen zum Schulterdecker und zur Schalenbauweise. Im Rumpf mit rund 7,5 m Länge liegt das Triebwerk He S 3B, das hinter dem Einziehfahrwerk mit vier Konsolen an den Hauptlängsträgern der Zelle befestigt ist. Wegen der Luftführung liegen verschiedene Entwürfe vor, insbesondere auch mit seitlichem Lufteinlauf. Die Entscheidung fällt für den Lufteinlauf im Bug.

Das Fahrwerk mit Lenkhebel und Seilzügen kann gleich dem Spornrad mittels Preßluft in den Rumpf eingefahren werden. Der Tragflügel mit 7 m Spannweite hat eine Gesamtfläche von 7,9 m^2 und eine aerodynamische Fläche von 6,5 m^2 und besteht gleich der ganzen Zelle aus Metall. Für die Flügelrippen wird eine symmetrische Profilform mit einer Dickenrücklage von 41,8 Prozent vorgesehen. Die maximale Tiefe der Wurzelrippe beträgt 1400 mm. Die Dickenabnahme über die halbe Spannweite erfolgt linear von fast zwölf Prozent auf sieben Prozent.«

Gleichzeitig oder etwas später wird eine zweite He 178 V 2 mit einem größeren Tragflügel (Flügelfläche 11,1 m^2, Spannweite 8,60 m) gebaut. Das Flugzeug soll als Reservemaschine dienen, um bei einer Beschädigung der V 1 die Flugerprobung fortsetzen zu können.

Die meisten Angaben über die He 178 sind nach dem Krieg in mühevoller Arbeit für die Firma Heinkel rekonstruiert worden. Infolge der strengen Geheimhaltung und der Kriegsereignisse sind kaum noch Zeichnungen und Berechnungen erhalten geblieben. Im Heinkel-Archiv befindet sich aber eine Dienstanweisung vom Technischen Direktor des Werkes, Professor *Dr.-Ing. Heinrich Hertel,* an die Mitarbeiter der He 178 mit deren Namen und ihrem Aufgabenbereich nebst den gesetzten Terminen zur Fertigstellung des Flugzeuges in der Zeitspanne vom Juli 1938 bis zum Januar 1939. Das Datum von *Hertels* Schreiben ist zwar unleserlich, stammt aber sicherlich von Ende Juli/Anfang August 1938. Dieser aufschlußreiche Terminplan, der auch die Mitwirkung von *Heinrich Hertel* an dem Flugzeug verdeutlicht, wird wegen der historischen Bedeutung zum Teil als Faksimile wiedergegeben.

Eine weitere Mitteilung stammt von Heinkel-Chefkonstrukteur *Ernst Schwärzler* mit dem Datum vom 29. August 1938. *Schwärzler* befaßt sich darin mit einer Attrappenbesichtigung der He 178. Die Mitteilung zeigt, welch bedeutenden Anteil Schwärzler an der Gestaltung des Flugzeuges nimmt. Mit der Veröffentlichung dieser Arbeitsunterlagen kann ein Teil der Lücken im Schrifttum über das erste Turbo-Strahlflugzeug der Welt geschlossen werden.

Verteiler:

f. Prof. Dr. Heinkel,
" Dr. Hertel,
"v Günter (Benz I),
" Schwärzler,
" Pappel,
" Ebert,
" Dr. v. Ohain,
" Künzel.
4 Dipl. Kayser

Marienehe, den

Protokoll Nr. S-017.

Betreff: Einteilung der Arbeiten He 178.

Ebert/Kü/Bo.

diktiert von:

geprüft vor d. Pausen:

Mitte 7.38

die Herren: Ebert, Freyberg, Eckstein, Dr. v. Ohain, Gundermann, Benz, Künzel, Regner, Raue, Nehm.

Herrn Kays

Vertraulich.

Lfd. Nr.	Gegenstand	Termin	Verantwortlich für Erledigung	Wer bezahlt?
A.	1. Die Sonder-Entwicklungs-Abteilung I hat das gesamte Flugzeug zu bauen.	15.1.1939	Künzel Ebert	-
	2. Entsprechend dem Entwurf 178.01-01 vom 9.7.1938 ist sofort mit dem Bau einer Attrappe zu beginnen, die in derselben Ausführung gebaut wird wie die Attrappe der He 176. Die Attrappe ist aus Holz als Konstruktionsattrappe zu bauen. Sie ist von der Sonderentwicklungsabteilung I fertigzustellen.	10.8.	Künzel.	
B.	**Projektunterlagen:**			
	1. Die endgültigen Gesamtentwürfe 178.01-01 wurden den Sonderentwicklungs-Abteilungen 1 und 2 bis zum 12.7.1938 übergeben. (erledigt).	12.7.	Günter.	
	2. Die Rumpfstrakzeichnungen im Masstab 1:10 wurden bis zum 15.7.1938 den Sonder-Entwicklungs-Abteilungen 1 und 2 angeliefert. (Rumpfstrak wurde am 1.8. nochmals geändert). Endgültige Bestätigung des Strakes muss umgehend erfolgen.	4.8.	Günter.	
C.	1. Von der Sonderentwicklungsabteilung 2 wurden der Sonderentwicklungsabteilung 1 zum 21.7.1938 folgende Zeichnungen angeliefert.	-		
	a.) Attrappen. und Konstruktionszeichnung vom Motor.	21.7.		
	b.) Attrappen und Konstruktionszeichnung des Benzinpumpenaggregates,	"	Gundermann.	
	c.) Leitungsschema, auf welchem die Leitungen und sämtliche Leitungsanschlüsse angegeben sind. Die Konstruktionszeichnungen unter Pkt. a.) und b.) müssen so ausgeführt sein, dass sie für die Zellenkonstruktion verbindlich sind. (erledigt)	"		
	2. Die Attrappe wird bis zum 10.8.38 endgültig fertiggestellt werden, damit die endgültigen Konstruktionsfreigabe erfolgen kann.	10.8.	Schwärzler Künzel Ebert.	

Konstruktion

1. Rumpf:

Die endgültige Konstruktion soll am 10. 8. 1938 nach erfolgter Attrappenbesichtigung freigegeben werden. Mit der Zeichnungslieferung an die Werkstatt wird am 10. 10. 1938 begonnen. Ende der Zeichnungslieferung 15. 11. 1938. Rumpf für Montage fertig am 10. 12. 1938.	10. 8. 10. 10. 10. 12.	Schwärzler Ebert Künzel Pappel

2. Rumpfvorrichtungen:

Die Zeichnungslieferung für die Vorrichtungen beginnt am 10. 9. 1938. Ende der Zeichnungslieferung 15. 9. 1938. Die Vorrichtung muß im Vorrichtungsbau spätestens am 15. 10. 1938 fertiggestellt sein. Für die Erledigung sind verantwortlich Herr Ebert und Herr Künzel, die mit dem Vorrichtungsbau entsprechend zu verhandeln haben.	10. 9. 15. 9. 15. 10.	Schwärzler Ebert Künzel Pappel

3. Flügel:

Der endgültige Straak für den Flügel sollte vom Projektenbüro an Sonder-Entwicklung I bis zum 25. 7. 1938 geliefert werden. Die Lieferung ist noch nicht erfolgt. Es wird um Stellungnahme bis zum 4. 8. 1938 gebeten, wann die endgültige Auslieferung sämtlicher Flügelunterlagen erfolgen kann.	4. 8.	Günter
Die Flügelunterlagen werden ebenfalls vom statischen Büro dringend benötigt. Das statische Büro ist über Anlieferung der endgültigen Unterlagen ebenfalls zu benachrichtigen. Es wird noch darauf hingewiesen, daß, wenn ein reibungsloser Ablauf der Arbeiten gewährleistet werden soll, die Flügelholme spätestens am 15.–20. 8. 1938 bestellt werden müssen.	 15. 8. 20. 8.	Pappel Günter Künzel
Der Flügel soll im konstruktiven Aufbau genau so ausgeführt werden wie der Flügel der He 176. Mit der Zeichnungslieferung für den Flügel wird am 1. 10. 1938 begonnen. Ende der Zeichnungsauslieferung 10. 11. 1938, Fertigstellung des Flügels 30. 11. 1938.	 1. 10. 10. 11. 30. 11.	Ebert Künzel Pappel
Die Vorrichtungszeichnungen für die Unter- und Oberschale des Flügels werden ab 25. 9. 1938 an den Betrieb geliefert. Ende der Zeichnungsauslieferung 1. 10. 1938, Fertigstellung der Ober- und Unterschalen im Betrieb 1. 11. 1938.	25. 9. 1. 10. 1. 11.	Schwärzler Ebert Künzel
Zwecks rechtzeitiger Bereitstellung der Vorrichtungen sind sofort entsprechende Schritte im Vorrichtungsbau zu unternehmen.	4. 8.	Schwärzler Ebert Künzel
Die Zeichnungen für die Flügelzusammenbauvorrichtung werden am 10. 10. 1938 bis zum 15. 10. 1938 an den Vorrichtungsbau geliefert. Die Arbeiten im Vorrichtungsbau müssen so abgestellt werden, daß die Auslieferung der Vorrichtungen am 15. 11. 1938 sichergestellt ist.	15. 10. 15. 11.	Schwärzler Ebert Künzel

4. Leitwerk:

Alle Unterlagen für das Höhen- und Seitenleitwerk sollten der So I bis zum 31. 7. übergeben werden. Die Auslieferung der Unterlagen ist noch nicht erfolgt. Ich bitte um umgehende verbindliche Terminangabe, wann die Unterlagen geliefert werden können.	sofort	Günter
Mit der Lieferung der Leitwerkszeichnungen wird am 10. 11. 1938 begonnen. Ende der Zeichnungslieferung 10. 12. 1938, Fertigstellung der Leitwerke im Betrieb 22. 12. 1938.	10. 11. 10. 12. 22. 12.	Schwärzler Ebert Künzel
Die Lieferung der Zeichnungen für die Leitwerksvorrichtungen beginnt am 25. 10. 1938. Bis 1. 11. 1938 sind sämtliche Zeichnungen ausgeliefert.	25. 10. 1. 11.	
Mit dem Vorrichtungsbau ist entsprechend zu verhandeln. Fertigstellung der Leitwerksvorrichtungen muß spätestens am 1. 12. 1938 erfolgen.	 1. 12.	Schwärzler Ebert Künzel

5. Fahrwerk:

Am 15. 8. 1938 erhält Herr Jacob sämtliche Unterlagen für die Konstruktion des Fahrwerks. Die Konstruktionsarbeiten müssen in der Gruppe Jacob durch Herrn Ebert so geplant werden, daß am 1. 10. 1938 der Beginn der Zeichnungslieferung ist. Ende der Zeichnungslieferung 20. 10. 1938. Die Fertigstellung des kompl. Fahrwerkes, welches im Typenbau gebaut wird, muß bis zum 10. 12. 1938 erledigt sein. Der Typenbau ist rechtzeitig vom Anlauf dieser Arbeiten spätestens 4 Wochen vor Anlieferung der ersten Zeichnungen zu informieren.	15. 8. 1. 10. 20. 10. 10. 12.	 Ebert

6. Triebwerk:

Das Triebwerk mit sämtlichem Zubehör wird bis zum 15. 11. 1938 auf dem Prüfstand fertig und probegelaufen sein. Mit dem Einbau des Triebwerks kann ab 15. 11. gerechnet werden.	15. 11.	v. Ohain
Die Zeichnungen für den gesamten Triebwerkseinbau mit elektrischer Anlage, Instrumentierung usw. werden laufend an den Betrieb geliefert; die letzten Zeichnungen jedoch am 1. 12. 1938.	 1. 12.	Schwärzler Künzel

7. Statik:

Mit den statischen Arbeiten sollte bereits am 25. 7. begonnen werden. Da die Unterlagen aus dem Projektenbüro über Flügel und Höhenleitwerk noch nicht vorliegen, ist mit den Arbeiten noch nicht begonnen. Termine siehe Pkt. 3 und 4. Am 15. 8. können 3 Herren von der He 176 für die He 178 freigemacht werden, so daß ein ordnungsgemäßer Ablauf der statischen Arbeiten vorerst gesichert ist.	15. 8.	Schwärzler Pappel

8. Planung:

Die Planung der betrieblichen Arbeiten, insbesondere die auf die mechanische Werkstätte des Typenbaues entfallenden Arbeiten, sind bis zum 15. 8. 1938 von den Sachbearbeitern zu planen.	15. 8.	Ebert Künzel

gez. Hertel

In einem Rundschreiben vom 2. September 1938 klärt Prof. Hertel die Zuständigkeiten für die Konstruktion:

Verteiler:

Hr. Dr. Heinkel	Hr. Künzel/Häßlein	Hr. Streese/Benz	TD.Nr. 660/38
Hr. Dir. Hayn	Hr. Pappel/Freyberg	Hr. Jacob/Ebert	Mitteilung Nr. 3933
Hr. Dr. Hertel	Hr. Scherer/Butter	Hr. Wegener	Betreff: He 178
Hr. Schwärzler	Hr. Heugel/Kilian	Arbeitsbüro	
Hr. Regner	Hr. Dr. Schapitz		

Lfd. Nr.	Gegenstand	Verantwortlich für Erledigung
1.	. . .	
2.	. . .	
3.	Herr Künzel ist als Typenbearbeiter für die Gesamtabwicklung der He 178 verantwortlich sowie auch für das Durchziehen der Arbeiten entsprechend der Planung im Betrieb.	Künzel
	Herr Benz ist dafür verantwortlich, daß die vom Projektenbüro getroffenen Voruntersuchungen betr. Aerodynamik restlos zur Durchführung gelangen.	Benz
	Gesamtbearbeitung Konstruktion	Regner
	Gesamte Statik	Pappel/Freyberg
	Tragflügel + Leitwerk	Scherer/Butter
	Statik	Wegener
	Rumpf	Heugel/Kilian
	Statik	Dr. Schapitz
	Steuerung	Streese
	Fahrwerk	Jacob
	Bezüglich der Gesamtverantwortung für die Konstruktion durch den Chefkonstrukteur und die Genehmigung der Zeichnungen durch Herrn Schwärzler gilt für die He 178 selbstverständlich das gleiche wie für andere Muster.	Schwärzler
4.	. . .	

gez. Dr. Hertel

Marienehe, den 29. 8. 1938

GEHEIM!

Verteiler:

Hr. Prof. Dr. Heinkel	Hr. Freyberg
Hr. Dir. Dr. Hertel	Hr. Dr. v. Ohain
Hr. Schwärzler	Hr. Benz

Protokoll Nr. S-020

Betreff: Attrappenbesichtigung He 178

Anwesend: die Herren,
Prof. Dr. Heinkel – zeitweise, Dir. Dr. Hertel, Chefkonstrukteur Schwärzler, Prof. Thiel – zeitweise, Kapp – zeitweise, Herting und Heinrich – zeitweise, Freyberg, Dr. v. Ohain – zeitweise, Benz, Künzel und Regner

Lfd. Nr.	Gegenstand	Verantwortlich für Erledigung
	Bei der Besichtigung der Attrappe He 178 wurden folgende Änderungen besprochen und festgelegt:	

He 178 V 2, erkennbar am höheren Rumpfende mit Regelklappen, die bei der V 1 mehr abgerundet sind. Die Abbildung kann ein Modellfoto, aber auch eine Aufnahme vom Original sein

1. **Windschutz:**
   a) Der Abstand zwischen der Sitzmulde und dem verschiebbaren Windschutz muß um ca. 35 mm vergrößert werden. Es wird konstruktiv untersucht, inwieweit diese Vergrößerung, ohne eine Straakänderung des Windschutzes vorzunehmen, möglich ist. — Schwärzler, Künzel, Benz
   b) Um eine bessere Durchsicht durch den vorderen festen Windschutz zu erhalten, wird dieser etwas völliger ausgeführt. Diese Anordnung ist schon früher in einem vervollständigten Straak des Projektenbüros festgelegt. — „ „
   c) Die Schiebeschiene für den Windschutz muß so weit nach oben verschoben werden, daß sie mit der Fläche nicht mehr kollidiert. — „
   d) Das Glas für den Windschutzaufbau ist für die nächste Attrappenbesichtigung von Herrn Dr. Matthaes herzustellen, und zwar so, daß es sichtmäßig vollständig in Ordnung ist. — Dr. Matthaes, Künzel
   e) Die Einklinkvorrichtung für den verschiebbaren Windschutz soll von oben Mitte nach rechts oder links unten verlegt werden. — Schwärzler, Künzel

2. **Blendschutz:**
   Der in der Attrappe angebrachte Blendschutz ist um ca. 2 cm nach hinten zu verlegen. — Schwärzler, Künzel

3. **Steuerung:**
   a) *Seitensteuer:* Die Mittellage des Seitensteuers ist um 15 mm nach vorn zu verlegen. Eine Verstellbarkeit nach vorn und hinten von ± 50 mm für das Seitensteuer ist vorzusehen. Der Drehpunkt der Fußpedale ist höher zu legen, da jetzt leicht ein Rückklappen der Pedale in der Bremsrichtung erfolgt.
   b) *Höhen- und Quersteuer:* Der Knüppel ist um 6 cm zu kürzen und um 2 cm nach der Seite nach rechts und weiter um 3 cm nach vorn zu verlegen. Die Welle der Quersteuerung wird von der rechten Seite des Führers weggenommen und nach hinten verlegt, damit ein einwandfreier Ausstieg auf der rechten Seite möglich ist. Eine Untersetzung der Ruderwege für Höhen- und Quersteuer ist im Verhältnis 1:2 vorzusehen. Diese Anordnung ist auch bei der nächsten Attrappe auszuführen.

4. **Sitz:**
   Die Rückenlehne des Sitzes darf keine Mulde sein, sondern muß eine Verschiebung des Fallschirmes quer zur Flugrichtung ermöglichen. Auf eine Verstellbarkeit des Sitzes wird verzichtet, da diese Verstellbarkeit gegebenenfalls nur 30 mm betragen würde. Bei kleinen Flugzeugführern kann ein Sitzkissen verwendet werden. — Schwärzler, Künzel, Benz

5. **Rumpf:**
   Um bei hohen Geschwindigkeiten eine bessere Ausstiegsmöglichkeit zu haben, wird die rechte Rumpfseitenwand vom Instrumentenspant bis zum Tankraum als Klappe ausgebildet.

6. **Triebwerk:**
   An Stelle der jetzt vorgesehenen Filterbrandhahnarmaturen werden 2 entsprechend vergrößerte vorgesehen, so daß jede Pumpe auf eine Filterbrandhahnarmatur geschaltet werden kann. — Schwärzler, Gundermann

7. **Anordnung der Bedienungshebel im Führerraum:**
   a) Die Betätigung der Landeklappe soll mit dem Gashebel kombiniert werden. Durch diese Anordnung fällt die Landeklappenanzeigevorrichtung fort, da der Hebel eindeutig die Stellung der Landeklappe angibt. — Schwärzler, Künzel, Benz

He 178, erstes Turbo-Luftstrahlflugzeug*

Hersteller		Heinkel	Heinkel
Muster		He 178 V 1	He 178 V 2[3]
Triebwerk		He S 3B	He S 3B
Schub	kN	4,9	4,9
	kp	500[1]	500
Besatzung		1	1
Länge	m	7,48	7,48
Höhe	m	2,10	2,10
Spannweite	m	7,20	8,60
Flügelfläche	m^2	7,90	11,1
Flügelstreckung		6,56	6,66
Rüstmasse	kg	1 570[2]	1 650
Kraftstoff	kg	300	300
Besatzung	kg	80	80
Zuladung	kg	380	380
Startmasse	kg	1 950	2 030
Flächenbelastung	kg/m^2	246,83	182,88
Masse – Schubverhältnis	kg/kN	397,95	431,91
	kg/kp	3,90	4,06
Flächenschub	kN/m^2	0,62	0,44
	kp/m^2	63,29	45,05
Höchstgeschwindigkeit	km/h	640	600
Reisegeschwindigkeit	km/h	500	500
Reichweite	km	200	200
max. Flugzeit	min	20	20
Startrollstrecke	m	500	450
Landegeschwindigkeit	km/h	220	180
Zuladung in % von der Flugmasse		19	19
Baujahr		1938	1938

* Quelle: Heinkel-Archiv

1 Der Schub am Prüfstand liegt bei 4,4 kN (450 kp) und bei 3,72 kN (380 kp) am Ende des Schubrohres (15% Verlust). Er wird später auf 4,9 kN (500 kp) gesteigert.

2 Trotz der hohen Einbaumasse des Triebwerkes von 360 kg erscheint die Rüstmasse für das kleine Flugzeug ungewöhnlich hoch.

3 nicht geflogen

b) Der Betätigungshebel für das Fahrwerk kommt als Ziehvorrichtung ans Gerätebrett. „

c) Die jetzt vorgesehene Ölpumpe für die Landeklappe fällt fort, denn das Fahrwerk wie auch die Landeklappe werden durch Preßluft betätigt. „

8. **Statische Fragen:**
Der Festigkeitsberechnung werden folgende Daten zugrunde gelegt: Pappel
Sicheres Lastvielfaches bei Abfangen $n = 7{,}0$
Bruchsicherheit $j = 2{,}0$
Horizontalfluggeschwindigkeit in Bodennähe $v_r = 800$ km/h
Höchstgeschwindigkeit im Sturzflug $v_c = 1000$ km/h

9. Die nächste Attrappenbesichtigung wird in ca. 2–3 Wochen stattfinden, da die grundlegenden Änderungen, insbesondere die seitliche Klappe im Führerraum, wiewohl sie attrappenmäßig ausgeführt wird, konstruktiv genauestens durchdacht sein muß, so daß die Attrappe parallel zu den konstruktiven Arbeiten hergestellt wird. — Schwärzler, Künzel, Benz

gez. Schwärzler

Ein Meilenstein: Die He 178 fliegt!

Fast ein Jahr später – im Mai 1939 – wird das verbesserte Triebwerk He S 3B fertiggestellt, in das die Erfahrungen der Flugerprobung einfließen. *Heinkel* veranlaßt den sofortigen Einbau in die inzwischen fertiggestellte He 178, mit der *Erich Warsitz* nun Rollversuche unternimmt. Es zeigt sich, daß der Schub zu einem Start auf dem verhältnismäßig kleinen Platz noch zu gering ist. *Ohain* ändert die leicht auswechselbaren Kaskaden (Leitschaufeln) zur Luftführung nach dem Verdichter und die Leitschaufeln an der Turbine. Mit Hilfe dieser Änderungen gelingt es, einen Standschub von 4,41 kN (450 kp)[15] zu erreichen.

Erich Warsitz fliegt das erste Turbo-Luftstrahlflugzeug He 178 meisterhaft vor

Nach gelungenen Probeläufen überrascht *Warsitz* eines Tages mit der Mitteilung: »Übermorgen wird geflogen.« *Heinkel* erscheint mit *Schwärzler, Günter, Ohain* und weiteren Mitarbeitern in den frühen Morgenstunden des 27. August 1939 auf dem Flugplatz. Spannung und Unruhe kennzeichnen die Gesichter; es geht um einen gänzlich neuen Antrieb und ein ebenso neues Flugzeug. *Erich Warsitz* berichtet selbst[16]:

»Ich prüfe noch einmal alle Ruder auf Gängigkeit, kontrolliere die laufende Turbine unter verschiedenen Drehzahlen, die Pumpendrücke, Temperaturen und gebe den Monteuren das Zeichen, die Kanzel zu schließen. Jetzt löst sich Ernst Heinkel aus dem Kreis seiner Mitarbeiter, kommt an meine Maschine, drückt mir die Hand und wünscht mir nach altem Fliegerbrauch Hals- und Beinbruch. Er ist unruhig und reichlich erregt. Auf meinen lächelnden Dank bekomme ich nicht die gleiche Antwort, ich sehe nur in ein sehr ernstes Gesicht. Die Kanzel wird nun endgültig geschlossen und langsam gebe ich Vollgas. Im Vergleich zum Raketenflugzeug He 176 setzt sich die He 178 nur langsam in Bewegung. Nach einer Rollstrecke von etwa 300 Metern holt sie rasch Fahrt auf. Ich kann sie gut mit den Bremsen in Richtung halten und dann hebe ich ab. Ich habe in dieser Maschine sofort ein gewisses Gefühl von Sicherheit, und ich brauche keine Angst zu haben, daß nach einer Minute – wie bei dem Raketenflugzeug – der Sprit verbraucht ist. Wiederholt versuche ich, das Fahrwerk einzufahren, aber da stimmt etwas nicht. Na, es spielt auch keine Rolle, ob mit oder ohne eingezogenem Fahrwerk, die Hauptsache ist, das Flugzeug fliegt. Alle Ruder wirken fast ganz normal, und die Turbine singt gleichmäßig ihr lautes Lied. Es ist herrlich, so zu fliegen, kein Windchen rührt sich und die Sonne steht ganz niedrig am Horizont.
600 Kilometer je Stunde Geschwindigkeit zeigt jetzt mein Fahrtmesser an und schneller sollte ich beim erstenmal nicht fliegen, hat mir Chefkonstrukteur Schwärzler gesagt. Ich muß also drosseln, denn ich bin gewohnt, den guten Ratschlägen des erfahrenen Konstrukteurs im eigenen Interesse zu folgen. Vorsichtig leite ich die erste Linkskurve ein und fliege ruhig zwei große Platzrunden. Alles ist bestens in Ordnung. Nur die Landung muß jetzt noch klappen, und der erste Turbo-Strahlflug der Welt wäre gelungen. Ich bin jetzt sechs Minuten in der Luft und setze zur Landung an. Gehorsam reagiert die Turbine auf meinen Gashebel,

Eines der ganz wenigen Original-Fotos der He 178 beim Rollen während der Flugerprobung im Jahre 1939

obwohl – wie ich an meinen Instrumenten feststelle – eine Brennstoffpumpe ausgefallen ist. Wegen des für ein Strahlflugzeug viel zu kleinen Platzes mache ich mir ein wenig Sorgen, denn ich kann nicht mit Sicherheitsfahrt an den Boden gehen. Beim Anschweben komme ich zu weit, will aber wegen des noch geringen Kraftstoffvorrates nicht noch eine Runde riskieren. Ich muß wohl oder übel slippen, denn sonst rolle ich in die Warnow. Das Slippen aber ist mit einer neuen Maschine nicht ungefährlich und dazu noch in Bodennähe. Aber selbst das läßt sich der gut durchkonstruierte Vogel auf Anhieb gefallen. Ohne einen Sprung zu machen, setzt die Maschine glatt auf, rollt genau in Landerichtung aus und unmittelbar vor Dr. Heinkel und seiner Gruppe bringe ich sie zum Stehen.
Die Spannung löst sich, die Monteure heben Ernst Heinkel, der jetzt bester Laune ist, und auch mich auf die Schultern, und nach einer kurzen Diskussion wird der erste für die Zukunft entscheidende und geglückte Flug mit einer Rückstoß-Turbine im Kasino gefeiert, vier Jahre nach Ohain's Versuchen und Experimenten auf dem Hof der Göttinger Universität.
Wir glaubten damals mit Recht, eine Welt erobert und eine neue Epoche eingeleitet zu haben.«

Dem Triumph folgt die Enttäuschung

Ernst Heinkel glaubt, nach diesem sensationellen Erstflug müsse Generalluftzeugmeister *Ernst Udet* sogleich aus dem Reichsluftfahrt-Ministerium nach Marienehe kommen, um das neue Flugzeug zu besichtigen, und es sich im Fluge vorführen lassen. Aber *Udet* ist nur schwer am Telefon zu erreichen; schließlich gelingt es *Heinkel,* sich mit ihm abends für den 31. August in Berlin zu verabreden. Nach einem gemeinsamen Abendessen, bei dem *Udet* einen etwas niedergeschlagenen Eindruck hinterläßt, hört *Heinkel* spät in der Nacht in Udets Heim über Radio die Sondermeldung vom 1. September 1939: Einmarsch deutscher Truppen in Polen. Schon am nächsten Tag flattert eine Anordnung auf Heinkels Tisch, nach der Forschungs- und Entwicklungsarbeit an allen Projekten, die keinen unmittelbaren Nutzen für den Krieg haben, zu stoppen sind. Dennoch arbeitet *Heinkel* an der He 178 weiter und veranlaßt den Bau einer etwas stärkeren Ausführung der He S 3B. Das He S 6 benannte Triebwerk wird unter dem Rumpf einer He 111 erprobt.
Erst nach Beendigung des Polen-Feldzuges setzt am 1. November in Rostock-Marienehe eine Ju 52/3 m auf, der die Spitzen des RLM, der damalige Staatssekretär *Erhard Milch,* Generalmajor *Ernst Udet* und General-Ingenieur *Lucht* entsteigen. Unter seinen prominenten Gästen herrscht, wie *Heinkel* berichtet[17], eine »etwas frostige Atmosphäre«.
Warsitz startet zum Demonstrationsflug mit der He 178. Kurz vor dem Abheben wird das Flugzeug unruhig, und das Triebwerk setzt aus. Nur durch einen Ringelpietz[18] am Platzende kann *Warsitz* die Maschine zum Stehen bringen. *Heinkel* rast mit seinem Wagen zur Maschine und findet *Warsitz* ölbeschmiert und schimpfend neben der He 178 stehen, die unbeschädigt geblieben ist. »Die Benzinpumpe hat ausgesetzt«, murrt *Warsitz,* »in zwei Stunden läßt sich das reparieren!« *Milch* gegenüber meldet *Warsitz:* »Ein Reifen ist geplatzt.« *Heinkel* lädt die Herren zu einem Frühstück ein, nach dem die He 178 voraussichtlich wieder startklar sein wird. Während dieses Frühstückes muß *Heinkel* bereits fertige Vorschläge über eine zweistrahlige He 280 unterbreitet haben. Nach etwa zweieinhalb Stunden wollen die Gäste aufbrechen. In diesem Augenblick heult das Triebwerk der He 178 auf. *Warsitz* startet, fliegt einige Platzrunden und jagt mehrmals im Tiefflug über die Köpfe von Heinkels Gästen hinweg. *Milch, Udet* und *Lucht* finden anerkennende Worte über die fliegerische Leistung von *Warsitz.* Über Flugzeug und Antrieb verliert keiner von ihnen ein Wort. *Heinkel* und seine Mitarbeiter sind niedergeschlagen. Sie haben den Eindruck, daß an den verantwortlichen Männern die Bedeutung dieses Fluges für die Entwicklung der Luftfahrt vorbeigegangen ist.
Heinkel verliert aber in seinem Buch »Stürmisches Leben« kein Wort darüber, daß zu dieser Zeit schon die He 280 im Entwurf und ein erster Auftrag auf das Triebwerk He S 8 vorliegt, dazu eine Zustimmung des RLM zur Finanzierung aller Arbeiten Heinkels an Strahlflugzeugen und Triebwerken.
Zwischen dem Erstflug der He 178, der Vorführung vor *Milch* und *Udet* und danach sind von *Warsitz*[19] noch zwölf bis 15 Flüge mit der He 178 ausgeführt worden, obwohl solche Flüge nach Kriegsausbruch vom 1. September 1939 ab verboten waren.

Modell der He 178. Das Fahrwerk mit Lenkhebel und Seilzügen kann gleich dem Spornrad mittels Preßluft eingefahren werden

Die He 178 ist eine aerodynamisch vorbildliche und gelungene Konstruktion

He S 3 aus der Sicht des Ingenieurs

Bisher ist das He S 3-Triebwerk nur historisch im Zusammenhang mit dem Werden der He 178 gestreift worden. *Heinz Meschkat*[20] geht in einem Bericht auf einige Probleme ein, die es bei der Entwicklung der He S 3 zu lösen galt:

»Die ungewöhnlichen Schwierigkeiten, die sich bei der Entwicklung der He S 3 damals auf allen Teilgebieten zeigen, kann nur der Fachmann beurteilen, der selbst einmal eine ähnliche Entwicklung ins gänzlich Unbekannte zu bewältigen hatte. Ohain hat als Physiker zwar eine vorzügliche wissenschaftliche Vorarbeit geleistet. Als Wissenschaftler war es ihm jedoch nicht möglich, die Voraussetzungen für die praktische Verwirklichung seiner Ideen zu schaffen. Mühselige Forschungsarbeit ist beinahe auf allen Teilgebieten der Erfindung erforderlich, bis überhaupt die Voraussetzungen für den Bau einer funktionierenden Turbine erarbeitet sind. Es fehlt an geeigneten warmfesten Stählen, deren Zusammensetzung erst gefunden werden muß. Man hat noch keine Vorstellung über die Anordnung und Bemessung der Brennstoffdüsen. Man muß viele Sonderprobleme lösen, um zu einer ausreichenden Kühlung des Aggregats zu kommen . . .«

Aus der Sicht des Ingenieurs schildert Dipl.-Ing. *Wilhelm Gundermann*[21] die Entstehung der He S 3. Er ist unmittelbar an der Entwicklung des Heinkel-Triebwerkes beteiligt und bringt langjährige Erfahrungen aus dem Maschinenbau mit Wasserturbinen und Drehmomentwandlern ein. *Ohain, Gundermann* und *Hahn* bilden anfangs mit einigen Zeichnern die ganze Abteilung »Sonderentwicklungen II«.

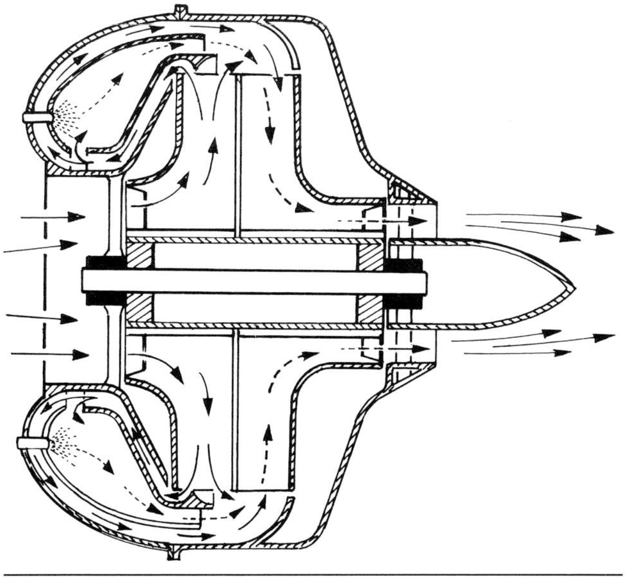

Hahn-Patent über eine Umlenkbrennkammer für die He S 3, durch die ausreichend lange Wege zur Mischung und Verbrennung des Gemisches geschaffen werden

»Zunächst versuchen wir festzustellen, warum das von Ohain in Göttingen gebaute Versuchsgerät nicht selbständig laufen will. Neben den Unzulänglichkeiten der Verbrennung sind der zu kleine Querschnitt des Turbinenrades und die fehlenden Leitgitter die Ursache. Das Turbinenrad muß breiter ausgeführt werden als das Verdichterrad, weil die heißen Gase hinter der Brennkammer mehr Raum benötigen als die kalte Luft im Verdichter.

An einen vielstufigen Axialverdichter wagen wir noch gar nicht zu denken. Beim Patentstudium finden wir das frühe Whittle-Patent aus dem Jahre 1930, an dem eine Axialturbine zu erkennen ist. Unser Festhalten an der Radialturbine, die wesentlich leichter herzustellen ist, hat den Vorteil, daß wir Ernst Heinkels Wunsch, als erster zu fliegen, nur auf diese Weise erfüllen können.

Heinkel ist ungeduldig und will Erfolge in kürzester Zeit sehen. Er unterstützt das Entwicklungsvorhaben und nimmt durch häufige Besuche in der Konstruktionsabteilung am Reißbrett, in den Werkstätten und bei den Versuchsanlagen regen Anteil an der Arbeit.

Das später mit He S 2 bezeichnete Demonstrationsgerät mit Wasserstoffverbrennung läuft im März 1937 nach neun Monaten Konstruktions- und Bauzeit auf dem Prüfstand. Es erreicht die berechnete Leistung und läßt sich gut beschleunigen. Heinkel drängt sehr auf ein Fluggerät, er muß aber auf die Ergebnisse der Verbrennungsversuche warten, die im Mai 1937 beginnen und die erst nach etwa einem Jahr zu einigermaßen zufriedenstellenden Brennkammerformen führen. Max Hahn schlägt inzwischen vor, den ungenutzten Raum vor dem Radialverdichter auszunutzen und mit Hilfe einer Umlenkbrennkammer genügend lange Wege zur Vermischung und Verbrennung zu schaffen. Daraus entsteht Ende 1937 ein Patent auf seinen Namen.

Hahn entwickelt die Brenner, während ich nachts in dem hölzernen Windkanal der Heinkel-Werke die Brennerversuche durchführe. Tagsüber dient der Kanal für Versuche an Flugzeugmodellen, wobei der Leiter und die Tagesmannschaft nichts von den nächtlichen Messungen und Experimenten wissen dürfen. Um schneller mit den grundsätzlichen Gestaltungsfragen voranzukommen, verwenden wir gasförmigen Wasserstoff für die Brennerversuche. Die Umstellung auf Dieselöl und Benzin macht immer wieder Schwierigkeiten. Es zeigt sich, daß für die Aufbereitung und Verbrennung von zerstäubten oder verdampften flüssigen Brennstoffen viel Zeit erforderlich ist. Bei gleicher Geschwindigkeit ist vom Verdichteraustrittsdiffusor über die Brenner bis zum Turbineneintrittsleitrad ein längerer Weg als bei Wasserstoffbetrieb vorzusehen. Auch das fliegende Triebwerk muß später in kaltem Zustand noch mit Wasserstoff angelassen werden.

Dr. Hans-Joachim Pabst von Ohain vor dem Strahltriebwerk He S 3A im Deutschen Museum

Alle Anstrengungen konzentrieren sich nun auf das Flugtriebwerk. In der Abteilung ›Sonderentwicklung‹, in der 1938 schon das Versuchsflugzeug Heinkel He 176 für Raketenantrieb entworfen und gebaut worden ist, entsteht ab Mitte 1938 unter Leitung von Heinrich Hertel, Heinrich Helmbold und Siegfried Günter die He 178.
Ich hatte Heinkel ein Flugzeug mit zwei Triebwerken auf oder unter dem Flügel vorgeschlagen. Mit Hilfe einer Einbauskizze des Triebwerks He S 3B in einem Rumpf ähnlich dem des Propellerjägers He 100 weise ich auf die ungünstigen langen Rohrleitungen vor und hinter dem Triebwerk hin. Heinkel bleibt jedoch bei dieser Anordnung, hauptsächlich wohl aus Zeitgründen. Bei der He 178 treten tatsächlich erhebliche Schubverluste von etwa 15 Prozent auf. An eine verstellbare Schubdüse am Ende des Schubrohres war zwar gedacht worden, aber außer einigen Vorentwürfen war damals noch nichts vorhanden.
Der schematische Längsschnitt der He S 3B zeigt den grundsätzlichen Aufbau und die besonderen konstruktiven Einzelheiten. Der axiale Vorläufer besitzt acht Schaufeln und ist aus Duralumin gefertigt. Für den Radialverdichter mit 16 Schaufeln mit Lavalfuß wird warmfestes Duralumin W verwendet, ebenso für den Diffusor. Der aus dem Diffusor austretende und anschließend umgelenkte Luftstrom wird in drei Zweige aufgeteilt: ein Teil dient zur Kühlung der Brennkammer-Außenwand, ein weiterer Teil wird vor den 16 Brennern nach innen geleitet, um die Innenwand des Verbrennungs- und Mischraumes zu kühlen. Nur der mittlere Teil der Verdichterluft tritt in die Brennkammer ein. Die Kraftstoffverdampfer arbeiten nach dem Prinzip der Schrägrohrkessel und werden durch die Flammen der Verbrennung aufgeheizt. Sehr wesentlich erscheint uns damals die gleichmäßige Versorgung aller Brenner mit Kraftstoff. Nach dem Austritt des Kraftstoffes aus dem Kühlmantel des Rollenlagers sind die Kraftstoffleitungen über mehrere um das Gehäuse gelegte Ringleitungen so verzweigt, daß alle Brenner gleich weit und über gleiche Umlenkungen oder Gabelungen von den Förderpumpen entfernt sind. Die Brennkammerbleche und die aus dem vollen gebohrten Verdampferrohre bestehen aus warmfestem Stahl mit 38 Prozent Nickel.

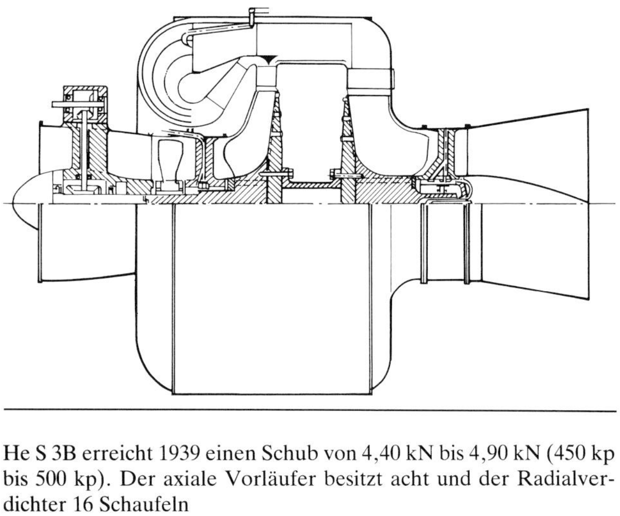

He S 3B erreicht 1939 einen Schub von 4,40 kN bis 4,90 kN (450 kp bis 500 kp). Der axiale Vorläufer besitzt acht und der Radialverdichter 16 Schaufeln

Für die 14 Turbinenschaufeln mit Lavalfuß sowie die Scheibe und das Turbinen-Eintrittsleitrad muß anstelle des nicht schnell genug beschaffbaren, von der DVL verwendeten Abgasturbinenstahls der Krupp-Werkstoff P 193 gewählt werden. Für die Naben und das Turbinengehäuse kommt warmfester Stahlguß zur Anwendung.
Erhebliche Schwierigkeiten macht die Schmierung der hochbelasteten Lager. Das zwischen der axialen Stufe und dem Radialrad sitzende vordere Lager ist ein Dreipunkt-Hochschulter-Kugellager mit geteiltem Außenring. Es wird mit Drucköl geschmiert, das in einem Behälter unter Verdichterdruck steht. Hinter der Zentripetal-Turbine sitzt ein Rollenlager mit besonders großem Längsspiel von acht bis zehn Millimetern. Dieses Lager muß mit Fett geschmiert werden, das mit einer Spindelpresse zugeführt wird. Das Rollenlager wird außerdem mit der vollen Kraftstoffmenge gekühlt, wobei diese gleichzeitig etwas vorgewärmt wird. Vor dem Stirnende der Hauptwelle ist hinter der Nabenverkleidung ein elektrischer Drehzahlgeber angebaut, der mit der vollen Drehzahl der Welle läuft und dem Piloten die Triebwerksdrehzahl anzeigt. Ein Thermoelement hinter der Turbine zeigt am Instrumentenbrett die Strahl-Austrittstemperatur an.
Für das erste fliegende Gerät ist der vorgesehene Geräteträger nicht rechtzeitig fertig geworden, daher werden die beiden Benzinpumpen von einem kleinen Elektromotor angetrieben, der von der Bordbatterie gespeist wird. Diese Pumpen fördern stets die Höchstmenge. Beim Gasgeben wird die Zuleitung zum Triebwerk geöffnet und durch einen parallel gesteuerten zweiten Hahn eine Rücklaufleitung zum Tank geschlossen. Beim Gaswegnehmen wird in umgekehrter Weise die Rücklaufleitung zum Tank geöffnet und die Zuleitung zum Triebwerk mehr oder weniger geschlossen, so daß der geförderte Kraftstoff ganz oder teilweise in den Tank zurückläuft. Zum Anlassen wird Preßluft verwendet, die aus einer Düse tangential auf die Hinterkanten der Turbinenschaufeln geblasen wird. Beim Anlassen des kalten Triebwerkes werden die Verdampferrohre der Brenner mit Wasserstoff beheizt, bis sie für die Verdampfung des flüssigen Brennstoffes heiß genug sind. Erst dann wird auf Benzin umgeschaltet.«

Schnitt durch die Heinkel He S 3B im Deutschen Museum, die unter Leitung der MTU nach dem Kriege von einer Firmengruppe nach Zeichnungen von Dr. Ohain angefertigt worden ist

Heinkel und das Reichsluftfahrt-Ministerium

Um die Zusammenhänge der Triebwerkentwicklung bei Heinkel zu verstehen, muß auf das Mit-, aber auch Gegeneinander *Heinkels* mit der Triebwerkabteilung des Technischen Amtes eingegangen werden, die *Heinkel* in seinem Buch »Stürmisches Leben« differenziert schildert – anders als die zuständigen Bearbeiter im RLM, *Hans Mauch* und *Helmut Schelp.* Auch *Ohain* stellt in einem Vortrag in den USA manches anders dar.
Bei den Ingenieuren der Abteilung Sondertriebwerke im Reichsluftfahrt-Ministerium (RLM) hat *Heinkels* Pioniertat gezündet. Sie erkennen, daß *Heinkels* neue Antriebe ungeahnte Möglichkeiten eröffnen. Dipl.-Ing. *Helmut Schelp,* der bis August 1937 bei der Deutschen Versuchsanstalt für Luftfahrt (DVL) arbeitet, wird 1938 im RLM Mitarbeiter des von *Hans Mauch* geleiteten Referates für Sondertriebwerke, dessen Chef wieder *Wolfram Eisenlohr* ist, der Leiter der gesamten Motorenabteilung (LC 3). *Schelp* befaßt sich anfangs mit Walter-Raketen-Antrieben und dem intermittierenden Strahlrohr von *Paul Schmidt.* Anläßlich einer Tagung der Deutschen Gesellschaft für Luft- und Raumfahrt (DGLR) (12. bis 14. März 1981 in Aachen) berichtet *Schelp,* daß nach seinen Vorschlägen 1938/39 im RLM ein Entwicklungsprogramm für sechs verschiedene Strahltriebwerke beschlossen wird. *Schelp* stärken die Erfolge von *Heinkel* den Rücken. Sie geben ihm den Mut,

Von l. n. r.: Udet und Heinkel in vertraulichem Gespräch; gefolgt von Generalingenieur Wilhelm Lucht, Gottfried Reidenbach, Robert Lusser, Wilhelm Spies (?), Generalingenieur Wolfram Eisenlohr

zusammen mit seinem Chef *Hans Mauch,* ein umfassendes Programm zu konzipieren. *Schelp* neigt allerdings – wie er selbst zugibt – mehr zum Axialtriebwerk und begründet dies auch sehr deutlich. Er strebt einen Stirnflächenschub von 2000 kp/m^2 an, der aber mit einem Radialtriebwerk nicht zu erreichen ist. Die Praxis gibt ihm recht; die zweistrahlige Gloster Meteor I der Engländer mit Radialtriebwerk mit 720 kp Schub erreicht 770 km/h, die Me 262 mit Jumo 004 Axialtriebwerk dagegen 850 km/h Geschwindigkeit. *Schelp* kommt bei seinem Vortrag zu dem Ergebnis, daß »die Pionierarbeiten auf dem Gebiet der Turbinen-Luftstrahltriebwerke nicht von der Flugmotorenindustrie geleistet worden sind. Die Pioniere waren Physiker, Aerodynamiker und Flugzeugbauer«.

Heinkel beurteilt den Referenten für Sonderantriebe im RLM, *Helmut Schelp,* recht kritisch – er sei viel zu unerfahren gewesen, um ein detailliertes Programm für Luftstrahltriebwerke für die Motorenindustrie auszuarbeiten. Nach *Schelps* Aussagen jedoch[22] hat er bereits 1937 während seiner Ausbildung als Flugbaumeister mit Untersuchungen über Flugzeugantriebe begonnen, mit denen die Geschwindigkeit der damaligen Flugzeuge verdoppelt werden sollte. Er erkennt, daß dies nur mit Strahltriebwerken möglich ist, und erarbeitet eine Definition dieser neuen Antriebe, die er wie folgt unterteilt:

- Luftstautriebwerke
- Turbinen-Luftstrahltriebwerke (TL)
- Zweistrom-Turbinen-Luftstrahltriebwerke (ZTL)
- Propellerturbinen-Luftstrahltriebwerke (PTL)
- Motoren-Luftstrahltriebwerke (ML)

Schon im Frühjahr 1937, als gerade das Demonstrationstriebwerk He S 2 mit Wasserstoff läuft, besucht *Mauch* die Sonderabteilung II von *Heinkel*[23]. *Mauch* ist sehr beeindruckt von dieser Neuentwicklung und läßt sich davon überzeugen, daß das Turbo-Luftstrahltriebwerk der Schlüssel zum Hochgeschwindigkeitsflug ist. *Mauch* bemerkt aber auch, unter welch primitiven Verhältnissen in der Werkstatt gearbeitet wird. Er schlägt *Heinkel* deshalb vor, sein Team an Daimler-Benz abzugeben, um dort eine Kernmannschaft aufzubauen, der die notwendigen Prüfstände, Herstellungsmöglichkeiten und Versuchs-Ingenieure zur Verfügung stehen. Er will *Heinkel* über das RLM seine bisherigen Investitionen erstatten. *Heinkel* aber lehnt entschieden ab. Sowohl *Mauch* als auch *Helmut Schelp* sind der Ansicht, daß sich nur Motorenwerke und nicht die Flugzeugwerke mit der Entwicklung von Turbo-Luftstrahltriebwerken befassen sollten. *Schelp* sieht aber keine Notwendigkeit, die Arbeiten *Heinkels* einzuschränken, sondern erhofft sich davon vielmehr einen Anreiz für die Motorenwerke, die sich zu dieser Zeit noch gegen Luftstrahltriebwerk-Entwicklungen sträuben. Auf der anderen Seite weigert sich *Mauch* aber, *Heinkels* Arbeiten durch das RLM zu finanzieren, es sei denn, er gäbe sein Team an ein Motorenwerk ab. *Heinkel* sitzt hier in einer Zwickmühle.

In dieser Zeit arbeitet *Schelp* das schon erwähnte Programm für Luftstrahltriebwerke aus. Es entsteht in Zusammenarbeit mit dem Referat C-E 2/I für Flugzeugzellen, dessen Leiter *Hans Antz* ist.

Entwicklungs-Programm des RLM für Strahltriebwerke (1939)

109-001	=	Heinkel He S 8	(Dr. v. Ohain)
109-002	=	BMW P 3304	(Weinrich)
109-003	=	BMW 003	(Dr. Oestrich)
109-004	=	Jumo 004	(Dr. Franz)
109-006	=	Heinkel He S 30	(M. A. Müller)
109-007	=	Daimler-Benz ZTL	(Prof. Leist)

Schelp und *Antz* kommen im Gegensatz zu *Heinkel* zu der Überzeugung, daß sich für einen zweistrahligen Jäger ein axiales Luftstrahltriebwerk besser eignet, weil sein Querschnitt kleiner ist als der eines radialen Antriebes. *Antz* und *Schelp* setzen sich mit der Projektabteilung von Messer-

schmitt in Verbindung und arbeiten einen Plan für ein geeignetes axiales Turbo-Luftstrahltriebwerk aus – der erste Schritt auf dem Weg zum Jumo 004, zum BMW 003 und zur Me 262!
Von dieser Tendenz zum axialen Triebwerk im RLM hört natürlich auch *Heinkel.* Auch er kann sich den Vorteilen der axialen Bauweise gegenüber der einfacheren radialen Bauweise nicht verschließen, nur ist ein radialer Antrieb einfacher und schneller herzustellen als ein axialer.
Inzwischen besuchen *Mauch* und *Schelp* die Firmen Junkers, Daimler-Benz, BMW und die Brandenburgischen Motorenwerke, die später mit BMW fusionieren. Das RLM will mit jedem von ihnen einen Entwicklungsauftrag abschließen, um zu klären, welcher der verschiedenen Antriebe sich am besten für das eine oder andere Werk eignet. Die Antworten sind jedoch durchweg negativ, weil die Werke mit Aufträgen auf Kolbentriebwerke schon überfordert sind.

Die Wagner-Junkersgruppe

Im Oktober 1939 siedelt eine Gruppe von 18 ehemaligen Mitarbeitern von Professor *Herbert Wagner,* die beim Junkers Maschinenbau in Magdeburg an der Entwicklung eines axialen Turbo-Luftstrahltriebwerkes gearbeitet hat, zur Firma Heinkel über. Leiter dieser Gruppe wird *Max Adolf Müller,* der als ehemaliger Assistent von Professor *Herbert Wagner* dessen Turbo-Luftstrahltriebwerk maßgebend beeinflußt hat. *Heinkel* beschäftigt damit nach seinen eigenen Angaben Ende 1939 in Marienehe über 120 Ingenieure mit dem Bau von Strahlflugzeugen und Turbo-Luftstrahltriebwerken.
Beide Triebwerk-Gruppen arbeiten unter der Aufsicht *Ohains;* die eine befaßt sich mit Antrieben radialer Bauart, die andere unter Leitung *Müllers* mit Triebwerken axialer Bauweise (He S 30). Eine zweite Gruppe unter *Müller* projektiert aber auch ein Motor-Luftstrahltriebwerk (ML), dessen Verdichter durch ein Kolbentriebwerk – bei Heinkel von einem 16-Zylinder[24] schnell laufenden Ottomotor mit 1470 kW (2000 PS) – angetrieben wird. Außerdem arbeitet die Gruppe Müller an einem Zweikreiser- und einem Propellerturbinen-Triebwerk (ZTL, PTL).
Das aber findet bei *Mauch* keine Zustimmung. Erneut verlangt er von *Heinkel* die Übergabe des Entwicklungs-Teams an ein Motorenwerk. Selbst *Schelp,* der Heinkels Arbeit toleriert, fürchtet eine Verzettelung durch die Aufgaben der zweiten Müller-Gruppe, weil dafür weder Fachleute noch ausreichende technische Einrichtungen zur Verfügung stehen. *Mauch* verläßt das RLM im Herbst 1939. Sein Nachfolger wird *Ernst Beck.* Die Arbeiten von *Mauch* werden aber von *Schelp,* vorerst zwar nicht de jure, aber de facto, weitergeführt.

Udet bricht für Heinkel eine Lanze

Am 18. Oktober 1939 hat aber bereits *Udet* ein Machtwort gesprochen und die Finanzierung der Arbeiten *Heinkels* für den Strahlflug angeordnet. *Schelp* erhält[25] Weisung, die Arbeiten *Heinkels* zu unterstützen. Für die Firma bedeutet das auch Zugang zu Werkstoffen und Fachkräften, die durch den Krieg immer knapper werden.
Das Telegramm *Udets* vom 18. Oktober 1939 an *Heinkel* hat dem Sinn nach folgenden Inhalt[26]:

Fernschreiben BB Rostock Nr. 288/10:

a) bin über die bei Heinkel laufenden Arbeiten während meines Besuches eingehend orientiert und glaube »fanatisch« an den Erfolg der Arbeiten,
b) gebe Einwilligung zur Weiterführung der Arbeiten, Berichterstattung über die laufenden Arbeiten nur an mich oder Lucht,
c) Heinkel-Flugzeugwerke haben in den Arbeiten völlig freie Hand, kein Referent ist ermächtigt, Schwierigkeiten zu machen oder Berichte über die Arbeiten zu verlangen,
d) selbstverständlich muß zu einem späteren Zeitpunkt entschieden werden, wer die Aggregate (He 280) in Serie baut. Die Entwicklung bis zu diesem Zeitpunkt ist ausschließlich Sache der Ernst Heinkel-Flugzeugwerke,
e) die bei Messerschmitt laufenden Arbeiten auf ähnlichem Gebiet werden gemeinsam mit BMW abgewickelt. Heinkel kann dagegen das ganze Gebiet ohne die Hilfe einer anderen Firma selbständig bearbeiten.

Ernst Udet hilft Heinkel über alle Schwierigkeiten hinweg, die ihm anfangs gegen den Bau von Strahlflugzeugen und Strahltriebwerken bereitet werden

Dieses gekürzt wiedergegebene Fernschreiben ist anläßlich eines Besuches von *Heinkel* und seinem neuen Technischen Direktor, *Robert Lusser,* bei *Udet* abgefaßt worden, nachdem sich *Heinkel* darüber beschwert hat, daß ihm von Referenten des RLM Schwierigkeiten bei der Weiterführung der Arbeiten an einem Triebwerk für die He 280 gemacht werden. Er meint damit wahrscheinlich das ständige Drängen von *Hans Mauch,* Heinkels Strahltriebwerkbau an ein Motorenwerk abzugeben, und an die bis zur Erfüllung dieser Forderung gesperrten Gelder.
Das Fernschreiben ist Grundlage für ein Gespräch am 25. Oktober 1939 im RLM zwischen Vertretern der Heinkel-Werke, *Robert Lusser, Heinz Meschkat* und *Wolfram Eisenlohr,* dem Leiter der Motorenabteilung im RLM. Es geht hier um eine möglichst unbürokratische Materialzustellung. *Eisenlohr* betont zum Schluß der Verhandlung, daß die Heinkel Strahlflug-Entwicklung in keiner Weise gehemmt und gemäß den Weisungen von *Ernst Udet* verfahren werde[27].
Hierzu bemerkt *Ohain* nach dem Kriege in einem Vortrag an der Universität in Florida:

»Heinkel lädt die Vertreter des RLM zu einer Vorführung der He 178 ein. Sie findet am 1. November 1939 statt. Bei dieser Gelegenheit bietet er die Entwicklung eines zweistrahligen Jagdflugzeuges He 280 an, mit zwei Triebwerken außen unter den Tragflügeln. Heinkel erhält daraufhin vom RLM einen Vertrag für den Bau dieses Flugzeuges. Zusätzlich holt er sich das Einverständnis des RLM, die Motorenfirma Hirth zu kaufen, wenn ihm der Erstflug mit dem Flugzeug bis zum April 1941 gelingt.«

Belegt wird die Äußerung *Ohains* durch einen Hinweis im Heinkel-Typenblatt He 280[28], in dem nachzulesen ist, daß am 20. Juni 1939 mit den Arbeiten an der Attrappe einer He 180 begonnen wird, aus der die He 280 entsteht, deren Entwurf bereits am 10. August 1939 vorgelegen haben soll, also noch vor dem Erstflug der He 178.
Vor dem Telegramm *Udets* vom 18. Oktober 1939 hat bereits im RLM[29] ein Gespräch zwischen *Udet, Lucht, Heinkel* und seinem Berliner Repräsentanten *v. Pfistermeister* darüber stattgefunden, welche verschiedenen Triebwerke im Auftrag des RLM durch Heinkel zu bauen sind.

Diese Tatsache wird weder in *Heinkels* Buch »Stürmisches Leben« noch im Schrifttum erwähnt. Sie widerspricht *Heinkels* Darlegungen von einer Benachteiligung seiner Arbeit und mangelndem Interesse des RLM am Strahlflug[30].
Wenn *Udet* und *Lucht* dem kleinen Versuchsflugzeug He 178 keine so große Bedeutung beimessen, so deswegen, weil auf dem Reißbrett *Lussers* bereits die neue He 280 feste Formen angenommen hat. Das schmälert aber keineswegs die Epoche machende Leistung vom Erstflug der He 178 mit dem ersten flugfähigen Turbo-Luftstrahltriebwerk.

Heinkel Triebwerkbau

He S 8A[31] für die He 280

Für die He 280 haben *Ohain* und *Heinkel* zunächst ein axiales Triebwerk vorgesehen[32]. Beide werden sich schon im Herbst 1938, ein Jahr vor dem Erstflug der He 178, darüber einig, axiale Strahltriebwerke in das Entwicklungsprogramm des Heinkel-Motorenbaues aufzunehmen. *Ohain* empfiehlt *Heinkel,* mit *Walter Encke* von der AVA in Göttingen, den er aus seiner Studienzeit gut kennt, einen Berater-Vertrag abzuschließen. *Ohain* weiß, daß *Encke* seit längerem auf Ingenieur-Tagungen Vorträge über axiale Einzelstufen hält, deren Charakteristik ein sehr hoher Spitzen-Wirkungsgrad (bis etwa 92 Prozent), ein sehr kleines Druckverhältnis von etwa 1,2 und ein sehr enger Betriebsbereich sind.

Encke hält zu dieser Zeit den Bau eines vielstufigen axialen Gebläses mit hohem Gesamtdruck und hohem Wirkungsgrad zwar für möglich, aber für spekulativ. Ein Jahr später (1937) ist er schon viel optimistischer gegenüber einer Vielstufigkeit und 1938 entwirft er bereits einen sechsstufigen Axial-Verdichter mit einem Druckverhältnis von zwei für den Junkers-Motorenbau als Kompressor zur Aufladung von Höhenmotoren. Er wird später (1939) Berater von *Junkers* für den achtstufigen Verdichter des Jumo 004 Strahltriebwerkes.

Noch vor dem Vertrag mit *Junkers,* Ende 1938, schließt

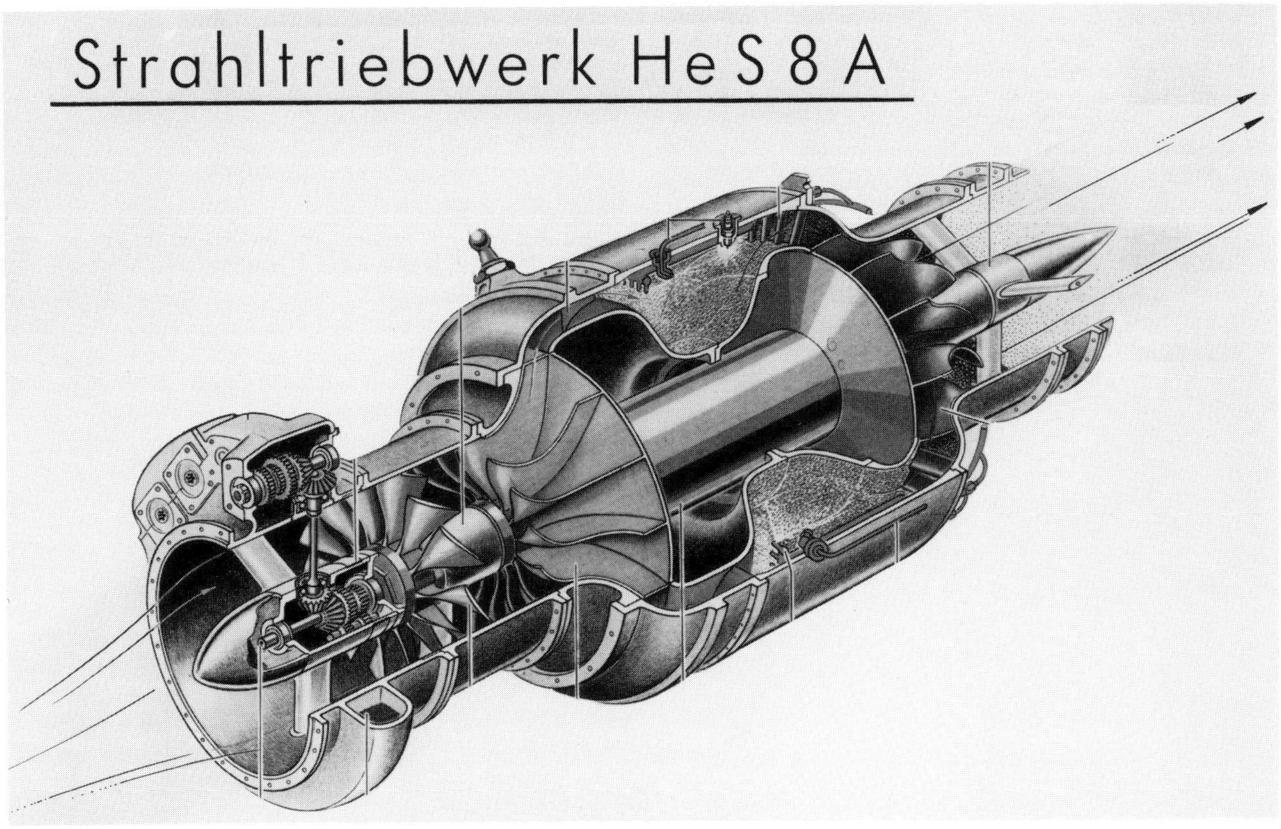

He S 8A, mit der am 30. März 1941 unter Führung von Fritz Schäfer der erste Flug eines zweistrahligen Flugzeuges He 280 gelingt

Heinkel mit *Encke* einen Berater-Vertrag ab über den Entwurf von axialen Verdichtern für Turbo-Strahltriebwerke. *Encke* schlägt zuerst eine Einzelstufe vor, die *Heinkel* erproben soll. Zum Bau dieser Stufe kommt es aber nicht mehr, weil mitten in diese Planung der Umzug der Wagner-Müller-Gruppe fällt. Sie bringt Erfahrungen mit dem Junkers RTO-Triebwerk von Professor *Wagner* aus Magdeburg mit, über das noch berichtet wird. In verbesserter Form ist es unter der Bezeichnung He S 30 für die He 280 vorgesehen. So bleibt die Arbeit an dem Ohainschen Axialtriebwerk in den Anfängen stecken. *Ohain* und *Lusser* aber bezweifeln, daß das Müller-Triebwerk wegen des komplizierten Axialverdichters rechtzeitig fertig wird und einigen sich mit *Heinkel* auf eine eigene Entwicklung, zumal *Max Müller* nicht über Termine sprechen und sich nicht festlegen will.

Wieder entscheidet sich *Ohain* für einen Radialverdichter mit axialem Vorläufer und einer radialen Turbine. Die verdichtete Luft durchströmt bei diesem Triebwerk im Gegensatz zur He S 3B in geradem Fluß die ringförmige Brennkammer. Durch kleinere Abmessungen kann dieses Triebwerk günstiger gestaltet werden als die He S 3; es hat einen Durchmesser von 775 mm im Vergleich zum axialen Konkurrenztriebwerk BMW 003 mit 690 mm oder zur He S 3B mit 1200 mm. Die Geräte werden zu einer Einheit zusammengefaßt, um einen schnelleren Triebwerkswechsel zu ermöglichen. Für die Entwicklung des Triebwerkes He S 8A sind 14 Monate eingeplant.

Im April 1940 wird die erste He S 8A termingerecht auf den Prüfstand gebracht. Die Erprobung ergibt[33]

- Schwierigkeiten in der Verbrennung,
- ungleichmäßige Temperatur-Verteilung,
- Materialschwierigkeiten im Zusammenhang mit Sparmaßnahmen für Nickel.

Mit dem Prototyp V 2 beginnen die Abnahmeläufe; ihnen sollen Prüfläufe der für die Flugerprobung vorgesehenen Triebwerke V 3 und V 4 folgen. Eine Terminplanung in einer Betriebsmitteilung vom 1. Dezember 1940 sieht vor, daß die Motoren bis Mitte Januar 1941 in die He 280 eingebaut werden. Die He S 8A erreicht aber zu diesem Zeitpunkt weder den vorgesehenen Schub noch eine für die Flugerprobung ausreichende Zuverlässigkeit. Zwar gelingt am 30. März 1941 mit *Fritz Schäfer* als Pilot der Erstflug und eine ausgezeichnete Flugvorführung vor Vertretern des RLM, doch ist das Triebwerk weit von einer Serienreife entfernt. Am 13. Juni 1941 gibt *Ohain* in einem Gespräch mit *Schelp* folgende Schwierigkeiten an:

- Beim Geräteteil liegen die Ursachen im falschen Ölhaushalt, der zum Lagerfraß führt. Das Getriebe zur Ölförderung muß durch ein neues, verbessertes ersetzt werden.
- Bei der Brennanlage verrußen und verschmutzen die Düsen. Als Zwischenlösung sind geeignetere Düsen eingesetzt worden, außerdem sind neue, von außen einsetzbare Düsen entwickelt worden, die aber noch erprobt werden müssen. Die Kühlung des hinteren Lagers ist durch einen besonders starken Wärmeübergang gefährdet. Eine Verbesserung soll durch Anbringen von Kühlrippen erreicht werden.

Ein Jahr später, Mitte 1942[34], beraten Vertreter des Ministeriums, der Heinkel-Werke und der AVA Göttingen (Dipl.-Ing. *Encke*) über die Mängel an der He S 8A und einer Weiterentwicklung He S 8B. Die bisherigen V-Muster der He S 8A haben noch keine automatische Regelung. Das RLM verlangt, daß bei Leerlauf oder Vollgasstellung unabhängig vom Flugzustand die Drehzahl konstant bleibt. Ferner erwartet das RLM einen Mindestschub von 600 kp, obwohl für die He 280 700 kp bis 750 kp Schub notwendig sind. Mit der He S 8B mit neuem Verdichter und geänderter Turbine, die *Ohain* inzwischen in Angriff genommen hat, ist ein neuer Typ entstanden, für den aber nur wenige Teile des Vorgängers He S 8A verwendet werden können. Das RLM hält dies für eine unglückliche Lösung und schlägt eine einfache Änderung an der Konstruktion der He S 8A vor, die durchaus zum Ziel führen könne. Empfohlen wird bei gleichem Luftdurchsatz eine Steigerung der Förderhöhe des Verdichters durch die Nachschaltung eines Axiallaufrades hinter dem ungeändert bleibenden Radialverdichter. Nach einer solchen Änderung glaubt *Schelp,* den Schub ausreichend erhöhen und die Leistungen der He 280 entsprechend verbessern zu können. Dieser Vorschlag ist anscheinend von *Ohain* nicht aufgegriffen worden, denn es gibt darüber keinen Aktenvermerk.
Dagegen faßt *Heinkel* im September 1942 in einer Mitteilung[35] den Stand der He S 8A-Fertigung zusammen:

Zwölf He S 8A befinden sich in der Herstellung, davon sind vier Triebwerke fertig (V 16, V 17, V 18 und V 19)
- V 16 und V 17 sind geflogen
- V 18 und V 19 erhalten neue Schaufeln
- V 18 wird am 26. September 1942 fertig
- V 19 wird bis 1. Oktober 1942 fertig
- V 22 wird am 22. Oktober 1942 fertig
- V 21 wird am 5. November 1942 fertiggestellt

Alle Triebwerke werden noch in Marienehe gebaut. In einem Zulieferwerk in Tuttlingen werden bis 15. Dezember 1942 zusätzlich die He S 8A, V 22 bis V 27 gefertigt. Durch die Flugerprobung erhofft sich *Heinkel* weitere Aufschlüsse über Leistungsfähigkeit und Einsatzmöglichkeit seiner He S 8A. Für den nächsten Flug der He 280 mit einer V 16 und V 17, von *Heinkel* für den 10. Oktober festgesetzt, erhalten die beiden Triebwerke eine verstellbare Austrittsdüse. Für weitere Versuchsflüge mit einer He 111 wird ein Programm mit Messungen auf verschiedensten Gebieten festgelegt. Aber alle Erprobungen und Änderungen nützen nichts. Am 27. März 1943 wird die He 280 durch RLM-

Anweisung vom Bauprogramm abgesetzt und mit ihr das He S 8A-Triebwerk, das keine Serienreife erlangt hat.
Über die Hintergründe für das Scheitern der He S 8A äußert sich *Ohain* in einem Brief an *Siegfried Günter*[36]:

»Heinkels Pionierleistungen auf dem Gebiete der Strahltriebwerks-Entwicklung sind vom RLM hoch anerkannt worden. Der erste Flug der He 178 im August 1939 ist vom RLM zu einem großen Teil als Heinkels persönlicher Verdienst betrachtet worden. Dieser Flug hat einen großen Einfluß auf die Förderung der gesamten Strahltriebwerks-Entwicklung in Deutschland ausgeübt. Die Tatsache, daß Heinkel nicht zur Serienentwicklung kommt, ist im Wesentlichen darauf zurückzuführen, daß die wichtigsten Voraussetzungen für eine Entwicklung fehlten, wie Prüfstände für Zubehör, Verdichter, Brennkammer und Turbine, ferner Fabrikationseinrichtungen, Entwicklungs- und Entwurfsingenieure, Zubehör und Kontroll-Spezialisten. Erst im Jahre 1942 tritt mit dem Kauf der Hirth-Werke in Zuffenhausen eine Wende ein, die sich aber erst Ende 1944 voll auswirkt.«

Die nachfolgenden Verbesserungen an der He S 8A führen zwar zu einer gleichmäßigen Temperatur-Verteilung am Brennkammer-Austritt, einer Beseitigung der Ermüdungsbrüche der Turbinenschaufeln und zur besseren Kühlung der Lager, der Schub kann aber nicht nennenswert gesteigert werden.

Kauf der Hirth-Motorenwerke

Bald nach dem Erstflug der He 280 im Jahre 1941 erhält *Heinkel* – trotz schärfsten Protestes von *Messerschmitt* – vom RLM die Genehmigung, die Hirth-Motorenwerke für vier Millionen Mark zu kaufen. Das Unternehmen verfügt über erfahrene Ingenieure, Werkmeister, Werkzeugmaschinen und Prüfstände. Es ist aber bisher hauptsächlich mit der Herstellung von Sportflugzeugen und Abgas-Turboladern beschäftigt gewesen und muß durch Erweiterungen und Umbauten für den Bau von Luftstrahltriebwerken hergerichtet werden. Auf vielen Gebieten kommt die Fertigung dieser Aggregate dem Bau von Strahltriebwerken nahe. *Ohain* bemerkt in einem seiner Vorträge in den USA[37], daß die leitenden Ingenieure von *Hirth* hervorragende Wissenschaftler gewesen sind und nennt als Beispiel *Dr. Max Bentele,* der in dem neuen Heinkel-Hirth-Werk Chef der Abteilung für Zubehör und Komponenten wird.
Die Gruppe *Adolf Müller* siedelt in das Hirth-Motorenwerk in Zuffenhausen über, um dort weiter an der He S 30 zu arbeiten. *Ohain* folgt 1942. Leider kommt es zwischen den schwäbischen Praktikern und den Wissenschaftlern aus Marienehe bald zu Reibereien[38], die sich sehr ungünstig auf die Arbeit auswirken. *Heinkel* beauftragt *Harald Wolff*[39], einen bisher bei BMW in leitender Position tätigen Mitarbeiter, mit der Koordinierung der Zuffenhausener Mannschaft und deren Zusammenführung zu einem Team. Trotz seiner Fähigkeiten scheitert *Wolff* hier. Keines der im Bau befindlichen Triebwerke erreicht zu den vorgesehenen Terminen Serienreife.

Axialtriebwerk He S 30

Die He S 30 ist das erste axiale Turbo-Luftstrahltriebwerk des Heinkel-Motorenbaues, mit dessen Entwicklung im Sommer 1939 begonnen wird. Das frühere Wagner-Team besteht aus exzellenten Wissenschaftlern und Ingenieuren und wird von *Heinkel* durch Konstrukteure, Zeichner und Mechaniker verstärkt. *Heinkel* erreicht höchste Priorität für die He S 30. Das Triebwerk kommt 1941 auf den Prüfstand.

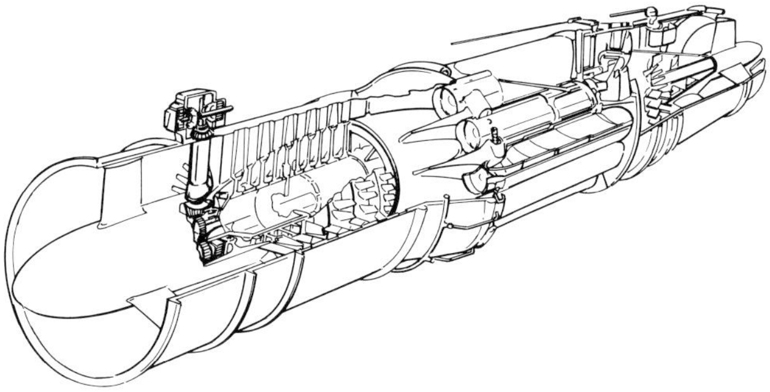

Erstes axiales Heinkel-Turbo-Luftstrahltriebwerk He S 30, mit dessen Entwicklung im Sommer 1939 nach der Übersiedlung der Junkers-Ingenieurgruppe aus Magdeburg begonnen wird

Die He S 30 erreicht im April 1942 auf dem Prüfstand 8,04 kN (820 kp) Schub. Dem Leser zugewandt ist die Turbine ohne Schubrohr

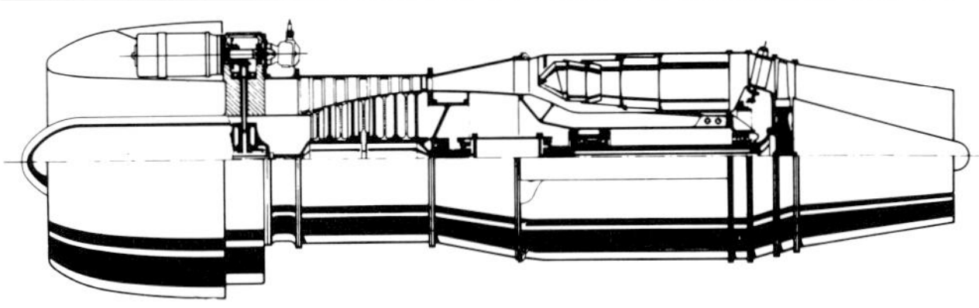

He S 30 V 1

Der Entwurf stammt von Dipl.-Ing. *Max Adolf Müller* und baut auf den Vorarbeiten und Versuchen auf, die er unter der technischen Leitung von Professor *Herbert Wagner* in der zu Junkers gehörenden Maschinenfabrik Magdeburg begonnen hat. Der axiale Verdichter der He S 30 wird nach Vorschlägen von Professor *Dr.-Ing. Rudolf Friedrich* ausgelegt und erreicht mit nur fünf Stufen ein Druckverhältnis von 2,8. Die Arbeit an dem Triebwerk wird durch Verlegung der Arbeitsgruppe Müller von Marienehe in das Hirth-Motorenwerk Zuffenhausen bei Stuttgart zeitlich stark verzögert. Dazu kommen menschliche Schwierigkeiten der beiden so ganz verschiedenen Arbeitsgruppen. Es zeigt sich, daß trotz der einstellbaren Turbinen-Leitschaufeln kein ausreichender Schub zu erzielen ist, weil die Turbine kein genügendes Drehmoment liefert, um den Verdichter auf die gewünschte Drehzahl zu bringen. In Zuffenhausen wird deswegen unter Leitung von *Dr.-Ing. Hans Stabernack* eine neue Turbinenbeschaufelung entwickelt und gebaut. Erst im April 1942 kann ein Schub von 8,04 kN (820 kp) vorgefahren werden, nachdem die einstufige Turbine dem Massenstrom des Verdichters besser angepaßt worden ist. Kraftstoffverbrauch, Außendurchmesser und Masse der He S 30 sind auffallend niedrig; der Wirkungsgrad des Axialverdichters liegt trotz der hohen Umfangsgeschwindigkeit bei 87 Prozent[40]. Das Turbinen-Luftstrahltriebwerk He S 30 ist ein gelungener und hohe Erwartungen begründender zweiter Schritt der Initiative *Herbert Wagners*. Es fand leider im Drang zu raschen Entscheidungen und Tageserfolgen und im Zwang zur Konzentration der Entwicklungsarbeiten auf die leistungsstarke He S 011 nicht die ihm gebührende Beachtung.

Die Arbeiten an der He S 30 werden im Juli 1942 vom RLM gestoppt, als im gleichen Monat eine Me 262 mit Jumo 004 zum Erstflug startet. Der Jumo 004 hat bereits ein Jahr zuvor einen Schub von 7,45 kN (760 kp) über 25 Stunden erreicht und läuft mit 9,40 kN (960 kp)[41] Schub auf dem Prüfstand.

Heinkel He S 011

Im Verlauf des Jahres 1942 erfolgt durch das RLM eine Bereinigung in der Triebwerkentwicklung. Bewährt haben sich bis dahin nur das Junkers-Triebwerk 004 A mit 8,24 kN (840 kp) Schub, mit dem auf dem Prüfstand schon 9,81 kN (1000 kp) gefahren werden, und der BMW 003 mit 7,8 kN (800 kp) Schub. Folglich werden alle anderen Projekte zurückgestellt. Daraufhin verläßt *Max Adolf Müller,* verärgert über das unrühmliche Ende der He S 30 sowie der noch zu beschreibenden He S 35 ZTL und He S 40, im Mai 1942 die Firma Heinkel. *Müller* ist ein genialer Wissenschaftler, der sich hohe Verdienste um die Entwicklung axialer Luftstrahltriebwerke erworben hat. Er ist aber weltfremd und als Führungskraft ungeeignet. Alle Qualitäten, die *Müller* fehlten, besaß nach *Ohains* Aussagen dagegen der hervorragende Wissenschaftler und Mitarbeiter *Müllers,* Professor *Dr.-Ing. Rudolf Friedrich.*

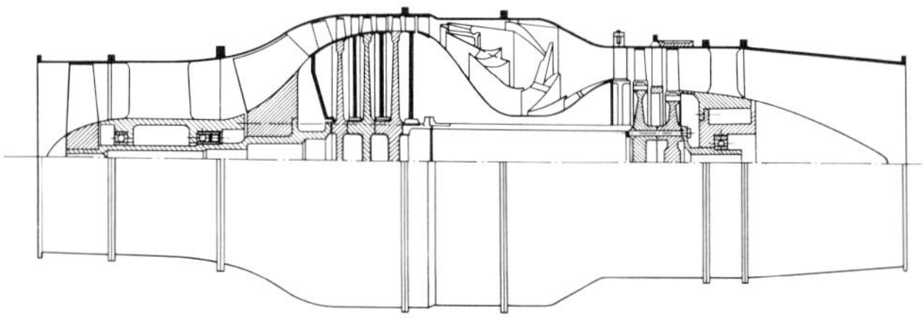

Heinkel He S 011 mit axialem Vorläufer, Diagonalverdichter, drei Axialstufen, Ringbrennkammer und zweistufiger Turbine mit luftgekühlten Hohlschaufeln

Von der He S 011 V 4, die für 12,75 kN (1300 kp) Schub ausgelegt ist, werden nach dem Krieg auf Veranlassung der Amerikaner zehn Stück als Studienobjekte nachgebaut und in die USA und nach England verschickt

Mit dem Stop der He S 30 und der anderen Triebwerke verliert *Heinkel,* der Pionier des Turbo-Strahlflugzeuges und der Turbo-Strahltriebwerke, seine zahlreichen Aufträge auf diesem Gebiet gerade in dem Augenblick, als er endlich ein Motorenwerk sein eigen nennt. Außerdem steht ihm jetzt das vereinigte Ingenieur-Team von Hirth und Professor *Herbert Wagner* – Junkers zur Verfügung. Diese Tatsachen machen ihn voll konkurrenzfähig gegenüber den anderen großen Motorenwerken. Auch das RLM ist von den neuen Möglichkeiten Heinkels überzeugt. *Schelp,* der inzwischen (1941) auch offiziell der Nachfolger von *Hans Mauch* geworden ist, sorgt dafür, daß das Heinkel-Hirth-Werk schon Ende 1941 einen Auftrag auf die Entwicklung eines neuen Triebwerkes erhält. Ihm schwebt ein stärkeres Triebwerk vor, das mit Hilfe eines Hochdruckverdichters 12,75 kN (1300 kp) Schub erreichen und ein Wachstum-Potential auf 19,62 kN (2000 kp) haben soll. Gleichzeitig wird die Abwandlung zu einer Propellerturbine unter der Bezeichnung He S 21 vereinbart; es laufen bereits Studien, die die grundsätzlichen Vor- und Nachteile von Propellerturbinen und Turbo-Luftstrahltriebwerken klären sollen[42]. *Heinkel* erhält einen offiziellen Entwicklungsauftrag auf ein Triebwerk mit dem genannten Schub mit den Richtwerten für ein Druckverhältnis von fünf und einem Stirnflächenschub von 2500 kp/m². *Ohain* nimmt in seinem schon mehrfach erwähnten Vortrag in Dayton zur He S 011 wie folgt Stellung:

»Schelp hat die Anforderungen selbst ausgearbeitet und ausgezeichnete Vorschläge für eine diagonale Radialstufe, eine zweistufige Turbine und einen verstellbaren Kegel im Schubrohr unterbreitet.
Ich werde mit der Entwicklung der He S 011 beauftragt und Curt Schif, der Direktor der Hirth-Motorenwerke, mit der Planung für den Serienbau. Der Chefingenieur vom Hirth-Motorenbau ist Dr. Max Bentele. Er gilt als besonderer Fachmann für Schwingungsfragen.«

Der Entwurf der He S 011 sieht einen axialen Vorläufer vor, dem ein kombinierter Radial-Axial-Verdichter folgt. Der schräg durchströmten Diagonalstufe folgen drei Axialstufen, eine Ringbrennkammer mit 15 Einspritzdüsen am Umfang und zwei Vernebelungsdüsen zum Anlassen zuzüglich zwei Zündkerzen. Die Turbine ist zweistufig und hat luftgekühlte Schaufeln. Der Kraftstoffdruck liegt bei 40 kg/cm², der Schmierstoffdruck bei 3 kg/cm².
Schelp unterstützt weitgehend die Arbeiten *Ohains* und seiner Mannschaft. Er sieht – wie *Ohain* dem Verfasser anläßlich eines Treffens im Deutschen Museum (19. Januar 1988) zu berichten weiß – die Zukunft der Turbo-Luftstrahltriebwerke in hohen Druckverhältnissen. Dafür sind viele Verdichterstufen notwendig. Ein solches Triebwerk ist schwer zu starten und bleibt leicht im Leerlauf stehen. Diese Schwierigkeiten sollen mit der diagonalen Stufe umgangen werden.

Am 16. Juli 1942 – ein halbes Jahr nach Auftragserteilung – findet im RLM ein Spitzengespräch zwischen Fachleuten des RLM, der Aerodynamischen Versuchsanstalt Göttingen (AVA) und den Heinkel-Werken statt, um eindeutige Richtlinien für die Auslegung der He S 011 festzulegen. Das Gespräch zeigt, welche Bedeutung RLM und Forschung der He S 011 beimessen. Die Ausführungen legen die Probleme dar, die es, besonders mit der Lieferung von hochwertigen Rohstoffen zu lösen gilt. Die erste Seite des Protokolls[43] dieser Sitzung wird ungekürzt wiedergegeben:

»Die Besprechnung hatte das Ziel, nachdem schon in vorgehenden Besprechungen die Leistungsauslegung der He S 011 festgelegt worden war, die Bauausführung zu besprechen, um so bald als möglich das Projektstadium für diese Triebwerke abzuschließen und mit der Konstruktion beginnen zu können.
Bei der Firma EHS liegen für diesen Zweck zwei Entwürfe vor. Der erste Entwurf sieht eine Diagonalvorstufe mit nachgeschalteten Axiallaufrädern vor, einer normalen bekannten Ringbrennkammer und einer einstufigen Diagonalturbine. Beim zweiten Entwurf ist im Anschluß an die Diagonalvorstufe ein dreistufiger Axialverdichter vorgesehen und die Turbine als zweistufige Axialturbine projektiert. Es werden die Vor- und Nachteile der vorgelegten Ausführungsform besprochen.
Die aerodynamische Rechnung hat gezeigt, daß der günstigste Wirkungsgrad und die günstigste Leistung bei adiabatischer Förderhöhe bei ungefähr 20 000 m liegen wird. Dieses Fluggefälle ist aber nicht mehr in einer einstufigen Turbine umzusetzen, so daß im Endziel auf die zweistufige Turbine übergegangen werden muß. Es besteht nun die Frage, ob

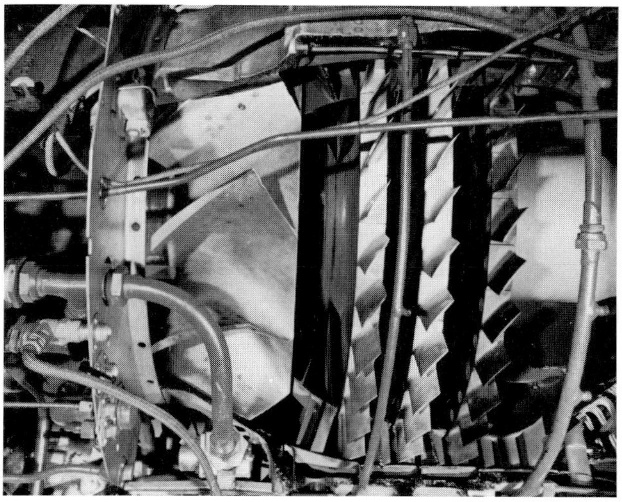

Schnitt einer He S 011 im Deutschen Museum mit kombiniertem Verdichter, der axiale Vorläufer ist nicht sichtbar; es folgen die schräg durchströmte Diagonalstufe und drei Axialstufen

eine Zwischenlösung angestrebt werden soll, um dadurch so schnell wie möglich die Probleme des Kombinationsverdichters erkennen zu können, oder ob das Gerät von vornherein in der Auslegung der einzelnen Bauelemente auf den Endschub hin ausgelegt werden soll. Ein hierfür von Anbeginn projektiertes Triebwerk wird nach einem gewissen Übergangsstadium ohne eine Umkonstruktion, nur durch Verbesserung und Ausfeilung der einzelnen Bauelemente den geforderten Schub weit schneller erreichen.«

Die endgültige Entscheidung überläßt das Gremium dem Projektbüro, mit anderen Worten *Ohain.* Empfohlen wird die zweite Lösung mit einem vorsichtigen Herantasten an den geplanten Schub von 1300 kp während der Prüfläufe.
Mit der diagonalen Stufe, die eine Kreuzung zwischen einer radialen und axialen Stufe ist, soll das Triebwerk mit seinem Durchmesser einer axialen Luftstrahl-Turbine angepaßt werden. Der Pferdefuß dieser Lösung liegt bei der sehr schwierigen Herstellung dieser Stufe. Von einem solchen Verdichter verspricht sich aber *Schelp,* der ihn zusammen mit *Ohain* konzipiert hat, die erwartete Leistung. Die Ingenieure der zweiten Arbeitsgruppe Müller, die an der He S 30 arbeiteten, warnen aufgrund ihrer Erfahrungen bei Junkers vor einer solchen Entwicklung, die ebenso ein Irrtum sei wie der damals geplante Gegenlaufverdichter (Weinrich-Versuche bei BMW).
Das erste Triebwerk kommt Anfang 1944, eineinhalb Jahre später als im Terminplan vorgesehen[44], auf den Prüfstand und erreicht 10,79 kN (1100 kp) Schub. Den Triebwerken V 1 bis V 5 folgen stark voneinander abweichende Versuchsgeräte V 6 bis V 19 mit 11,28 kN (1150 kp) Schub und schließlich die für die Serie bestimmte He S 011 A-0, die erst nach dem Krieg fertiggestellt wird und 12,75 kN (1300 kp) Schub erreicht.

Heinkel schreibt[45] hierzu:
»Von oben her (RLM) auf diesen Irrweg festgelegt, arbeitet meine ganze Strahltriebwerkabteilung von nun an bis zum Ende des Krieges an der He S 011. Schelps optimistische Erwartungen scheitern ebenso wie Wolffs wiederholte

Für den Serienbau geplante Heinkel Turbo-Luftstrahltriebwerke*

Muster		He S 3B	He S 8A	He S 30	He S 011A
Baujahr		1938/39	1940/42	1939/42	1940/45
Bauart		TL**	TL	TL	TL
Verdichter					
Luftdurchsatz	kg/s	12	–	–	30
Stufenzahl		1A + 1R**	1A + 1R**	5A**	1A + 1D + 3A**
Druckverhältnis		2,8	2,7	3,2	4,4
Stirnfläche	m^2	1,13	0,47	0,26	0,45
Brennkammer		Ring	Ring	9 Einzel	Ring
Turbinenstufen		1	1	1	2
Abmessungen					
Länge	mm	1 630	1 680	2 715	2 500
Durchmesser	mm	1 200	775	580	760
Trockenmasse	kg	360	380	380	950
Standschub	kN	4,9***	7,06***	8,04	12,75***
	kp	500	720	820	1 300
Drehzahl	min^{-1}	13 000	13 500	13 000	11 000
spez. Verbrauch	kg/kNh	163	160	121	133
	kg/kph	1,60	1,60	1,19	1,30
Einheitsmasse	kg/kN	73,50	53,80	51,70	74,50
	kg/kp	0,72	0,53	0,50	0,73
Stirnflächenschub	kN/m^2	4,33	15,00	30,00	28,33
	kp/m^2	442,50	1 532,00	3 153,00	2 888,00
Durchsatzschub	kN/kg/s	0,40	–	–	0,42
	kp/kg/s	41,66	–	–	43,33

* Quellen: Kyrill von Gersdorff, Kurt Grasmann, Flugmotoren und Strahltriebwerke, Bernard & Graefe-Verlag. Werk-Unterlagen aus Heinkel-Archiv u. Deutschem Museum, Heinkel Werkzeitschrift 1. 12. 1962

** A = Axialstufen
R = Radialstufen
D = Diagonalstufen
TL = Turbinen-Luftstrahltriebwerk

*** Auslegungsschub

Ankündigungen, das Triebwerk werde in Kürze fertig. Die Herstellung des Diagonalrades, das rechnerisch nicht zu erfassen ist, gelingt nur unter ungeheuren Mühen und Kosten, sowie dank der Hilfe der Firma Voith in Heidenheim (Württemberg).«

Wegen der Verzögerungen mit der He S 011 beauftragt das RLM im März 1945 die Firma BMW unter Verwendung der Erfahrungen mit dem BMW 003, ein neues Triebwerk mit siebenstufigem Axialverdichter und einstufiger Turbine mit 17,85 kN (1820 kp) Schub zu entwickeln, um die He S 011 zu ersetzen. Das Triebwerk erhält die Bezeichnung P 3306 und soll im Sommer 1946 serienreif werden.

Flugerprobung der He S 011

Kurz vor Kriegsende, im Januar 1945, wird die He S 011 unter dem Rumpf einer Ju 88 erprobt. In der Lufthansa-Werft Staaken stehen mehrere Ju 88 für die deutschen Triebwerkhersteller zur Verfügung. Diese He S 011-Triebwerke besitzen einen Riedel-Anlasser und einen Junkers-Drehzahlregler. Das Triebwerk erreicht allerdings auch jetzt noch nicht seinen vollen Schub von 12,75 kN (1300 kp).
Nach dem Ende des Krieges im Mai 1945 wird das Heinkel-Motorenwerk von den Amerikanern besetzt. Sie verlangen von *Ohain* und seinen Männern, daß mindestens zehn Triebwerke nachgebaut werden; für die Beteiligten ein willkommenes Geschenk, um über die schlimmsten Nachkriegswirren hinwegzukommen. Die Amerikaner veranlassen, daß auch einige Triebwerke als Studienobjekte nach England geliefert werden.
Doch die Geschichte der He S 011 ist damit noch nicht zu Ende. Im Jahre 1951 schließt die spanische Regierung mit deutschen Ingenieurgruppen von Messerschmitt, Dornier und Heinkel Verträge über eine Tätigkeit in der spanischen Luftfahrtindustrie ab. Der Heinkel-Gruppe fällt der Auftrag zu, die He S 011 in Spanien nachzubauen. Den Spaniern gelingt es, ein Team von sechs früheren Spezialisten vom Heinkel-Motorenbau zu gewinnen. Die Mannschaft nimmt im Instituto National de Industria (INI) gemeinsam mit spanischen Ingenieuren 1951 ihre Arbeit auf. Das Triebwerk soll unter der Bezeichnung INI-11 auf einen Schub von 23,5 kN (2500 kp) gebracht werden[46]. Schwierigkeiten aller Art und fehlende Werkzeugmaschinen lassen aber keine Schubsteigerung zu. Drei Triebwerke werden gebaut, 1956 werden jedoch die Arbeiten eingestellt.
In einer Gedenkfeier am 18. Januar 1988 im Deutschen Museum zum hundertsten Geburtstag von Luftfahrtpionier *Ernst Heinkel,* bei der Dr.-Ing. e. h. Dipl.-Ing. *Johann Schäffler* als früherer Mitarbeiter der Firma Heinkel die Laudatio hält, spricht *Dr. Hans-Joachim Pabst von Ohain* über den »Weg zum ersten Strahlflugzeug bei Heinkel«. Gleichzeitig wird im Deutschen Museum aus diesem Anlaß eine Ausstellung über Heinkels Flugzeuge und Motoren über die Jahrzehnte hinweg eröffnet, auf der als Leihgabe aus den USA ein teilweise geschnittenes He S 011-Triebwerk ausgestellt wird.

Zuffenhausen, Studien- und Versuchsbau für Strahltriebwerke[47]

Die bisher beschriebenen Triebwerke sind für den Serienbau bestimmt. Sie erreichen aber weder die geforderten Leistungen noch werden sie zeitgerecht fertiggestellt. Die im folgenden zu besprechenden Triebwerke sind Studien, Forschungsarbeiten und praktische Versuche, für die Dr. von Ohain, Max Adolf Müller *und* Dr. Bentele *verantwortlich zeichnen. Dazu zählen Propellerturbinen, Zweikreiser und durch Kolbentriebwerke angetriebene Zweikreiser. Von diesen Arbeiten verspricht sich* Heinkel *Anregungen und Verbesserungen für die He S 8A, He S 30 und He S 011; sie müssen aber 1942 größtenteils abgebrochen werden, weil sich* Heinkel *zu diesem Zeitpunkt auf Anweisung des RLM ganz auf die He S 011 zu konzentrieren hat. Über die Vielfalt der in enger Zusammenarbeit mit dem RLM entstandenen Projekte ist wegen der strengen Geheimhaltung nur wenig bekannt geworden. Sie werden ihrer damaligen Bedeutung entsprechend so ausführlich wie möglich dargestellt, soweit die durch Recherchen zusammengetragenen spärlichen Daten dies zulassen.*

He S 6 für He 178

Die He S 6[48], an der *Ohain* 1939 arbeitet, ist eine Weiterentwicklung der He S 3B mit erhöhter Drehzahl. Ohne Gewichtserhöhung und bei gleichem Kraftstoffverbrauch gelingt es, den Schub von 4,9 kN (500 kp) auf 5,78 kN (590 kp) zu steigern. Ein Versuchstriebwerk wird gebaut und unter einer He 111 im Fluge erprobt[49].
Erich Warsitz hat wahrscheinlich auch eine He 178 mit der versuchsweise eingebauten He S 6[50] geflogen, für die es 1939 sonst gar keine Verwendung mehr gegeben hätte. Es stellen sich aber – so *Schlaifer* – vielerlei Schwierigkeiten nach dem Einbau des Triebwerkes ein. Das Fahrwerk kann nicht eingezogen werden, die Kursstabilität ist nicht ausreichend und die Geschwindigkeit zu gering. Es hätten zahlreiche Änderungen am Flugzeug vorgenommen werden müssen, die sich aber wegen der Entwicklung der zweimotorigen He 280 erübrigen.

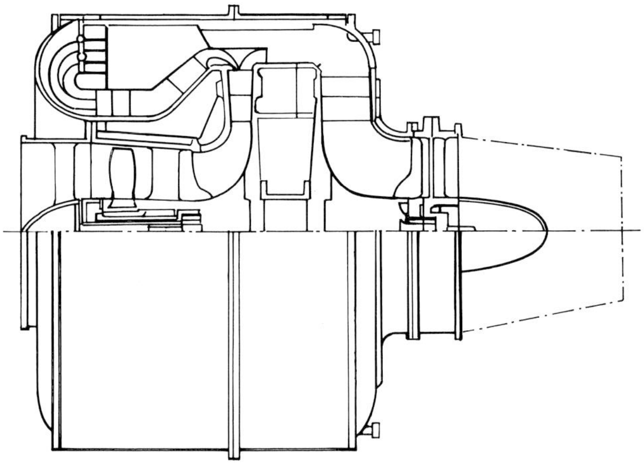

Weiterentwicklung der He S 3B zur He S 6 mit 5,78 kN (590 kp) Schub

Projektstudie Heinkel He S 9

Die He S 9 ist eine Weiterentwicklung des Prototyps V 15 der He S 8A zu einer Propellerturbine und ein Projekt für die spätere He S 21. Von dem Muster sollen zehn Stück gebaut werden. Es bleibt aber bei einer in den Jahren 1939 bis 1942 bearbeiteten Versuchsstudie, die *Ohain* aus Zeitmangel aufgibt.

Zweikreiser Heinkel He S 10

Die He S 10, mit der RLM-Bezeichnung 109-10, ist eine *Ohain*-Konstruktion, an der von 1939 bis 1940 gearbeitet wird. Als Zweikreistriebwerk eilt sie dem damaligen Stand der Triebwerktechnik voraus, kommt aber über Prüfstandläufe nicht hinaus. Mit dem Triebwerk, das in Anlehnung an die He S 8 entwickelt wird, soll ein höherer Startschub und ein geringerer Verbrauch erzielt werden. Der Zweikreiser wird zugunsten der He S 011 gestoppt.

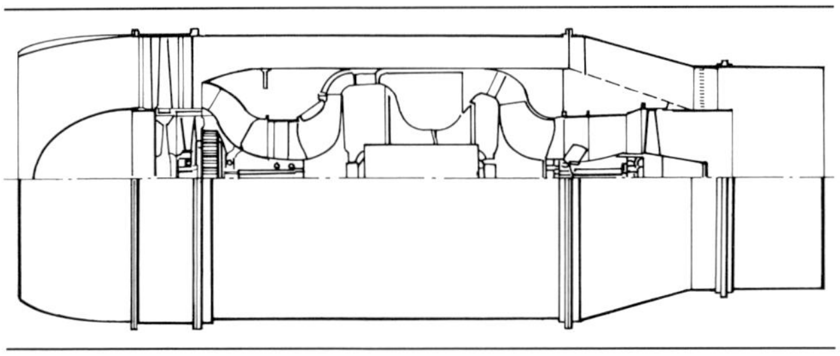

Mit der He S 10 konzipiert Ohain schon 1939/40 ein Zweikreistriebwerk mit 7,26 kN (740 kp) Schub

Propellerturbine He S 21 für Arado 234

Einen RLM-Auftrag auf eine Propellerturbine He S 21 erhält *Heinkel* 1943 unter der RLM-Bezeichnung 109-21. Das Triebwerk soll von der He S 011 abgeleitet werden. Das Projekt wird für 1470 kW (2000 WPS) ausgelegt mit einem Restschub von 7,75 kN (790 kp). Die He S 21 ist für eine Langstreckenausführung der Arado 234 als Aufklärer vorgesehen. Die Entwurfsunterlagen werden unter Zeitdruck an Daimler-Benz zur Überarbeitung und Herstellung abgegeben, nachdem das dort entwickelte Zweikreis-Turbo-Luftstrahltriebwerk 109-007 nicht den vorgesehenen Schub erreicht.

Zweikreistriebwerk He S 30A ZTL

Die Diplom-Ingenieure *Stabernak* und *Müller* versuchen aus dem He S 30-Triebwerk ein Zweikreistriebwerk zu entwickeln, um den Kraftstoffverbrauch zu senken. Es kommt aber nur zu Versuchen mit Baugruppen auf dem Prüfstand. Erwartet wird ein Schub von 10,30 kN (1050 kp).

Heinkel-Strahltriebwerke, Versuchsbauten, Projekte und Studien*

Muster		He S 6	He S 10	He S 21	He S 30A
Baujahr		1939	1939/40	1943/45	1940/42
Bauart		TL**	ZTL**	PTL**	ZTL**
Verdichter					
Luftdurchsatz	kg/s	–	–	30	–
Stufenzahl		1A + 1R	2A + 1R	1A + 1D + 3A	5A
Druckverhältnis		3,00	3,10	4,40	3,20
Stirnfläche	m^2	1,13	2,11	0,50	0,62
Brennkammer		Ring	Ring	Ring	9 Einzel
Turbinenstufen		1	2A	2	1
Abmessungen					
Länge	mm	1 700	4 650	3 530	2 680
Durchmesser	mm	1 200	1 640	800	890
Trockenmasse	kg	420	500	1 300	470
Standschub	kN (kp)	5,78 (590)	7,26 (740)***	7,75 (790)****	10,30 (1 050)***
Drehzahl	min^{-1}	13 300	13 500	11 000	13 000
spez. Verbrauch	kg/kNh		102,00	–	–
	kg/kph		1,00	–	–
Einheitsmasse	kg/kN	72,66	68,87	167,74	45,63
	kg/kp	0,71	0,68	1,65	0,45
Stirnflächenschub	kN/m^2	5,12	3,44	15,50	16,60
	kp/m^2	522,0	350,0	1 580,0	1 693,00
Durchsatzschub	kN/kg/s	–	–	0,26	–
	kp/kg/s	–	–	26,33	–

* Quellen: Kyrill von Gersdorff, Kurt Grasmann, Flugmotoren und Strahltriebwerke, Bernard & Graefe-Verlag. Werk-Unterlagen aus Heinkel-Archiv u. Deutschem Museum, Heinkel Werkzeitschrift 1. 12. 1962

** A = Axialstufen
R = Radialstufen
D = Diagonalstufen
TL = Turbinen-Luftstrahltriebwerk
PTL = Propellerturbine
ZTL = Zweikreiser

*** Auslegungsschub
**** zuzüglich 1 470 kW (2000 WPS)

Doppel-Zweikreiser He S 35 ZTL

Die He S 35 ZTL ist ein ehrgeiziges Projekt der Ingenieure *Müller* und *Stabernak* für einen Doppel-Zweikreiser. Zwei nebeneinander liegende He S 30-Turbinen sollen einen Hochdruckverdichter antreiben. Erwartet wird ein Schub von 10,79 kN (1100 kp). An dem Triebwerk wird in der Zeit von 1940 bis 1942 gearbeitet.

Propellerturbine He S 36 PTL

Die Propellerturbine (PTL) He S 36 ist ein Projekt, an dem zur gleichen Zeit wie an der He S 35 ZTL gearbeitet wird. Über die Erstellung von Berechnungsunterlagen kommt man nicht hinaus. Vorgesehen sind 2947 kW (4010 WPS) und 9,56 kN (975 kp) Restschub.

Von links: Helmut Schelp, Sir Frank Whittle, Dr. Hans-Joachim von Ohain und Dr. Max Bentele während eines Treffens am 4. Mai 1978 im Air Force Museum Dayton/Ohio

Versuchstriebwerk He S 40

Für die He S 40[51] verwendet *Müller* die Bauelemente der He S 30 mit Ausnahme der Brennkammer. Die Gleichdruckverbrennung soll durch eine Brennkammer mit Gleichraumverbrennung oder einer Verpuffungskammer ersetzt werden. Von dem Verpuffungsprozeß verspricht sich *Müller* einen besseren Wirkungsgrad und eine Minderung des spezifischen Kraftstoffverbrauches. Das Triebwerk ist gleichzeitig als Zweikreiser ausgelegt. Bis Kriegsende werden verschiedene Bauteile des Antriebes fertiggestellt.

Mantelstromtriebwerk He S 50z (ML) mit Ottomotor

Die He S 50z ist ein von *Max Bentele*[52] entworfenes Mantelstromtriebwerk, für dessen Verdichter ein 16-Zylinder-Ottomotor mit 735 kW (1000 PS) Leistung als Antrieb vorgesehen ist. Eine Reihe von Teilen ist fertiggestellt und auf dem Prüfstand in der Zeit von 1940 bis 1942 erprobt worden. Der verwendete Otttomotor[53] befindet sich in einem durch einen Mantel nach außen abgeschlossenen Luftstrom. Vor dem Motor ist ein Verdichter angeordnet, der von dem Kolbenmotor angetrieben wird. Der Motor entnimmt seine Ladeluft dem Luftstrom des Verdichters, die einen Überdruck gegenüber der Außenluft hat. Der luftgekühlte Motor wird durch ein besonderes Spülgebläse gekühlt. Ein Teil der verdichteten Luft, die nicht zur Kühlung gebraucht wird, wird um das Triebwerk wie bei einem Zweikreiser herumgeleitet, vermischt sich hinter dem Motor mit der angewärmten Kühlluft und den Auspuffgasen und entspannt sich im Schubrohr. Das Triebwerk benötigt weder einen Turbinenantrieb noch eine Brennkammer. Die Amerikaner nennen diese Bentele-Triebwerke »ducted fan«[54].

Wegen Überlastung des Motorenbaues bei Heinkel werden die Vorarbeiten für diesen Antrieb dem Forschungsinstitut für Kraftfahrtwesen und Fahrzeugmotoren in Stuttgart übertragen, das unter Leitung von Professor *Wunibald Kamm* steht. Dipl.-Ing. *Fritz Schäfer* wird ständiger Vertre-

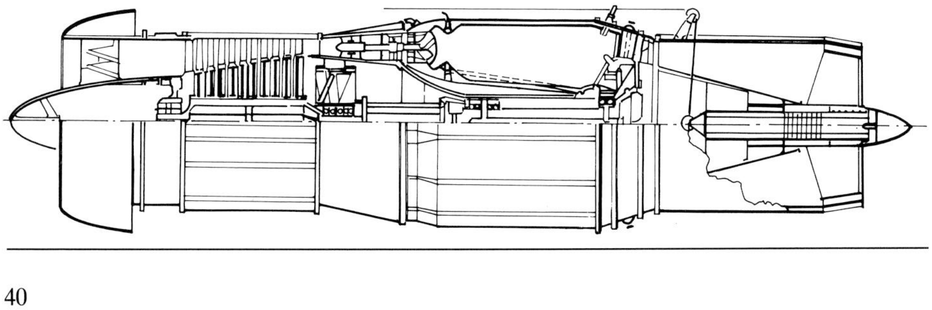

Der He S 40 liegt ein Konzept von Max Müller zugrunde, der damit Versuche mit einer Verpuffungsbrennkammer unternimmt

Oberst Mario de Bernardi fliegt die Campini C.C.2 mit ML-Triebwerk 1941 von Mailand nach Rom. Als Triebwerk dient ein wassergekühlter Isotto-Fraschini-Flugmotor mit 662 kW (900 PS), der ein dreistufiges Gebläse antreibt. Die am Boden versuchte Einspritzung und Verbrennung von Kraftstoff im Schubdüsenkanal kann im Flug nicht angewandt werden

ter der Heinkel-Werke beim Forschungsinstitut. Das Institut entwickelt einen schnell laufenden luftgekühlten Zweitaktmotor. Als Vorteile werden von den Heinkel-Werken angegeben[55]:

- Kraftstoffverbrauch 326,5 g/kW/h (240 g/PS/h)
- Geschwindigkeit in derselben Größenordnung wie ein Turbo-Strahlflugzeug
- Leistungsgewicht 0,312 kg/kW (0,23 kg/je PS) Vortriebsleistung

Max Müller weist in einem Bericht an das RLM allerdings darauf hin, daß noch viel Forschungsarbeit zu leisten und es nicht sicher ist, ob die Erwartungen, die an Mantelstrom-Triebwerke gestellt werden, voll zu erfüllen sind. Bis Januar 1941 hat das Institut unter Leitung von Professor *Kamm* 1,3 Millionen RM für Vorarbeiten an dem Kolbentriebwerk aufgewendet.

In diesem Zusammenhang soll an ein italienisches Motor-Luftstrahltriebwerk (ML) erinnert werden, mit dem längere

Heinkel-Strahltriebwerke, Versuchsbauten, Projekte und Studien*

Muster		He S 35	He S 36	He S 40	He S 50z
Baujahr		1940/42	1941/42	1943/45	1940/42
Bauart		ZTL**	PTL**	TL	ML**
Verdichter					
Luftdurchsatz	kg/s				
Stufenzahl		2 × 5A	–	–	–
Druckverhältnis		3,20	6,00	3,1	–
Stirnfläche	m^2	2,54	2,71	0,28	1,72
Brennkammer		2 × 9 Einzel	–	–	–
Turbine		2 × 1	–	–	–
Abmessungen					
Länge	mm	2 400	2 620	2 700	3 270
Durchmesser	mm	1 800	1 860	600	1 480
Trockenmasse	kg	980	1 340	375	370
Standschub	kN (kp)	10,79 (1 100)***	9,56 (975)**** ***	9,22 (940)***	8,94 (850)***** ***
Drehzahl	min^{-1}	13 500	10 000	13 400	6 000
spez. Verbrauch	kg/kNh	242	–	–	g/PS/h 240
	kg/kph	2,38	–	–	g/kW/h 326
Einheitsmasse	kg/kN	90,82	140,16	40,70	41,38
	kg/kp	0,89	1,37	0,40	0,44
Stirnflächenschub	kN/m^2	4,24	3,52	32,90	5,20
	kp/m^2	433,00	359,00	3 357,00	494,00

* Quellen: Werk-Unterlagen aus Heinkel-Archiv u. Deutschem Museum, Heinkel Werkzeitschrift 1. 12. 1962
** A = Axialstufen
R = Radialstufen
D = Diagonalstufen
ZTL = Zweikreis-Turbo-Luftstrahltriebwerk mit zwei He S 30-Triebwerken
PTL = Propellerturbine
ML = Luftstrahltriebwerk mit Druckzündermotor (Otto- oder Dieselmotorantrieb)

*** Auslegungsschub
**** zuzüglich 2 947 kW (4 010 Wellen PS WPS)
***** Otto-Motor 735 kW (1000 PS)

Flüge gelungen sind. Ingenieur *Secondo Campini* gewinnt 1939 den bekannten italienischen Flugzeugkonstrukteur *Caproni* für seine Idee eines ML-Triebwerkes.
Dem Prinzip nach besteht das Campini-Luftstrahltriebwerk aus einem Kolbenflugmotor, der einen mehrstufigen Verdichter antreibt und in dessen verdichteter Luft in einer ringförmigen Brennkammer Kraftstoff eingespritzt und gezündet werden kann. Die Gase entspannen sich in einer Schubdüse, an deren Ende ein Pilz[56] angeordnet ist.
Im Jahre 1934 erhält *Dr.-Ing. Gianni Caproni* vom italienischen Luftfahrtministerium den Auftrag für zwei Versuchsflugzeuge mit Campini-Strahlantrieb. Mit dem ersten dieser Flugzeuge, Caproni-Campini C.C.1 genannt, gelingt dem bekannten Rennpiloten Oberst *Mario de Bernardi* am 28. August 1940 auf dem Flugplatz Taliedo bei Mailand ein erster Flug. Dem einsitzigen Flugzeug folgt eine etwas größere zweisitzige Ausführung C.C.2[57], die am 30. November 1941 von Mailand nach Rom fliegt und für die 270 km lange Strecke 2,5 Stunden Flugzeit benötigt. Das Versuchsflugzeug hat einen Isotta-Fraschini-Flugmotor von 662 kW (900 PS), der einen dreistufigen Verdichter antreibt. Bei den Standversuchen zeigen sich große Schwierigkeiten mit der Verbrennung. Die prinzipielle Brauchbarkeit des ML-Antriebes wird zwar bewiesen, aber der Schub scheint für höhere Geschwindigkeiten nicht auszureichen.

Mantelstromtriebwerk He S 50d mit Dieselmotor

Die He S 50d – Konstruktion *Max Bentele* – ist ebenfalls ein Mantelstromtriebwerk. Zum Antrieb des Verdichters ist ein 24-Zylinder-Dieselmotor vorgesehen. Drei Triebwerke werden vom RLM als ML-Aggregate in Auftrag gegeben. Projektiert ist ein Schub von 17,66 kN (1800 kp). Der Dieselmotor wird für 882 kW (1200 PS) Leistung ausgelegt. Durch Verwendung eines Dieselmotors wird der spezifische Kraftstoffverbrauch weiter gesenkt, das Einheitsgewicht je PS steigt aber. Folglich ist das He S 50d-Triebwerk besser für Langstreckenflüge geeignet.
Helmut Schelp bestätigt[58], »daß dieses Triebwerk für eine mögliche Lösung des Amerika-Projektes vorgesehen war«. Zwei Amerika-Einsätze werden damals geplant: der erste sieht die Zerstörung des Panama-Kanals durch Bomben vor, um die Amerikaner zu zwingen, mit ihren Frachtschiffen um das Kap Horn zu fahren. Der zweite gilt dem Abwurf von Bomben auf New York. Für diese Aufgaben ist die Messerschmitt Me 264 vorgesehen, die im Dezember 1942 zum Erstflug startet. Die viermotorige Maschine mit Dreibein-Fahrwerk, ohne Bewaffnung, vorerst mit Jumo 211 J ausgerüstet, hat 8000 km Reichweite. Drei Flugzeuge werden gebaut. U-Boote und Astro-Navigation sollen als Navigationshilfen dienen. Auf dem Rückflug hat der Pilot das Flugzeug möglichst leer zu fliegen und in der Nähe eines U-Bootes auf dem Wasser zu landen[59].

Mantelstromtriebwerk He S 60

Die He S 60 ist die geplante Endausführung der beiden Mantelstromtriebwerke He S 50z und d. *Bentele* entschließt sich zu einem 32-Zylinder-Ottomotor mit 1470 kW (2000 PS) Leistung[60] als Antrieb für den Axial-Radialverdichter. Gleich den Vorgängern müssen auch an diesem Triebwerk die Arbeiten vor Fertigstellung des Antriebes eingestellt werden.

Heinkel-Strahltriebwerke, Versuchsbauten, Projekte und Studien*

Muster		He S 50d	He S 60
Baujahr		1940/41	1940/41
Bauart		ML**	ML*****
Verdichter		–	–
Luftdurchsatz	kg/s	–	–
Stufenzahl		–	AR
Druckverhältnis		–	–
Stirnfläche		2,03	1,89
Brennkammer		–	–
Turbine		–	–
Abmessungen			
Länge	mm	4 550	3 550
Durchmesser	mm	1 610	1 550
Trockenmasse	kg	670	800
Standschub	kN (kp)	17,66 (1 800)****	12,26 (1 250)
Drehzahl	min^{-1}	4 600	6 000
spez. Verbrauch	g/kW/h	217	299
	g/PS/h	160	220
Einheitsmasse	kg/kN	37,94	55,25
	kg/kp	0,37	0,64
Stirnflächenschub	kN/m^2	8,70	6,49
	kp/m^2	886,70	661,38

* Quellen: Werk-Unterlagen aus Heinkel-Archiv u. Deutschem Museum, Heinkel Werkzeitschrift 1. 12. 1962
** A = Axialstufen
R = Radialstufen
D = Diagonalstufen
ML = Mantelstromtriebwerk mit Diesel- bzw. Ottomotor-Antrieb
*** Auslegungsschub
**** Dieselmotor 882 kW (1 200 PS)
***** ML-Antrieb mit 32-Zylinder-Ottomotor mit 1470 kW (2 000 PS)

Forschung statt Serienbau

Der Triebwerkbau von *Heinkel* steht unter einem wenig glücklichen Stern. Fachleute, die den Heinkel-Motorenbau besuchen, glauben, in einer Forschungsanstalt zu sein und nicht in einem Werk für die Entwicklung von Serien-Triebwerken.

Ernst Heinkel baut zwar das erste Raketenflugzeug, das erste Turbo-Strahltriebwerk, das erste Strahlflugzeug und den ersten zweimotorigen Strahljäger, aber am Ende des Krieges hat er kein Triebwerk im Serienbau. Besonders augenfällig ist die Verzettelung der Arbeiten auf die verschiedensten Turbo-Luftstrahl-Systeme; hinzu kommen die menschlichen Schwierigkeiten der Mannschaften aus ganz verschiedenen Betrieben. Es fehlt eine straffe Führung, die auch die unterschiedlichen Teams auf ein gemeinsames Ziel hätte einschwören können. Auch ist es bei dem großen Mangel an Fachingenieuren ausgeschlossen, die vielen 1940 unter Verantwortung von *Max Adolf Müller* in Angriff genommenen Triebwerksysteme zu bearbeiten. Wäre die gesamte Arbeitskraft und Zeit in die He S 8A oder die He S 30 investiert worden, hätte wahrscheinlich ein Triebwerk zur rechten Zeit Serienreife erreicht.

Dennoch sind die mit den verschiedenen Heinkel-Strahlantrieben gesammelten Erfahrungen sowohl für das Heinkel-Team als auch für die Triebwerk-Ingenieure von Junkers,

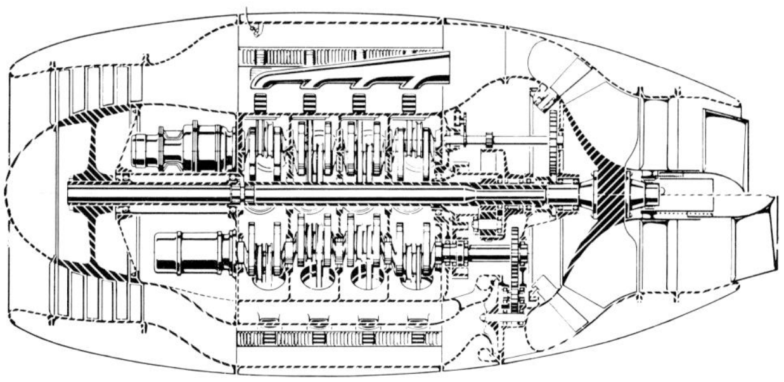

He S 60 ist die geplante Endstufe der Vorläufer He S 50z und He S 50d mit 32-Zylinder-Otto-Motor mit 1470 kW (2000 PS) und 12,26 kN (1250 kp) Schub

BMW und Daimler-Benz, unter denen durch Vorträge auf Tagungen ein reger Gedankenaustausch besteht, von großem Wert gewesen. Niemand hatte damals Erfahrungen mit radialen oder axialen Turbo-Strahltriebwerken, mit Zweikreisern, Propellerturbinen oder ML-Triebwerken. *Heinkel* und nicht zuletzt auch der Auftraggeber RLM hatten »das Pech«, unter Kriegsbedingungen eine groß angelegte Versuchsreihe in Angriff nehmen zu müssen, ohne daß geeignete Einrichtungen und ausreichende Fachkräfte zur Verfügung standen.

Herbert Wagner

Das erste axiale Turbo-Luftstrahltriebwerk

Eine Geschichte der Strahltriebwerke wäre lückenhaft, ohne die Arbeiten von Professor *Dr.-Ing. Herbert Wagner* hervorzuheben. Der gebürtige Grazer (1900) ist als junger Ingenieur von 1924 bis 1927 beim Rohrbach-Metallflugzeugbau tätig. In der Zeit von 1927 bis 1930 bekleidet *Wagner* das Amt eines Ordinarius für Flugzeugbau an der Technischen Hochschule in Danzig und lehrt ab 1930 an der Technischen Hochschule in Berlin, wo er eine Propellerturbine axialer Bauart mit energetischem Austritts-Strahl baut. 1935 holt *Dr. Heinrich Koppenberg,* Generaldirektor der Junkers-Werke, *Herbert Wagner* nach Dessau, »um neues Leben und neue Ideen in den etwas erstarrten Flugzeugbau zu bringen«[61]. Professor *Wagner* beschäftigt sich in seinem neuen Aufgabengebiet vor allem mit dem Höhenflug und einem neuen Antrieb dafür. *Wagner* stellt eine eigene Projektgruppe in Dessau zusammen und konzipiert nach seinen Vorstellungen ein Höhenflugzeug. Das Flugzeug hat die typischen Merkmale eines Langstrecken-Flugzeuges für Flüge in großen Höhen[62] wie große Spannweite, großes Seitenverhältnis und eine Druckkammer. Vorgesehen ist eine Höhenkammer aus Kunstglas, mit der *Wagner* allerdings seiner Zeit weit vorauseilt. Für die beiden Prototypen werden kugelförmige Metallkammern verwendet, die Bullaugen und Sichtlöcher erhalten. Sie bieten den Piloten aber keine ausreichende Sicht. Das EF-61[63] genannte Flugzeug wird der Firma Junkers vom RLM offiziell in Auftrag gegeben und fliegt bereits im März 1937. Die mangelhafte Sicht aus der Druckkammer und die unzureichende Kühlung der durch Lader verdichteten Ansaugluft der DB 600-Motoren bereiten aber große Schwierigkeiten. Während eines Fluges zur Flatter-Erprobung im Jahre 1937, die zur Junkers-Flugerprobung gehörte, lösen sich Bleche der Fowlerflügel, so daß die Besatzung das Flugzeug aufgibt und aussteigt. Im gleichen Jahr geht auch eine V 2 zu Bruch, worauf die Arbeiten an dem Flugzeug eingestellt werden.

Wagners zweites Ziel, eine Propellerturbine zur Verwirklichung des Höhenfluges zu schaffen, ist richtungsweisend für die Zukunft. Am 14. August 1938 erhalten die Junkers Flugzeug- und Motorenwerke AG in Dessau für den als Erfinder genannten *Dr.-Ing. Herbert Wagner* ein Patent unter folgendem Patentanspruch[64]:

Professor Dr.-Ing., Dr.-Ing. e. h. Herbert Wagner

»Vortriebseinrichtung für Luftfahrzeuge, bestehend aus einer Gasturbine, einem von dieser angetriebenen Verdichter für die Verbrennungsluft und einer an die Gasturbine sich anschließenden Rückstoßdüse, dadurch gekennzeichnet, daß der Austrittsquerschnitt der Rückstoßdüse etwa die gleiche Größe wie der Austrittsquerschnitt der Gasturbine hat.«

Helmut Schelp charakterisiert 1981 während seines Vortrages auf einer DGLR-Tagung[65] die Bedeutung der Arbeiten von Professor *Wagner* wie folgt:

»Zunächst will Wagner, als er seine Arbeit bei Junkers aufnimmt, die Flugleistungen mit einem Propeller-Luftstrahltriebwerk verbessern. Er holt seinen ehemaligen Assistenten in Berlin, Max Adolf Müller, zur Maschinenfabrik Magdeburg, läßt dort mehrere Antriebsarten analysieren und Versuchsstücke für Experimente herstellen. Er gibt 1936 die ursprünglich geplante Propellerturbine mit Rückstoßantrieb auf und entscheidet sich für ein Turbinen-Luftstrahltriebwerk.
Das aus diesen Überlegungen in Magdeburg entstandene Wagner-Müller'sche Turbo-Luftstrahltriebwerk mit der RLM-Bezeichnung 006, ist ein sehr fortschrittliches, kleines

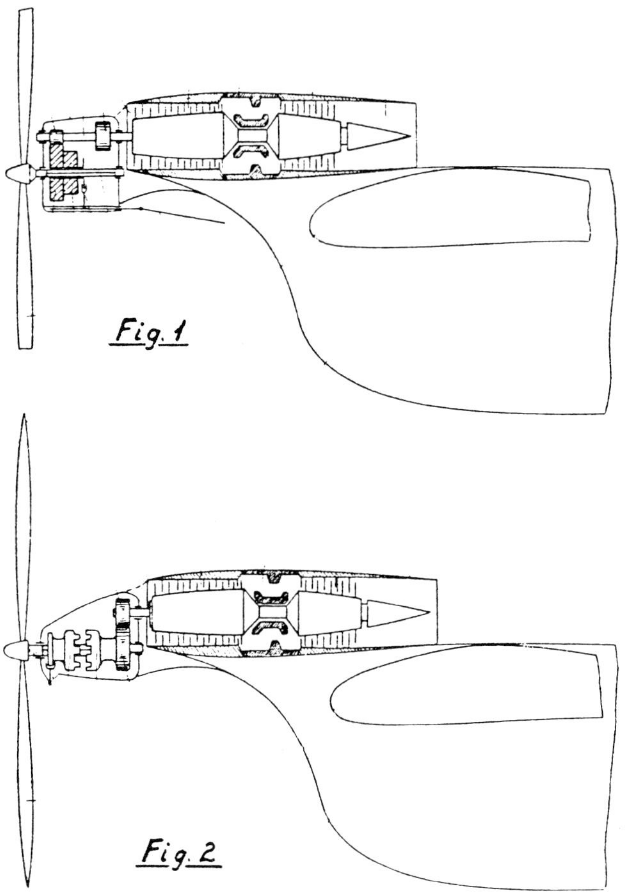

Konzept einer axial durchströmten Propellerturbine von Herbert Wagner nach einer englischen Patentschrift aus dem Jahre 1935

◁
Aus der Propellerturbine von Professor Herbert Wagner entsteht 1936 bei Junkers in Magdeburg ein Rückstoß-Turbinen-Strahltriebwerk (RTO) mit einem 14stufigen Axialverdichter

und leichtes Triebwerk, das allerdings sehr schwierig zu bauen ist. Die Prüfstandläufe in Magdeburg sind noch nicht erfolgreich. Max Adolf Müller wird mit dieser Entwicklung im Mai 1939 von Heinkel übernommen. Im April 1942 gelingt der erste Freilauf mit dem inzwischen He S 30 benannten Strahlantrieb.«

Das von *Herbert Wagner* entworfene Turbo-Luftstrahltriebwerk mit 14stufigem Verdichter, Ringbrennkammer und zweistufiger Axialturbine ist für die Verbrennung von Propangas eingerichtet, ein Musterbeispiel für ein Strahltriebwerk axialer Bauart. *Wagner* gebührt das große Verdienst, schon 1936 erkannt zu haben, daß der Schnellflug in Verbindung mit dem Höhenflug nur durch das Luftstrahltriebwerk verwirklicht werden kann. Er zeigt durch seinen Antrieb den Weg auf, den der Motorenbau mit axialen Turbo-Luftstrahltriebwerken in den folgenden Jahrzehnten gehen wird. Die axiale Bauweise ist bis heute führend im modernen Triebwerkbau.
Ohain weist in einem Brief an das Deutsche Museum auf die Bedeutung der Arbeiten von Professor *Herbert Wagner* hin[66]. Hier urteilt ein Pionier über einen anderen Pionier:

»Die erste wirklich ernsthafte technische Entwicklung einer axialen Flugzeuggasturbine in Deutschland ist von Professor Herbert Wagner privat im Jahre 1934 in Angriff genommen worden. In dieser Gasturbine ist die Nutzleistung in etwa 50 Prozent Propeller- und 50 Prozent Strahlleistung aufgeteilt.
Von 1936 an wird dieses Projekt unter Wagners Leitung in der Junkers Maschinenfabrik Magdeburg weitergeführt. Im Jahre 1937 fügt Wagner das Projekt eines reinen axialen Turbinen-Strahltriebwerkes hinzu. Beide Projekte besaßen den fortschrittlichen Axialverdichter, in welchem gleicher Druckanstieg in der Beschaufelung von Rotor und Stator bewirkt wurden (das heißt, größter Stufendruck für gegebene Blatt-Anströmungsgeschwindigkeit oder Machzahl). Im Jahre 1939 war dieses erste axiale Strahltriebwerk fertiggestellt für die Erprobung auf dem Prüfstand. Die frühe Wagnersche Entwicklung hat das Reichsluftfahrt-Ministerium ebenfalls auf die technischen Möglichkeiten und großen Vorteile der Strahltriebwerke axialer Bauart aufmerksam gemacht und damit starken Einfluß auf das RLM in der Auftragserteilung für diesen Triebwerkstyp ausgeübt.«

Heinkel He 176

Am 20. Juni 1939 startet ein Raketenflugzeug Heinkel He 176 mit Erich Warsitz *am Steuer zum Jungfernflug, gut zwei Monate vor dem Erstflug des Turbo-Luftstrahlflugzeuges He 178. Die Bedeutung des Turbo-Luftstrahltriebwerkes ist ohne Zweifel für die Luftfahrt größer als die der Raketenantriebe. Das Turbo-Strahlflugzeug beherrscht heute den Luftverkehr, es hat die zivile Linienschiffahrt bis auf Luxus-Charterfahrten und Frachttransporte verdrängt und ist als Antrieb in nahezu allen Militärflugzeugen zu finden, während der Raketenantrieb dagegen mehr in Teilbereichen der Militär-Luftfahrt Fuß gefaßt hat, aber das beherrschende Antriebsmittel der Raumfahrt geworden ist.*

Wernher von Braun gewinnt Heinkel für den Raketenflug

Der Flugzeugbauer *Ernst Heinkel* läßt 1936 von Professor *Dr.-Ing. Hertel* eine Denkschrift über den Stand des deutschen Motorenbaues ausarbeiten. Danach haben das zeitweilige Bauverbot für Motoren und Flugzeuge nach dem Ersten Weltkrieg[67] und die folgenden langjährigen Beschränkungen eine Unterlegenheit des deutschen Flugmotorenbaues gegenüber dem Ausland verursacht. Nur durch neue, weit in die Zukunft weisende Antriebe könne der Vorsprung des Auslandes eingeholt werden. Seitdem ist *Heinkel* auf der Suche nach neuen Antrieben für Flugzeuge. Die damaligen Fortschritte mit der Heißkühlung, mit hochklopffesten Kraftstoffen und Zweigangladern sind zwar wichtige, aber nur kleine Sprünge nach vorne.

Im November 1935 lernt *Ernst Heinkel* den jungen Physiker *Wernher von Braun* kennen. In einer Baracke auf dem Artillerie-Schießplatz Kummersdorf bei Berlin, der unter Leitung des späteren Generals *Dornberger* steht, arbeitet *von Braun* an einem Raketentriebwerk, das – wie er *Heinkel* erklärt – den zur Verbrennung notwendigen Sauerstoff in flüssiger Form im Tank mit in die Luft nimmt. *Braun* versucht *Heinkel* davon zu überzeugen, daß die für das Heereswaffenamt gebauten Raketen auch Flugzeugen zu hohen Geschwindigkeiten, guten Steigleistungen und zu Flügen in extremen Höhen verhelfen könnten. Um dies zu beweisen, benötige er einen Prüfstand in Form eines Flugzeuges, um zunächst zu klären, ob und wie ein

Übriggebliebene Rümpfe von der zu zeitig angelaufenen Serienherstellung der He 112 dienen Wernher von Braun als Versuchsstücke für sein Rakententriebwerk

Raketentriebwerk in ein Flugzeug eingebaut werden kann. *Heinkel* denkt an die Notwendigkeit neuer Antriebe, willigt ein und stellt ihm Ende 1935 den Rumpf einer He 112 zur Verfügung; es handelt sich um ein Jagdflugzeug, das er in Konkurrenz zur Messerschmitt Bf 109 gebaut hat. Die Entscheidung des RLM fiel jedoch zugunsten der Bf 109 aus.
Schon im Februar 1936 führt *von Braun Heinkel* in Kummersdorf das Raketentriebwerk vor, eingebaut in den Rumpf der He 112. Inzwischen kommt *Erich Warsitz* – wahrscheinlich auf Veranlassung *Dornbergers* vom Heereswaffenamt – von der Erprobungsstelle Rechlin als Versuchspilot nach Kummersdorf. *Heinkel* schildert seine Eindrücke über die Vorführung des Raketenantriebes[68] in lebhafter Weise:

»Am Armaturenbrett der He 112 sind die Hebel eingebaut, die notwendig sind, um die Brennstoffe zu mischen und die Explosionen in Gang zu setzen. Von Braun und Warsitz stehen, als es losgeht, zu beiden Seiten der offenen Führerkabine auf den Stummeln, an denen beim vollständigen Flugzeug die Flächen angeschlossen werden. Wir anderen warten an einer zum Schutz vorgesehenen Betonmauer.
Wenige Augenblicke später schießt aus dem Rumpfende des Flugzeuges eine unheimlich wirkende, rotweiße Glut heraus. Sie entwickelt sich zu einer rund zehn Meter langen leuchtenden Flamme. Selbst hinter der Mauer gehen wir infolge der Erschütterungen der Luft und des Lärmes unwillkürlich in die Knie. Und noch ungefähr 40 Meter hinter dem Flugzeug werden schwere Stahlplatten – zwei Meter im Quadrat – die dort auf einem Sandwall liegen, in die Luft geschleudert und umhergewirbelt.
Nach nur 30 Sekunden ist alles wieder ruhig. Das Flugzeug ist unbeschädigt. Von Braun und Warsitz stehen, wenn auch etwas benommen, ebenso unbeschädigt auf der Maschine. Von diesem entscheidenden Augenblick an, in dem sich die große Triebkraft der Rakete vor meinen Augen entwickelt hat, steht in mir die Überzeugung fest, daß das Raketenflugzeug unabdingbare Wirklichkeit werden muß.«

Kurze Zeit nach dieser beeindruckenden Vorführung bittet *von Braun Heinkel* um einen zweiten Rumpf, weil der erste durch eine Explosion zerstört worden ist. *Heinkel* rückt einen weiteren Rumpf des etwas voreilig im Serienbau schon angelaufenen Flugzeuges heraus. Es dauert nicht lange, und *von Braun* hält um ein ganzes Flugzeug an, um mit *Erich Warsitz* die Flüssigkeitsrakete im Flug zu erproben. *Heinkel* liefert eine flugfähige He 112, dazu eine Gruppe von Fachleuten unter Leitung seines engen Mitarbeiters *Walter Künzel.* Die Gruppe verlegt die Erprobung des Raketentriebwerkes von Kummersdorf auf den abgelegenen und unbenutzten Flugplatz Neu-Hardenberg im Oderbruch. Noch vor dem ersten Flug explodiert ein Raketentriebwerk und zerreißt das ganze Flugzeug. *Warsitz* sitzt schon im Führersitz und wird herausgeschleudert, aber er hat Glück und kommt mit einigen Schrammen davon. Diesmal meldet sich anstelle *von Braun* der noch leicht angeschlagene *Warsitz* bei *Heinkel* und bittet um eine weitere He 112. »Herr Doktor«, sagt er, »ich weiß, das alles kostet wahrscheinlich einen Haufen Geld. Aber wenn Sie uns nicht nochmal eine Maschine geben, müssen wir Schluß machen und die ganze Entwicklung geht dicht vor dem Ziel vor die Hunde . . .«[69]
Heinkel hilft, und mit dem zweiten Flugzeug gelingen *Warsitz* nach langwierigen Versuchen erste, kurze Flüge mit dem Raketenantrieb; dabei wird der Kolbenmotor vorübergehend in der Luft abgestellt. Im Juni 1937 startet *Warsitz* zum ersten Mal nur mit dem Raketentriebwerk. Vielfach wird befürchtet, die Maschine könne sich bei dem plötzlich einsetzenden Schub, der noch nicht regulierbar ist, überschlagen. Nichts dergleichen geschieht. *Warsitz* hebt nach kurzem Anlauf ab, steigt steil in einer Kurve in den Himmel und landet glatt nach einer halben Platzrunde. Der erste Raketenflug in der Geschichte der Luftfahrt mit einem Jagdflugzeug als Versuchsträger ist geglückt! Beim Start mit dem 735 kW (1000 PS) leistenden Daimler-Benz-Motor und gleichzeitig eingeschaltetem Raketentriebwerk mit 10,80 kN (1100 kp) Schub ist die He 112 nahezu ein Senkrechtstarter. Der Gedanke, einen Raketenantrieb als Hilfsmittel für den Start schwer beladener Flugzeuge zu nutzen, drängt sich von selbst auf, und *Wernher von Braun* greift ihn auf.

He 112 als Versuchsträger für den Raketenantrieb

Das Reichsluftfahrt-Ministerium empfiehlt *Heinkel* eine Zusammenarbeit mit *Hellmuth Walter*[70], dessen Raketentriebwerk sich durch Zuverlässigkeit auszeichnen soll. *Heinkel* läßt daraufhin das Walter-Raketentriebwerk, das allerdings nur einen Schub von 5,9 kN (600 kp) hat, anstelle des stärkeren Braun-Aggregates in die He 112 einbauen. *Heinkel* geht es um eine möglichst schnelle Verwirklichung des Raketenfluges; er träumt von 900 km/h, ja 1000 km/h Geschwindigkeit. Im Herbst 1937 schlägt er deshalb in Gegenwart von *Wernher von Braun* und *Warsitz* vor, ein spezielles Raketenflugzeug für das Walter-Triebwerk zu bauen. Der Gedanke wird von allen Beteiligten mit Begeisterung aufgenommen.
Bei den folgenden Beratungen *Heinkels* mit einem kleinen Kreis seiner Konstrukteure geht es um Auslegung und Größe des geplanten Flugzeuges. Ein extrem kleines Flugzeug könnte um *Warsitz* und das Walter-Triebwerk herum gebaut werden. *Heinkel* überläßt *Warsitz* die endgültige Entscheidung; dieser spricht sich für ein kleines Versuchsflugzeug aus, das für hohe Geschwindigkeiten

Nachbildung der He 112 mit Raketentriebwerk von Wernher von Braun, die im Juni 1937 unter Führung von Erich Warsitz zum Erstflug startet. Landung mit stehendem und ausgebranntem Triebwerk

geeignet ist. Später stellt sich allerdings heraus, daß dies eine Fehlentscheidung gewesen ist, weil das RLM an einen Waffenträger gedacht hat und nicht an ein winziges Forschungs- und Versuchsflugzeug. Das Walter-Triebwerk arbeitet mit Wasserstoffsuperoxyd und Methanol und läuft etwa eine Minute und verbraucht dabei 170 kg bis 200 kg Brennstoff. Das Raketenflugzeug, das die Bezeichnung He 176 erhält, wird unter größter Geheimhaltung in einer Baracke im Werk Rostock-Marienehe gebaut. Die Projektierung liegt in den Händen von *Walter Günter,* die Konstruktionsleitung beim Chefkonstrukteur *Karl Schwärzler.*

Miniflugzeug Heinkel He 176

Über den Aufbau des Flugzeuges berichtet *Hans Regner,* Mitarbeiter des Heinkel-Teams, das sowohl die He 176 als auch die He 178 betreut hat[71]:

»Das Raketenflugzeug He 176
Die Zelle ist wie ein rotationssymmetrischer Tropfen ausgebildet. Die Herstellung des Rumpfes und des Leitwerkes erfolgt in Schalenbauweise aus Leichtmetall. Um die Flugdauer zu steigern, wird eine elliptische Tragfläche mit einer Größe von rund 5,5 m^2 und symmetrischen Profilen als Brennstoffbehälter entworfen. Zum ersten Mal wird der Versuch unternommen, die ganze Tragfläche aus Hydronalium in Dichtschweißung herzustellen. Der Versuch bereitet viel Kopfzerbrechen, da sowohl die Dichtheit als auch die Festigkeit garantiert werden müssen. Um die Weiterentwicklung der Maschine nicht zu hemmen, wird bis zur praktischen Erprobung der geschweißten Fläche ein zweiter Tragflügel als Zweiholmer in der üblichen Weise gebaut und bei den ersten Versuchsflügen benutzt. Wegen der räumlich beschränkten Verhältnisse hat das Fahrwerk nur 800 mm Spurweite. Es kann mittels Preßluft in den Rumpf eingefahren werden. Wohl bestehen gegen die geringe Spurweite von 0,80 m manche Bedenken. Der erste Versuchsflug zeigt jedoch, daß bei einem guten Piloten eine Landung möglich ist.«

Zur Sicherheit des Piloten soll auf Anordnung von *Ernst Heinkel* alles nur Erdenkliche getan werden. Bei den erwarteten hohen Geschwindigkeiten ist ein Aussteigen aus der Maschine nicht mehr möglich. Das Flugzeug wird deshalb so konstruiert, daß die Kanzel abgeschossen, also vom Rumpf getrennt werden kann. Dies wird mehrmals mit dem Rumpf einer He 176, unter einer He 111 hängend, erprobt. 6000 m Höhe gehören allerdings dazu, um heil unten anzukommen. Den komplizierten Vorgang beschreibt *Warsitz* in seinem Vortrag[72] in Speyer wie folgt:

»Im Notfall ziehe ich einen hinter mir links angebrachten Griff mit der rechten Hand und schieße die Kanzel ab. Dann lasse ich mich über 2000 Meter überschlagend fallen, um die Kanzel durch den Luftwiderstand auf etwa 300 km/h Geschwindigkeit abzubremsen. Nun ziehe ich einen rechts hinter mir angebrachten Griff mit der linken Hand und löse hierdurch einen Bremsfallschirm aus. Dann warte ich einige Sekunden, werfe mein Kanzeldach ab, löse die Anschnallgurte und springe aus der Kanzel heraus, warte, bis ich frei bin und ziehe meinen Rückenfallschirm. Es reicht dann gerade, um heil zur Mutter Erde zurückzukommen. Ich bin bis dahin des öfteren in letzter Sekunde ausgestiegen, aber ein solches Manöver ist auch mir neu. Immerhin, es ist eine Möglichkeit, in großer Höhe abzuspringen.«

Instrumente, die nicht unbedingt notwendig sind, werden in die He 176 nicht eingebaut, da die Maschine wegen der geringen Reichweite vorerst nur Platzflüge ausführen kann.

Raketenflugzeug He 176 nach einer Zeichnung des verstorbenen Graphikers Gert Heumann

Langwierige Versuche erfordert dagegen die Herstellung der aus einem Stück gearbeiteten Kabinenverglasung aus Plexiglas. Immer wieder zeigen sich im Gefüge Schlieren oder Unebenheiten, bis endlich brauchbare Muster geliefert werden können.
Für die Schubdüsen sind zwei Ausführungen vorgesehen, eine größere und schwerere für das Raketentriebwerk von *Wernher von Braun* und eine wesentlich kleinere und leichtere nach Bauart *Walter*. Man entschließt sich aber schon frühzeitig für die Walter-Ausführung.

Flugerprobung in Peenemünde

Im Sommer 1938 zieht die Mannschaft der He 176 zur Flugerprobung nach Peenemünde um, wo *Wernher von Braun* inzwischen seine Tätigkeit aufgenommen hat. Auf der Insel Usedom vor dem Stettiner Haff gelegen, ist innerhalb von zwei Jahren mit Hilfe von zehntausend Bauarbeitern das größte Versuchsgelände der Welt aus dem Boden gestampft worden. *Warsitz* hofft hier, ungestört mit Roll- und Startversuchen der He 176 beginnen zu können.
Über die fliegerische Erprobung der He 176 in Peenemünde ist in den Heinkel-Nachrichten[73] ein Bericht erschienen, der weitgehend von *Warsitz* inspiriert ist und eine Fülle interessanter fliegerischer Details enthält.
Die ersten Standversuche in Peenemünde verlaufen danach reibungslos, aber die ebenso nötigen Rollversuche werden zu einem fast unlösbaren Problem. Da das Triebwerk noch keine Regelungsmöglichkeit hat, sondern nur voll einzu-

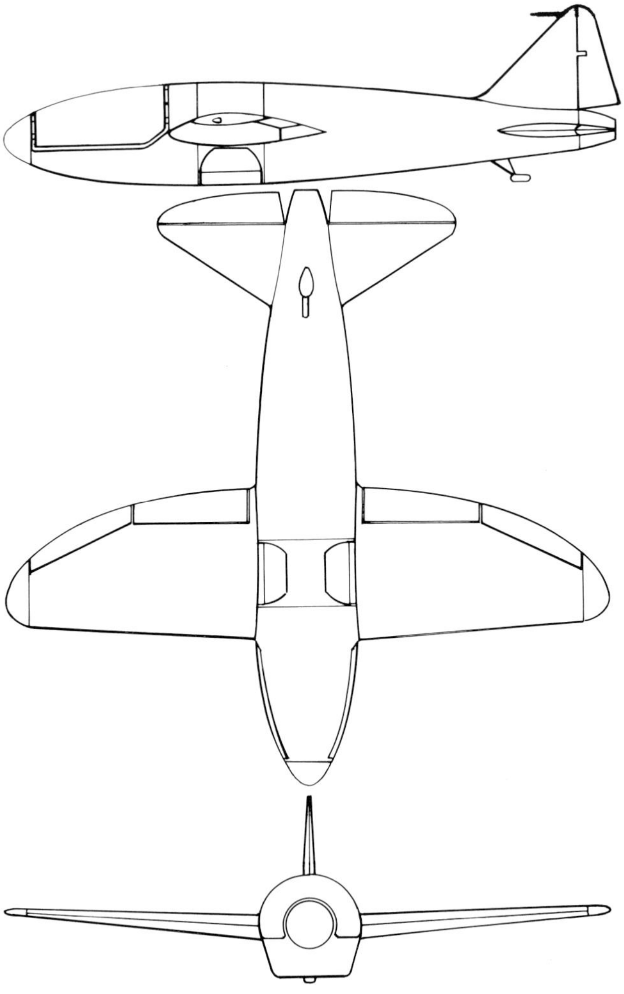

Rekonstruktion der Heinkel He 176 nach Original-Zeichnungen aus dem Heinkel-Archiv ▷

schalten oder ganz abzustellen ist, wird die He 176 zunächst einmal mit einem starken Auto geschleppt. Ein 7,6-Liter-Mercedes-Wagen mit der damals enormen Höchstgeschwindigkeit von über 170 km/h wird aus Berlin geholt. Mit der He 176 im Schlepp erreicht der Wagen aber auf der Grasnarbe des Flugplatzes nur 120 km/h Geschwindigkeit, was für Versuche nicht genügt, geschweige denn, das Flugzeug zum Abheben zu bringen. Nicht einmal die leisesten Ruderdrücke sind bei dieser Geschwindigkeit zu spüren. Also versucht es *Warsitz* auf dem breiten, ebenen Sandstrand. Zunächst scheint das auch zu gelingen, aber dann bleibt der schwere Wagen im Sand stecken. Es bleibt *Erich Warsitz* nichts anderes übrig, als die Rollversuche doch mit eigener Kraft, also mit dem Raketenantrieb, auf dem Flugplatz zu beginnen. Seine Methode – kurzes Ein- und wieder Ausschalten des Triebwerkes – erweist sich als äußerst schwierig und gefährlich. Das Fahrwerk mit seiner geringen Spurweite führt immer wieder zum Ausbrechen und zu zahlreichen »Ringelpietzen« mit Bodenberührung der Fläche. Um die Flächenenden nicht dauernd zu beschädigen, werden Stützbügel an den Außenkanten angebracht; aber erst nach vielen weiteren Rollversuchen gelingen die ersten Luftsprünge von wenigen Metern Höhe. Auch diese sind mehr als gefährlich, da der 1200 m lange Platz nicht ausreicht und *Warsitz* oftmals am Platzende absichtlich einen »Ringelpietz« herbeiführen muß, um nicht über den Platz hinauszuschießen. *Warsitz* wird von Tag zu Tag unzufriedener, denn kein einziger Roll- oder Sprungversuch gelingt, keiner vermittelt ihm auch nur eine Ahnung von fliegerischem Gefühl mit diesem Flugzeug. Im Winter 1938 gibt es einige Änderungen am Flugzeug, vor allem erhält das Triebwerk eine Möglichkeit zur Regelung.

Im Frühjahr 1939 gehen die Roll- und Sprungversuche weiter, und als der fast durchweg wolkenlose Juni kommt, hat *Warsitz* neben ungezählten Ausbrüchen und »Ringelpietzen« nicht weniger als 38 Überschläge mit der am Boden so unbändigen He 176 hinter sich. Doch nun entscheidet sich *Warsitz* nach einigen schlaflosen Nächten zum Erstflug – der einzige Weg, nun endlich die notwendigen Erkenntnisse über Flugzeug und Triebwerk, ja über die Möglichkeit eines Raketenfluges überhaupt zu erhalten. Kaum ein Pilot vor ihm hat ein so mit unbekannten Größen gespicktes fliegerisches Problem lösen müssen, noch nie in seinem eigenen Leben steht die Frage des Gelingens so zweifelhaft und unberechenbar vor ihm. Kalt und feucht wie eine häßliche Kröte hockt die Angst auf seiner Brust. Erst spät in diesen Nächten übermannt ihn der Schlaf.

Der Morgen des 20. Juni steigt mit glutroter Sonne aus der Ostsee, als Peenemünde erwacht und die Tore seiner Hallen öffnet. *Warsitz* hat ein wenig länger als sonst geschlafen, hat seinen Alpdruck längst vergessen und steigt ruhig in die inzwischen von den Technikern und Warten bereitgestellte Maschine. Das Triebwerk, dessen Schub nun einigermaßen regelbar ist, wird angelassen, und *Warsitz* startet zu neuen

Wernher von Braun besucht nach dem Krieg Erich Warsitz

Luftsprüngen. Einer nach dem anderen klappt, und *Erich Warsitz* fühlt sich so gut in Form wie selten. Auch Triebwerk und Flugzeug scheinen guter Laune zu sein, und als er am frühen Nachmittag nach einem letzten geglückten Luftsprung das Flugzeug zum Auftanken seinen Technikern übergibt, sagt er, als wäre dies die selbstverständlichste Sache der Welt: »Fertigmachen zum ersten Flug.«

Die Monteure starren ihn ungläubig an, der inzwischen dazugekommene Triebwerkingenieur *Bartelsen* brummt deutlich hörbar: »Völlig verrückt!«, und *Walter Künzel* schließlich versucht, *Warsitz* den Flug auszureden. Man beginnt zu streiten, aber *Warsitz* bleibt bei seinem Vorhaben. Er weiß, wenn er heute nicht fliegt, werden wieder Wochen vergehen. »Ich gebe euch dreißig Minuten, dann fliege ich«, sagt er, und es klingt beinahe wie ein Befehl. Achselzuckend machen sich die anderen an die Arbeit. Doch plötzlich begeistern sie sich ebenfalls für das kommende Ereignis; zwei Monteure laufen hinüber zum Gutshof, holen ein eben geborenes Ferkel und legen es dem ahnungslosen *Warsitz* als Talisman auf die Knie.

Während des Wartens denkt *Warsitz* an *Heinkel, Udet, Lucht* und *Milch,* die unbedingt beim Erstflug zugegen sein wollen. Er hat besonders *Ernst Heinkel* gegenüber ein schlechtes Gewissen, aber er fürchtet, daß ihm *Heinkel* vielleicht im letzten Augenblick den Start verbieten könne, und er hat sich nun einmal vorgenommen, an diesem Tag zu fliegen. Sogar sein Testament hat er am Vorabend noch geschrieben.

Ruhig und noch immer wolkenlos ist der Himmel, als die Monteure ihn in seiner He 176 zum Start hinausschleppen. Die neue Betonbahn an der Südseite des Platzes ist noch im Bau. Er muß daneben auf der Grasbahn starten. Da fällt ihm ein Maulwurfhügel ein, der ihm einige Tage zuvor bei

Raketenflugzeug Heinkel He 176[1]

Hersteller		Heinkel	Heinkel
Muster		He 176	He 176
Triebwerk		Walter[2] HWK RI-203	Walter[2] HWK RI-203
Standschub	kN	5,88	5,88
	kp	600	600
Besatzung		1	1
Länge	m	5,20	5,20
Höhe	m	1,45	1,45
Spannweite	m	5,00	5,00
Flügelfläche	m^2	5,50	5,50
Flügelstreckung		4,54	4,54
Rüstmasse	kg	780	900
Kraftstoff	kg	200[3]	430
Besatzung	kg	90	90
Nutzmasse	kg	120[4]	200
Zuladung	kg	410	720
Startmasse	kg	1 190	1 620
Flächenbelastung	kg/m^2	216,35	294,50
Masse – Schubverhältnis	kg/kN	202,38	275,50
	kg/kp	1,98	2,70
Flächenschub	kN/m^2	1,07	1,07
	kp/m^2	109,09	109,09
Höchstgeschwindigkeit am Boden	km/h	800	800
Steiggeschwindigkeit	m/s	60	60
Laufzeit des Triebwerkes	min	1	1
Startrollstrecke	m	280	480
Startstrecke bis 15 m Höhe	m	350	550
Landestrecke aus 15 m Höhe	m	540	540
Landegeschwindigkeit	km/h	220	135
Zuladung in % von der Flugmasse		34	44
Nutzlast in % von der Flugmasse		10	12
Baujahr		1938	1938

[1] Die Daten über die He 176 in der Tabelle sind Zahlenwerte, die nach dem Krieg zusammengetragen worden sind. Für die extrem kleine He 176 wird eine Rüstmasse von 900 kg angegeben und von 780 kg, ohne zusätzliche Ausrüstung. Als Abflugmasse werden 1 620 kg genannt, einschließlich 200 kg Nutzlast für Meßinstrumente. Außerdem reicht der angegebene Brennstoff von 430 kg für zwei Minuten Flugdauer, obwohl das Triebwerk nur eine Minute arbeitet. Warsitz sagt selbst, daß er bei einem Flug mit so kurzer Dauer keine Zeit hat, um auf die Instrumente zu achten, und durch das Fliegen voll in Anspruch genommen ist, wie durch das Einfahren von Landeklappen und Fahrwerk, durch das Austrimmen der Maschine und durch hohe Konzentration, um bei der hohen Geschwindigkeit in der Platzrunde zu bleiben. Schließlich gilt es, zum Endanflug überzugehen, dabei wieder Fahrwerk und Landeklappen auszufahren, die Maschine erneut auszutrimmen und nach 60 Sekunden aufzusetzen. Im Endanflug hat Warsitz wahrscheinlich noch eine Geschwindigkeit von 350 km/h. Die Landegeschwindigkeit wird deshalb wahrscheinlich bei 220 km/h gelegen haben. Als erfahrener Flug-Versuchspilot wird Warsitz weder unnötigen Ballast in Form von 200 kg Meßinstrumenten, die abzulesen er gar keine Zeit hat, noch die doppelte Kraftstoffmenge an Bord gehabt haben. Letztere hätte ihn bei einer Bruchlandung das Leben gekostet. Zudem sollte berücksichtigt werden, daß das Triebwerk eine Trockenmasse von nur 98 kg hat. In der Tabelle werden deshalb in der ersten Spalte die etwas korrigierten Daten und in der zweiten Spalte die nach dem Krieg zusammengestellten Daten wiedergegeben.

[2] Kraftstoff: Wasserstoff-Superoxyd und Methanol

[3] 4,8 g/kp/s Verbrauch; 4,8 × 600 = 2,88 kg/s × 60 = 172 kg/min

[4] Sicherheits-Einrichtungen

Rollversuchen einen heftigen »Ringelpietz« beschert hat. So läßt er die Startstrecke noch einmal abfahren und nach Unebenheiten absuchen.

Ich fliege die He 176

Über den ersten Flug des Raketenflugzeuges am 20. Juni 1939 berichtet *Erich Warsitz* selbst[74]:

»Die Maschine wird an den Start geschleppt, ich steige ein, überprüfe noch einmal alle Hebel, Ruder und Instrumente, setze die Tanks unter Druck, dann bekomme ich das Zeichen, daß die Startbahn in Ordnung ist. Künzel kommt zu mir und drückt mir, ohne einen Ton zu sagen, die Hand. Die Monteure schließen die Kanzel und dann gebe ich Vollgas.

Die ungewohnte Beschleunigung schon beim Rollen ist mir bekannt. Durch die erstmalig voll gefüllten Tanks brauche ich jetzt aber eine längere Rollstrecke. Bei ungefähr 300 km/h Geschwindigkeit, kurz vor dem Abheben, berührt die linke Fläche den Boden. Die Maschine, die ich bis dahin lediglich mit den Bremsen ganz vorsichtig in Richtung halten kann, bricht links aus und ich sehe die Katastrophe kommen. Ich lasse aber auf Biegen und Brechen das Gas drin und kurz darauf hebt sie seitlich schiebend und reichlich schwankend ab. Nach dem Abheben steigt die Fahrt rasend schnell von 500 km/h auf 750 km/h. Die Beschleunigung ist jetzt so groß, daß mein Kopf gegen die hintere Bordwand gedrückt wird. Ein ganz geringes Ziehen am Steuerknüppel bewirkt, daß der Vogel unter 45° ohne Fahrtverminderung in den Himmel schießt, was mir einen Mordsrespekt einflößt. Ich muß aber auch sofort eine Linkskurve einleiten, und zwar sehr steil, weil ich sonst zu weit vom Platz weggekommen wäre und der Treibstoff ja nur für eine Minute ausreicht. Alles geht wunderbar, und es ist ein erhebendes Gefühl für mich, fast geräuschlos mit 800 km/h Geschwindigkeit die Spitze der Insel Usedom zu umfliegen. Zeit für fliegerische Versuche bleibt mir nicht, denn schon muß ich mich auf die Landung konzentrieren. Wieder gilt es, scharf nach links zu kurven, um in die Landerichtung zu kommen, als ausgerechnet in der Steillage sehr plötzlich der Antrieb aussetzt, da die Tanks leer geflogen sind. Aus der Beschleunigung heraus werde ich durch das Abbremsen des Luftzuges in der Luft nun beachtlich nach vorn in die Anschnallgurte gezogen. Ich drücke, husche über die Peene und gehe mit 500 km/h Geschwindigkeit an den Boden heran. Die Platzgrenze ist erreicht und nach mehreren Sprüngen rollt die Maschine aus.«

Schon einen Tag später treffen führende Persönlichkeiten des RLM wie *Milch* und *Udet* in Peenemünde ein, um einer Flugvorführung von *Erich Warsitz* beizuwohnen. Aber die kurze Flugzeit und die winzige Maschine mit ganzen fünf Metern Spannweite und der minimalen Flügelfläche enttäuschen *Udet.* Er hoffte auf einen Prototyp für einen Interzeptor oder Heimatverteidiger und hatte nicht mit einer so kleinen Versuchsmaschine gerechnet. Dagegen lobt er die hervorragende fliegerische Leistung des Piloten. *Milch* ernennt *Warsitz* spontan zum Flugkapitän. Trotzdem meint *Udet,* mit einer solchen »Rakete mit Trittbrettern als Tragflügel« dürfe nicht weitergeflogen werden. Er verbietet die Fortsetzung der gefährlichen Versuche. Erst nach späterem heftigem Streit *Heinkels* mit *Udet* und dem RLM können noch einige Flüge ausgeführt werden, bei denen bis zu 850 km/h Geschwindigkeit erreicht werden. Überraschend muß *Warsitz* das Flugzeug am 3. Juli 1939 auf dem zur Flugerprobungsstelle Rechlin gehörenden Flugplatz Roggentin vor *Hitler* und den Spitzen des RLM noch einmal fliegen. Bald danach wird er zu einem Gespräch zu *Hitler* gerufen. Dieser läßt sich über das Flugzeug und sein Triebwerk ausführlich unterrichten.

Wenige Wochen später bricht der Zweite Weltkrieg aus. Mit einer Anordnung des RLM, Neuentwicklungen bis nach Beendigung des Krieges zurückzustellen, weil dafür kein hochwertiges Material zur Verfügung stehe, wird die Weiterarbeit an dem Flugzeug abgebrochen. Nachdem die He 176 lange in einer Hallenecke abgestellt ist, gibt *Heinkel* sie an die Deutsche Luftfahrtsammlung in Berlin ab, wo sie mit vielen anderen historisch wertvollen Flugzeugen gegen Ende des Krieges ein Opfer der Bomben wird.

Anmerkungen

1 Beim radialen Verdichter wird die axial einströmende Luft durch ein Verdichterrad großen Durchmessers in radiale Richtung umgelenkt, nach außen hin beschleunigt und der Brennkammer zugeführt.
2 Beim axialen Verdichter wird der eintretende Luftstrom durch mehrere, hintereinander liegende rotierende und feststehende Reihen von tragflügelartigen Schaufeln unter ständigem Druckanstieg in axialer Richtung weiter in die Brennkammer befördert.
3 Luftfahrtforschung, Jahrgang 1935, S. 210.
4 Dr. Siegfried Günter, Heinkel-Mitteilung vom 17. 8. 1966.
5 EHF = Ernst Heinkel Flugzeugwerke, Protokoll Nr. 37/22 vom 18. 3. 1936.
6 Dipl.-Ing. Wilhelm Gundermann studiert an der Technischen Hochschule Berlin Flugzeugbau und bei Professor Hermann Fottinger Turbo-Maschinenbau. Heinkel stellt ihn als erfahrenen Konstruktionsleiter Ohain zur Seite.
7 Die Bezeichnung He S 1 fehlt. Sie muß »Ohain 1« lauten für sein erstes Versuchsmodell, das er mit seinem eigenen Geld mit Hahn zusammen gebaut hat und mit dem er 1935/36 auf dem Hof der Universität Göttingen experimentierte. Das nächste Triebwerk ist die He S 2 bei Heinkel.
8 Ohain benutzt gasförmigen Wasserstoff für seine Experimente, weil er leichter entzündbar ist als Kerosin. Er strömt als Gas in die Brennkammer, so daß die schwierige Zerstäubung entfällt. Das vereinfacht die Gestaltung der Brennkammer sehr.
9 Ohain bemerkt zu dem Termin in einem Vortrag in den USA »The evolution and future of Aeropropulsion Systems«: »Ich kann mich an das genaue Datum nicht mehr erinnern.«
10 Erich Warsitz ist Erprobungspilot bei der E-Stelle Rechlin. Er wird am 18. 10. 1906 in Hattingen/Ruhr geboren und beginnt mit 21 Jahren in Bonn-Hangelar mit der Schulung für die Sportflieger-Lizenz. Bei der Deutschen Verkehrsfliegerschule (DVS) erhält er eine C 2-Instrumentenflug- und eine Seeflieger-Ausbildung. Er wird Fluglehrer und erwirbt später den Militärflugzeugführerschein, worauf ihn die Erprobungsstelle Rechlin als Flugversuchspiloten engagiert.
11 Ing. Walter Künzel ist ein erfahrener Heinkel-Mitarbeiter und der Typenbearbeiter für die gesamte Entwicklung der He 178.
12 Dr. Siegfried Günter schreibt am 17. 8. 1966 in einer Heinkel-Mitteilung über Helmbold: »Der beste Theoretiker für die Aerodynamik kompressibler Strömungen war damals Professor Helmbold. Er war der wichtigste Ratgeber meines Bruders bei der He 176 und später bei der 178 und hat große Verdienste

daran. Mein Bruder, ebenso wie ich, schätzten die theoretischen Kenntnisse von Helmbold sehr.«

13 Brief Professor Heinrich B. Helmbold vom 11. 3. 1949 an Professor Heinkel.

14 Flugwelt 11/1953, Die He 178, das erste Flugzeug mit Strahltriebwerk, S. 331.

15 In den Heinkel-Unterlagen aus der Kriegszeit wird der Schub der He S 3B meist mit 4,41 kN (450 kp) angegeben, in den nach dem Krieg zusammengestellten Unterlagen mit 4,9 kN (500 kp).

16 Auszugsweise Wiedergabe des Vortrages von Erich Warsitz, gehalten am 15. 9. 1959 anläßlich der 20jährigen Wiederkehr des Erstfluges der He 178 in den Ernst Heinkel-Werken in Speyer, Heinkel-Archiv.

17 Ernst Heinkel, Stürmisches Leben, S. 503.

18 Einleitung einer plötzlichen kreisförmigen Richtungsänderung, um das Flugzeug zu zwingen, in einer anderen Richtung auszurollen.

19 Brief Warsitz vom 25. 3. 1980 an Kyrill von Gersdorff.

20 Heinz Meschkat: Das erste Düsenflugzeug der Welt, Manuskript vom 8. 10. 1951 im Heinkel-Archiv. Meschkat ist Technischer Assistent von Ernst Heinkel.

21 Vortrag von Dipl.-Ing. Wilhelm Gundermann auf der Jahrestagung der DGLR vom 12. bis 14. 3. 1981 in Aachen über die gemeinsame Arbeit mit Ohain am He S 3-Triebwerk.

22 Helmut Schelp: Zur Geschichte des Strahltriebwerkes – Die Entwicklung bis 1945; DGLR-Tagung in Aachen vom 12. bis 14. 3. 1981.

23 Vortrag Hans von Ohain, The Origins and Future Possibilities of Air Breathing Jet-Propulsion Systems, an der Universität Florida (Gainesville) 1983, gehalten am 19. 6. 1987.

24 Ernst Heinkel, Stürmisches Leben, S. 510.

25 Luftfahrt International, Luftfahrt-Lexikon 3102-100-5, S. 1072.

26 dto.

27 Aktennotiz BB.-Me/Sche, Berlin, den 25. 10. 1939; Verteiler: Heinkel, Pfistermeister (Berliner Vertreter von Heinkel), Lusser, Künzel, Meschkat, BB.

28 Heinkel Flugzeugtypen, Heinkel He 280, Jagdflugzeug 016 ohne Datum, Heinkel-Archiv.

29 Aktennotiz vom 2. 11. 1939 BB-, Kü/Ma/Mü/Sche.

30 Ernst Heinkel, Stürmisches Leben, S. 503 bis 506.

31 Bearbeitet unter anderem nach: Betriebsmitteilung der Ernst Heinkel-Flugzeugwerke (EHW) vom 1. 12. 1940 über Stand und Entwicklung He S 8A.
Aktenvermerk vom 20. 3. 1941 über Besprechung Heinkel–Ohain am 18. 3. 1941.

32 Aussage Dr. von Ohain am 19. 1. 1988 in München im Deutschen Museum; ausführlich dargelegt im Schreiben Ohains an den Verfasser vom 18. 5. 1988.

33 Heinkel Betriebsmitteilung: Stand der Entwicklung des Strahlmotors He S 8A vom 1. 12. 1940.

34 Protokoll 40/42, Geheim Nr. 80, He S 8A, He S 8B vom 15. 7. 1942, gez. Schelp und Wolff.

35 Mitteilung vom 23. 9. 1942 von Heinkel an Wolff, Schaberger, Ohain, Hennes, Hahn, Lehrer, Henrici, Dr. Encke – Göttingen, über Sitzung bei Ernst Heinkel über He S 8.

36 Brief Ohain vom 7. 1. 1967, Dayton, Folkestone Dr. 559 an Siegfried Günter.

37 Vortragsmanuskript von Ohain »The evolution and future of Aeropropulsion Systems in Dayton«.

38 Ernst Heinkel, Stürmisches Leben, S. 518.

39 Direktor Harald Wolff kam von BMW zu Heinkel, der ihm die Oberleitung der vom Werk Marienehe zum Hirth-Motorenwerk stoßenden Wagner-Junkers-Gruppe überträgt. Wolff ist ein von Gestalt kleiner, energischer und systematisch arbeitender Mann, der das Werk Zuffenhausen einmal als »Warenhaus Technischer Ideen« bezeichnet. Zwischen Wolff, Heinkel und der Motoren-Mannschaft in Zuffenhausen kommt es zu endlosen Streitereien, die Milch dadurch zu schlichten sucht, indem er Wolff die Kommissarische Leitung des gesamten Werkes Zuffenhausen überträgt, sehr zum Ärger von Ernst Heinkel.

40 Aus »Dokumentation zum Leben und Werk von Herbert Wagner«, Kapitel: »Erste Arbeiten am axialdurchströmten Strahltriebwerk« von Rudolf Friedrich, Deutsche Gesellschaft für Luft- und Raumfahrt, 1984.

41 Geheimschreiben Me/Wfg. vom 6. 10. 1941 an Heinkel, Pfistermeister, Hayn, Wolff von Meschkat gezeichnet.

42 Bericht RLM GL/C-E 3/VII vom 8. 7. 1942, gez. Schelp–Heinkel.

43 Protokoll RLM Nr. 41/42 vom 16. 7. 1942, Projektbesprechung He S 011 unter Teilnahme von Schelp, Waldmann (RLM), Encke (AVA Göttingen), Professor Rothert, Wiestinghausen (BA/HMZ), Battensein, Streufert, Wolff, Ohain, Vanicek, gez. Schelp und Wolff.

44 Nach einer Aktennotiz EHF über He S 8B und He S 011 von Heinkel persönlich gezeichnet, sollte die erste He S 011 am 15. 6. 1942 fertig für Prüfstandläufe sein.

45 Ernst Heinkel, Stürmisches Leben, S. 521 ff.

46 Deutsche Luftfahrt, Flugmotoren und Strahltriebwerke, von Kyrill von Gersdorff & Kurt Grasmann, Bernard & Graefe Verlag, 2. Auflage 1985, S. 294/95.

47 »Zuffenhausen, Studien- und Versuchsbau für Strahltriebwerke« basiert auf Angaben der »Zeitschrift der Heinkel-Werke« vom 1. 12. 1962 und Unterlagen aus dem Heinkel-Archiv, Stuttgart.

48 Schreiben EHW vom 10. 7. 1940 an Generalluftzeugmeister Ernst Udet.

49 Mitteilung Dr. TD 573 vom 16. 11. 1939 von Dr. Sturm/Nie an Verteiler.

50 Robert Schlaifer, Development of Aircraft Engines, USA, Chapter XIV, S. 406.

51 Schreiben »Strahltriebwerke« von Heinkel an Generalluftzeugmeister Ernst Udet, Berlin vom 18. 7. 1940.

52 Dr.-Ing. Max Bentele gehört zu den besten Wissenschaftlern des ehemaligen Hirth-Motorenbaues. Er wird 1943 auf Wunsch des RLM für kurze Zeit zu Junkers ausgeliehen, um die Schwingungsbrüche der Turbinenschaufeln des Jumo 004 zu untersuchen und Abhilfe zu schaffen. Er löste diese schwierige Aufgabe mit Erfolg. Ähnliches gelingt ihm mit den Schaufelbrüchen des Verdichters des 004. Diese Leistungen Benteles tragen nach dem Stop der He S 8 und der He S 30 dazu bei, das Ansehen des Heinkel-Hirth-Motorenbaues wieder zu stärken.

53 Bericht der Heinkel-Werke über durchgeführte und geplante Untersuchungen zur Entwicklung eines ML-Triebwerkes vom Juli 1939 bis 1. 10. 1941; He S 50/Re 7, S. 133–137.

54 Robert Schlaifer, Kapitel XIV, S. 377.

55 Brief Heinkels an Generalluftzeugmeister Ernst Udet vom 10. 7. 1940.

56 L'Aeronautique et L'Astronautique, Nr. 102-1983-6-17.

57 Jane's All The World's Aircraft, Jahrgang 1941/42.

58 Brief Helmut Schelp vom 7. 3. 1980 an Kyrill von Gersdorff.

59 Quelle: Otto Selig, Hamburg, Alter Adler, der als Pilot für Me 264 vorgesehen war.
60 Studie: Einfluß des Hub-Bohrungsverhältnisses auf Leistung eines 32-Zylinder Zweitakt-Zündermotors von Dr.-Ing. Schröder vom 1. 9. 1940.
61 Herbert Wagner: Dokumentation zu Leben und Werk; Deutsche Gesellschaft für Luft- und Raumfahrt.
62 Junkers EF-61, aerokurier 12/1968, S. 806 ff.
63 Vortrag Herbert Wagner: Bericht über den Bau von Höhenflugzeugen; Schriften der Deutschen Akademie für Luftfahrtforschung, Jahrgang 1940, Heft 15–31.
64 Reichspatentamt, Patentschrift Nr. 724091, Klasse 46 g, Gruppe 1, J 62229/Ia/46 g.
65 DGLR-Tagung vom 12. bis 14. 3. 1981 in Aachen.
66 Auszug aus Schreiben Ohains an Walter Rathjen vom 20. 8. 1981.
67 Der Deutsche Luftverkehr – Die Pionierjahre 1919–1925. Bernard & Graefe Verlag, Kapitel: Der Versailler Vertrag, S. 14.
68 Ernst Heinkel, Stürmisches Leben, S. 475 ff.
69 Ernst Heinkel, Stürmisches Leben, S. 479 ff.
70 Hellmuth Walter wird am 26. August 1900 in Wedel (Holstein) geboren. Nach dem Studium arbeitet er auf der Vulcan-Werft in Hamburg als Konstrukteur für Dampfturbinen. Sein Hauptaugenmerk in den dreißiger Jahren gilt der Nutzung der Gasturbine zum Antrieb von U-Booten, auf die er 1925 schon ein Patent erhält. Er will Wasserstoffsuperoxyd als Sauerstoffträger für Unterwasserfahrten mit Gasturbinen benutzen. Am 1. Juli 1935 gründet er ein Ingenieurbüro in Kiel. Während seiner Arbeiten an der Gasturbine mit Wasserstoffsuperoxyd erkennt er dessen Brauchbarkeit als Treibstoff für Raketentriebwerke. 1936 entstehen auf mehreren Prüfständen Raketenantriebe für die verschiedensten Aufgaben. Sie dienen als Starthilfen für Flugzeuge, zum Antrieb von Flugzeugen (He 176 und Me 163), für Gleitbomben (Hs 293, Hs 117 und BV 143) und für viele weitere Aufgaben. 1943 erfindet Walter den Schnorchel für U-Boote, der vielen Seeleuten das Leben rettet. Am Kriegsende beschäftigen seine Werke 5000 Mitarbeiter. Nach dem Krieg geht Walter in die USA, baut dort Kraftwerke und arbeitet an Erfindungen auf dem Gebiete der Ölförderung. Walter stirbt 1980 in den USA.
71 Ing. Hans Regner: Die He 176, das erste Raketenflugzeug der Welt. Flugwelt 9/1953, S. 262 ff.
72 Vortrag Erich Warsitz am 15. 9. 1959 auf einer Pressekonferenz der Heinkel-Werke in Speyer.
73 Zeitschrift der Heinkel-Werke, Heft 1 vom 1. 12. 1962.
74 Vortrag Erich Warsitz am 15. 9. 1959 auf einer Pressekonferenz der Heinkel-Werke in Speyer.

Zweistrahliger Turbo-Jäger He 280

He 180: Vorläufer der He 280*

Die Heinkel He 280 ist ein Entwurf von Dipl.-Ing. *Robert Lusser*[1], der am 1. Juni 1939 von Messerschmitt als Technischer Direktor zu Heinkel kommt. Er übernimmt das Aufgabengebiet von Professor *Dr.-Ing. Heinrich Hertel,* der zu den Junkers-Werken nach Dessau wechselt. *Lusser* kennt bestens die Me 262, die bei Messerschmitt entwickelt wird, und will ihr mit einem neuen Heinkel-Flugzeug zuvorkommen. Unter größter Geheimhaltung beginnt er mit den ersten Projektarbeiten für einen zweistrahligen Jäger, wenig später werden zwei Entwürfe als Attrappen unter der Bezeichnung He 180 gebaut.
Der augenfälligste Unterschied zwischen den beiden Attrappen liegt in der Unterbringung des Führersitzes, einmal im vorderen Rumpfteil des Flugzeuges und einmal weit hinten vor dem Leitwerk. Über diese Arbeiten liegen bisher unveröffentlichte Aussagen und Protokolle vor.
In der ersten Mitteilung vom 20. Juni 1939[2] werden die Aufgaben verteilt: verantwortlich für den Attrappenbau ist *Regner,* für die Waffen *Mach,* für die Schwerpunktlage *Helmboldt* und *Benz,* für das Fahrwerk *Jacob* und *Schneider,* für die Fahrwerklastannahmen *Dr. Schmitz,* für die Aufhängung der Geräte *Siegfried Günter,* für die Flugleistungen *Siegfried Günter* und *Benz,* für die Tragflächen *Benz* und *Helmboldt,* für die Ausrüstung *Schultz,* für die Hydraulik und Preßluft *Schneider,* für eine genaue Werkstattausführung *Kapp* und schließlich für die Geheimhaltung *Schwärzler, Günter, Künzel* und *Benz.*

* Anmerkungen auf Seite 67.

Vor dem zweiten Rundschreiben hat man sich ohne Zweifel schon auf den zweiten Entwurf der He 180 mit vorne liegendem Führersitz geeinigt. Das Schreiben befaßt sich mit technischen Einzelheiten[3] wie mit der Brandgefahr bei ausfließendem Kraftstoff nach vorherigem Beschuß oder mit Fragen der Bremsenergie bei den zu erwartenden hohen Landegeschwindigkeiten.
Als Kraftstoffbehälter werden geschützte Sacktanks der He 177 vorgeschlagen. Für den Führersitz wird ein Klappdach mit Schlechtwetterfenster an der Seite vorgesehen. Die Flügelfläche wird mit 16 m^2 festgelegt. Fragen über die Änderung der Leitwerksgröße mit längerem Rumpf unter Berücksichtigung des Gewichtes werden besprochen. Die Vorarbeiten im Entwurfsbüro sollen bis 10. August 1939 abgeschlossen sein. Fragen über den Einbau der Triebwerke müssen mit *Ohain* geklärt werden. Für die erforderlichen Konstruktions-Arbeiten und Bruchversuche zum Beispiel mit Beschlägen, die oft rechnerisch nicht eindeutig zu erfassen sind, wird bis Anfang August ein Programm ausgearbeitet.
Endgültig entschieden wird über die He 280 nach einer Attrappen-Besichtigung am 26. September 1939[4].

Udets Wunschkind

Ernst Udet nimmt an diesen Arbeiten frühen Anteil. Am 27. August 1939 läßt er sich anläßlich des Erstfluges der He 178 von *Lusser* über die zu erwartenden Leistungen der He 280 unterrichten. *Ohain* bestätigt in einem Schreiben[5],

Start des ersten zweistrahligen Strahlflugzeuges He 280 V 2 am 30. März 1941

daß *Udet* im Gegensatz zu *Milch* großes Interesse an der He 280 habe, was auch in späteren Besprechungen im Dezember 1939 und Februar 1940, bei denen *Ohain* zugegen ist, immer wieder zum Ausdruck kommt. Auch habe *Udet* 1940 *Heinkel* versprochen, ihm den Ankauf einer Motorenfirma zu ermöglichen, wenn die He 280 bis April 1941 mit Strahltriebwerken fliegt. *Udet* ist allerdings in der Beurteilung des Strahlfluges *Milch* gegenüber sehr zurückhaltend, weil dieser vorerst von technischen Neuheiten nichts wissen will.
Schon im Juni 1939 bespricht *Lusser* mit *Ohain* seine Vergleichsstudien, die eindeutig zeigen, daß ein zweistrahliges Jagdflugzeug mit Triebwerken unter den Tragflächen bedeutende Vorteile gegenüber einer einmotorigen Auslegung hat. Die He 280 ist ein Mitteldecker in Ganzmetallbauweise mit doppeltem Seitenleitwerk; die Triebwerke sind seitlich des Rumpfes unter den Tragflächen angeordnet, was *Gundermann* schon von Anbeginn bei der He 178 gefordert hat. Das Flugzeug erhält erstmals ein Bugradfahrwerk, damit es horizontal steht und der heiße Gasstrahl der Triebwerke die Grasnarbe nicht zerstören kann. Das Bugradfahrwerk erleichtert Start und Landung und verhindert vor allem ein Ausbrechen des Flugzeuges bei starkem Seitenwind. Das Nachlaufbugrad ist frei schwenkbar und hat keine Bremse, der Nachlauf wird durch die schräge Stellung des Bugradfederbeins erreicht. In dieses Federbein ist, äußerlich nicht sichtbar, eine sogenannte Flatterbremse eingebaut, die ein Flattern um die Schwenkachse verhindern soll.

Schwierige Triebwerkwahl

Heinkel wünscht schnellstmögliche Fertigstellung der He 280. Deshalb stellt *Lusser* eine Sondergruppe für Auslegung, Berechnung und Konstruktion der He 280 zusammen. Auf diese Weise wird zwar das Projektbüro ausgeschaltet, *Siegfried Günter* konferiert dafür aber um so häufiger mit *Lusser*.
In der seitlichen Silhouette gleicht die He 280 mit dem doppelten Seitenleitwerk der Bf 110. Bemerkenswert ist das Festhalten *Lussers* an einer geraden Flügelvorderkante, obwohl durch *Busemanns* Vortrag auf der Volta-Konferenz 1935 in Rom bekanntgeworden ist, daß der Pfeilflügel für höhere Geschwindigkeiten Vorteile bringt. Die He 280 wird als erstes Flugzeug in der Geschichte der Luftfahrt mit einem durch Preßluft angetriebenen Schleudersitz ausgerüstet, desgleichen findet bereits in der Konzeption der spätere Einbau einer Druckkabine Berücksichtigung.
Zum Antrieb ist ursprünglich das Axialtriebwerk He S 30 vorgesehen. Der Entwurf der He 280 basiert auf diesem Triebwerk und ist auf dessen Schub, Abmessungen und Gewicht ausgelegt.
Gleich nach dem Erstflug der He 178 am 27. August 1939 konferieren *Ohain, Müller* und *Lusser* laufend, ob es bei dem He S 30-Triebwerk bleibt. *Heinkel* wünscht schnellstmögliche Fertigstellung der He 280.
Ohain schreibt zur damaligen Situation in einem Brief vom 18. Mai 1988:

»Ende 1939 sind die Vor- und Nachteile der radialen Strahltriebwerke klar erkannt.
Nachteile radialer Strahltriebwerke:
Wesentlich größerer Durchmesser und daher wesentlich geringere Leistung pro m^2 Stirnfläche; geringerer Wirkungsgrad des Verdichters; geringerer Gesamt-Wirkungsgrad.
Vorteile radialer Bauart:
Wesentlich einfacher in der Herstellung; geringeres Entwicklungs-Risiko; geringere Schwierigkeiten in der Abstimmung der Turbo-Maschinen-Elemente; Prüfstände erwünscht, aber nicht annähernd so notwendig wie für axiale Verdichter.«

Ohain hat im September 1939 eine Studie für *Lusser* mit folgendem Ergebnis angefertigt:

»Falls es das Hauptziel für die He 280 ist, in kürzester Zeit zum Erstflug zu kommen, dann sollte der erprobte Radialverdichter der He S 3B mit entsprechenden Verbesserungen für die He S 8 verwendet werden. Der große Durchmesser der He S 3B läßt sich herabsetzen, indem der radial nach außen gerichtete Schaufel-Diffusor durch einen axialen Schaufel-Diffusor ersetzt wird. Die Strömung muß nur gleich hinter dem Laufrad mit geeigneter Krümmung in die axiale Richtung umgelenkt werden, indem eine Ringbrennerkammer zwischen Axial-Diffusor-Austritt und dem Turbinen-Leitgitter-Eintritt angeordnet wird.«

Von Mitte November 1939 bis Dezember finden viele Diskussionen mit *Lusser* über die He S 8 statt. Man rechnet anfangs mit Widerstand von *Müller,* der mit Nachdruck an der He S 30 arbeitet. Das Gegenteil ist der Fall. Er ist beeindruckt von der Einfachheit der Konstruktion und glaubt nunmehr, mehr Zeit für eine gründliche Bearbeitung der He S 30 zu haben.
Heinkel trifft schließlich die Entscheidung, daß zunächst die He S 8 in die He 280 eingebaut wird und will vorerst drei Triebwerke herstellen. Er hofft, damit den Flugtermin für die He 280 für April 1941 einhalten zu können. Danach will er die im Schub, Leistungsgewicht und Stirnfläche günstigere He S 30 einbauen. Die Kosten für die He S 30 hat er bisher selbst getragen; nun will er die He 280 mit der He S 30 als Trumpfkarte ausspielen, um danach die Kosten für die Entwicklung dieses Triebwerkes vom RLM rückvergütet zu bekommen.
Während *Messerschmitt* auf Triebwerke von *Junkers* warten muß, verspricht sich *Lusser* von zwei Konkurrenz-Triebwerken im eigenen Haus gewisse Vorteile.
Vergleicht man die Maße der He 280 mit denen der Me 262,

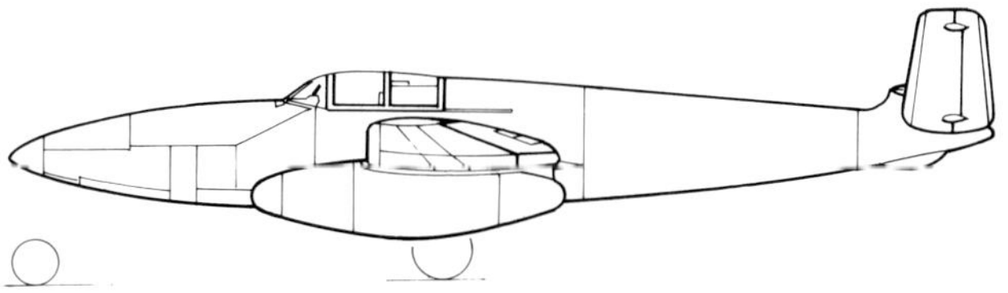

He 280 V 1 (DL+AS) mit Verdrängungskörpern anstelle der fehlenden Triebwerke

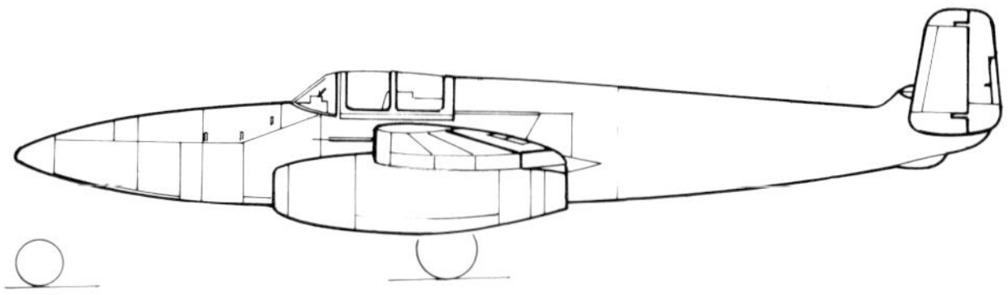

He 280 V 2 (GJ+CA) mit He S 8-Triebwerken

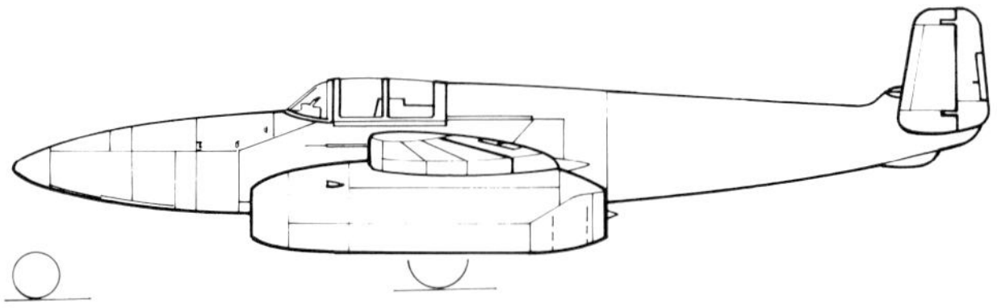

He 280 V 3 (GJ+CB) mit Junkers 004-Triebwerken, die einen zu geringen Bodenabstand haben

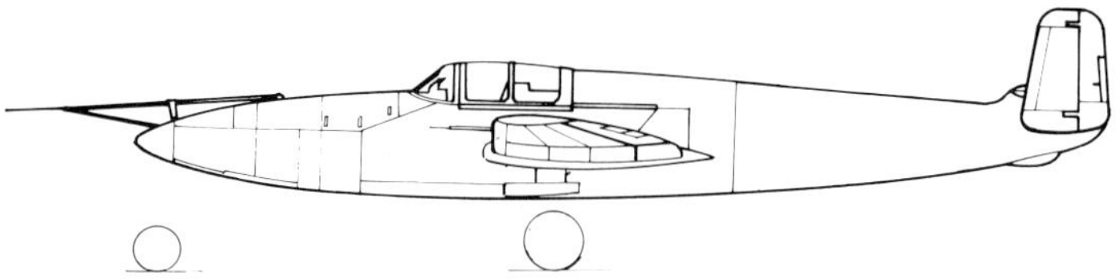

He 280 V 7 (NU+EB), die ohne Triebwerke bei der DFS zur Schnellflugerprobung dient

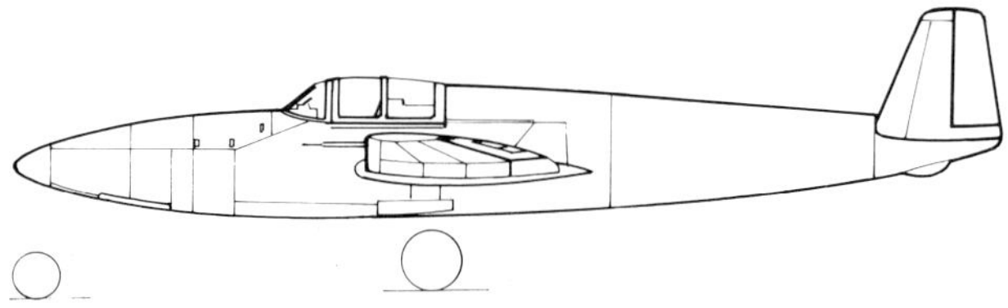

◁
He 280 V 8 (NU+EC), die zur Erprobung eines V-Leitwerkes für die He 162 vorgesehen ist. Wahrscheinlich ist es aber zur Überführung zur DFS wegen der Kriegswirren nicht mehr gekommen

so zeigt sich, daß Spannweite, Länge und Flügelfläche nahezu gleich sind. Die Rüstmasse der He 280 ist mit 3215 kg aber wesentlich geringer als die der Me 262 mit 3800 kg. Die Me 262 hat dagegen mit 2250 kg gegen 810 kg eine wesentlich größere Kraftstoffkapazität. Weder das He S 8-Triebwerk und noch viel weniger die He S 30 sind im September 1941 rechtzeitig für den Einbau in die Zelle der He 280 fertig. *Heinkel* entschließt sich deshalb auf *Udets* Veranlassung, die He 280 V 1 vorerst anstelle der Triebwerke mit stromlinienförmigen Widerstandskörpern auszurüsten, sie wie ein Segelflugzeug im Schleppflug durch eine He 111 auf Höhe zu bringen und im Gleitflug zu erproben. Für diese Ausführung als Gleiter liegen von Professor *Helmboldt*[6] verbürgte Daten vor; Flugmasse 2295 kg, Flügelfläche 21,45 m^2, Spannweite 12 m, Seitenverhältnis 6,71, Dickenverhältnis der symmetrischen Flügelprofile 13 Prozent in der Mitte der Flügeltiefe, zehn Prozent an den Gondeln und neun Prozent an den Flügelenden. Der Widerstandsbeiwert wird mit 0,017 im Windkanal ermittelt, die Gleitzahl liegt bei 16,3, und bei Höchstauftrieb wird ein c_a max von 1,25 bei voll ausgefahrenen Landehilfen (Klappen 63°, Querruder 34°) erreicht. Professor *Helmboldt*[7] regt während der Arbeiten an der He 280 »systematische Messungen bezüglich der Triebwerksanordnung« im Heinkel-Hochgeschwindigkeitskanal an. Dabei werden auch Anordnungen nahe am Rumpf vor und hinter der Tragfläche gemessen. Es sind die ersten Messungen über die sogenannte »Caravelle-Anordnung«, die bessere Ergebnisse zeigen, aber für die He 280 zu spät kommen.

Erprobung im Schleppflug

Nur ein Jahr nach dem ersten Strich auf dem Reißbrett steht die He 280 Ende September 1940 als Gleitflugzeug zum Einfliegen bereit. Den Erstflug mit der He 280 im Schlepp einer He 111 unternimmt am 22. September 1940 Flugbaumeister *Paul Bader* von der Erprobungsstelle der Luftwaffe Rechlin. Am Steuer der He 111 sitzt der Rechliner Flugversuchspilot *Deutschmann*. Der erste Schlepp verläuft ohne Probleme. Beim zweiten Flug am 2. Oktober 1940 reißt das Seil, und die He 280 bleibt nach kurzem Anlauf am Boden stehen. Am 10. Oktober startet *Bader* zum dritten Flug, mit dem er das Flugzeug im Schlepp nach Marienehe zu Heinkel zurückfliegt.
Weitere Flüge dienen der Verbesserung der Startlänge, der Überprüfung der Flugeigenschaften und Ruderkräfte, es

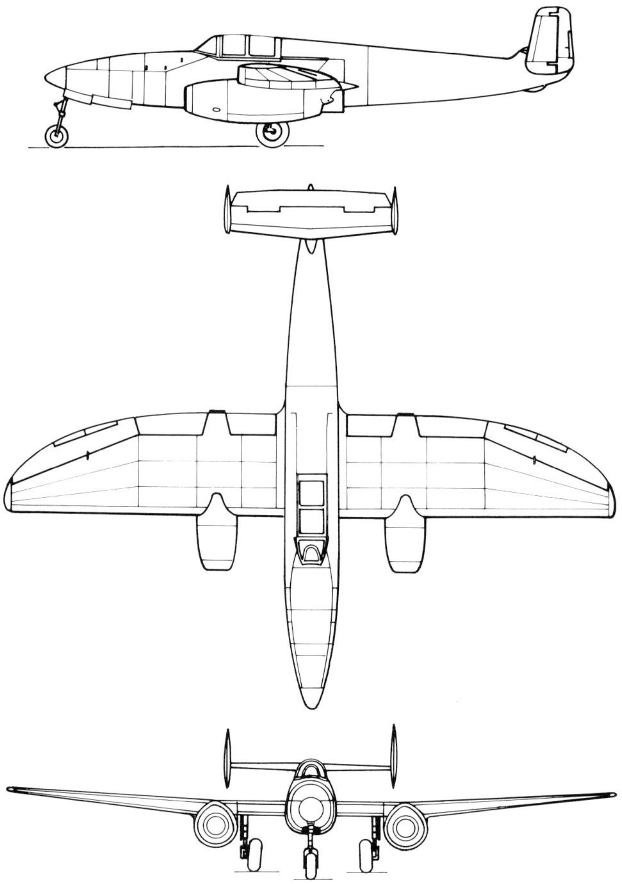

He 280 V 3 mit He S 8A-Triebwerken

folgen Bahnneigungsflüge bis 550 km/h Geschwindigkeit, das Fahrwerk wird auf seine Funktion bei verschiedenen Geschwindigkeiten überprüft, ferner das Überziehverhalten untersucht. In allen Fällen zeigt das Flugzeug ein zufriedenstellendes Verhalten.

Das RLM gibt daraufhin 20 He 280 als V-Muster und Vorserienflugzeuge in Auftrag. Zwei Muster, die V 2 und V 3, werden fertiggestellt. Aber schon die V 4 wird vom RLM im Bau gestoppt. Da eine Flugerprobung meist größere Änderungen nach sich zieht, will man die Erprobung mit Triebwerken abwarten, um die Erfahrungen daraus für die restlichen V-Typen auszuwerten.

Ab November 1940 übernimmt Flugbaumeister *Fritz Schäfer* in Marienehe die weitere fliegerische Betreuung der He 280 als Heinkels Flugversuchspilot[8]. Er kommt von der Waffenerprobungsstelle der Luftwaffe Tarnewitz, wo er Waffen und deren Funktion in verschiedenen Flugzeugtypen erprobt hat. Am 20. November 1940 startet *Schäfer* mit der He 280 V 1 zu seinem ersten Schleppflug. Zu diesem Zeitpunkt hat das Flugzeug noch keine Kennzeichen. In dem Bugraum des Rumpfes, der später einmal die drei Kanonen MG 151/20 der Firma Mauser aufnehmen soll, ist ein großer, schwerer Akkumulator (Batterie) eingebaut, damit trotz fehlender Triebwerke der richtige Schwerpunkt des Flugzeuges erhalten bleibt und gleichzeitig die Elektrohydraulik und die Fluginstrumente mit Strom versorgt und Fahrwerk, Landeklappen und Flugbremsen bedient werden können. Wie ein Segelflugzeug hebt das verhältnismäßig große Flugzeug ohne Motoren mit etwa 2000 kg Fluggewicht nach 670 m Rollstrecke ab. *Schäfer* hält die He 280 im Schlepp über dem Höhenleitwerk der He 111, um nicht in die sehr stark verwirbelte Luft der beiden Motoren der He 111 zu kommen. Mit vier bis fünf m/s Steigen wird langsam auf 4000 m Höhe geklettert. In dieser Höhe klinkt der He 280-Pilot aus. Nach etwa sechs Gleitflug-Minuten und der anschließenden Ziellandung, die zunächst etwas problematisch aussieht, setzt das Flugzeug wohlbehalten auf der Landebahn auf. Die Ziellandung auf der etwa 1000 m langen Piste muß sitzen, denn eine Seite der Landebahn in Marienehe wird von dem Eisenbahndamm Rostock–Warnemünde begrenzt und die andere Seite durch die Warnow mit der Hafeneinfahrt von Rostock; das Ausfahren von Fahrwerk und Landeklappen funktioniert einwandfrei und die Flugeigenschaften sind nicht zu beanstanden.

Für die weiteren Versuchsflüge mit der He 280 als Gleiter, die einschließlich Schleppflug durchschnittlich 20 bis 30 Minuten dauern, wird jeweils ein Versuchsprogramm ausgearbeitet. Der Pilot der He 280 steht während dieser Flüge in dauerndem Funksprechkontakt mit dem Boden. Er braucht fast nichts zu schreiben. Punkt für Punkt wird ihm das Programm vom Boden mitgeteilt, er gibt nach Ausführung der einzelnen Versuche auch gleich das vorläufige Ergebnis bekannt. Auf diese Weise kann die relativ kurze Gleitflugzeit optimal ausgenutzt werden. Es werden Abkippversuche mit verschiedenen Schiebewinkeln und Schwerpunktlagen geflogen, die statische und dynamische Längsstabilität kontrolliert und die Steuerkräfte von Querruder und Höhenruder mit der Federwaage gemessen. Diese Versuche und Messungen sind schon von *Paul Bader* begonnen worden und werden nun von *Fritz Schäfer*[9] fortgesetzt. Auch die taktische Flugbremse, die unterhalb und oberhalb der Tragflächen hydraulisch ausgefahren wird, kann bei verschiedenen Fluggeschwindigkeiten in ihrer Funktionsweise erprobt werden. Dabei wird eine sehr geringe Lastigkeitsänderung des Flugzeuges festgestellt. Die taktische Bremse soll ein Überschießen des Flugzeuges beim Angriff auf einen Gegner verhindern. Die hohe Geschwindigkeit soll verringert werden, ohne die Strahltriebwerke drosseln zu müssen, denn sie brauchen doppelt so lange, um die notwendige Drehzahl zu erreichen wie die Kolbentriebwerke in einem Propellerflugzeug. Bei der He 280 zeigt sich

He 280 ohne und mit Triebwerk

Hersteller		Heinkel	Heinkel
Muster		He 280 V 1	He 280 V 3
Triebwerk		ohne Antrieb	Heinkel He S 8A
Standschub	kN		2 × 7,06 = 14,12[2]
	kp		2 × 720 = 1 440
Besatzung		1	1
Länge	m	10,40	10,40
Höhe	m	3,06	3,06
Spannweite	m	12,00	12,20
Flügelfläche	m^2	21,45	21,50
Flügelstreckung		6,71	6,92
Rüstmasse	kg	2 030[1]	3 215
Kraftstoff	kg		810[3]
Besatzung	kg	90	80
Nutzmasse	kg	175	175
Zuladung	kg	265	1 065
Startmasse	kg	2 295	4 280
Flächenbelastung	kg/m^2	106,99	199,06
Masse – Schubverhältnis	kg/kN		301,00
	kg/kp		2,97
Flächenschub	kN/m^2		0,66
	kp/m^2		67,00
Höchstgeschwindigkeit	km/h	510	650
in Höhe 0	m	Bahnneigung	
Reisegeschwindigkeit	km/h	240	820[4]
in Höhe 6000	m	Gleiten	
Steiggeschwindigkeit	m/s		19,1
Dienstgipfelhöhe	m		10 000
Reichweite in 6000 m	km		370
max. Flugzeit in 0 m Höhe	min		20[5]
Startrollstrecke (im Schlepp)	m	670	850
Startstrecke bis 15 m Höhe	m		1 100
Landestrecke aus 15 m Höhe	m		970
Landegeschwindigkeit	km/h	135	140
Zuladung in % von der Flugmasse			25
Nutzlast in % von der Flugmasse			4
Baujahr		1940	1940

[1] Angaben nach Prof. Heinrich B. Helmbold.
[2] Nach Aussagen von Flugversuchspilot Schäfer sind in der Praxis nicht mehr als 600 kp Schub mit der He S8 erreicht worden. Das Triebwerk sollte einen Schub von 720 kp erreichen, in der Tabelle wird der angestrebte Auslegungsschub angegeben.
[3] Bei einem Verbrauch am Boden von 160 kg/kN/h (1,60 kg/kph) hätten die Triebwerke bei 14,12 kN (1 440 kp) rund 2 300 kg Kraftstoff in der Stunde und 1 150 kg in 30 min verbraucht; da der reale Schub aber bei 5,88 kN (600 kp) lag, werden 960 kg Kraftstoff in 30 min verbraucht und in 25 min 800 kg; davon gehen aber 100 kg für Warmlaufen und Rollen und 50 kg für den Start ab. Es verbleiben knappe 20 min Flugzeit.
[4] nur mit Jumo 004 B und nur kurzzeitig wegen Schwingungen an Rumpf und Leitwerk
[5] Bei angenommenem Schub von real 2 × 5,83 kN (2 × 600 kp) und Abzug von 150 kg Kraftstoff für Rollen und Start verbleiben roh geschätzt 34 min Flugzeit in 6000 m mit 810 kg Kraftstoff.

jedoch, daß die Bremsen für die ihnen zugedachte Aufgabe ungeeignet sind, denn das Flugzeug fängt beim Ausfahren der Bremsen sehr stark an zu schütteln, das aber kann der Pilot beim Zielen nicht gebrauchen.

Das von Dipl.-Ing. *Schneider* konstruierte Bugradfahrwerk, das Start und Landung sehr erleichtert, hat sich sehr bewährt. Beim Strahljäger findet bekanntlich keine Beaufschlagung des Leitwerkes beim Rollen durch den Luftstrahl statt, so daß die Wirksamkeit der Ruder erst später bei höherer Geschwindigkeit eintritt. Das Manövrieren beim Rollen ist deshalb schwierig und ist nur mit Hilfe der Fahrwerkbremsen möglich. Mit ihrem Bugradfahrwerk ist die He 280 der Me 262 mit Spornradfahrwerk anfangs beim Rollen und im Start weit überlegen. Das dünne, symmetrische Profil der He 280 erzeugt geringen Luftwiderstand, der elliptische Flügel mit gerader Vorderkante garantiert gute Flugeigenschaften. Für die He 280 rechnet man mit einer kritischen Machzahl von 0,85, das bedeutet, wenn die Fluggeschwindigkeit 85 Prozent der Schallgeschwindigkeit

beträgt, können Verdichtungsstöße der Luft am Flügel auftreten, die Instabilitäten des Flugzeuges zur Folge haben. Dem Piloten der He 280 wird daher zur Auflage gemacht, die Fluggeschwindigkeit nicht über Mach 0,82 zu steigern. Die Differenz zwischen Mach 0,85 und 0,82 hält man damals für groß genug, um Kompressibilitätsschwierigkeiten zu vermeiden.
Das wenig schöne doppelte Seitenleitwerk ist durch den Schleudersitz erforderlich geworden. Der Sitz hat zwar beim Abschuß durch Preßluft eine Beschleunigung von 7 bis 9 g, doch das reicht bei einer Fluggeschwindigkeit von Mach 0,82 nicht aus, um den Piloten über ein hohes zentrales Seitenleitwerk gefahrlos hinwegzukatapultieren.
Schäfer führt nach seinem Flugbuch, das er über den Krieg hinweggerettet hat, mit der He 280 V 1 rund 20 Schleppflüge aus, den letzten am 22. Mai 1942. Ab dem zweiten Flug erhält die V 1 das Kennzeichen DL+AS.
Bei *Heinkel* wird man durch das lange Warten auf die Fertigstellung der He S 8-Triebwerke nervös. Auf dem Triebwerks-Prüfstand kann man erleben, wie einige Stellen am Gehäuse des Triebwerkes rot glühen, wie häufig die Turbine defekt wird oder das hintere Lager des Rotors hinter der Turbine heißläuft. Die Brennstoffdüsen arbeiten noch mit zu geringem Druck, das führt zu einer ungenügenden Zerstäubung des Brennstoffes, wodurch wiederum Leckkraftstoff aus dem Triebwerk herausläuft. Außerdem fehlt eine Kraftstoffpumpe, die einen höheren Druck erzeugen kann. Vor dem Erstflug macht *Schäfer* deshalb zur Bedingung, daß die Verkleidungsbleche der Triebwerke weggelassen werden, damit sich darin kein Kraftstoff sammeln und entflammen kann. Außerdem wird für die He S 8-Triebwerke eine Garantie von einer Stunde Laufzeit verlangt, die *Ohain* auch glaubt, geben zu können. Eine weitere große Schwierigkeit ist das Fehlen des schon erwähnten Drehzahlreglers. Für *Schäfer* ist es deshalb von großem Vorteil, daß er das Flugzeug durch die Gleitflüge in seinem Verhalten und Flugeigenschaften schon gut kennt, denn die Drehzahlregelung erfordert die ganze Aufmerksamkeit und höchste Konzentration des Piloten sowohl beim Rollen als auch beim Fliegen.

Erstflug mit Turbo-Strahltriebwerken

Am 30. März 1941 ist es soweit. Tag und Nacht ist an den He S 8-Triebwerken gearbeitet worden, vicle Prüfstandsläufe sind absolviert, man glaubt, nun mit der He 280 mit eingebauten He S 8-Triebwerken mit Rollversuchen beginnen zu können. Die Zeit drängt, denn laut Absprache mit *Udet* soll ja das Flugzeug bis zum April 1941 fliegen.
Für die Rollversuche werden die Tanks der He 280 nur halbvoll gefüllt, weil die Triebwerke ihren vorgesehenen Schub noch nicht erreichen. Sie geben höchstens 500 kp statt 720 kp Schub. Insgeheim hofft jeder am Platz, daß die He 280 nicht nur rollen, sondern auch fliegen wird. Für die Triebwerksregelung, die mangels eines Drehzahlreglers und einer Schubdüsenregelung ausschließlich durch den Piloten über die Brennstoffdrosselventile beziehungsweise die Gashebel erfolgen muß, kommt es darauf an, die Drehzahl von 13 000 min^{-1} und die Strahltemperatur von 600° C nicht zu überschreiten. Da die Triebwerke bei diesem werksinternen Flug nicht beschädigt werden dürfen, müssen sie so weit wie möglich gedrosselt werden. Vor dem offiziellen Flug vor *Udet* und einer RLM-Delegation, den laut Vertrag *Paul Bader* ausführen soll, müssen sie also in Ordnung sein. Professor *Heinkel* sagt vor dem Flug zu *Schäfer:* »Rollen Sie einmal die Startbahn entlang, fliegen sollen Sie nicht«, zum Schluß sagt er allerdings auch, »machen Sie, was Sie wollen«. So hält *Schäfer* sich auch gar nicht mit langen Rollversuchen auf, sondern startet sogleich zu einem kurzen Flug, bei dem Fahrwerk und Landeklappen nicht eingefahren werden. Der Flug am 30. März 1941 dauert nur drei Minuten und löst im ganzen Heinkel-Werk großen Jubel aus.
Wenige Tage später, am 5. April 1941, startet *Paul Bader* zu einem Vorführungsflug vor *Udet* und den Spitzen des RLM. Die Triebwerke sind nun verkleidet, da man durch verbesserte Brennstoffdüsen das Lecken hat beseitigen können. *Bader* kann nun schnell fliegen und Fahrwerk und Landeklappen einfahren. Der Vorführungsflug hinterläßt

Landung der He 280 V 2 nach dem gelungenen Erstflug mit Fritz Schäfer am Steuer. Noch fehlen die Verkleidungen der He S 8A-Triebwerke und das spätere Kennzeichen GJ+CA

Feierliches Beisammensein anläßlich des zweiten Fluges der He 280 unter Führung von Flugbaumeister Paul Bader (Rechlin) am 5. April 1941.
Mitte Udet, neben Heinkel im Uhrzeigersinn: Wolfram Eisenlohr, Helmut Schelp, Robert Lusser, links von Lusser Dr. Werner Baumann, unbekannt, Gen.-Ing. Lucht, Carl Francke im Hintergrund, Dr. Lehrer, Gottfried Reidenbach, Siegfried Günter

bei allen Anwesenden einen guten Eindruck, aber *Bader* hat auch die Triebwerke nicht geschont. Nach dem Ausrollen nach der Landung sitzen bei beiden Triebwerken die hinteren Turbinenlager fest. Das wird aber von niemandem bemerkt, weil das Flugzeug sofort mit dem Traktor zur Halle geschleppt wird. Schon wenige Wochen später löst *Udet* sein Versprechen ein, und *Heinkel* kann am 30. Mai 1941 einen Vertrag zum Kauf der Hirth-Motorenwerke in Stuttgart-Zuffenhausen abschließen.
Die schwierige Handhabung des Flugzeuges wegen fehlender Drehzahl- und Schubdüsenregelung bereitet aber weiter große Kopfschmerzen. *Von Ohain* beauftragt daraufhin Ing. *Wilhelm Ziegler,* einen Drehzahlregler zu entwickeln, ebenso wird eine vom Piloten zu bedienende Verstellung des Schubdüsenquerschnittes vorgesehen. Mit Hilfe dieser Geräte soll während des Fluges zu der gewählten Drehzahl die richtige Strahltemperatur eingestellt werden.

Fritz Schäfer über die Flugeigenschaften der He 280

Über die Ergebnisse der bisherigen Flugerprobung urteilt *Schäfer* in einem Heinkel-Bericht[10] wie folgt:

»Start und Landung sind mit der He 280 mit He S 8 sehr einfach, auch bei erheblichem Seitenwind (Bugrad). Die Anschwebegeschwindigkeit bei der Landung liegt unter 200 km/h. Das Flugzeug setzt mit etwa 150 km/h auf. Die Ruderkräfte sind bis zu Geschwindigkeiten um 650 km/h gut aufeinander abgestimmt. Die Wirkung der Querruder ist gut. Für das Seitenruder werden in Mittellage zu kleine, bei großen Ausschlägen zu große Kräfte benötigt. Das Höhenruder erfordert etwas zu hohe Kräfte. Die Wirkung ist aber gut. Desgleichen ist die Stabilität um sämtliche Achsen gut. Das Abkippverhalten ist normal, auch bei großen Schiebewinkeln. Das Flugzeug geht dabei gedämpft auf den Kopf. Die Lastigkeitsänderungen bei Betätigung von Fahrwerk und Landeklappen sind äußerst gering und mit kleinen Steuerkräften gut zu beherrschen. Bei Geschwindigkeiten über 500 km/h sind Schüttelerscheinungen am Höhenruder aufgetreten. Diese werden auf das Abreißen der Strömung

Fritz Schäfer in der He 280 V 3 nach einem Routineflug

am Höhenruderhals zurückgeführt. Zur Vermeidung wird deshalb dort eine Blechverkleidung angebracht, die wirksam ist.«

Bei einem Vergleichsfliegen am 17. Dezember 1942 zwischen der He 280 V 3 und einer Fw 190 in Marienehe schneidet *Schäfer* mit dem Flugzeug gut ab. Vor Vertretern des RLM wird ein Luftkampf simuliert, um die Überlegenheit des Strahlflugzeuges über das Flugzeug mit Kolbentriebwerk zu beweisen. *Schäfer* weiß, daß er sich auf einen engen Kurvenkampf mit der Fw 190 nicht einlassen darf, denn dann kommt sofort deren Überlegenheit durch den hohen Propellerschub bei niedriger Fluggeschwindigkeit zum Tragen. Bei der Demonstration in Marienehe versucht der Pilot der Fw 190 immer wieder, sich hinter die He 280 zu setzen, aber *Schäfer* kann das durch schnelles Fliegen in Kreisen mit großem Durchmesser um die Fw 190 herum verhindern. Dabei ergibt sich ab und zu Gelegenheit, mit hoher Geschwindigkeit direkt auf die Fw 190 zuzustoßen und an ihr vorbeizuschießen, ohne daß sie dem Strahlflugzeug folgen kann.

Ernst Udet mit Robert Lusser bei einer He 280-Flugvorführung

Die He S 8 ist zu diesem Zeitpunkt immer noch weit von einer Serienreife entfernt. Trotzdem wird am 17. Dezember 1942 mit dem Flugzeug ein Überlandflug nach Rechlin gewagt, wo es von *Fritz Schäfer* einer anderen RLM-Delegation unter Generaloberst *Milch* vorgeflogen wird. Die Flugdauer von Marienehe nach Rechlin beträgt zwölf Minuten in 4000 m Höhe.
Die Vorführung des Flugzeuges in Marienehe und Rechlin führt zur Aufhebung des vorläufigen Baustops der V-Muster; das RLM will nun 300 Flugzeuge des Typs He 280 in Auftrag geben. *Heinkel* führt im Januar 1943[11] Verhandlungen mit der Firma Siebel über einen Lizenzbau, denn sein Werk hat jetzt auch keine Fertigungskapazität mehr frei. Aber *Siebel* verfügt weder über ausreichende Arbeitskräfte noch über die notwendigen Werkzeugmaschinen, um einen solchen Auftrag annehmen zu können. Daraufhin soll das Flugzeug im besetzten Ausland gebaut werden.

Zwischenspiel mit Argus-Rohren

Die 1942 begonnenen Versuche, die He 280 mit Argus-Schubrohren[12] auszurüsten, dürfen nicht vergessen werden. Hier geht es aber gar nicht um die He 280, sondern vielmehr um die Erprobung der As 014 für dic Fi 103, die Vergeltungswaffe V 1. Die Pulso-Strahltriebwerke As 014 leisten zu diesem Zeitpunkt 1,47 kN (150 kp) Schub. Die Rohre, die sehr heiß werden und einen ohrenbetäubenden Lärm erzeugen, werden zu je drei Stück unter dem Tragflügel aufgehängt. *Schäfer* wird im November 1942 nach Rechlin gerufen, um mit dem Flugzeug He 280 V 1 eine Funktionsprobe am Boden, einen sogenannten Standlauf, und – wenn der Versuch glückt – mit Schleppstart hinter einer He 111 auch einen Flug auszuführen. Diese Flugversuche sollen nur der Erprobung der Argus-Rohre dienen, deren Funktion vor allen Dingen im Schnellflug noch viel zu wünschen übriglassen. Beim Anlassen der sechs Schubrohre durch Anblasen mit Preßluft läuft aber sehr viel Kraftstoff auf den Boden, der plötzlich lichterloh zu brennen anfängt. Das Flugzeug mit dem darin sitzenden Piloten muß schnellstens aus den Flammen herausgezogen werden. Damit wird dieser Versuch als gescheitert betrachtet und zunächst abgebrochen[13].
Die Firma Argus ändert daraufhin die Schubrohre. Am 13. Januar 1943 sollen die Versuche in Rechlin wieder aufgenommen werden; weil *Schäfer* zu diesem Zeitpunkt aber nicht abkömmlich ist, fliegt an seiner Stelle Flugversuchspilot *Schenk* von der Firma Argus. Beim Start der He 280 V 1 im Schleppflug hinter zwei Me 110 wird so viel Schnee aufgewirbelt, daß die Schleppkupplung der He 280 vereist und das Seil nicht ausgekuppelt werden kann. *Schenk* wackelt mit den Tragflächen, daraufhin klinken die Schleppflugzeuge die Seile aus. Mit den Seilen am Bug hängend wagt *Schenk* aber nicht zu landen. Zum ersten Mal in der Geschichte der Luftfahrt katapultiert sich ein Pilot mit dem Schleudersitz aus dem Flugzeug. *Schenk* landet unverletzt. Die He 280 V 1 aber geht dabei verloren.

Wirbel um die He 280

Schon im Sommer 1942 werden nach schweren Bombenangriffen auf die Heinkel-Werke in Rostock-Marienehe Flugerprobung und Musterbau nach Wien-Schwechat verlegt. Die Produktion wird aber wieder in Gang gebracht, ebenso zwei Jahre später nach erneuten Angriffen. Die Projektabteilung unter *Siegfried Günter* bezieht das besonders gesicherte untere Geschoß der Heinkel-Villa in Wien-Ober-St. Veit, die Konstruktionsabteilung unter *Karl Schwärzler* zieht in die Wiener Stadtmitte. Nachdem es Schwierigkeiten mit der He S 8 gibt, andererseits aber Erprobungsträger für

die ersten Junkers 004-Triebwerke fehlen, beauftragt das RLM *Heinkel,* mehrere Prototypen der He 280 mit Junkers Jumo 004 auszurüsten. Am 2. November 1942 wird beschlossen, 24 V-Muster zu bauen und sie mit Junkers 004- und BMW 003-Triebwerken, einige auch mit He S 8, zu erproben[14]. Doch der Jumo 004[15] ist zu groß für die He 280, das Triebwerk hat keinen ausreichenden Bodenabstand. So wird dieser Beschluß, der nur aus den Kriegswirren zu verstehen ist, am 18. November 1942 rückgängig gemacht, der Bau auf sieben V-Muster beschränkt.
Am 11. Dezember 1942 fliegt Fliegerstabs-Ing. *Heinrich Beauvais* aus Rechlin die He 280 V 3 in Marienehe. Er stellt dabei fest, daß bei Geschwindigkeiten um 600 km/h bis 620 km/h Unruhe um die Hochachse eintritt[16].
Noch am gleichen Tag verlangt Professor *Heinkel* folgende Verbesserungen an der He 280, die wahrscheinlich auf Empfehlungen von *Heinrich Beauvais* nach seinem Flug zurückzuführen sind[17]:

- sechs Kanonen,
- wesentlich mehr Kraftstoff und deshalb dickerer Rumpf,
- modernes Flächenprofil,
- Zentral-Leitwerk,
- Verlängerung des Rumpfes um 50 cm bis 80 cm.

Praktisch bedeuten diese Forderungen den Bau eines neuen Flugzeuges, denn Rumpf und Tragflügel müssen neu ausgelegt und konstruiert werden.
Am 8. Februar 1943 soll *Schäfer* mit der V 3 in Marienehe das Höhenverhalten der He S 8 überprüfen. Da gibt es einen Knall, eine Flamme hinter dem Schubrohr, und eine enorme Unwucht schüttelt das Flugzeug; ein Teil des Turbinenlaufrades am rechten Triebwerk ist weggeflogen. Da es nicht möglich ist, mit einem Triebwerk trotz eingezogenen Fahrwerkes zum Platz zurückzukehren und zu landen, tut *Schäfer* das einzig Richtige und setzt die Maschine auf einem Acker auf den Bauch. Sie wird nur wenig beschädigt und fliegt bereits nach einer Woche wieder.

Der Paukenschlag

Am 27. März 1943 teilt *Erhard Milch,* Generalinspekteur der Luftwaffe, *Ernst Heinkel* mit, daß die He 280 zugunsten der Me 262 vom Entwicklungsprogramm abgesetzt worden ist, da man sich wegen der Kriegslage keine zwei Konkurrenzflugzeuge leisten könne[18]. Er würdigt *Heinkels* Verdienste um den Strahlflug und schlägt die Fertigstellung der Prototypen V 4 bis V 9 vor, weil sie zur Erprobung von Triebwerken geeignet seien. Dadurch ist geklärt, daß bis zum Stop der He 280 außer der V 1 bis V 3 keine weiteren V-Muster fertiggestellt worden sind.

Trotz der sachlich richtigen Entscheidung des RLM, die Arbeiten an der He 280 und damit auch an dem He S 8-Triebwerk einzustellen, bleibt es *Heinkels* Verdienst, daß sein erstes zweistrahliges Jagdflugzeug ein Jahr vor der Konkurrenz fertig war und flog. Damit hat er die anderen Werke angespornt. Mit der He 280 hat *Heinkel* außerdem die Überlegenheit eines Strahlflugzeuges gegenüber Kolbentriebjägern nachweisen können, was damals noch vielfach bezweifelt worden ist.
Schäfer hat im April 1943 in Wien-Schwechat Gelegenheit, die He 280 V 2 GJ+CA mit Junkers Triebwerken am 2., 4., 8. und 29. April zu fliegen[19]. Mit diesen Triebwerken mit automatischer Regelung der Drehzahl und der Schubdüse ist die Handhabung des Flugzeuges eine wahre Freude gewesen. Horizontal werden etwa 800 km/h Geschwindigkeit in 4000 m Höhe erreicht, wobei Schwingungen an Leitwerk und Rumpf auftreten. Der Rumpf ist nicht steif genug, und der Flug muß abgebrochen werden. *Schäfer* veranlaßt, daß auch Dipl.-Ing. *Schuck*[20] das Flugzeug mit Junkers 004 nachfliegt, der zum gleichen Ergebnis kommt.

Prototypen der He 280

In dem Schreiben des Staatssekretärs der Luftfahrt und Generalinspekteurs der Luftwaffe vom 27. März 1943, in dem die He 280 zugunsten der Me 262 vom Entwicklungsprogramm abgesetzt wird, bittet *Milch,* die V-Muster He 280 bis V 9 fertigzustellen. Der Technische Direktor, *Carl Francke,* teilt daraufhin in einem Schreiben vom 3. April 1943[21] dem RLM den Stand der Fertigung der V-Typen mit:

Typ	Zustand	Termin flugklar
V 1	zerstört	
V 2	Versuchsträger für Junkers-Triebwerk	fliegt
V 3	Versuchsträger EHS-Triebwerk Flugeigenschaftsermittlung	fliegt
V 4	Versuchsträger für Einbau der Argusrohre	August 1943
V 5	Versuchsträger EHS-Triebwerk Ermittlung der maximalen Bahngeschwindigkeit	Juli 1943
V 6	Versuchsträger für BMW-Triebwerk	Mai 1943
V 7	Schnellflugforschungsflugzeug	April 1943
V 8	Versuchsträger Junkers-Triebwerk	Mai 1943
V 9	Versuchsträger für BMW-Triebwerk	Juni 1943

Damit ist geklärt, daß die He 280 V 4- bis V 9-Typen, deren Existenz vielfach bestritten wird, in der Zeit von Mai 1943 bis August 1943 größtenteils fertiggestellt worden sind.
Ein Zeitzeuge ist Dipl.-Ing. *Erwin Schnell,* der im Oktober 1944 im Auftrage der DFS in Wien-Schwechat mit den

He 280 V 7 dient ohne Triebwerke und Störkörper als Versuchsflugzeug für die Schnellflug- und Flugeigenschaftserprobung, Werknummer 280 000 007

He 280 V 7 ohne Triebwerke während der Flugerprobung bei der DFS

Vorbereitungen zur Ausrüstung einer He 280 V 8 mit einer Schleppkupplung und dem Einbau von Meßeinrichtungen beschäftigt war. Die He 280 V 8 ist nach den Flugbüchern der Piloten *Cap* und *Wedemeyer*[22] im August und September 1943 in Schwechat eingeflogen worden und mit Jumo 004-Triebwerken ausgerüstet gewesen. Die Triebwerke sind später ausgebaut und die Anschlüsse verkleidet worden. In der gleichen Halle, in der *Schnell* an der V 8 arbeitet, stehen mehrere fast fertige, aber nicht montierte He 280 in einer Art Taktstraße, die auf Montage und Fertigstellung warten. Meßingenieur *Erwin Schnell* bestätigt weiter, daß eine V 4 mit einer He 111 im Jahre 1944 von Schwechat zur DFS nach Hörsching übergeführt worden ist (Schlepp), um die Maschine dort für die V 7 ausschlachten zu können – die V 7 ist während der Versuchsflüge bei einer Landung beschädigt worden. *Schnell* hat selbst in Hörsching Ersatzteile aus der V 4 zur Verwendung in der V 7 ausgebaut. Durch Zufall wurde im Heinkel-Archiv der Reisebericht *Schnells* nach Schwechat für seine Dienststelle gefunden. Er bestätigt, daß *Schnell* vom 5. Oktober bis 11. Oktober 1944 in Wien-Schwechat[23] war, um über die Vorbereitungen zum Tausch des Leitwerkes der V 8 gegen ein V-Leitwerk zu verhandeln, damit die Maschine im Schlepp nach Hörsching übergeführt und dort im Vergleichsflug mit der V 7 geflogen werden kann. Es geht darum, Vor- und Nachteile beider Bauarten im Hinblick auf das Verhalten des V-Leitwerkes kennenzulernen, das für die He 162 vorgesehen ist.
Diese Tatsachen und weitere in der Tabelle »He 280 und ihre Prototypen« mit Quellen geführte Nachweise reichen als Beweis für die Existenz der He 280 V 4 bis V 9 aus. Zur Überführung der V 8 mit V-Leitwerk ist es anscheinend wegen des nahen Kriegsendes nicht mehr gekommen.
Eine Reihe der in der Tabelle »He 280 und ihre V-Typen« angeführten Flüge, die nicht belegt werden können, ist mit einem Fragezeichen (?) versehen. Die neun vom RLM in Auftrag gegebenen Prototypen der He 280 sind allen Widersprüchen in der Literatur zum Trotz gebaut worden. Drei davon sind anscheinend in Wien-Schwechat abgestellt worden, da zu jener Zeit kein Bedarf an Erprobungsträgern für Jumo 004 und BMW 003 vorhanden ist, weil den Firmen später werkseigene Maschinen oder RLM-Erprobungsträger (Ju 88) zur Verfügung stehen.

▷
Wiedergabe eines Originalbriefes der Heinkel-Werke in Wien vom 20. September 1944, in dem die vielfach bestrittene Existenz der He 280 V 8 und der Auftrag an Meßingenieur Schnell, den Umbau des Flugzeuges für ein V-Leitwerk vorzubereiten, bestätigt wird

RBNr. 0/1019/5039

[illegible] # 5022
25.9.44/[illegible]

ERNST HEINKEL AKTIENGESELLSCHAFT
WERK WIEN

ERNST HEINKEL A.G. · WERK WIEN · (124) WIEN-SCHWECHAT 2

An die
D.F.S. "Ernst Udet"
A i n r i n g

z.Hd. von
Herrn Runkel

A
25. SEP. [illegible]
Weiter an:

IHRE ZEICHEN | IHRE NACHRICHT VOM | UNSERE NACHRICHT VOM | UNSER HAUSRUF | UNSERE ZEICHEN | (124) WIEN-SCHWECHAT 2

Sta/Fi Scho/Be 20.9.44.

BETREFF He 28o - Schleppversuch

Die He 28o-V-Leitwerkserprobung soll beschleunigt durchgeführt werden. Die Erprobung soll durch die D.F.S. erfolgen. Zweckmässig ist nun die Abstimmung unserer V8 auf die bereits bei Ihnen vorhandene V7.

Wir bitten deshalb um einen baldigen Besuch Ihres Messing. Herrn S c h n e l l mit den entsprechenden Unterlagen.
F.S. Antwort wegen Zimmerbestellung erbeten.

[illegible] Wien 26.9. ([illegible])

Schnell soll in 1. Oktoberwoche nach Wien.
2. [illegible]
3. [illegible]

Heil Hitler!
ERNST HEINKEL AKTIENGESELLSCHAFT
Werk Wien
i.V. [illegible] i.A. [illegible]

[illegible] Techn. Direktion

DRAHTWORT HEINKELFLUG WIEN · FERNSPRECHER WIEN M 65590 SERIE · FERNSCHREIBER 064 WIEN 807 UND 064 WIEN 899
BANKEN COMMERZBANK AKTIENGESELLSCHAFT WIEN, WIEN I, KÄRNTNERSTRASSE 12, NR. 12379 · GIROZENTRALE DER OSTMÄRKISCHEN SPARKASSEN, WIEN I, FICHTEGASSE 10, NR. 5768 · LÄNDERBANK WIEN AKTIENGESELLSCHAFT, WIEN I, AM HOF 2, NR. 3007 · POSTSCHECKKONTO WIEN 12100
BÜRO IN BERLIN BERLIN W 35 · TIRPITZUFER 90 · DRAHTW. HEINKELFLUG BERLIN · FERNSPR. 223562 U. 223573 · FERNSCHR. 01 BERLIN 1228

He 280 V1 bis V9[a]

Typ	Versuchs-Flugzeug	Werk-Nr.	Verwendung
He 280	V 1	280 000 001	Kennzeichen: DL+AS; **22. 9. 1940** Erprobung als Gleiter ohne Triebwerk in Rechlin; **20. 11. 1940** Erprobung in Marienehe durch Flugbaumeister *Fritz Schäfer*; Abgabe von Heinkel an Rechlin und dort Ausrüstung und Erprobung mit sechs Argus As 014-Schubrohren, die für Fi 103 (V 1) vorgesehen sind; **13. 1. 1943** Absturz V 1 mit Argus-Schubrohren wegen Vereisung in Rechlin
He 280	V 2	280 000 002	Kennzeichen: GJ+CA; **30. 3. 1941** Erstflug *Fritz Schäfer* mit zwei Triebwerken He S 8A; **5. 4. 1941** Vorführung vor RLM durch *Baader*; **Juni 1942** in Wien-Schwechat Umrüstung auf Jumo 004; Einbau drei MG 151 (Gewicht 3× 58,82 = 176,50 kg entsprechend Nutzmasse ohne Munition); Halterungen für zwei Bombenschlösser; **16. 3. 1943** leichter Schaden bei Landung, weil Klappen durch Versagen Hydraulik nicht ganz ausfahren; **26. 6. 1943** Bruchlandung mit schwerem Schaden (80 Prozent)[b]
He 280	V 3	280 000 003	Kennzeichen: GJ+CB; **Anfang Juli 1942** startbereit mit He S 8A; **5. 7. 1942** Versuchsflug mit *Fritz Schäfer*; **3. 9. 1942 bis 11. 4. 1943** weitere Werkflüge mit *Schäfer*[b] **11. 12. 1942** Flug mit *Heinrich Beauvais,* Erfahrungsbericht; **8. 2. 1943** Notlandung mit *Schäfer* nach Ausfall rechtes Triebwerk beim Start; **27. 2. 1943** wieder startklar
He 280	V 4	280 000 004	Kennzeichen: GJ+CC; **Dezember 1940** wird mit Bau des Flugzeuges begonnen; Einzelanfertigung von Holmen, Spanten und Rippen[c]; wiederholte Baustops; **15. 1. 1943** flugklar; Überführung nach Wien-Schwechat; Umrüstung auf sechs Argus As 014-Rohre (?); **30. 8. 1943** Erprobung in Rechlin[d]
He 280	V 5	280 000 005	Kennzeichen: GJ+CD; **Dezember 1940**[e] Beginn der Herstellung und Einzelanfertigung der Holme, Spanten und Rippen; **Juli 1943** Fertigstellung mit He S 8A (V 14 und V 15) gemeldet; Schwingungs-Untersuchungen; Bahnneigungsflüge mit verstellbarer Flosse; Flugzeug wird nach Triebwerkbrand und Notlandung zerstört
He 280	V 6	280 000 006	Kennzeichen: NU+EA; **Dezember 1940** Beginn der Herstellung mit Ausschreibung der Fabrikationsaufträge[e]; **Mai 1943** Fertigstellung; vorgesehen Erstausrüstung mit Jumo 004; Erprobung von Flugeigenschaften und Leistungen in Rechlin (?); Waffenerprobung, Einbau zwei MG 151/20, Einbau zwei MK 108 (2× 147 = 294 kg)
He 280	V 7	280 000 007	Kennzeichen: NU+EB; Versuchsflugzeug für die Schnellflug- und Flugeigenschafts-Erprobung ohne Triebwerk und ohne Attrappen; **19. 4. 1943** starten im Schlepp einer He 111 *Julius Schuck* und *Opitz* mit V 7 zum Erstflug[f]; Maschine ist zur Erprobung für die DFS vorgesehen und wird am **20. 4. 1943** im Schlepp einer He 111 (Pilot *Ziegler*) mit *Opitz* nach Hörsching bei Linz übergeführt; V 7 hat keine Luftbremsen, aber eine manuelle Handbetätigung für die Landeklappen; entspricht sonst in der Ausrüstung weitgehend der V 1; später D-IEXM (?)

Typ	Versuchs-Flugzeug	Werk-Nr.	Verwendung
He 280	V 8	280 000 008	Kennzeichen: NU+EC; **30. 6. 1943** ist V 8 mit Jumo 004 fertig zum Einfliegen; ein Teil der Erprobung wird von *Wedemeyer* und *Cap* in Schwechat geflogen; Flüge mit hoher Geschwindigkeit dienen zur Untersuchung der Leitwerkschwingungen; Einzelheiten aus vorliegendem Erprobungsbericht[h]; **12. 8. 1943** Flug-Nr. 3 mit *Cap*; Abflugmasse 4805 kg, Dauer 11 min; **15. 8. 1943** Flug-Nr. 4 mit *Cap*; Dauer 11 min; Leitwerksuntersuchungen; **21. 8. 1943** Flug-Nr. 5 mit *Wedemeyer*; Dauer 16 min; Beobachtung des Leitwerkverhaltens; **22. 8. 1943** Flug-Nr. 6 mit *Wedemeyer*; Dauer 12 min; Leitwerksuntersuchungen; **30. 8. 1943** Flug-Nr. 7 mit *Wedemeyer*; Abflugmasse 4805 kg; Untersuchung Schwingungsverhalten; **31. 8., 9. 9., 10. 9. 1943** weitere Flüge mit *Wedemeyer* und *Cap*; das Flugzeug soll später ein V-Leitwerk erhalten, um bei der DFS Erfahrungen für ein entsprechendes Leitwerk für die He 162 zu sammeln[i]; Triebwerke werden ausgebaut; **Oktober 1944** Vorbereitungen zum Schleppflug zur DFS Hörsching
He 280	V 9	280 000 009	Kennzeichen: NU+ED; Versuchsträger für BMW 003 A-1-Triebwerke; bleibt wahrscheinlich demontiert in Schwechat
He 280 B-1			Projekt He 280 mit einfachem Leitwerk, längerem und dickerem Rumpf, größerer Kraftstoff-Kapazität, verbessertem Tragflügel; wird nicht gebaut

[a] Für diese Typenaufstellung dienten unter anderem als Quelle: Baubeschreibung Heinkel-Flugzeugtypen He 280/16; Schriftwechsel aus dem Heinkel-Archiv; ferner Unterlagen aus Deutschem Museum.
[b] Laut Heinkel-Archiv.
[c] Aktennotiz vom 12. 12. 1940, Marienehe, *Scherer/Sch.*
[d] Quelle: Meßingenieur *Erwin Schnell* (s. Text), (?) nicht belegbar.
[e] Aktennotiz vom 12. 12. 1940, Marienehe, *Scherer/Sch.*
[f] Schreiben Heinkel AG Wien an DFS *Ernst Udet*, Ainring vom 20. 9. 1944.
[g] DFS-Bericht, Blatt 1 k He 280 V 7 NU+EB, Werk-Nr. 280 000 007.
[h] Erprobung He 280 V 8, Werk-Nr. 280 000 008 NU+EC, Blatt 2 + 3, Heinkel-Archiv.
[i] Schreiben Ernst Heinkel AG, Wien, an Forschungsführung Technische Luftrüstung (TLR), Berlin, vom 29. 9. 1944 betr. V-Leitwerk He 280 V 8.
Schreiben Ernst Heinkel AG, Wien, an DFS vom 20. 9. 1944 wegen Abstimmung V 8-Leitwerk mit V 7.
Schreiben Ernst Heinkel-Werke an Verteiler EHW Nr. 4/44 vom 10. 10. 1944 über Umbau V 8 für V-Leitwerk.

Anmerkungen

1 Dipl.-Ing. Robert Lusser wird am 19. April 1899 in Ulm geboren. Seine große Zeit erlebt er beim Leichtflugzeugbau Klemm, dem er von 1925 bis 1932 als Chef des Konstruktionsbüros angehört. Lusser gehört zu den besten internationalen Sportfliegern; bei elf Internationalen Wettbewerben, an denen er teilnimmt, trägt er sechsmal den Sieg davon. Er wechselt 1932 zu Heinkel und ein Jahr später zu Messerschmitt, wo er die Leitung des Projektbüros übernimmt. In dieser Stellung beeinflußt er maßgebend die Entwicklung der Me 108, Bf 109 und Bf 110. Im Jahre 1939 kehrt er zu Heinkel zurück und wird Schöpfer der He 280. Beim Fieseler Flugzeugbau entwickelt Lusser 1942 die V 1.

2 Erstmals werden im Heinkel-Archiv in Stuttgart Original-Dokumente über diese beiden Vorentwürfe zur He 280 gefunden; Mitteilung TD 353/39 von Kapp/Re/Br. vom 20. 6. 1939 mit Verteiler an: Professor Heinkel, Lusser, Kapp, Schwärzler, Schneider, Günter, Helmboldt, Künzel, Ohain, Regner, Benz, Schmitz, Schulz, Jacob und Mach.

3 Mitteilung Nr. 436/39 von Beu/Re vom 25. 7. 1939 mit Verteiler an: Professor Heinkel, Lusser, Schwärzler, Butter, Günter, Benz, Ohain und Ebert.

4 Protokoll Nr. 5681 vom 26. 9. 1939 von Lusser an E-Stelle Rechlin, Protokoll Nr. 5681 vom 28. 9. 1939 von Heinkel an E-Stelle Rechlin über Besprechung zwischen Fl.Haupting. Geßner (LC 6), Flugbaumeister Tilenius (LC 2), Flugbaumeister Pfister (E 6 Rechlin), Flugbaumeister Bader (E 2 Rechlin) und

den Heinkel-Vertretern Lusser, Benz, Mach, Schulz und Heinrich.

5 Brief Dr. Hans von Ohain, Dayton, vom 16. 11. 1968 an Kyrill von Gersdorff.

6 Brief Professor Heinrich Helmboldt vom 11. 4. 1949 an Professor Heinkel.

7 Mitteilung Siegfried Günter, München, den 17. 8. 1966.

8 Der Bericht über die Flugerprobung der He 280 baut auf Angaben von Fritz Schäfer auf.

9 Dipl.-Ing. Fritz Schäfer wird am 23. Februar 1911 in Straßburg im Elsaß geboren. Nach dem Abitur nimmt er das Studium des Maschinenbaues an den Technischen Hochschulen in Berlin und Stuttgart auf, wird Mitglied der Akaflieg Stuttgart und Segel- und Motorflieger. Seine Flugbaumeisterlaufbahn beginnt bei der DVL in Berlin-Adlershof mit der Ausbildung zum Ingenieur-Piloten für Landflugzeuge aller Klassen. Während dieser Ausbildung (1937–1939) praktiziert er bei den Mauserwerken in Oberndorf am Neckar, wird bei Focke-Wulf Mitarbeiter im Projektbüro und in der Flugerprobung und schließlich Flugversuchspilot bei der Erprobungsstelle der Luftwaffe in Tarnewitz. Am 22. Dezember 1939 erfolgt seine Ernennung zum Flugbaumeister. Als Versuchspilot bei den Ernst Heinkel-Werken in Rostock obliegt ihm nach gelungenem Erstflug mit dem zweistrahligen Turbo-Luftstrahlflugzeug He 280 dessen Flugerprobung und Typenbetreuung. Es folgt die waffentechnische Flugerprobung der He 177, die Betreuung der He 219 von Wien-Schwechat aus beim NJG 1 in Venlo und zum Kriegsende die Erprobung der He S 011 mit Hilfe des fliegenden Prüfstandes (Ju 88) in Stuttgart.

10 Kurzbeschreibung He 280, F.Gr. 8003 vom 1. 12. 1942.

11 Aktenvermerk Nr. 160/43 vom 27. 1. 1943 über Besuch und Besprechung bei Siebel, gezeichnet von Groschalski, Technische Direktion.

12 Aktenvermerk vom 1. 6. 1942 über He 280 mit Argus-Rohren.

13 Beschluß lt. Aktenvermerk vom 17. 8. 1942, die He 280 V 1 mit Argus-Rohren auszurüsten.

14 Aktenvermerk 47/42 vom 2. 11. 1942 von Ernst Heinkel-Werke (EHW) Dir. Wolff über Besprechung mit Fl.-Stabsing. Antz, Schelp, Haupting. Waldmann und Brisken.

15 Aktenvermerk 8/42 von Dir. Francke vom 18. 11. 1942 über Besprechung mit Schwärzler, Kapp, Benz, Müller, Krebs, Groschalski, Schäfer, Giesbert, Wendel, Dürr, Müller.

16 Aktenvermerk vom 12. 12. 1942, Beurteilung der Flugeigenschaften He 280 V 3 durch Fl.-Stabs.-Ing. Beauvais am 12. 12. 1942.

17 Schreiben Heinkel über »Verbesserungen an der He 280« vom 11. 12. 1942, Heinkel-Archiv.

18 Schreiben: Der Staatssekretär der Luftfahrt und Generalinspekteur der Luftwaffe; ST/GL C-E 2 Nr. 10.509/43 (I) vom 27. 3. 1943.

19 Flugbuch Fritz Schäfer.

20 Fs. Nr. 530 vom 22. 4. 1943, Heinkel-Wien an Heinkel-Jenbach, gez. Schuck.

21 Technische Direktion Heinkel an Reichsluft GL/C-E 2, z. H. des Herrn Antz vom 3. 4. 1943.

22 Abschriften und Auszüge im Heinkel-Archiv, Stuttgart.

23 Reisebericht vom 16. 10. 1944 über Dienstreise vom 5. 10. bis 11. 10. 1944 nach Wien-Schwechat gez. Schnell, Deutsche Forschungsanstalt für Segelflug »Ernst Udet«.

Heinkel He 162

In zehn Wochen vom Zeichenbrett zum Erstflug*

Die He 162 ist das wohl ungewöhnlichste Jagdflugzeug, das je gebaut worden ist. Vom Auftrag bis zum Erstflug vergehen ganze 74 Tage. Die Forderungen an ein neues Einfachflugzeug werden am 8. September 1944 vom Technischen Amt ausgeschrieben in Zusammenarbeit mit dem Jägerstab, dessen Leitung in den Händen des damaligen Ministers für Rüstung, *Albert Speer,* und des Generalinspekteurs der Luftwaffe, *Erhard Milch,* liegt. Der Jägerstab wird am 1. März 1944 ins Leben gerufen. Sein geschäftsführender Stabschef ist Dipl.-Ing. *Karl Otto Sauer. Speer* weiß, daß dieses Unternehmen »Einfachflugzeug« nur mit besonderer Unterstützung der beteiligten Betriebe zu schaffen ist, die einen Teil ihrer Werke unter die Erde verlegen müssen und laufend mit Rohstoffen zu beliefern und mit den notwendigen Arbeitskräften auszustatten sind. Er bittet deswegen *Philipp Kessler,* den Generaldirektor der Bergmann-Werke, um Mithilfe, der als Wirtschaftsfachmann für Metall, Holz, Motoren und die notwendigen Arbeitskräfte sorgen kann. Anfangs ist der Widerstand gegen einen zweiten Jäger groß. Er kommt von *Adolf Galland,* aus weiten Kreisen der Industrie, aus der Truppe und selbst aus dem Technischen Amt. Man fürchtet, sich zu verzetteln und bezweifelt, daß die Produktion der Me 262 mit monatlich 200 Flugzeugen aufrecht erhalten werden kann, daß der Anlauf des Serienbaues der Do 335 A und der Aufklärer und Strahlbomber Arado Ar 234 zum Erliegen kommen. Lediglich Heinkel hat Kapazitäten frei durch den Ausfall der He 177, und auch BMW, wo bisher höchstens hundert 003-Triebwerke im Monat gebaut werden.

Die Befürworter des Projektes gehen davon aus, daß für die Me 262 mit sieben Tonnen Flugmasse dreimal so viel Metall erforderlich ist wie für die He 162 mit 2,8 t Abflugmasse, deren Tragflügel aus Holz bestehen. Außerdem benötigt sie nur ein Triebwerk aus hochwertigen Rohstoffen statt zwei wie die Me 262. Und schließlich ist die He 162 wegen ihrer gedrungenen Bauweise und ihrer kleinen Abmessungen leichter in Großserie herzustellen. Sollte sich die Maschine bei der Truppe bewähren, könnte im äußersten Notfall die Me 262 zugunsten der He 162 gestoppt werden. Soweit die Theorie, der auf der anderen Seite das größte wohl je in der Geschichte des Flugzeugbaues eingegangene Risiko gegenübersteht: Projektierung, Konstruktion, Entwicklung, Erprobung und Großserienanlauf eines einsatzfähigen Jagdflugzeuges in zweieinhalb Monaten statt der sonst üblichen zwei Jahre. Ein solches Wunder kann nur ein Mann in Angriff nehmen: *Ernst Heinkel.*

* Anmerkungen auf Seite 84.

Einfachflugzeug He 162 V 1 mit BMW 003 A-1-Triebwerk. Vom Auftrag bis zum Erstflug vergehen 74 Tage

Serienherstellung der Metallrümpfe der He 162 nahe Wien in der Seegrotte Hinterbühl – auch Languste genannt

Gefordert wird ein Einfachflugzeug, das mit dem BMW 003-Turbo-Strahltriebwerk 750 km/h Geschwindigkeit erreichen soll und zum Einbau von zwei MG 151/20 oder zwei MK 108/30 geeignet ist. Die Reichweite soll anfangs bei 20 Minuten Flugdauer in niedrigen Flughöhen liegen. Diese Forderungen werden Heinkel, Arado, Blohm & Voss, Fieseler, Focke-Wulf, Messerschmitt und Henschel am 8. September 1944 zugeleitet mit dem Hinweis, daß die Großserie im Januar 1945 anlaufen soll. Das Datum für die Vorlage der Entwürfe wird auf den 20. September festgelegt.
Auf einer folgenden Krisensitzung im Heinkel-Projektbüro wird Bilanz gezogen über die bisherigen Erfahrungen mit Strahlflugzeugen. Ein im Rumpf angeordnetes Triebwerk führt zu langen Rohren und Umleitungen des Luftstromes mit 15 Prozent Schubverlust; aufgrund neuer Erkenntnisse bleibt nur die Lösung, das Triebwerk auf dem Rücken des Rumpfes anzubringen. Der Kraftstoff wäre in entsprechend präparierten Hohlräumen des Tragflügels und im Rumpf unterzubringen. Die Erfahrungen mit der He 280 sprechen für ein Bugradfahrwerk, einen durch Preßluft zu betätigenden Schleudersitz und für ein doppeltes Seitenleitwerk.

Am 24. September 1944 beginnt das Heinkel-Büro in Wien-Schwechat mit der Konstruktion. Am 6. Dezember 1944 – zehn Wochen später – startet die He 162 mit Flugkapitän *Peter* am Steuer zum zwölf Minuten währenden Erstflug. Die einzige Beanstandung: der Beschlag einer schlecht verleimten Fahrwerksklappe ist abgerissen. Dem hätte man mehr Beachtung schenken sollen! Als *Peter* am 10. Dezember vor geladenen Experten des RLM mit hoher Fahrt den Platz andrückt, platzt wegen schlechter Verleimung die rechte Flächennase ab. Querruder und Flügelendklappe folgen, und das Flugzeug rast in den Boden.
Ab Januar 1945 beginnt der Serienbau, bereits für Februar sind 100 Flugzeuge geplant, und bei Kriegsende ist die Großserie teils unter, teils über der Erde angelaufen. Zwei Verbände der Luftwaffe werden noch im März 1945 mit dem Flugzeug ausgerüstet.
Während der Großserienfertigung wird in zwei Schichten gearbeitet. Von morgens 6 bis 18 Uhr und von 18 bis 6 Uhr morgens, auch an Samstagen und Sonntagen. Jeder Arbeitsplatz ist Tag und Nacht besetzt. Kein Schriftstück darf nur eine Minute lang unbearbeitet liegenbleiben.
Die Metallrümpfe werden im Heinkel-Werk Nord in Barth im Pommer'schen hergestellt, weitere in den Junkers-Werken Bernburg und Aschersleben. Die Rümpfe der Mittelwerke werden unterirdisch bei Nordhausen und von Heinkel in Wien in der Seegrotte Hinterbrühl – auch Languste genannt – gebaut. Für die Holzteile werden zwei Fertigungskreise um Erfurt und im Stuttgarter Raum gebildet.
Trotz der Vielzahl der Betriebe passen nach kurzer Zeit die Einzelteile aus den verschiedensten Unternehmen, Tischlereien und Werkstätten gut zusammen. Straßen und Eisenbahnen sind zu jener Zeit nur noch beschränkt und unter Lebensgefahr benutzbar, weil hunderte von Tieffliegern Eisenbahnzüge, Kraftfahrzeuge und Einzelpersonen unter Beschuß nehmen. Kleine Teile werden daher vielfach mit dem Fahrrad und im Rucksack entlang geschützten Wegen transportiert.

P 1073 und ihr Werdegang

Zurück zur Ausschreibung der He 162. Am 15. September 1944 legen die Firmen dem Amt die ersten Entwürfe vor. *Messerschmitt* weigert sich, in so kurzer Zeit ein Flugzeug zu entwerfen und begründet dies in einem ausführlichen Schreiben. Der Vorschlag von Focke-Wulf wird abgelehnt, ebenfalls der Arado-Vorschlag. Das Blohm & Voss-Projekt findet dagegen Anklang. *Heinkel* ist auf dieser Sitzung durch seinen neuen Technischen Direktor, Dipl.-Ing. *Carl Francke,* vertreten. *Francke*[1] weist nach, daß die Entwürfe nicht nach einem einheitlichen Schlüssel ausgelegt worden sind und Heinkel dadurch benachteiligt werde. Damit sei dieser Vorentscheid ungültig. *Francke* hat recht, und die Sitzung wird vertagt.

Am 19. September findet eine weitere Konferenz im RLM statt, auf der die konkurrierenden Projekte, nach einem für

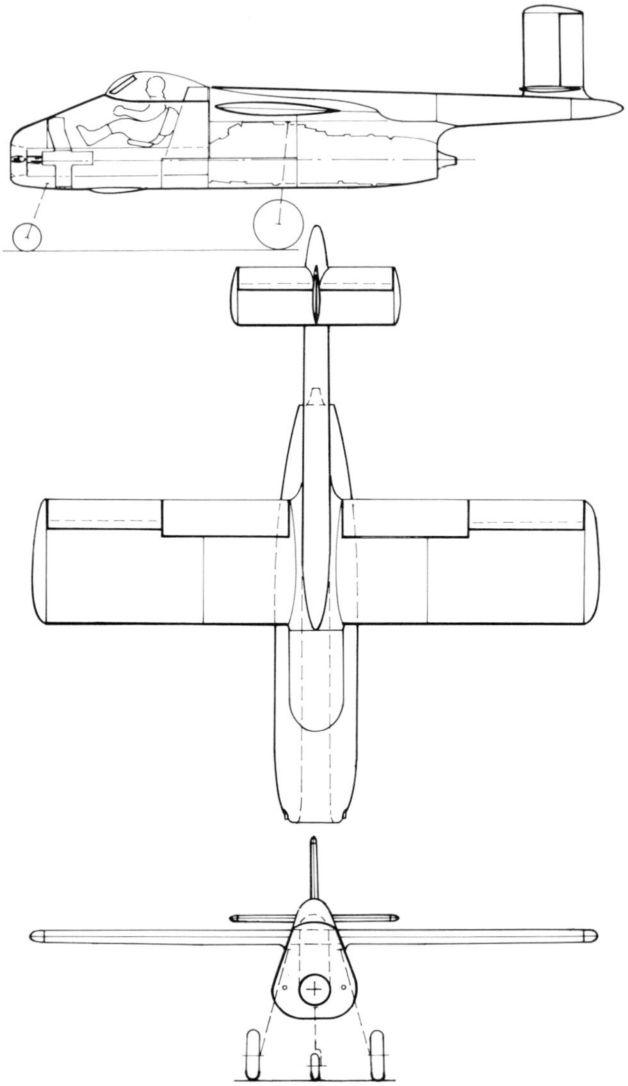

Blohm & Voss-Entwurf P 211 geht aus der Ausschreibung der RLM vom 8. September 1944 als bestes Projekt für ein Einfachflugzeug hervor. Es wird in zwei Versionen als Hoch- und Tiefdecker angeboten

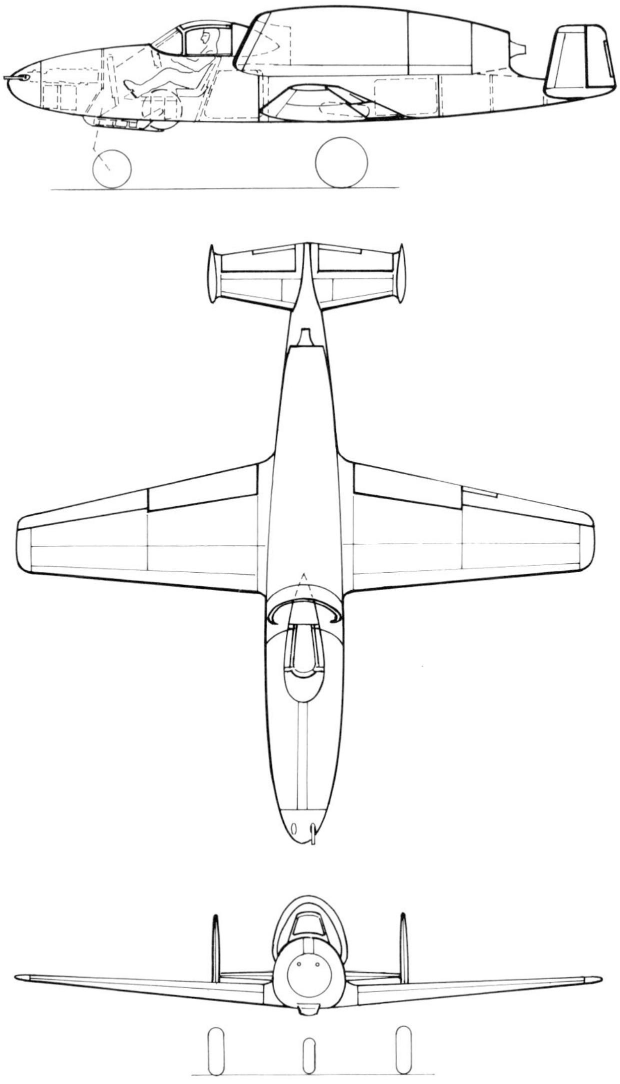

Arado-Entwurf E 580 für ein vom RLM gefordertes Einfachflugzeug mit BMW 003-Triebwerk

Drei Entwürfe für das Volksjägerprogramm*

Hersteller		Heinkel[1]	Blohm & Voss[1]	Arado[2]
Muster		P 1073	BV P 211	E-580
Triebwerk		BMW 003 A-1	BMW 003 A-1	BMW 003 A-1
Standschub	kN	7,85	7,85	7,85
	kp	800	800	800
Besatzung		1	1	1
Länge	m	9,25	8,06	8,00
Höhe	m	2,60	3,30	2,50
Spannweite	m	7,00	7,60	7,75
Flügelfläche	m^2	11,00	12,87	10,00
Flügelstreckung		4,45	4,49	6,00
Rüstmasse	kg	1 720	2 480	1 955
Kraftstoff	kg	475	582	500
Besatzung	kg	90	90	90
Nutzmasse (Waffen + Munition) – Panzerung	kg	241	248	245
Zuladung	kg	806	920	835
Startmasse	kg	2 520	3 400	2 790
Flächenbelastung	kg/m^2	229	264,18	279,00
Masse – Schubverhältnis	kg/kN	321,78	433,12	355,41
	kg/kp	3,16	4,25	3,49
Flächenschub	kN/m^2	0,71	0,61	0,79
	kp/m^2	72,72	62,16	80,00
Höchstgeschwindigkeit am Boden	km/h	810	705	690
Reisegeschwindigkeit in Höhe 6 km	km/h	860	767	750
Steiggeschwindigkeit in 0 m	m/s	22	14	17
Reichweite in 0 m	km	270	345	255
max. Flugzeit in 0 m	h min	20	25	22
Startrollstrecke	m	650	650	570
Landegeschwindigkeit	km/h	160	150	154
Zuladung in % von der Flugmasse		32	27	30
Nutzlast in % von der Flugmasse		10	7	9
Baujahr Projekt		1944	1944	1944

* Quelle: Heinkel-Archiv, Stuttgart
[1] Entwurf 29. 9. 1944. Die Daten der Serienausführung A–O weichen hiervon ab
[2] Entwurf 12. 9. 1944

alle verbindlichen Schlüssel berechnet und erneut geprüft werden.
Wiederum ist das Blohm & Voss-Projekt P 211 von *Dr. Richard Vogt* allen anderen überlegen. Die eingereichten Entwürfe werden in zwei Gruppen unterteilt: Flugzeuge mit dem Triebwerk unter und Projekte mit dem Triebwerk oberhalb des Führersitzes oder auf dem Rumpf. Ernsthaft in Betracht gezogen werden die Entwürfe von Arado E 580, Blohm & Voss BV 211 und die He 162.
Robert Lucht, Chef der Technik im Amt des Generalluftzeugmeisters, besucht am 23. September 1944 mit einem Stab von Offizieren das Heinkel-Werk in Schwechat und findet dort nicht nur den Entwurf einer einmotorigen P 1073, sondern auch eine in großer Eile gebaute Attrappe vor, die den Vorstellungen des RLM von einem Einfachflugzeug weitgehend entspricht. Das Flugzeug ist aus einem zweimotorigen Projekt gleicher Bezeichnung abgeleitet worden. Auf einer anschließenden Besprechung kommt *Lucht* mit seinem Stab zu der übereinstimmenden Meinung, daß der Heinkel-Entwurf als einziger geeignet erscheint, schnell verwirklicht zu werden, und zwar wegen der einfachen, unkonventionellen Auslegung des Flugzeuges und der über

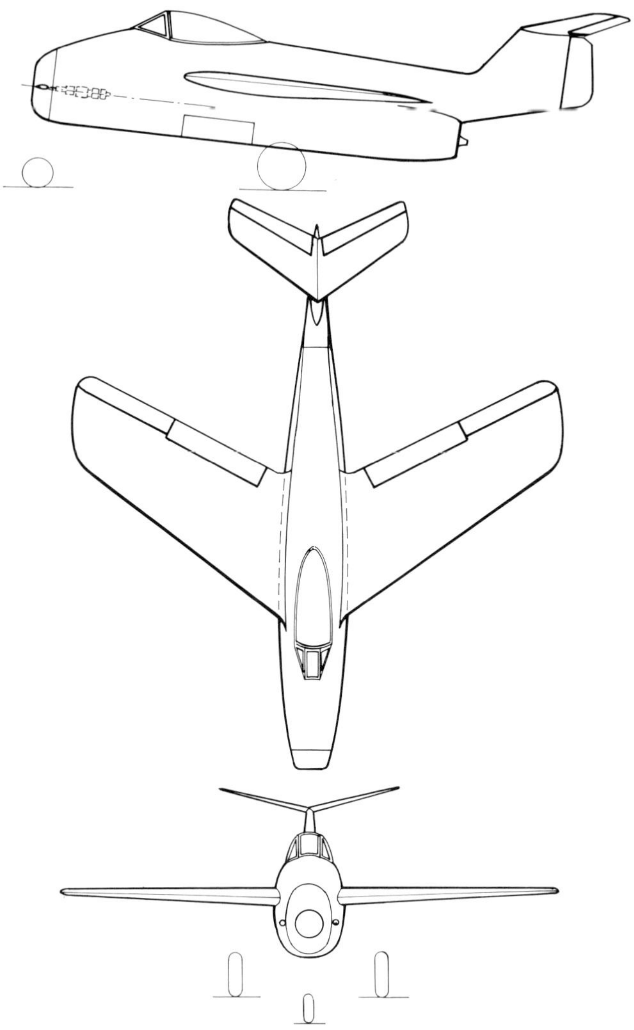

Entwurf von Focke-Wulf, der weitgehend dem Anfang 1945 zum Wettbewerb des Oberkommandos der Luftwaffe (OKL) eingereichten Projekt Fw P. IV/I »Huckebein« gleicht, aus dem die Ta 183 entstanden ist

Monate hinweg geleisteten Vorarbeit an dem zweimotorigen Entwurf P 1073. *Hitler* und *Sauer* stimmen telefonisch zu, und *Heinkel* wird noch am gleichen Tag entsprechend unterrichtet. Auf der nächsten Sitzung im RLM am 30. September wird trotz der Proteste der anderen Firmen die für die P 1073 gefallene Entscheidung bekanntgegeben. Das Flugzeug soll am 7. Dezember fliegen, monatlich sollen 1000 Stück gefertigt werden. Das Flugzeug erhält die Bezeichnung He 500 und bald danach die RLM-Nummer He 162. Die Prototypen erhalten die Bezeichnung M 1 bis . . .

Der Mangel an Kraftstoff und an Material hat bei Heinkel schon Mitte 1944 zu Überlegungen geführt, wie ein zweimotoriges Flugzeug mit weniger Aufwand gleiche Leistungen wie die Me 262 erzielen könne. *Siegfried Günter* will ein Flugzeug anbieten, das einfacher, leichter und schneller als die Me 262 ist, denn nur ein solches Flugzeug hätte Interesse beim RLM finden können. Wie das erreicht werden sollte, beschreibt *Günter* in einer Aktennotiz vom 10. Juli 1944[2], die dem Inhalt nach wiedergegeben wird.

Das Ziel kann nur ein kleineres Flugzeug mit möglichst wenig Ausrüstung und einem hohen Anteil der Kraftstoff- und Nutzmasse an der Abflugmasse sein. Widerstandsmessungen im Heinkel-Windkanal haben ergeben, daß bei höheren Geschwindigkeiten die Gondeln für die Motoren entweder sehr weit nach vorne vor die Flügelnase hinausgeschoben oder sehr weit hinten am Heck angebracht werden müssen. Windkanalmessungen mit Triebwerken, die direkt am Rumpf, also oberhalb oder unterhalb des Rumpfes liegen, versprechen erhebliche Verbesserungen. Bei einem Vergleich mit der Arado Ar 234 und Me 262 ergeben sich nach *Günter* mögliche Geschwindigkeitsverbesserungen von 70 km/h und eine Minderung der Rüstmasse von einer Tonne. Erforderlich sind allerdings dünne, stark gepfeilte Tragflügel.

Diese Erkenntnisse führen zu einem etwas ungewöhnlichen Projekt, einer zweimotorigen P 1073 mit zwei He S 011-Triebwerken über und unter dem Rumpf. Das Triebwerk unter dem Rumpf ist so angeordnet, daß durch das Bugrad keine Steine in die Ansaugöffnung geschleudert werden können. Das einfach ausgeführte Fahrwerk erfordert wenig Raum und kleine Öffnungen. Anstelle der beiden He S 011-Triebwerke können Jumo 004-Triebwerke eingebaut werden. Mit der He S 011 errechnet *Günter* bei 12,75 kN (1300 kp) Schub 1010 km/h Geschwindigkeit in 6000 m Höhe und mit Jumo 004 C mit 9,95 kN (1075 kp) 940 km/h Geschwindigkeit. In der Tabelle werden die Daten eines Serienflugzeuges Me 262 A-1a mit weit schwächerem Jumo 004 B zum Vergleich herangezogen. Der stärkere 004 C hätte ohnehin erst Mitte 1945 geliefert werden können. *Günter* hat sein Ziel, ein um eine Tonne leichteres Flugzeug zu schaffen, nicht erreicht, wohl aber ein schnelleres Flugzeug mit wesentlich stärkeren Motoren entworfen. Hätte die Me 262 gleich starke Triebwerke verwendet, wäre sie wohl gleich schnell geworden (s. Tabelle). In die Augen fallen die doppelt so große Startrollstrecke der Me 262, die hohe Flächenbelastung im Vergleich zur P 1073 und die höhere Reichweite der Me 262.

Die zweimotorige P 1073 wird während der Diskussion im RLM in ununterbrochener Tag- und Nachtarbeit umkonstruiert. Aus dem Sechs-Tonnen-Flugzeug entsteht ein 2,8-Tonnen-Einfachflugzeug, das ein BMW 003-Triebwerk auf dem Rücken des Rumpfes trägt. Folgende Änderungen werden von *Heinkel* für die Umwandlung der zweimotorigen zur einmotorigen P 1073-Ausführung angeführt[3]:

Vergleich Projekt P 1073 zweimot. in Serienausführung mit Me 262 A – 1a

Hersteller		Heinkel	Heinkel	Messerschmitt
Muster		P 1073[0]	P 1073[0]	Me 262[6] A-1a Jäger
Triebwerk		He S 011[1]	Jumo 004 C	Jumo 004 B
Standschub	kN	2 × 12,75 = 25,50	2 × 9,95 = 19,90	2 × 8,83 = 17,66
	kp	2 × 1 300 = 2 600	2 × 1 015 = 2 030	2 × 900 = 1 800
Besatzung		1	1	1
Länge	m	10,00	10,00	10,60
Spannweite	m	12,00	12,00	12,65
Flügelfläche	m²	22,00	22,00	21,70
Flügelstreckung		6,45	6,45	7,37
Rüstmasse	kg	4 125	3 775	3 803
Kraftstoff	kg	1 500	1 500	2 252
				30
Besatzung	kg	90	90	100
Nutzmasse	kg	480[2]	435	512[7]
Zuladung	kg	2 070	2 025	2 894
Startmasse	kg	6 195	5 800	6 697
Flächenbelastung	kg/m²	281,00	264,00	308,60
Masse – Schubverhältnis	kg/kN	242,94	291,45	379,20
	kg/kp	2,38	2,86	3,72
Flächenschub	kN/m²	1,16	0,90	0,82
	kp/m²	118,18	92,27	82,95
Höchstgeschwindigkeit	km/h			
in Höhe 0	m	1 000	950	835
in Höhe 6	km	1 010	940	825
in Höhe 11	km	950	880	
Steiggeschwindigkeit in 0 m	m/s	35[3]	31	13[8]
Dienstgipfelhöhe	m			11 400
Reichweite in Höhe 0 m	km	360[4]	370	525[9]
max. Flugzeit in Höhe 0 m	min	22	23	39[9]
Startrollstrecke	m	600[5]	710	1 020
mit Starthilfe	m			780
Landegeschwindigkeit	km/h	165	160	175
Zuladung in % von der Flugmasse		33	35	43
Militärische Nutzlast in % von der Flugmasse		7	8	7
Baujahr		Projekt 1944	Projekt 1944	Serie 1944

[0] Quelle: Heinkel-Archiv, P 1073 schneller Strahljäger, Wien 10. 7. 1944 gez. Günter

[1] Schub bei 1000 km/h in 11 km Höhe 2 × 4,90 = 9,90 kN (2 × 500 = 1000 kp) Verbrauch He S 011 1,67 kg/kp/h; Jumo 004 C 1,8 kg/kp/h

[2] MK 103/30 165 kg + 92 kg = 257 kg mit Gurt + 100 Schuß 2 MG 151/20 42 kg + 19,9 kg Gurt mit 100 Schuß = 61,9 × 2 = 123,80 kg; Waffengewicht insgesamt 257 kg + 123,80 kg = 380,8 kg; Panzerung 100 kg

[3] in 0 m 35 m/s
in 6 km 24 m/s
in 11 km 14 m/s
Steigzeit auf 6 km 4,3 min
Steigzeit auf 11 km 10 min

[4] in 11 km Höhe 850 km, in 14 km Höhe 1000 km, Flugdauer in 0 m Höhe 22 min, in 11 km Höhe 59 min, mit 1000 kg Zusatztanks in 0 m Höhe 37 min, in 11 km Höhe 100 min, in 6 km Höhe 1 650 km Reichweite

[5] mit Zusatztanks 875 m

[6] Quelle: Tafel Messerschmitt 8–262 v. 12. 3. 1945 gez. Sch. Serienausführung

[7] 4 MK 108/30 = 592 kg mit je 100 Schuß

[8] durchschnittliches Steigen auf 6 km Höhe in 7,5 min

[9] in 9 km Höhe 1 930 km und 87 min Flugzeit

Auf einen Pfeilflügel kann wegen der geringeren Geschwindigkeit verzichtet werden, ferner auf eine Nasenklappe oder einen Vorflügel. Dies führt zu einem einfachen Aufbau des Tragflügels und einem geringeren Erprobungsrisiko. Der Flügel kann ganz aus Holz hergestellt werden. Auf das vorgesehene V-förmige kombinierte Höhen-Seitenleitwerk oder Schmetterlings-Leitwerk der zweimotorigen P 1073 kann verzichtet und ein verkleinertes Höhenleitwerk ähnlich dem der He 280 mit zwei Seitenleitwerken verwendet werden. Der Kraftstoffvorrat wird in den Tragflächen und in einem Rumpftank untergebracht. Der Kraftstoff im Tragflügel entleert sich durch Schwerkraft in den Rumpftank. Pumpen sind nur im Rumpftank erforderlich. Die Ausrüstung fällt einfacher aus als bei den derzeitigen Jägern. Für die Panzerung nach vorne werden 70 kg aufgewendet. Die Masse der militärischen Last wird zwischen 124 kg und

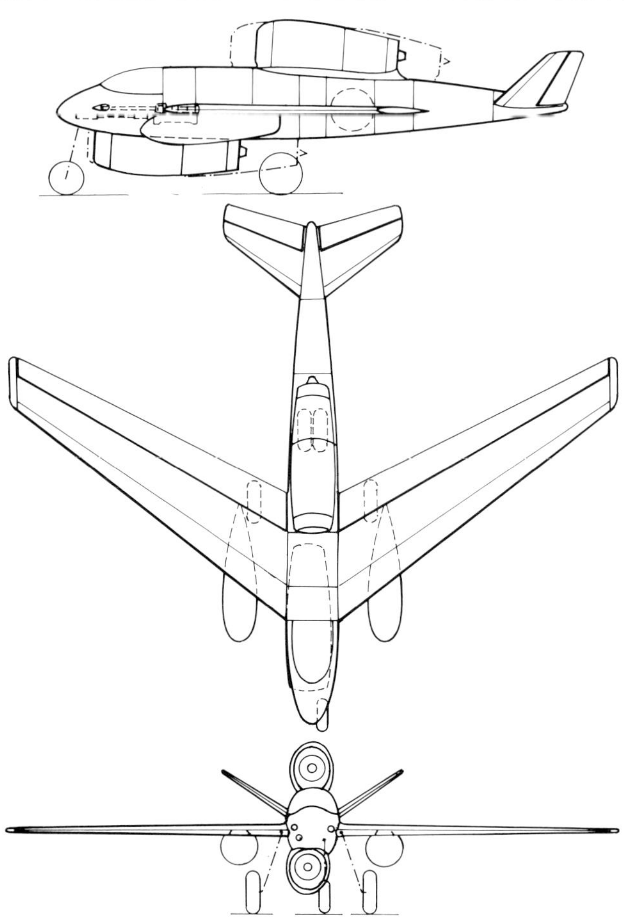

Mit der zweistrahligen He P 1073 denkt Heinkel zunächst an ein Konkurrenzflugzeug zur Me 262. Alsdann erweist sich der Entwurf einstrahlig abgewandelt für das geforderte Einfachflugzeug als geeignet

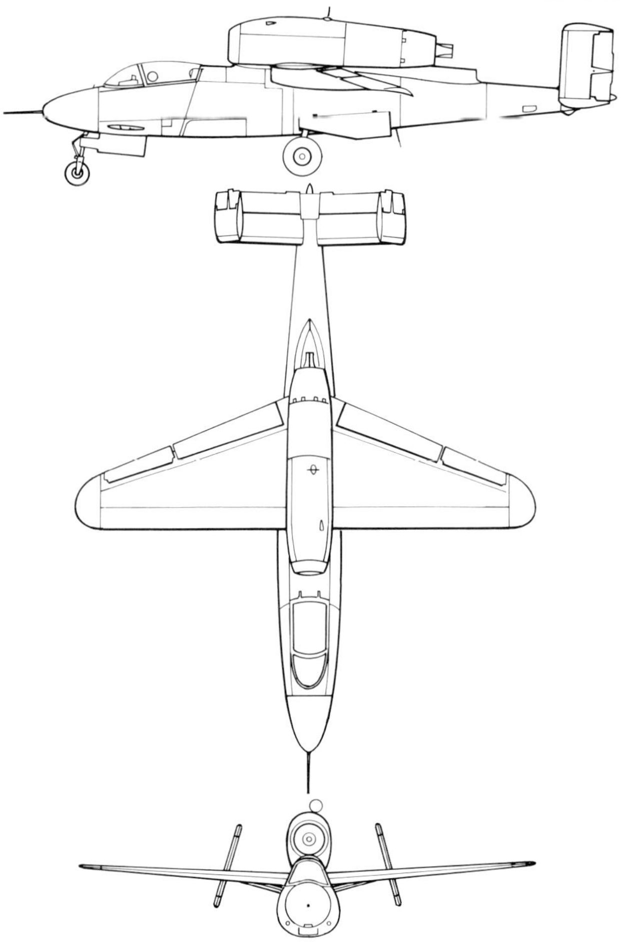

Dennoch fällt die Entscheidung des RLM zugunsten der He 162 aus – hier He 162 V 1 –, weil durch den Vorläufer P 1073 schon viel konstruktive Vorarbeit geleistet worden ist

294 kg liegen. Bei Ausnutzung der höchstmöglichen Nutzmasse muß mit weniger Kraftstoff oder höherer Abflugmasse geflogen werden.

He 162 und ihre Probleme

Die endgültig überarbeitete, nunmehr He 162 genannte Maschine ist ein Schulterdecker mit geteiltem einziehbaren Fahrwerk und Bugrad. Der Rumpf besteht aus Metall (Dural plattiert), die Beschläge sind aus Stahl gefertigt. Der Tragflügel aus Holz ist durchgehend. Für das Höhenleitwerk dient Dural, für das Seitenleitwerk, die Querruder und Landeklappen Buchenholz als Baustoff. Das Höhenleitwerk hat 14° V-Stellung.

Das Fahrwerk kann nach hinten in den Rumpf eingezogen werden. Das Bugrad hat keine Bremsen. Das BMW 003 A-1-Triebwerk gibt bei 9500 min^{-1} 7,85 kN (800 kp) Schub am Boden. Der Kraftstoffbehälter im Rumpf faßt 790 l. Der 30-l-Behälter zum Anlassen ist im Flügelmittelstück untergebracht. Die beiden 320 l fassenden Behälter im Tragflügel sind auf die beiden Tragflügelhälften aufgeteilt. Weitere Teile des Flügels können 700 l Kraftstoff und einen zusätzlichen Tank in der Nase aufnehmen. Der ganze Tragflügel kann auch mit 900 l Kraftstoff als Behälter dienen, so daß das Flugzeug bei entsprechender Erhöhung der Abflugmasse Reserven für größere Reichweiten hat.

He 162 A-2

Die Werknummer 120 222 deutet darauf hin, daß es sich bei diesem Muster um das 222ste Flugzeug des nach der Zerstörung wieder zum Anlauf gebrachten Heinkel-Werkes in Marienehe handelt

Siegfried Günter berichtet später Einzelheiten[4] über Änderungen während der Flugerprobung zur Verbesserung der Flugeigenschaften:

»Das Flugzeug hat sehr kleine, aber gradlinige Ruderkräfte und besitzt eine große Wendigkeit. Bei hoher Fluggeschwindigkeit tritt Unstabilität um die Querachse ein. Die Stabilität wurde aber durch den Einfluß des hochliegenden Triebwerksschubes verbessert.
Versuche im Hochgeschwindigkeitskanal der DVL im Januar 1945 bestätigen dieses Ergebnis. Ein vollkommen gradliniger Momentenverlauf konnte nur durch eine geringe Verschiebung des Flügels mit einer Absenkung des Nachstromes oder durch Herunterziehen der Landeklappenhinterkante neben dem Rumpf erreicht werden. Die letztere Maßnahme wurde wegen ihrer einfachen Durchführbarkeit in der Serie eingeführt. Eine höhere Lage des Höhenleitwerkes brachte dagegen keine Verbesserung.
Außerdem wurde die Spannweite vom Höhen- und Seitenleitwerk um etwa zehn Prozent vergrößert. Das rücklastige Gewicht des Höhensteuerungsgestänges wurde ausgeglichen, damit die Handkräfte beim Abfangen sich nicht durch den Einfluß der Beschleunigung vermindern können. Für die nach der Ladevorschrift vorgesehenen Schwerpunktlagen war das Flugzeug mit diesen Änderungen bis zur höchsten geflogenen Geschwindigkeit von 960 km/h, entsprechend M 0,86 um die Querachse stabil. Die Querruderkräfte wurden etwas erhöht durch geringe Tiefenvergrößerung des Ruders. Die Seitenruderkräfte wurden durch eine Feder in der Steuerung erhöht und der Ausschlag auf die Hälfte vermindert. Zur Verringerung der zu großen Schieberollmomente wurden die Endkappen des Flügels nach unten abgewinkelt. Diese Maßnahme wurde durch Verringerung der V-Stellung des Flügels später wieder rückgängig gemacht.
Bei einem c_a von etwa 1,95 zeigt das Flugzeug Neigung zum Abkippen über den Flügel. Durch eine dreieckige, 15 cm hohe, etwa 35 cm lange, nach außen abgerundet verlaufende Leiste an der Flügelnase neben dem Rumpf konnte dieser gravierende Mangel behoben werden.«

Querelen mit dem Triebwerk

In einem Bericht nimmt Dipl.-Ing. *Hobach* zu den bisher mit dem Flugzeug gewonnenen Erfahrungen Stellung[5]:

»Zum Verständnis über die erreichten Flugleistungen sind einige Bemerkungen über das Triebwerk BMW 003 notwen-

Vergleich He 162A-0 mit Projekten mit Jumo 004 D/E und BMW 003 R

Hersteller		Heinkel*	Heinkel**	Heinkel***
Muster		He 162A-0	He 162 A-1 U1	He 162 m. TLR
Triebwerk		BMW 003 E	Jumo 004 D/E	BMW 003 R
Standschub	kN	7,85	9,81	7,85
	kp	800	1 000[2]	800[6]
Besatzung		1	1	1
Länge	m	9,05	9,25	9,25
Höhe	m	2,60	2,60	2,60
Spannweite	m	7,20	7,20	7,20
Flügelfläche	m^2	11,16	11,16	11,16
Flügelstreckung		4,65	4,65	4,65
Rüstmasse	kg	1 610	1 860	1 818
Kraftstoff	kg	475	675	385
Kraftstoff Raketentriebw.	kg			1 200[7]
Besatzung	kg	90	90	90
Nutzmasse	kg	366[1]	366[1]	347
Zuladung	kg	931	1 131	2 022
Startmasse	kg	2 541	2 991[3]	3 840
Flächenbelastung	kg/m^2	228,00	268,00	344,00
Masse – Schubverhältnis	kg/kN	323,69	304,89	190,95
	kg/kp	3,18	2,99	1,87
Flächenschub	kN/m^2	0,70	0,88	1,82
	kp/m^2	71,68	89,60	183,69
Höchstgeschwindigkeit	km/h	790	885[4]	1 010[8]
in Höhe 0	m			
Reisegeschwindigkeit	km/h	840	823[5]	965
in Höhe 11	km			
Steiggeschwindigkeit in 0 m	m/s	21,50	30	85
in 11 km	m/s	5,50	–	90
Dienstgipfelhöhe	m	12 000	–	–
Reichweite in 0	km	265	320	325
Reichweite in 11	km	660	750	550
max. Flugzeit in 0	km min	20	22	25[9]
max. Flugzeit in 11	km min	57	59	44[10]
Startrollstrecke	m	650	750	600
Landegeschwindigkeit	km/h	165	165	173
Zuladung in % von der Flugmasse		37	38	53
Nutzlast in % von der Flugmasse		14	12	9
Baujahr		1944	1945	1945

* Quelle: EH AG, Wien, Baubeschreibung He 162, Datenblatt ohne Datum, Heinkel-Archiv
** Quelle: Heinkel He 162 A-1/U1 Jagdflugzeug 1945, ohne Datum, Heinkel-Archiv
*** Quelle: EH AG, Wien, Nr. 125/45 vom 13. 3. 45 Hu/Mc, Hohbach He 162 mit TLR BMW 003 R

1 2 × MK 108/30 mit je 88 kg + 57 kg für 50 Schuß + 70 kg Panzerung = 366 kg
2 mit Zusatzeinspritzung = 30 s = 11,28 kN (1 150 kp) mit 2,34 kg/kp/h Verbrauch
3 Rollgewicht 2 991 + 80 kg Roll- + Warmlaufkraftstoff + 22 kg Anlaßkraftstoff = Rollmasse = 3 093 kg
4 mit Kurzleistung 960 km/h
5 mit Kurzleistung 865 km/h
6 BMW Rakete 12,26 kN (1 250 kp); Gesamtschub 7,85 + 12,26 = 20,11 kN (2 050 kp); Schub in 10 km Höhe bei 800 km/h = 2,75 kN (280 kp) + Rakete 13,68 kN (1 395 kp); Verbrauch in 10 km Höhe bei 800 km/h 0,138 kg/s; Rakete 6,3 kg/s
7 für Raketentriebwerk
8 mit 003 R
9 in 5 km Höhe, gesamte Vollgas-Flugzeit
10 in 10 km Höhe

dig. Die von BMW für den Entwurf der He 162 mitgeteilten Vollgasschübe setzen voraus, daß die thermische Belastung (Brennkammertemperatur) des Triebwerkes in allen Höhen und bei allen Geschwindigkeiten denselben höchstzulässigen Wert behält. Um dies zu erreichen, muß der Austrittsquerschnitt, abhängig von der Höhe und der Geschwindigkeit, verändert werden. Zu diesem Zweck ist von BMW eine automatische Regulierung entwickelt worden, mit der die He 162 im Laufe des Frühjahres 1945 ausgerüstet werden soll. Wegen der Gefahr der thermischen Überlastung des sehr empfindlichen Triebwerkes und wegen der bisherigen umständlichen Handregelung in der Nähe der Optimalwerte

He 162 A-2, die bei einer Luftwaffeneinheit auf dem Flugplatz Leck in Schleswig-Holstein beim JG 1 zum Einsatz kommt. Zur Verminderung der zu großen Schieberollmomente sind bei den Serienflugzeugen die Endkappen des Flügels nach unten abgewinkelt

wird vorläufig ein sehr großer Querschnitt der Düse für den normalen Flugbetrieb als zulässig festgelegt[6]. Dieser Düsenquerschnitt ergibt jedoch gegenüber den mit optimaler Regelung erreichbaren Werten untragbare Geschwindigkeitsverluste in der Größenordnung von 16 bis 20 Prozent (je nach Flughöhe).
Zur Prüfung der vor dem RLM garantierten Start- und Landewerte werden einige Start- und Landemessungen vorgenommen.
Der Rollweg beim Start beträgt bei 2,55 t Abfluggewicht etwa 750 m in guter Übereinstimmung mit dem garantierten Wert. Bei diesen Messungen ist allerdings darauf zu achten, daß bei festgezogenen Radbremsen die Drehzahl auf ihren Höchstwert gebracht wird, ehe der Start beginnt. Eine Reihe von Messungen, bei denen die Höchstdrehzahl erst während des Rollens erreicht wird, ergeben erheblich schlechtere Werte. Der Auftriebsbeiwert bei der Landung erreicht bei den Messungen in Einzelfällen einen größten Wert von 1,6. Die später eingeführte, an der Nase der Flügelwurzel angebrachte Leiste (Abkippsicherung) verursacht nach Windkanalmessungen einen c_a-Verlust von etwa 0,1 bis 0,2.«

He 162 mit Argus-Schubrohren

Der schnelle Serienanlauf der He 162 führt zu einem Bedarf von 1000 dazugehörigen Triebwerken im Monat. Die Ausbringung bei BMW liegt aber Anfang 1945 bei 100 Stück, und eine schnelle Steigerung erscheint problematisch, weil 60 Prozent der Produktion an Arado für die Ar 234 gehen. Zwei Ausweichmöglichkeiten werden deshalb ins Auge gefaßt: entweder der Einbau des Jumo 004 oder die vorübergehende Verwendung von Pulso-Rohren von Argus[7]. Die günstigste Lösung wäre die Steigerung der Produktion des Jumo 004 gewesen, dem einfacheren und bereits in Großserie laufenden Triebwerk. Von einer verbesserten Ausführung wird für Mitte 1945 ein Schub von 9,80 kN (1000 kp) bis 11,28 kN (1150 kp) erwartet, womit die Leistungen der He 162 wesentlich verbessert werden könnten. Mit Jumo 004 C wären 890 km/h Geschwindigkeit und ein Steigen von 30 m/s am Boden zu erzielen.
Sollte der Jumo 004 jedoch nicht greifbar sein, so denkt *Heinkel* an die Pulso-Rohre, das Triebwerk der V 1, mit dem schon einmal die He 280 bestückt worden ist. Entsprechende Versuche und Vorbereitungen werden sogleich in Angriff genommen. Eine He 162 A-10 wird mit zwei Schubrohren As 014 mit je 3,25 kN (335 kp) ausgerüstet. Eine zweite Ausführung soll ein As 044 Argusrohr mit 4,9 kN (500 kp) Schub erhalten.
Für den Einbau der beiden Schubrohre wird der Rumpf der He 162 auf 9,2 m verlängert. Die Rohre werden, nebeneinander liegend, oberhalb des Rumpfes eingebaut. Die Vergrößerung des Rumpfes wird zur Erhöhung der Kraftstoffkapazität ausgenutzt. Die Pulso-Rohre enden hinter den Leitwerkflossen, um Schallbelastungen am Leitwerk zu verhindern. Der Start hätte aber mit einer zusätzlichen Rakete von 9,80 kN (1000 kp) Schub oder von einem Katapult erfolgen müssen. Das erste Musterflugzeug He 162 A-10 (M 42) startet im März 1945 nahe Bad Gandersheim zum Erstflug.
Eine zweite Ausführung wird für das As 044 Pulso-Rohr vorbereitet. Diese He 162 A-11 kann aber fliegerisch nicht mehr erprobt werden, weil als Folge von Bombenangriffen die Lieferung weiterer As 044-Rohre unterbrochen wird.

Weiterentwicklungen der He 162

Nach Behebung der Mängel an der He 162 macht sich *Günter* über eine verbesserte Ausführung Gedanken[8]. Die Weiterentwicklung des Flugzeuges hängt allerdings sehr von den Triebwerken ab.

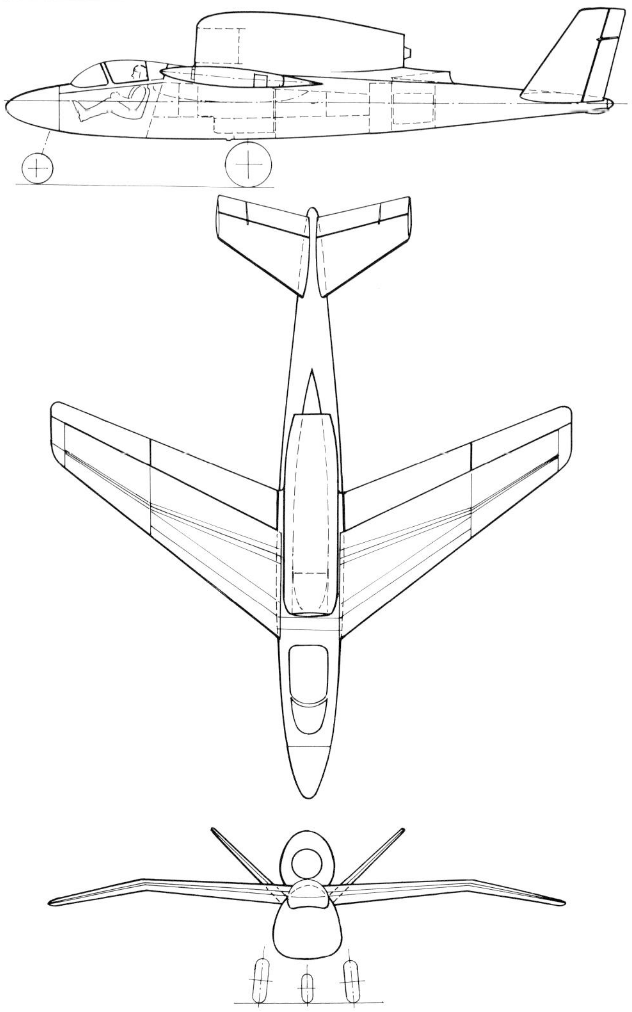

Projekt einer He 162 mit He S 011-Triebwerk, gepfeilten Tragflügeln und kombiniertem Höhen- und Seitenleitwerk in V-Form

Geplant ist eine He 162 mit He S 011, gepfeilten Tragflügeln und kombiniertem Höhen- und Seitenleitwerk in V-Form. In der Literatur wird dieses Projekt später als He 162 A-9 bezeichnet. Im Heinkel-Archiv sind über eine solche Bezeichnung während der Kriegszeit keine Hinweise zu finden, sondern nur Vorschläge von *Günter*[9] und eine entsprechende Skizze. An eine Umstellung der Serie ist aber vorerst nicht zu denken. Außerdem wäre wahrscheinlich nicht die He S 011, sondern weit eher das stärkere Jumo 004 C-Triebwerk[10] verfügbar geworden. *Günter* will deshalb die Zeit für Windkanalversuche nutzen. Er veranlaßt den Bau eines Modelles mit 4,8 m Spannweite mit zwei verschiedenen Tragflügeln, um diese im großen Braunschweiger Windkanal zu erproben, das Abkippverhalten zu untersuchen und um Daten für die Berechnung der Seitenstabilität zu erhalten. Einer dieser beiden Tragflügel ist um 25° nach vorne und der zweite um 35° nach hinten gepfeilt. Nach Abschluß der Windkanalversuche sollen die Erkenntnisse sogleich in die Praxis umgesetzt und die beiden Tragflügel am Flugzeug mit V-Leitwerk erprobt werden.

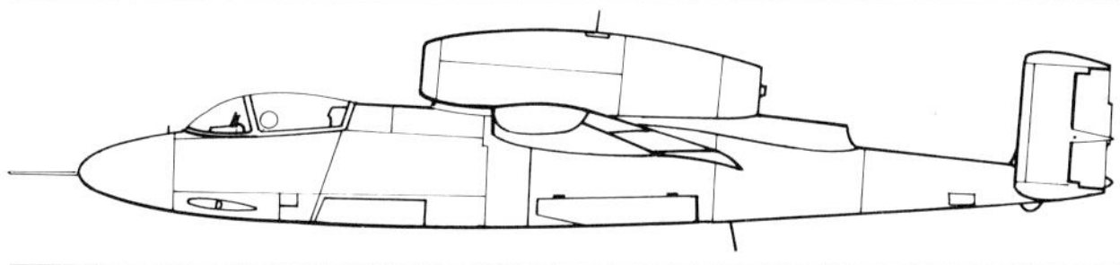

Projekt einer für 1946 geplanten He 162 B-1 mit He S 011 als Triebwerk mit verlängertem Rumpf, größerer Kraftstoffkapazität und erhöhter Reichweite

Die Weiterentwicklung der He 162 mit stärkeren Triebwerken führt durch die höhere Zuladung von Kraftstoff und Ausrüstung zur Erhöhung der Rüst- und Abflugmasse. Damit werden auch die Startstrecken wesentlich länger, aber Flugplätze mit Startbahnen von 1200 m Länge und mehr stehen nur vereinzelt zur Verfügung. In dieser Lage bietet BMW die Kombination einer BMW 003 mit einem Raketentriebwerk unter der Bezeichnung 003 R an[11]. Der BMW 003 R hat einen Standschub von 7,85 kN (800 kp) zuzüglich 9,80 kN (1000 kp). Damit hätte die He 162 in zwei Minuten, 50 Sekunden auf zehn Kilometer Höhe steigen können. Die Flugzeit vom Stand bis zum Verbrauch des Kraftstoffes mit einer Reserve von 125 kg Raketen-Treibstoff wird auf 44 Minuten errechnet, bezogen auf eine Flughöhe von zehn Kilometern. Das Flugzeug hätte ab Boden bei mittlerem Fluggewicht 85 m/s Steigen und in zehn km Höhe noch 98 m/s Steigen gehabt. Die Abflugmasse der He 162 wäre allerdings auf 3840 kg angestiegen. Das Flugzeug wäre in dieser Ausführung eine Art Objektjäger geworden. Die Projektarbeiten an diesem Muster werden am 13. März 1945 in Wien abgeschlossen.

Heinrich Beauvais fliegt die He 162

In einem Gespräch mit dem Verfasser berichtet Dipl.-Ing. *Heinrich Beauvais*[12], der die He 162 als Flugversuchspilot der Erprobungsstelle Rechlin mehrfach geflogen hat, über seine Erfahrungen mit dem Flugzeug:

»Mein erster Flug mit der He 162 sollte nach dem Vorfliegen des Flugzeuges durch Flugkapitän Dipl.-Ing. Gotthold Peter

erfolgen, der bei diesem Flug aber verunglückt. Durch den Unfall verzögert sich wegen der erforderlichen Untersuchung mein Flug um einige Wochen. Ich finde während mehrfacher Flüge mit der He 162 während der folgenden Entwicklungszeit keine größeren Beanstandungen. Beim Nachfliegen erfolgt eine eingehende Überprüfung der Überzieheigenschaften in verschiedenen Konfigurationen und Flugzuständen. Extreme Stürze (etwa über 900 km/h) habe ich nicht versucht. An Einzelheiten sind mir erinnerlich: Die Rolle läßt sich in rund zwei Sekunden fliegen; zum Schießen ist das Flugzeug sehr gut zu richten. Einmal kurvt eine mir unbekannte Fw 190 auf mich ein. Erstaunlicherweise kann ich mühelos mitkurbeln – aber wer weiß, wer in dem Flugzeug sitzt und was er beabsichtigt? Von einem einigermaßen geübten Flugzeugführer läßt sich die He 162 gut handhaben. Infolge ihrer relativ hohen Flächenbelastung und der Eigenarten des Triebwerkes ist sie aber auch ziemlich giftig. Vom Volksjäger mit Hitlerjungen als Piloten kann keine Rede sein. Selbst erfahrene Piloten haben da ihre Schwierigkeiten.
Das oben liegende Triebwerk hat den Vorteil, daß keine Fremdkörper von der Startbahn in den Lufteinlauf geraten können. Ferner hinterläßt es wegen des Bugrades kaum Spuren am Boden, so zum Beispiel im Gras und macht Feindflieger damit nicht so leicht auf kleine, abgelegene Plätze aufmerksam. Nachteilig ist die sehr schlechte Sicht nach hinten und die Abhängigkeit vom Schleudersitz für den Notausstieg. Bei Bruch am Boden zum Beispiel bei Fahrwerkschäden muß man damit rechnen, das Triebwerk ins Genick zu bekommen.
Zeitmangel und der Druck des Krieges bedrängen uns damals so, daß für Vergleichsflüge mit Propeller-Jägern im Rahmen der Erprobung keine Möglichkeit mehr gegeben ist. Bei uns gibt es die etwas fragwürdige Vorstellung, die eigenen Strahlflugzeuge hätten sich den gegnerischen Jägern möglichst zu entziehen und sich nur den Bombern zuzuwenden, zumal man einen Kurvenkampf für aussichtslos hält (siehe Fw 190, He 162). Bei weniger Bedrängnis hätten wir uns zweifellos in Rechlin mit solchen taktisch-technischen Fragen – wahrscheinlich sogar unter Einsatz von Beuteflugzeugen – eingehend befaßt.
Gegen die Abreißkanten an der Flügelwurzel und das Vorverlegen des Schwerpunktes habe ich nichts einzuwenden gehabt. Dagegen halte ich das Anbringen der ›Ohren‹ an den Flügelenden – zur Verringerung der Schieberollmomente – für verfehlt. Schwingungen um die Hochachse sind Primärerscheinungen als Ausdruck der Richtungsstabilität. Infolge der geringen Größe des Flugzeuges hat es eine unangenehm hohe Frequenz. Allein die damit gekoppelten Rollbewegungen – die im Sinne ›koordinierten Kurvens‹ verlaufen – zu beseitigen, scheint mir kein geeignetes Heilmittel zu sein. Andererseits scheue ich davor zurück, das an sich gute, nur etwas ›hastige‹ Hochachsenverhalten antasten zu wollen.
Zur Forderung, die Schieberollmomente zu verringern, kommt es wahrscheinlich, weil die Flugzeugführer versuchen, mit dem Querruder anstatt mit dem Seitenruder einzugreifen.«

Eric Brown, ein vielerfahrener englischer Testpilot, kam zu ähnlichen Ergebnissen. Besonders bemerkenswert sind seine folgenden Feststellungen: »kein Volksjäger; beim Zielen sehr gut; sehr rollwendig.« Das Urteil eines anderen Engländers ist zwar etwas »gedämpfter«, aber doch vergleichbar. Unter anderem beobachtet er bei mehreren aufeinander folgenden Rollen ein Auswandern des »Bezugspunktes« – möglicherweise infolge »inertia cross coupling«, was damals sicher keiner kannte.

He 162 bei der Truppe

Die militärische Erprobung der ersten Serienmuster der He 162 wird im Januar 1945 Oberst *Heinz Bär* in Rechlin übertragen. Zur gleichen Zeit beginnt die Ausbildung des technischen Personals. In Parchim (Mecklenburg) entsteht eine erste mit He 162 ausgerüstete Luftwaffen-Einheit, die von Werkpiloten der Firma Heinkel in die Flugzeuge eingewiesen wird. Diese und eine zweite Gruppe aus Warnemünde werden auf den Flugplatz Leck verlegt, wo sich bereits seit 6. Februar 1945 zwei andere Gruppen befinden. Diese Gruppen werden unter Oberst *Herbert Ihlefeld* als Kommodore zu einem Geschwader zusammengefaßt; die erste Gruppe führt Major *Werner Zober,* die zweite Hauptmann *Rähe.*
Beide Gruppen sollen etwa 50 Flugzeuge erhalten haben. Ein erster Angriff gegen gegnerische Tiefangriffsflugzeuge wird am 26. April 1945 geflogen. Unteroffizier *Rechberger* wird dabei abgeschossen, kommt aber nahezu unverletzt davon. Mehrere Unfälle folgen. Am 4. Mai gelingt Leutnant *Rudolf Schmitt* der Abschuß einer Typhoon.
Die Hast, unter der das Großserien-Programm anläuft, bringt viele Unzulänglichkeiten mit sich, so daß die Flugzeuge nicht allen Erfordernissen der Truppe genügen und ihre volle Leistung nicht erreichen können. Geschwindigkeitsbegrenzungen (Triebwerk) und Flüge mit begrenzter Kraftstoffmenge sind an der Tagesordnung. Meist steht gar kein Kraftstoff für Einsätze zur Verfügung. Am 8. Mai 1945 werden die Flugzeuge beider Gruppen den heranrückenden Engländern in Leck übergeben.
Es ist sicher voreilig, daraus den Schluß zu ziehen, das Flugzeug habe versagt. Allein die Feststellung von Dipl.-Ing. *Hobach* über die fehlende Automatik bei dem BMW 003-Triebwerk, die auch in Berichten von *Fritz Schäfer* wiederholt angesprochen wird, zeigt, daß erst nach Behebung dieser Mängel das Flugzeug voll einsatzfähig geworden

Piloten des in Leck in Schleswig-Holstein liegenden He 162-Verbandes JG 1 (von l. n. r.): Major Werner Zober, der die I. Gruppe des JG 1 führt, Oberst Herbert Ihlefeld, Kommodore des Geschwaders, Hptm. Künnecke, Oblt. Demuth, Hptm. Gallowitsch, Hptm. Strasen, Hptm. Ludewig und Hptm. Reinbrecht vor der Übergabe des Geschwaders am 8. Mai 1945 an die Engländer

wäre. Nach einer gründlichen Schulung von Piloten und technischem Personal hätten die Verbände wahrscheinlich im Herbst 1945 ein ausgereiftes Flugzeug erhalten, das in Ergänzung zu den Me 262-Verbänden hätte eingesetzt werden können.

Unbedenklichkeits-Erklärung für die He 162

Dipl.-Ing. *Rüdiger Kosin,* der Chef-Aerodynamiker von Arado, erhält im November 1944 den Auftrag, eine Unbedenklichkeits-Erklärung für die He 162 auszustellen, die er im Heinkel-Konstruktionsbüro in Schwechat ausarbeitet. Er verfolgt seitdem mit Interesse das stürmische Werden des Flugzeuges und schreibt über die He 162[13]:

»Nach Durchführung aller Änderungen erwies sich die He 162 als ein für den erfahrenen Flugzeugführer angenehm, für den Durchschnittsflugzeugführer schwierig zu fliegendes, besonders zu landendes Flugzeug. Ein erfahrener englischer Testpilot, der die He 162 nach dem Krieg mehrfach geflogen hat, bezeichnet sie als entzückend (delightful) zu fliegen und als Schießplattform, die alle ihm bekannten Flugzeuge übertrifft, mit ganz hervorragenden Geradeausflug-Eigenschaften.«

Dipl.-Ing. *Carl Francke* berichtet, daß allen Ernstes daran gedacht wird, Hitlerjungen nach einer Segelflugausbildung auf die He 162 zu setzen. Heinkel liefert auch zwei Flugzeuge ohne Triebwerk zur Ausbildung im Schleppflug an eine NSFK-Fliegerschule. Eines Tages melden sich im Werk Wien einige Unteroffiziere, die den B-1 Flugschein besitzen, der fliegerisch in etwa dem heutigen PPL-Schein entspricht. Sie sollen laut Anweisung auf die He 162 umgeschult werden. *Francke* nimmt sich dieser Aufgabe selbst an und ist erstaunt; er bringt die jungen Flugschüler dazu, die He 162 einwandfrei zu fliegen. *Francke* ist selbst überrascht und hat wieder ein gutes Argument für sein Flugzeug, das er selbst – viel bewundert – mit Brillanz vorzufliegen weiß.

Start einer zweisitzigen Heinkel He 162 S ohne Triebwerk zur Ausbildung im Schleppflug

He 162, die nach dem Kriegsende unter sowjetischer Flagge fliegt

1000 Flugzeuge im Monat — Unmögliches wird möglich

Am 1. Mai 1945 trifft *Ernst Heinkel* in Jenbach bei Salzburg mit *Philipp Kessler* zusammen, der das Unternehmen He 162 wirtschaftlich unterstützt hat. *Kessler* unterrichtet *Heinkel*[14], daß im März die ersten 80 Maschinen aus der Serie fertiggestellt worden sind. Ende April sind es 200 He 162[15], für Mai stehen 500 Rümpfe und Triebwerke zur Montage bereit, und im Juni wäre die geplante Produktion von 1000 Flugzeugen im Monat erreicht worden.
Das Ziel, sechs Monate nach dem Erstflug monatlich 1000 He 162 herzustellen, wäre geschafft worden. Mit Hilfe von *Ernst Heinkel* ist Unmögliches möglich geworden.

Die Prototypen M 1 bis M 33

33 Prototypen He 162 M 1 bis M 33 werden vor oder gleichzeitig mit dem Anlauf der Serienmuster gebaut. Mit ihrer Hilfe sollen die Kinderkrankheiten, die jedes neue Muster hat, möglichst schnell behoben werden und die gewonnenen Erkenntnisse allen Schwierigkeiten zum Trotz noch in die Serientypen einfließen. So zahlreich wie die M-Typen, sind auch die Aufgaben, die es zu bewältigen gibt. Geschwindigkeitsflüge im 700 km/h-Bereich und Schwingungsversuche werden unternommen, Bremsschirme geprüft, der Einbau der MK 108/30-Kanone vorbereitet, die aber bald wegen Zerstörung des Werkes nicht mehr geliefert werden kann. Das Jumo 004 B-Triebwerk wird versuchsweise eingebaut, eine mögliche Verwendung der He S 011 ebenso untersucht wie die der Argus-Triebwerke As 014 und As 044. Schließlich wird eine zweisitzige Schulmaschine vorbereitet; es folgen Versuche mit dem Einbau von Funkgeräten und die Vorbereitung zur Ausrüstung eines Flugzeuges mit einem V-Leitwerk. Weitere Versuche gelten einer Verbesserung des Fahrwerkes, der Schießerprobung, geänderten Flügel-Rumpf-Übergängen und einer Rumpfverlängerung für die Verwendung des Argus-Triebwerkes.
Faßt man die Bemühungen der Flugversuchsgruppe zusammen, so lassen sich vier Aufgaben erkennen: aerodynamische Verbesserungen, Änderungen an der Zelle, Versuche mit verschiedenen Triebwerken und die Waffenerprobung, wobei die MK 108/30 wegen ihres Gewichtes wenig geeignet erscheint. Für diese Versuchsflüge sind der Technische Direktor *Carl Francke,* die Piloten *Schuck, Bader, Wedemeyer* †, *Bawolka, Peter* † und *Full* † verantwortlich.

He 162-Prototypen

Typ	Versuchs-Flugzeug	Werk-Nr.[a]	Verwendung[b]
He 162	M 1	200 001	**6. 12. 1944** Erstflug; **10. 12. 1944** tödlich mit Flugkapitän *Peter* verunglückt wegen schadhafter Leimung
He 162	M 2	200 002	**22. 12. 1944** Erstflug; von *Carl Francke* gründlich erprobt; Schießversuche mit MK 108
He 162	M 3	200 003	Schwerpunkt durch Trimmgewicht nach vorne verlagert; Vergrößerung des Leitwerkes; **16. 1. 1945** Erstflug; **22. 2. 1945** Flug *Heinrich Beauvais*; **25. 2. 1945** abgestürzt, wobei Flugbaumeister *Full* getötet wird; verstärkter Tragflügel
He 162	M 4	200 004	**16. 1. 1945** Erstflug; verstärkter Tragflügel; 700 km/h erreicht; **8. 2. 1945** Außenlandung mit 40 Prozent Bruch; Prototyp A-1-Serie mit zwei MK 108
He 162	M 5	200 005	statische Bruchversuche; nicht geflogen
He 162	M 6	200 006	**23. 1. 1945** Erstflug; mit MK 108 ausgerüstet; **4. 2. 1945** abgestürzt wegen verklemmten Ruders mit *Wedemeyer †*
He 162	M 7	200 007	Schwingungsversuche; Bremsschirm; Prototyp A-2-Serie mit zwei MG 151/20
He 162	M 8	200 008	**Februar 1945** Erstflug; mit zwei MG 151/20 ausgerüstet
He 162	M 9	200 009	mit MG 151/20 ausgerüstet; Waffen-Flugeigenschafts-Erprobung
He 162	M 10	200 010	Waffenerprobung mit MG 151/20; Erprobung Flugeigenschaften
He 162	M 11	220 017	Herstellung in Hinterbrühl; He 162 A-8 Jumo 004 D versuchsweise wegen geänderten Einbaues; **März 1945** gesprengt zum Kriegsende
He 162	M 12	220 018	He 162 A-8, Jumo 004 D; **März 1945** gesprengt

Typ	Versuchs-Flugzeug	Werk-Nr.[a]	Verwendung[b]
He 162	M 13		nicht gebaut
He 162	M 14	220 015	statische Versuche; Einbau-Versuche He S 011
He 162	M 15	220 016	statische Versuche; Einbau He S 011 geplant
He 162	M 16	220 019	Prototyp für He 162 S; Trainer; zweisitzig; verlängerter Rumpf; ohne Waffen
He 162	M 17	220 020	Prototyp für He 162 S; Trainer
He 162	M 18	220 001	Prototyp A-2; Hinterbrühl; **24. 1. 1945** Erstflug; Flugversuche mit BMW 003 E
He 162	M 19	220 002	**28. 1. 1945** Erstflug; Reichweitenversuche; Prototyp A-2 an 2. JG 1 geliefert; BMW 003 E = BMW 003 A-1 ausgerüstet für Einbau in He 162
He 162	M 20	220 003	**10. 2. 1945** Erstflug mit *Gerhard Gleuwitz*; vereinfachtes Fahrwerk; **23. 2. und 15. 3. 1945** Flüge mit *Heinrich Beauvais*, E-Stelle Rechlin; A-2-Serie; Erprobung Flugeigenschaften
He 162	M 21	220 004	**22. 2. 1945** Erstflug mit *Gerhard Gleuwitz*; Waffenversuche mit zwei MG 151/20; **23. 2. 1945** Flug mit *Heinrich Beauvais*
He 162	M 22	220 005	neue Flügel-Rumpf-Übergänge; **25. 2. 1945** Erstflug
He 162	M 23	220 006	**19. 3. 1945** Erstflug mit *Gerhard Gleuwitz*; Rollversuche; neuer Flügel-Rumpf-Übergang
He 162	M 24	220 007	**20. 3. 1945** Erstflug mit *Gerhard Gleuwitz*; Rollversuche; Erprobung Flugeigenschaften
He 162	M 25	220 008	**17. 2. 1945** Erstflug mit *Gerhard Gleuwitz*; Prototyp A-6; vergrößerte Rumpflänge; **23. 2. 1945** Flug mit *Heinrich Beauvais*
He 162	M 26	220 009	Prototyp A-6; längerer Rumpf um 12,7 cm
He 162	M 27	220 010	Prototyp für He 162 A-6
He 162	M 28	220 011	Prototyp für A-2
He 162	M 29	220 012	**18. 2. 1945** Erstflug; A-2-Serie
He 162	M 30	220 013	**24. 2. 1945** Erstflug; neues Adler-Zielgerät; A-2-Serie
He 162	M 31	220 014	
He 162	M 32	220 015	**15. 3. 1945** Erstflug mit *Gerhard Gleuwitz;* **16. 3. 1945** mit *Heinrich Beauvais*
He 162	M 33	220 016	**14. 3. 1945** Erstflug mit *Gerhard Gleuwitz;* **16. 3. 1945** mit *Heinrich Beauvais*
He 162		300 002	**22. 2. 1945** Erstflug *J. Panchertz,* Bernburg
He 162		300 001	**25. 3. 1945** Erstflug *J. Panchertz,* Bernburg
He 162		300 004	**25. 3. 1945** Erstflug *J. Panchertz,* Bernburg
He 162		300 005	**26. 3. 1945** Erstflug *J. Panchertz,* Bernburg
He 162		300 018	**29. 3. 1945** Erstflug *J. Panchertz,* Bernburg
He 162		220 018	**23. 3. 1945** Erstflug *G. Gleuwitz,* Schwechat
He 162		220 022	**23. 3. 1945** Erstflug *G. Gleuwitz,* Schwechat
He 162		220 023	**23. 3. 1945** Erstflug *G. Gleuwitz,* Schwechat
He 162		220 100	**23. 3. 1945** Erstflug *G. Gleuwitz,* Schwechat
He 162		220 123	**23. 3. 1945** Erstflug *G. Gleuwitz,* Schwechat

[a] Werknummern: Heinkel Marienehe 120 000
Hinterbrühl bei Wien 220 000
Junkers Bernburg, Aschersleben 300 000
Mittelwerke Nordhausen 310 000

[b] Quellen: Heinkel-Archiv, Stuttgart; Deutsches Museum, München; Avicentra-Archiv, Köln

Anmerkungen

1 Dipl.-Ing. Carl Francke hat Anfang des Krieges mit einer Ju 88 den englischen Flugzeugträger Ark Royal schwer getroffen. Er wird später Leiter der Flugerprobungsstelle Rechlin.

2 He 500/P 1073/I Jagdflugzeug vom 10. 7. 1944, Heinkel-Archiv.

3 Akte P 1073 Heinkel-Archiv.

4 Geschichte und Erfahrungen der He 162 vom 6. 7. 1945, in Landsberg von Siegfried Günter aufgezeichnet; hier gekürzt wiedergegeben.

5 Erfahrungen mit der He 162, Anhang betr. Flugleistungen; von Hobach vom 17. 7. 1945.

6 Stellung S mit 1020 cm^2.

7 Datenblatt Heinkel He 162 A-10 und A-11, Jagdflugzeug 1945, Heinkel-Archiv.

8 Heinkel-Bericht 109/44 Ho/Li vom 4. 11. 1944, He 162 mit He S 011.

9 Bericht Siegfried Günter He 162, Landsberg vom 6. 7. 1945.

10 Bericht Nr. 2, He 162 mit Jumo 004; siehe Günter und Hobach, ohne Datum im Heinkel-Archiv.

11 Heinkel-Bericht 125/45 vom 13. 3. 1945, Blatt 1–5.

12 Heinrich Beauvais wird am 25. Mai 1908 in Mainz geboren. Nach dem Abitur studiert er an der Technischen Hochschule München Maschinenbau. Neben seiner ersten Anstellung als junger Dipl.-Ing. beim Werk Gustavsburg der MAN erwirbt er (1934) in Wiesbaden-Erbenheim den A 2-Schein. 1935 wird er Sachbearbeiter und später Gruppenleiter bei der Erprobungsstelle Rechlin. Im Laufe der Jahre entwickelt Beauvais sich zum anerkannten Experten der Flugerprobung, insbesondere in der Beurteilung von Flugeigenschaften und als Spezialist für Jagdflugzeuge. Seine Erfahrungen erstreckten sich auf die meisten deutschen Landflugzeuge und einen wesentlichen Teil der uns damals zugänglichen ausländischen Muster (von der Rata bis zur Boeing B 17). Nach dem Krieg ist er Nachflieger der Prüfstelle und fliegt auch für Messerschmitt in Spanien. Bei der neuen Erprobungsstelle in Manching bringt er den Flugbetrieb in Gang. Beauvais nimmt auch heute noch am fliegerischen Geschehen lebhaften Anteil und steht stets mit Rat und seinen Erfahrungen zur Verfügung.

13 Rüdiger Kosin: Die Entwicklung der deutschen Jagdflugzeuge; Buchreihe: Die Deutsche Luftfahrt, Bernard & Graefe Verlag, Koblenz, 1983.

14 Bericht: Der Volksjäger, Gewaltaktion He 162 von Alfons Heinl, persönlicher Referent des Generaldirektors Philipp Kessler.

15 Andere Quellen sprechen von 58 Flugzeugen im März 1945. Die im Musée de L'Air in Le Bourget ausgestellte He 162 hat die Werknummer 120 223, was bestätigt, daß die Angaben Kesslers stimmen.

ARADO

Arado Turbo-Luftstrahlflugzeuge

Arado und Walter Blume*

Im April 1925 wird in Hamburg eine Arado-Handels-Gesellschaft gegründet, die sich mit dem Vertrieb von Schiffen und dem Verkauf von Flugzeugen befassen will. Das Unternehmen mit dem spanischen Namen Arado (»Pflug«) bezieht Räume der früheren Werft des Flugzeugbaues Friedrichshafen in Warnemünde und beginnt mit dem Lizenzbau von Heinkel-Flugzeugen der Typen HD 17, HD 21 und HD 24, die damals wegen ihrer militärischen Verwendungsmöglichkeit als streng geheim gelten. Die kaufmännische Leitung der Gesellschaft liegt in den Händen von *Fritz Wagenführ* und *Erich Serno*. Nach dem Auslaufen dieser Aufträge übernimmt das Werk Dipl.-Ing. *Walter Rethel*[1] mit einigen Mitarbeitern von Fokker, um die Konstruktion eigener Typen aufzunehmen. In den folgenden Jahren werden aber nur Schulflugzeuge in geringer Stückzahl hergestellt.

Nebenbei wird der Bau von Booten und Schiffen aufgenommen, da die bescheidenen militärischen Aufträge das Unternehmen nicht auslasten. Ein erstes Verkehrs- und Postflugzeug des Werkes ist die Arado V 1, die auf der ILA 1928 Aufsehen erregt und für die Lufthansa Erkundungs- und Langstreckenflüge – so nach Teneriffa – ausführt. Es folgen Prototypen für Jagdflugzeuge, ein zweimotoriges See-Schulflugzeug und Mehrzweckflugzeuge. Im Jahre 1932

* Anmerkungen auf Seite 109.

Ar 234 B-2 mit vergrößerter Kabine und Periskop

Unter der Leitung von Professor Dipl.-Ing. Walter Blume nehmen die Arado-Flugzeugwerke einen steilen Aufstieg

übernimmt Dipl.-Ing. *Walter Blume* die technische Leitung des Unternehmens mit neun Konstrukteuren und Fertigungsfachleuten, die er von Albatros mitbringt. Er kann gerade noch dem bekannten Schulflugzeug Ar 66 den letzten Schliff geben und wächst mit der Firma in die Aufrüstung nach 1933 hinein. Die von ihm konstruierten Ar 65 und Ar 68 gehören zu den ersten Jagdflugzeugen der neu entstehenden Luftwaffe. Der Betrieb in Warnemünde ist schnell zu klein, und bald entsteht in Brandenburg ein neues großes Werk, zu dem sich später noch Werke in Anklam, Babelsberg, Freiberg, Greifswald, Landeshut, Malchin, Tutow, Rathenow und Wittenberg gesellen.
Blume ist Pour le mérite-Flieger aus dem Ersten Weltkrieg. Als Student beteiligt er sich mit *Rudolf Martens* und *Heinrich Hentzen* an dem Bau des bekannten Segelflugzeuges Vampyr, mit dem *Hentzen* den Rhönwettbewerb 1922 gewinnt, und in dem er als erster Segelflieger eine Stunde über der Wasserkuppe in der Luft bleibt.

Von der E 370 zur Ar 234

Flugbaumeister *Egon Scheibe,* nach dem Zweiten Weltkrieg weltweit als erfolgreicher Segelflugzeug- und Motorsegler-Hersteller bekannt, ist als junger Ingenieur Referent für Bomber und Aufklärer im RLM. Während eines Gespräches im Arado-Werk Brandenburg im Sommer 1940 mit *Walter Blume,* Ing. *Franz Meyer* und Chef-Aerodynamiker Flugbaumeister *Rüdiger Kosin* macht *Scheibe* darauf aufmerksam, daß nicht nur schnelle Jäger, sondern auch schnelle Aufklärer gebraucht werden, die ohne Bewaffnung England bis Scapa Flow überfliegen können. Das entspricht einer Reichweite von etwa 2000 km. Benötigt werden etwa 50 Flugzeuge; es handle sich um keinen großen, aber um einen interessanten Auftrag. Zu jener Zeit wendet sich auch Oberstleutnant *Theodor Rowehl,* Chef einer mit Ju 86 P ausgerüsteten Spezial-Aufklärungseinheit der Luftwaffe, an das RLM und fordert leistungsfähigere Flugzeuge an.
Professor *Blume* beauftragt daraufhin das Projektbüro, mehrere Entwürfe von Aufklärern durchzurechnen. Diese Projekte werden auf die besonderen Wünsche des RLM auf einen Fernaufklärer zugeschnitten. Unter der Bezeichnung E 370 entsteht ein Schulterdecker in einfacher Bauweise mit je einem Strahltriebwerk unter den dünnen Tragflügeln, auf den die Firma Arado im Februar 1942 einen Entwicklungsauftrag erhält.
Wegen des hohen Kraftstoffverbrauches der damaligen Strahltriebwerke ist es äußerst schwierig, die gestellte

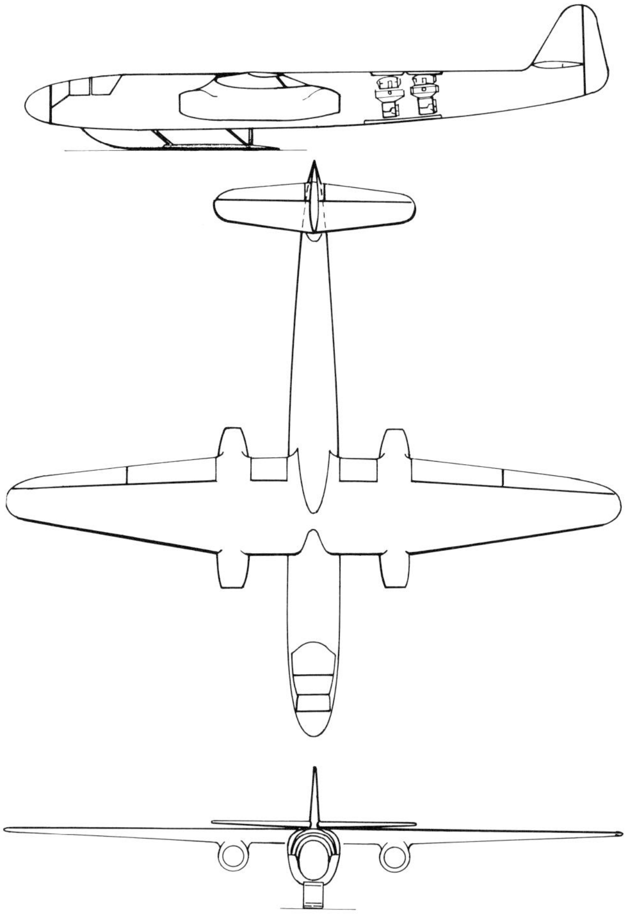

Die Arado E 370 ist ein Vorentwurf für die Ar 234, ein Schulterdecker mit zwei Strahltriebwerken unter den Tragflügeln und Kufen anstatt eines Fahrgestells. Auf dieses Projekt erhält Arado 1942 einen Entwicklungsauftrag

Aufgabe mit einem Strahlflugzeug zu lösen. Zur Unterbringung der hohen Kraftstoffzuladung wird ein Flugzeug geplant, bei dem auf ein Einziehfahrwerk verzichtet wird, denn es ist zu schwer und beansprucht eingezogen zu viel Platz. Man entscheidet sich für eine einziehbare Kufe unter dem Rumpf mit zwei stabilisierenden einziehbaren Gleitschienen unter den Triebwerken. Die Zuladung des Flugzeuges besteht in der Hauptsache aus Kraftstoff. Bei der Landung wird es leer geflogen mit geringer Flächenbelastung eine niedrige Landegeschwindigkeit haben und den Piloten – ähnlich einer Segelflugzeuglandung – auf einer Kufe keine allzu großen Schwierigkeiten bereiten. Der Start soll von einem Dreirad-Wagen erfolgen, der mit einem Fallschirm abgeworfen wird.

Aufklärer Ar 234 A

In der Auftragserteilung vom April 1942 auf sechs Prototypen erhält das von Arado E 370 genannte Projekt die RLM-Bezeichnung Ar 234. Sie ist eine etwas vergrößerte Ausführung des ursprünglichen Projektes. Der einsitzige Schulterdecker mit zwei unter den Tragflügeln aufgehängten Strahltriebwerken mit weitgehend verglaster Kanzel, schlankem Rumpf und einteiligem Seitenleitwerk wird ganz in Metallbauweise hergestellt. Beim Antrieb fällt die Entscheidung für Versuche auf zwei Jumo 004 A-Triebwerke aus der Vorserie mit je 6,87 kN (700 kp) Schub, die für Standschubversuche geliefert werden. Am 14. Dezember 1942 folgt ein Auftrag auf weitere 14 Prototypen V 7 bis V 20. Da die Strahltriebwerke zu jener Zeit noch nicht ihren vollen Schub erreichen, werden für die Ar 234 V 3 abwerfbare Walter-Raketen des Typs HWK 109-500 vorgesehen, die 4,90 kN (500 kp) Schub über 30 Sekunden abgeben und nach dem Start abgeworfen werden.

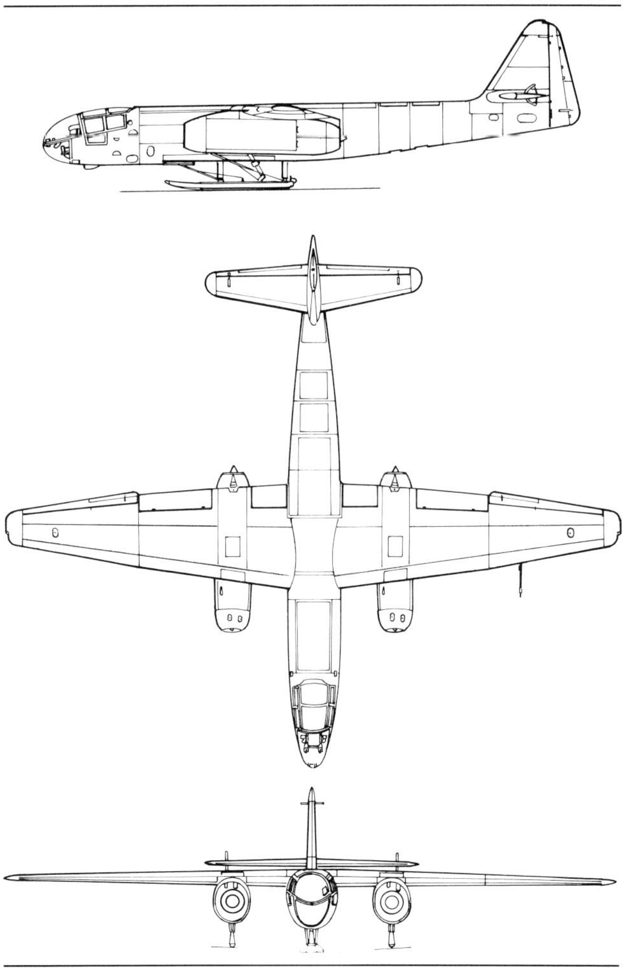

Aufklärer Ar 234 V 1 mit Jumo 004 A-Versuchstriebwerken mit einziehbaren Kufen unter dem Rumpf und unter den Triebwerken

Ar 234 V 1 (TG+KB), Werknummer 130 001, hebt unter Führung von Flugversuchspilot Selle vom Startwagen ab. Der Bremsschirm des Wagens entfaltet sich gerade

Nach 15 Monaten ist die Ar 234 V 1, ein selten elegantes Flugzeug, fertiggestellt. Am 30. Juli 1943 startet Flugkapitän *Selle* auf der langen Startbahn des Flugplatzes Rheine bei Münster in Westfalen zum Erstflug. Der Start auf dem Wagen klappt, nur das Abwerfen des Startwagens bringt Probleme, weil der Fallschirm des Wagens sich nicht ganz entfaltet. Professor *Walter Blume* fragt Flugkapitän *Selle* nach dem Flug, was an der Maschine wohl zu ändern sei. »Nichts«, ist die Antwort. Eine ungewöhnliche Antwort für den ersten strahlangetriebenen Langstreckenaufklärer. Das bestätigt auch der Flugbericht[2] von *Selle* vom 12. August 1943 über die beiden Erstflüge. Die Ar 234 ist eine rundum gelungene Konstruktion. *Selle* schreibt dazu:

»Der Trimmbereich in Richtung ›kopflastig‹ reicht nicht aus. Die Querruder-Eigenschaften sind gut, ihre Wirkung ist verblüffend. Bei 650 km/h Geschwindigkeit sind die Handkräfte noch etwas hoch. Die Höhen- und Seitenruderkräfte sind gut und müssen nur noch etwas aufeinander abgestimmt werden. Die Schieberollmomente sind in ihrer Größe in Ordnung. Die Lastigkeitsänderungen beim Ein- und Ausfahren der Landeklappen sind gering. Dasselbe gilt für die einfahrbare Kufe. Das Flugzeug ist ohne Beanstandungen bis 650 km/h ausgeflogen worden. Die Rollstrecke beim Start liegt zwischen 650 m und 1000 m, abhängig von der Abflugmasse. Der Steigwinkel ist wegen des Startwagens mit 635 kg Gewicht sehr flach. Er kann etwa in 500 m bis 600 m Höhe abgeworfen werden. Beim Landeanflug ist der Gleitwinkel flach wie bei einem Segelflugzeug. Die Landeanflüge mit ausgefahrenen Klappen erfolgen mit 200 km/h und mit 150 km/h bis 165 km/h setzt die Maschine auf. Beim Landen muß wegen der flachen Kufe ganz nahe an den Boden herangegangen werden. Die Turbo-Luftstrahltriebwerke arbeiten bei den ersten beiden Flügen einwandfrei. Aber die Drehzahl der Triebwerke untereinander muß noch abgestimmt werden. Die Stützkufen verriegeln nicht einwandfrei.«

Einflugberichte dieser Art mit einem ganz neuartigen Strahlflugzeug haben Seltenheitswert[3]. Die V 1 dürfte weitgehend den Anforderungen des RLM an einen unbewaffneten schnellen Aufklärer entsprechen. Aufgabe der Flugversuchsgruppe ist es nun, das Flugzeug so schnell wie möglich zur Serienreife zu bringen. Bereits am 13. September 1943 findet der Erstflug der V 2[4] statt. Die Arado 234 V 3 startet kurz danach am 29. September 1943 ebenfalls mit *Selle* am Steuer zum Erstflug. Das Flugzeug ist als Serientyp für den Aufklärer Ar 234 A bestimmt. Schwierigkeiten gibt es mit den 004 A-Triebwerken, von denen nur eine beschränkte Zahl für Versuchszwecke gebaut worden ist und die noch keine Serienreife besitzen, sondern – wie Junkers betont – nur für die Triebwerkerprobung am Boden bestimmt sind.

Blitzbomber Ar 234 B-2[5]

Eine Ausführung der Ar 234 B als Bomber benötigt einen breiteren Rumpf, eine größere Kanzel, in der Zielgerät und Periskop untergebracht werden können, ferner Bombenschlösser und Abwurfgeräte. Diese zusätzlichen Gewichte erfordern Starthilfen in Form von Raketen, denn die Startmasse steigt mit einer 500 kg-Bombe von 7750 kg auf 8620 kg. Für eine bessere Beweglichkeit des Flugzeuges am Boden braucht man ein Fahrwerk, da die umständliche Handhabung mit dem Startwagen bei einem Bomber nicht in Kauf genommen werden kann. In zahlreichen Entwürfen versucht man ohne viele Umbauten, ein Fahrwerk in die Zelle der A-Version zu integrieren, doch die Fahrwerke werden zu kompliziert und erscheinen bei den hohen Start- und Landegeschwindigkeiten zu gewagt. Der Rumpf der im Bau befindlichen V 9 für die B-Reihe muß deswegen verbreitert werden, der mittlere Tank wird entfernt. Zum Ausgleich vergrößert man den vorderen und hinteren Rumpftank. Das Bugrad kommt eingezogen unmittelbar hinter den Piloten zu liegen. Diese B-Version V 9, die Mitte

Ar 234 B-1, Aufklärer mit dem Serientriebwerk Jumo 004 B und Periskop PV 1 B. In der Version Ar 234 B-2 kann das Flugzeug sowohl als Aufklärer als auch als Kampfflugzeug geflogen werden.

Ar 234 B V 17, Werknummer 130 027, mit späterem Kennzeichen PH+SY. Erstflug am 25. September 1944 mit Ubbo Janssen am Steuer. Das Flugzeug ist mit HWK 109-500-Startraketen mit 4,9 kN (500 kp) Schub ausgerüstet

März 1944 zum ersten Mal fliegt, erhält erstmals zwei verbesserte Jumo 004-Triebwerke.
Mit dem Beginn der Serienproduktion dieses Prototypen wird für September 1944 gerechnet. Doch durch die Verlagerungen der Produktionsstätten nach Landeshut (heute in Polen: Kamienna Gora) verzögert sich dieser Termin. Generalfeldmarschall *Milch* verlangt allen Schwierigkeiten zum Trotz die Fertigstellung der ersten 200 Ar 234 B bis Ende 1944.
Am 12. und 13. Juni 1944 besichtigen hohe Militärs in Rechlin elf Flugzeugtypen, die sie sich anschließend vorfliegen lassen. Zu diesen Mustern gehören die He 177 B-5 mit Einzelmotoren, die Arado 232 B-010, die Ju 188, die He 219 mit Zwei- und Dreimann-Kabine, die Ta 154, die Fw 190 mit Jumo 213, die Do 335, Me 163 und Ar 234 V 10. Über das Abschneiden der Ar 234 V 10 mit zwei Jumo 004 B-Triebwerken berichtet Dipl.-Ing. Flugbaumeister *Walter Kröger,* der als Chefpilot die zahlreichen Prototypen der Ar 234 vom ersten bis zum letzten Muster betreut und geflogen hat[6]:

»Die Ar 234 V 10 mit Einziehfahrwerk wird von Eheim sehr gut vorgeflogen: Vorbeiflug in niedrigster Höhe mit 820 km/h, anschließend steiles Hochziehen bis 2000 m, Turn, erneutes Anstechen des Platzes, im Hochziehen bis 2000 m eine Rolle, dann Triebwerke auf Leerlauf, engste Spirale bis zum Boden, dabei Landezustand hergestellt.
Beim zweiten Vorfliegen am 13. Juni wird der Programmablauf dadurch gestört, daß beide bereitgestellten Me 262 beim Anlassen Schwierigkeiten haben. Die gerade in der Luft befindliche Ar 234 bekommt über Funk den Auftrag, die Lücke durch Ausdehnung ihrer Vorführung zu überbrücken. Eheim zeigt daraufhin in solch eindrucksvoller Weise die Wendigkeit der Ar 234, daß Generalfeldmarschall Erhard Milch eine Vorstellung des Flugzeugführers verlangt und zusätzlich einen simulierten Kurvenkampf zwischen einer Me 262 und einer Ar 234 sehen will. Dabei zeigt sich die eindeutige Überlegenheit der Ar 234 im Kurvenkampf; die Ar 234 V 10 hat die Me 262 mehrfach vor den Rohren. Die Me 262 kann jedoch bei Absetzbewegungen davonlaufen. Gesamteindruck der Ar 234 ist sehr günstig.«

Ursprünglich ist die Ar 234 B-1[7] als Aufklärer vorgesehen mit wahlweise vier Kameras. Diese Ausführung wird aber zugunsten der B-2 aufgegeben. Die B-2-Versionen sind Aufklärer, die mit einer Bomberausrüstung mit dem notwendigen Gerät ausgerüstet werden. Sie werden zur Mitnahme von zwei Bomben von 500 kg, einer 1000 kg-Bombe oder einer 1500 kg-Bombe ausgerüstet[8]. Ein Einbau von zwei starr nach hinten gerichteten MG 151/20 ist vorgesehen, aber wohl nur einmal ausgeführt worden. Der Pilot wird durch eine Panzerplatte geschützt und hat ein Vor- und Rückblickperiskop. Bei einer Kombination des Periskopes PV 1 B mit einer Bombenzielanlage (BZA) kann bei Einstellung auf Rückblicken das Flugzeug mit dem nach hinten starr eingebauten MG 151/20 gegen rückwärtige Angreifer gerichtet werden. Beim Einschalten auf BZA schaltet die Anlage automatisch auf Blickrichtung für den Bombenwurf nach vorne.
Die Kraftstoffbehälter fassen 3700 l in zwei geschützten Behältern. Unter den Triebwerken können zwei Zusatzbehälter mit je 500 kg Last oder Kraftstoff mitgeführt werden. Das Flugzeug ist mit einem UKW-Relaissender, einem Zielfluggerät (FuG 16 Z Y) und dem Kenngerät FuG 25 a

Arado 234 B2

ausgerüstet. Als Zielgerät dient ein Lotfernrohr Lotfe 7 K. Die Serienmuster erhalten die Bezeichnung Ar 234 S-1 bis . . . und die Werknummern 140 101 bis . . . Einige der ersten 20 Flugzeuge gehen nach Rechlin zur Erprobung.

Vierstrahlige Ar 234 C[9]

Kaum ist die B-Version als Bomber ausgerüstet und mit aufwendigem Einziehfahrwerk versehen, stellt der Rüstungsstab neue Forderungen. Das Flugzeug soll nunmehr eine Druckkabine, stärkere Bewaffnung, einen Bremsschirm, eine erweiterte Ausrüstung, eine Enteisungsanlage erhalten und schießlich zweisitzig ausgeführt werden. Durch diese neuen Forderungen steigt die Startmasse auf 11 700 kg, so daß für eine solche Ausführung vier Triebwerke notwendig werden. Das RLM will aber an der Zelle[10] keine wesentlichen Änderungen akzeptieren. Außerdem legt das RLM Wert darauf, daß Arado BMW-Triebwerke verwendet, weil die 004-Triebwerke von Junkers in erster Linie für die Me 262 vorgesehen sind. Das BMW 003-Triebwerk ist zwar etwas ausgefeilter, läuft aber nur einwandfrei mit Junkers-Regler. Die von BMW entwickelte Regelung stellt dagegen für die Piloten, wie die Flugberichte in der »Arado V-Typen-Tabelle« zeigen, eine große Belastung dar.

Nun haben sich schon Anfang Juli 1943 *Rüdiger Kosin* und der Entwicklungs-Chef von BMW, *Dr. Oestrich,* Gedanken über eine Verwendbarkeit des BMW 003 für die Ar 234 gemacht. Man kommt zu der Überzeugung, zwei der um 25 Prozent in der Stirnfläche kleineren und auch leichteren 003-Triebwerke könnten ein 004-Triebwerk ersetzen. Auf diese Weise stände der notwendige Schub für eine so bedeutende Erhöhung der Flugmasse zur Verfügung.

Eine Ar 234 A V 6 mit Kufen erhält deshalb im April 1944 versuchsweise vier BMW 003 A-1-Triebwerke. Die zusätzlichen beiden Triebwerke werden an den Aufhängepunkten für die Startraketen angeordnet.

Eine Attrappenbesichtigung der als Bomber-Ausführung vorgesehenen vierstrahligen Version findet am 19. Juli 1944 in Landeshut in Anwesenheit von Oberst *Storp* und Oberstleutnant *Knemeyer* statt[11]. Im großen und ganzen wird die Attrappe gut beurteilt. Der Sitz des Navigators mit Blick nach hinten wird aber beanstandet; er soll schräg hinter dem Führer mit Sicht nach vorne sitzen. *Knemeyer* verlangt außerdem eine Senkung der Querruderkräfte bei hohen Geschwindigkeiten. Die weiteren Besprechungen drehen sich hauptsächlich um die Bewaffnung.

Durch die weit draußen angebrachten Triebwerke entstehen – wie sich bei der Flugerprobung herausstellt – hohe Schieberollmomente. *Rüdiger Kosin* kommt nunmehr auf sein Gespräch mit *Dr. Oestrich* zurück und schlägt vor, zwei BMW 003-Triebwerke zu einem Paket zusammenzufassen

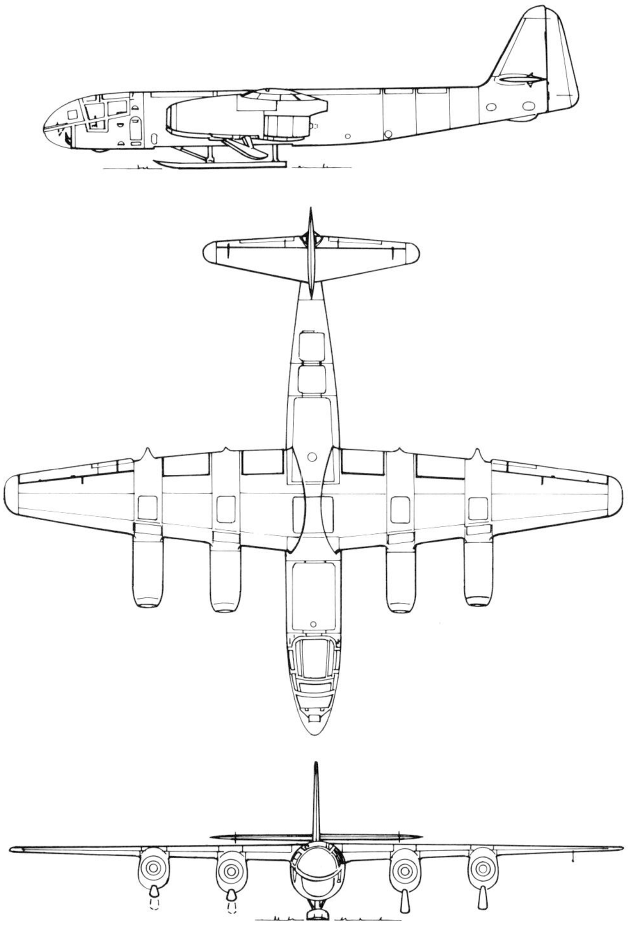

Ar 234 V 6 mit vier einzeln aufgehängten BMW 003 A-0 als Prototyp für die Ar 234 C-Serie

und jedes der beiden Pakete an den bisherigen Befestigungen der Triebwerke anzuordnen. Auf diese Weise entsteht die Ar 234 A V-8 mit Doppeltriebwerken. Das Flugzeug erreicht trotz der vielen notwendig werdenden Änderungen in neun Kilometer Höhe 835 km/h Geschwindigkeit, wo sich erstmals eine Ablösung der Strömung anzeigt.

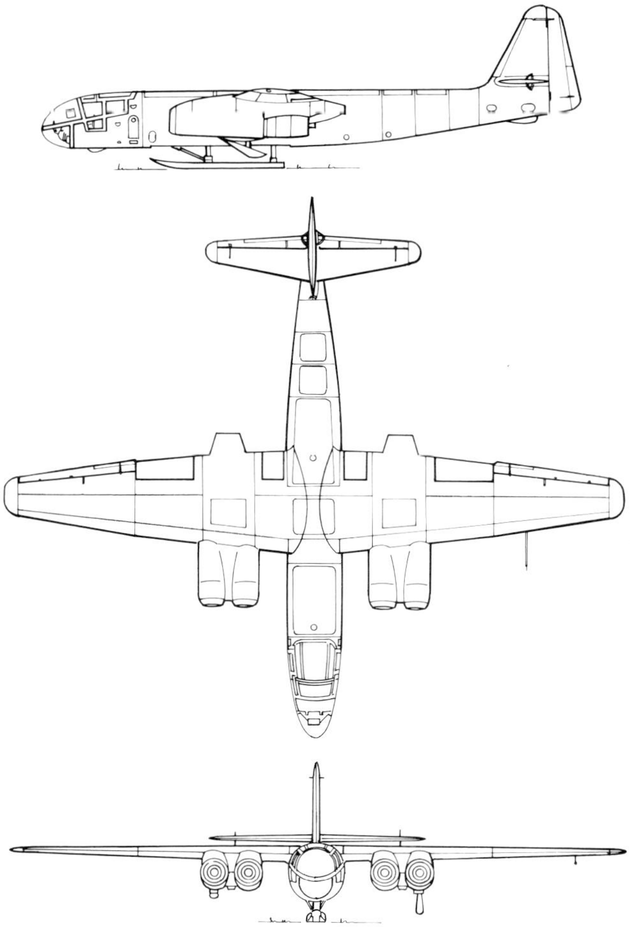

Ar 234 V 8, Vorläufer der C-Serie, mit versuchsweise gebündelten BMW 003 A-1-Triebwerken

Das vierstrahlige Flugzeug bereitet der Flugerprobung anfangs große Schwierigkeiten, weil die Triebwerke nicht auf gleiche Drehzahl zu bringen oder zu halten sind und mit verschieden starken Schüben und unterschiedlichem Kraftstoffverbrauch laufen. Einzelheiten gehen aus der »Arado V-Typen-Tabelle« und dem folgenden Bericht von Flugbaumeister *Kröger* hervor.

Offenbar stehen Ende September/Anfang Oktober 1944 auf Veranlassung des RLM Junkers-Regler für die 003-Triebwerke zur Verfügung, denn von diesem Zeitpunkt an hören die Klagen der Flugerprobung über Triebwerke auf. *Kosin* veranlaßt noch, daß die unnötig lange Einlaufhaube um einen halben Meter gekürzt wird.

Allen Schwierigkeiten zum Trotz soll die Ar 234 C mit Druckkabine ausgerüstet werden, um in elf bis zwölf Kilometer Höhe operieren zu können. Eine erste Druckkabine steht im Herbst 1944 für Versuchszwecke zur Verfügung. Zwei Druckkabinen sollen bis Februar 1945 und zwei weitere mit Bewaffnung und Panzerung für einen zusätzlich geforderten Höhenjäger zum gleichen Zeitpunkt fertiggestellt werden. Eine Ausführung der Ar 234 C als Zerstörer wird für einen Revolver-Vierlingswerfer vorgesehen. Bei dem Bomber Ar 234 C-3[12] gilt das hauptsächliche Augenmerk einer Erhöhung der Abflugmasse auf 12 000 kg; Versuche mit entsprechend überbelastbaren Rädern und stärkeren Reifen sind der DVL in Auftrag gegeben worden. Mit zwei Serienflugzeugen werden Startanlaufversuche mit hochbelasteten Reifen unternommen. Diese Maßnahmen führen aber auch wieder zu Änderungen des Schwerpunktes, der Stabilität und zur Erhöhung des Widerstandes. Die Start- und Steigleistungen werden durch die vierstrahlige Anordnung zwar erheblich verbessert, man befürchtet jedoch wegen des doppelten Verbrauches an Kraftstoff Schwierigkeiten mit der Reichweite. Ein gewisser Ausgleich kann jedoch erreicht werden, wenn in 11 000 m Höhe anstatt in 9000 m Höhe geflogen wird. Dies setzt aber wieder eine

Serienausführung der Arado Ar 234 C-3 mit vier BMW 003 A-1

Arado Ar 234 A-, B- und C-Version*

Hersteller		Arado	Arado	Arado
Muster		Ar 234 A Aufklärer	234 B-2 Bomber[4]	Ar 234 C3 Bomber
Triebwerk		Jumo 004 A	Jumo 004 B	BMW 003 A-1
Standschub	kN	2 × 6,87 = 13,74	2 × 8,93 = 17,86	4 × 7,85 = 31,39
	kp	2 × 700 = 1 400	2 × 910 = 1 820	4 × 800 = 3 200
Besatzung		1	1	1 + 1
Länge	m	12,00	12,00	12,66
Höhe	m	3,75	3,75	3,12
Spannweite	m	14,20	14,20	14,44
Flügelfläche	m^2	27,00	27,00	27,00
Flügelstreckung		7,47	7,47	7,72
Rüstmasse	kg	4 250	4 766	6 082
Kraftstoff	kg	3 000	3 033	3 500[9]
Schmierstoff	kg	30	27	90
Besatzung	kg	90	90	180
Nutzmasse	kg	500	1 224[5]	1 328
Zuladung	kg	3 620	4 374	5 158
Startmasse	kg	7 870[1]	9 140[6]	11 240[10]
Flächenbelastung	kg/m^2	290,37	338,50	416,29
Masse – Schubverhältnis	kg/kN	572,78	511,76	358,07
	kg/kp	5,62	5,02	3,51
Flächenschub	kN/m^2	0,51	0,66	1,16
	kp/m^2	51,85	67,40	118,52
Höchstgeschwindigkeit in Höhe 0	km/h	705	700	800
Reisegeschwindigkeit in Höhe 6 000	km/h	740	742[7]	880
Steiggeschwindigkeit	m/s	7,40[2]	8,33[8]	9,98[11]
Dienstgipfelhöhe	m	11 000	12 000	12 500
Reichweite	km	1 400	1 400	1 200
max. Flugzeit	h	2,3	2,00	1,5
Startrollstrecke	m			900
Landerollstrecke	m	380[3]	800	1 000
Landegeschwindigkeit	km/h	140	140	167
Zuladung in % von der Flugmasse		46	48	46
Nutzlast in % von der Flugmasse		6	13	12
Baujahr		1943	1944	1945

* Quellen: Arado Aufstellung Entwurfsabteilung 20. 11. 44, gez. Meyer; verschiedene Ladepläne der Entwurfsabteilung Arado mit Angaben über B-2, C-3, D mit He S 011 und 004 C

[1] Abflugmasse 7 870 kg + 640 kg Startwagen + 560 kg 2 Startraketen

[2] durchschnittliches Steigen auf 1 000; 7,40 m/s = 444 m/min; Steigen auf 6000 m 12,8 min

[3] mit Bremsschirm; ohne 760 m

[4] mit Fahrwerk

[5] Nutzlast 2 × MG 151/20 mit Munition 224 kg, Bombe 1 000 kg

[6] Startgewicht zuzüglich 2 Walter Raketen HWK 109–500 mit 4,90 kN (500 kp) Schub

[7] 700 km/h in 10 000 m

[8] Steigen 12 min auf 6 000 m, Steigen 17,5 min auf 8 000 m mit voller Zuladung

[9] Zusatztank abwerfbar 500 kg

[10] Mit Starthilfe 2 HWK 109–500 Startraketen mit 4,90 kN (500 kp) Schub

[11] durchschnittliches Steigen auf 10 000 m (16,7 min); Steigen am Boden bei mittlerer Flugmasse 22 m/s

Druckkabine voraus, von denen es zu der Zeit – wie schon erwähnt – nur einige wenige gibt.

Die Ar 234 C-1 ist gleich der B-1 als Aufklärer vorgesehen, wird aber nicht gebaut, weil die Leistungen des Aufklärers B-2 vorerst den Anforderungen der Truppen voll entsprechen. Später wird sie aber als C-4 angeboten. Die Version C-2 ist eine vierstrahlige Ausführung der B-2 ohne wesentliche Änderungen. Dagegen erhält die C-3 eine Ausbuchtung der Kabinenhaube, an der auch äußerlich das Bemühen um eine Druckkabine sichtbar wird. Die Ausrüstung mit einer Druckkabine bereitet damals bei allen Flugzeugen, die in großer Höhe fliegen sollen, erhebliche Schwierigkeiten. Das trifft besonders für die Ar 234 wegen der weitgehenden Verglasung der Kabine zu. Durch eine Druckkabine müssen bewegliche Steuergestänge und Kabel hindurchgeführt

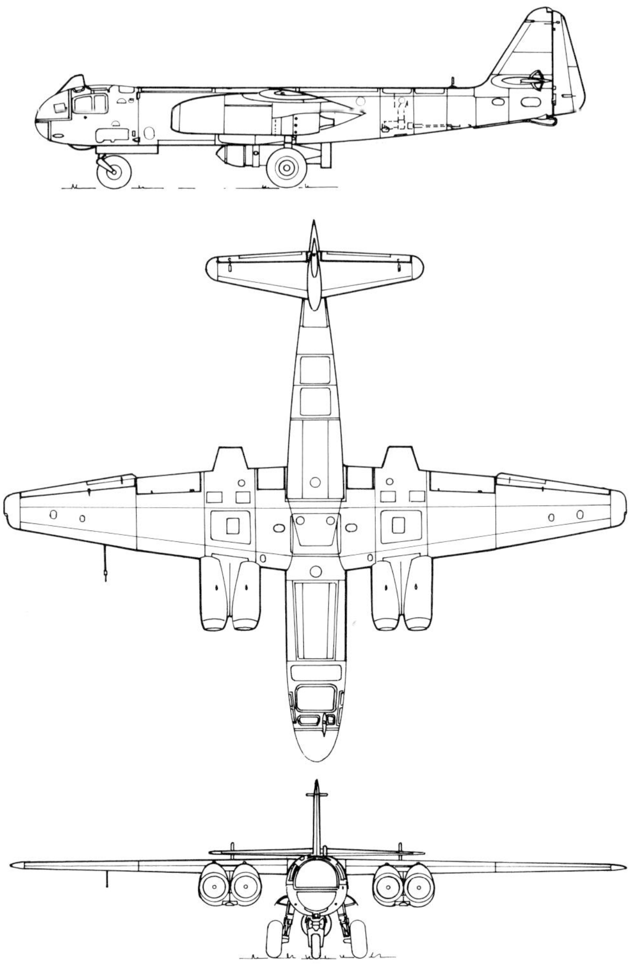

Arado 234 C-3 mit modifizierter Kabine

werden, Klappen und Einstiege sind zu berücksichtigen und schließlich der Platz für einen zweiten Mann.
Über die Arado C-4[13], die anstelle der C-1 als Aufklärer bestimmt ist, liegen ausführliche Unterlagen der Entwurfsabteilung vor, aus denen hervorgeht, daß diese Ausführung mit vier BMW 003 A-1 voll in die Planung einbezogen und als Prototyp V 25 für einen vierstrahligen Aufklärer am 25. Januar 1945 fertiggestellt wird. Die Arbeiten an der Arado C-5[14] werden im März 1945 als Prototyp eines Bombers und als V 30 mit Zweimann-Druckkabine abgeschlossen. Das Startgewicht bei Ausrüstung mit vier BMW 003 A-1 liegt mit 1500 kg militärischer Last bei 11 400 kg Startmasse mit Starttraketen.
Hinweise auf eine Ar 234 F mit 15 t Gewicht und dem geplanten Junkers-Triebwerk Jumo 012 mit zweimal 27,49 = 54,98 kN (zweimal 2800 = 6500 kp) Schub sind wahrscheinlich auf eine Besprechung mit Oberst *Knemeyer* über eine 1,5fache Vergrößerung der Ar 234 zurückzuführen, die sich bei Heinkel unter der Bezeichnung He 343 in der Planung und im Bau befindet.
Der Serienbau der Ar 234 C-3 soll im Februar 1945 in den Werken Alt-Lönnewitz bei Falkenburg an der Elster und Brandenburg anlaufen. Vom Rüstungsstab liegen Aufträge auf 1790 C-3-Versionen vor, auf 330 Aufklärer Ar 234 C-4 und auf 290 Nachtjäger. Bis Kriegsende werden neben den etwa 200 Serienflugzeugen der Version 234 B-1 und B-2 zwölf Prototypen der C-Version und 19 Serienflugzeuge der C-Version fertiggestellt.

Pfeilflügel-Versuche zeigen den Weg in die Zukunft

Über die Versuche, mit Hilfe des Pfeilflügels näher an die Schallgeschwindigkeit heranzukommen, berichtet Dipl.-Ing. *Rüdiger Kosin,* Chef-Aerodynamiker von Arado:

Ar 234 VERSUCHS-FLÜGEL II

PROFIL	1	2	3	4
WÖLBUNG %	1.25	1.25	1.20	1.20
WÖLBUNGSRÜCKLAGE %	25	25	25	25
PROFILDICKE %	09	09	10.5	10.5
NASENRADIUS $\cdot \frac{1}{d^2}$	1.16	1.16	1.027	1.027
DICKENRÜCKLAGE %	30	30	35	35

Ar 234 VERSUCHS-FLÜGEL III

PROFIL	1	2	3
WÖLBUNG %	1.0	1.0	1.0
WÖLBUNGSRÜCKLAGE %	50	50	50
PROFILDICKE %	09	11	12
NASENRADIUS $\cdot \frac{1}{d^2}$	0.33	0.36	0.375
DICKENRÜCKLAGE %	50	50	50

Ar 234 VERSUCHS-FLÜGEL IV

PROFIL	1	2	3	4
WÖLBUNG %	1.0	1.0	1.0	1.0
WÖLBUNGSRÜCKLAGE %	50	50	50	50
PROFILDICKE %	09	10	10.5	10.5
NASENRADIUS $\cdot \frac{1}{d^2}$	0.33	0.33	0.33	0.33
DICKENRÜCKLAGE %	50	50	50	50

Ar 234 VERSUCHS-FLÜGEL V

PROFIL	NACA 00012
WÖLBUNG	–
WÖLBUNGSRÜCKLAGE	–
PROFILDICKE	–
NASENRADIUS $\cdot \frac{1}{d^2}$	0.55
DICKENRÜCKLAGE %	50

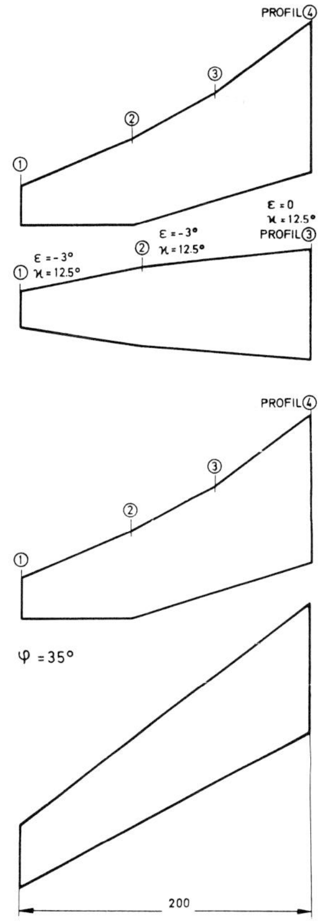

»Die Windkanalversuche der Deutschen Versuchsanstalt für Luftfahrt (DVL) und der Aerodynamischen Versuchs-Anstalt in Göttingen (AVA) an Pfeilflügeln sind im wesentlichen auf den Widerstand bei hohen Machzahlen ausgerichtet; über das flugeigenschaftliche Verhalten bei hohen Anstellwinkeln bei niederen und auch bei höheren Machzahlen liegen so gut wie keine Versuchsergebnisse vor. Als Arado 1942 die Anwendung des Pfeileffektes ins Auge faßt, werden drei Windkanalmodelle mit verschiedenen konstanten Pfeilungen im Drei-Meter-Niedergeschwindigkeits-Windkanal der DVL untersucht. Andere, größere Kanäle stehen wegen vom Amt zu der Zeit für wichtiger gehaltene Arbeiten nicht zur Verfügung. Die Modelle zeigen bei höheren Anstellwinkeln massive Strömungsablösungen an den Flügelenden, und zwar zunehmend mit zunehmender Pfeilung, die bei einer großen Ausführung zum Aufbäumen, Überziehen und zum Abkippen des Flugzeuges geführt hätten. Versuche, durch Vorflügel an den Flügelenden – ähnlich wie bei der Me 109 – das Verhalten zu verbessern, führen zu keinem Ergebnis[15]. Man kommt deshalb auf den Gedanken, den Tragflügel innen steiler zu pfeilen als außen, ihn also mit nach außen abnehmender Pfeilung zu bauen. Arado meldet diesen Gedanken 1942 zum Patent an.
Die auf diese Weise erzielbare Flügelform[16], nach dem Krieg von Handley Page am Bomber Victor verwirklicht, erlaubt die vorhandenen Flügelanschlußpunkte am Rumpf bei gleicher Schwerpunktlage und bei gleicher Lage des Fahrwerks beizubehalten, das bedeutet, Rumpf und Fahrwerk können ungeändert von vorhandenen Typen übernommen werden. Bei dem Termindruck im Jahre 1944 ist dies ein sehr wichtiger Gesichtspunkt.
Trotz aller theoretischen Arbeit ist aber das Flugverhalten der Flügel mit nach außen abnehmender Pfeilform damals noch nicht gesichert. Es wird deshalb beschlossen, einen praktischen Versuch mit einem Versuchsflügel in einer großen Ausführung zu unternehmen. Die Betriebsleute glauben, einen solchen Flügel in Holz wesentlich schneller herstellen zu können als einen in Metall. Es wird deshalb ein Versuchsflügel (Nr. 1) in Holz bei einem großen Holzbearbeitungsbetrieb im schlesischen Raum in Auftrag gegeben, bei dem auf alle Verfeinerungen bei der Klappenausbildung verzichtet wird. Gleichzeitig wird aber die Konstruktion und Arbeitsvorbereitung eines ernst zu nehmenden gepfeilten Flügels (Nr. 2, s. Abbildung) in Metallbauweise in Angriff genommen. Daneben wird für den Fall des Versagens des gepfeilten Flügels ein Flügel (Nr. 3) mit der ursprünglichen Umrißform der Ar 234, aber mit dünneren, spitzeren Profilen vorbereitet. Unter Verwendung ebensolcher dünnerer Profile wird ein Pfeilflügel (Nr. 4) mit demselben Umriß wie der gepfeilte Flügel entwickelt. Das Programm, das in seiner Vielfalt vom Amt und dem Jägerstab verlangt wird, belastet natürlich Konstruktionsbüro und Werkstätten außerordentlich und deshalb wird keiner der geplanten Flügel bis Kriegsschluß fertig.
Für die dünnen, spitzen Profile werden als Auftriebshilfe Nasenspreizklappen entwickelt, die die Firma Arado erstmals 1941 im Zusammenhang mit Arbeiten für den Transporter Ar 232 im Göttinger Windkanal hat untersuchen lassen. Sie werden heute in aller Welt unbegreiflicherweise Krügerklappen genannt.
Um den Anschluß an die Pfeilflügelmessungen im Drei-Meter-Kanal der DVL herzustellen, wurde der in diesem Kanal vermessene durchgehend um 35° gepfeilte Flügel ebenfalls im Zwanzig-Zentimeter-Maßstab unter der Bezeichnung Versuchsflügel V untersucht. Mit den heutigen Kenntnissen sind die Ergebnisse dieser Versuche, die uns damals einige Rätsel aufgaben, durchaus verständlich. Sie zeigen die Überlegenheit des ersten ernstlich geplanten Pfeilflügels Nr. 2, dessen Profile den heutigen ›überkritischen‹ Profilen nahekommen.«

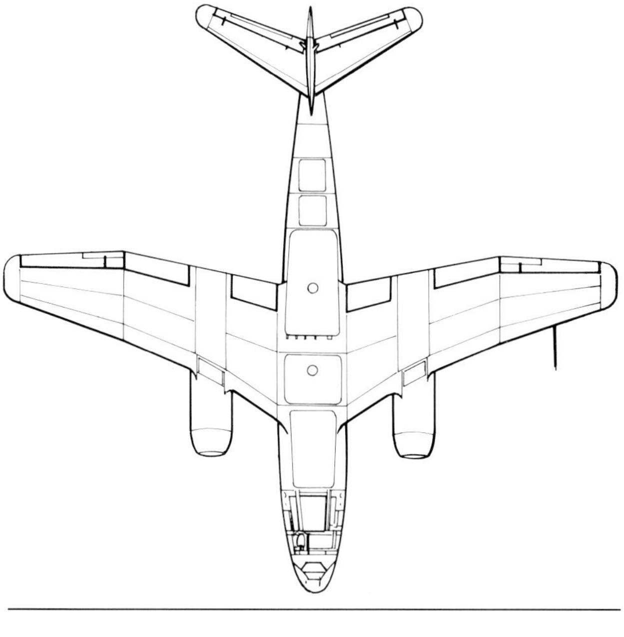

Arado will den Tragflügel innen steiler pfeilen als außen und meldet diesen Gedanken 1942 zum Patent an. Er wird nach dem Krieg in England von Handley Page mit der Victor verwirklicht

Arado-Strahlflugzeuge bei der Truppe

Arado-Aufklärer

Im Frühjahr 1944 – kurz vor der Invasion der Engländer und Amerikaner an der Kanalküste – zeigt sich, daß deutsche Aufklärer wegen der starken Abwehr über England nicht mehr operieren können. Der schnellen Me 262 fehlt die notwendige Reichweite. Daraufhin werden die beiden Prototypen Arado Ar V 5 und V 7 mit Startwagen versuchsweise für diese Aufgabe vorgesehen. Der Versuchsverband Ob. d. L. l(Oberbefehlshaber der Luftwaffe), dem die Aufgabe obliegt, die Ar 234 auf ihre militärische Verwendbarkeit zu prüfen, bestimmt Oberleutnant *Horst Götz* und Oberleutnant *Erich Sommer* als Piloten. *Sommer* unternimmt am 29. Juni 1944 nach Einweisung auf der V 7 einen Reichweitenflug und bleibt mit voller Kraftstoffzuladung zwei Stunden und 20 Minuten in der Luft. Dabei umrundet er ein Dreieck von 1416 km Strecke. Dem RLM gegenüber ist damit nachgewiesen, daß das Flugzeug die für Langstreckenaufklärung notwendige Reichweite besitzt.

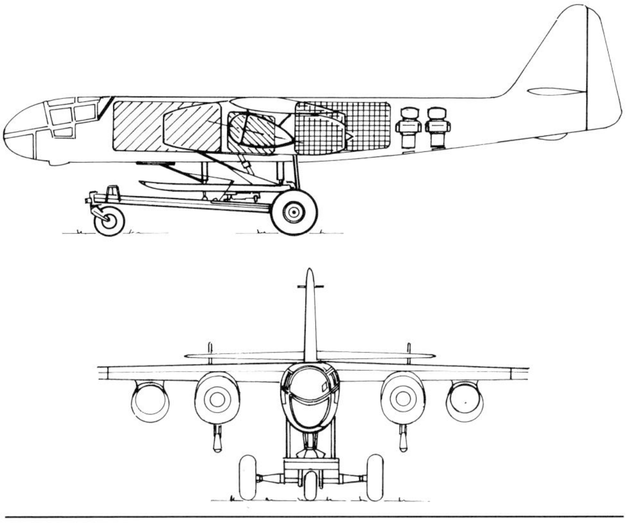

Aufklärer Ar 234 A mit zwei RB 75/30 oder RB 50/30-Kameras auf dem Startwagen mit zwei Startraketen

Oberleutnant *Götz,* der inzwischen ebenfalls auf der Arado eingewiesen worden ist, baut in Juvincourt nahe Reims ein Sonderkommando auf, um von dort aus mit der V 5 gegen England zu operieren. Es gibt jedoch technische Schwierigkeiten mit der V 5. Nur *Sommer,* der in Juvincourt zu ihm stößt, ist mit der V 7 einsatzfähig und fliegt über England Aufklärung. Nach Reparatur der V 5 wechseln sich *Götz* und *Sommer* bei ihren Einsätzen ab. Beide erhalten im August Verstärkung durch das Kommando Schenk von der Gruppe III./KG 51. Die Kommandos Götz, Sommer und Schenk werden nach dem Durchbruch der Alliierten im August 1944 durch die deutsche Front nach Belgien und weiter nach Deutschland verlegt. *Götz,* dessen Maschine durch Flak angeschossen wird, kehrt im September mit einer neuen Maschine zu seiner Einheit zurück.
Sommer hat inzwischen weitere Verstärkung erhalten, und beide Kommandos werden im »Kommando Sperling« zusammengefaßt. Im November 1944 verläßt *Sommer* den damaligen Standort Rheine und baut unter dem Namen »Hecht« in Biblis bei Worms eine neue Einheit auf. Die verwendeten Flugzeuge sind Ar B-2-Versionen, die auf den Stand der Ar B-1-Aufklärer umgerüstet werden. Im Januar 1945 erhält das Kommando Sperling den Auftrag, Piloten der Fern-Aufklärer-Staffel 1/FA Gr 103 auf die Ar 234 umzuschulen. Hauptmann *Hans Felden,* der Kommandeur des Verbandes, wird über England abgeschossen; daraufhin übernimmt *Götz* die Einheit.
Drei weitere Aufklärer-Einheiten werden 1945 von Sommers Kommando »Hecht« auf Ar 234 umgeschult. Dazu gehören der Aufklärer-Verband 1.(F)/100, ferner 1.(F)/33 und 1.(F)/5. Letzterer ist in Norwegen stationiert. Nach der Umschulung operiert 1.(F)/100 im Raume München, 1.(F)/33 fliegt von Dänemark aus noch als einzige Einheit Aufklärung über England.
Das Sonderkommando Sommer wird in den letzten Kriegsmonaten von Biblis nach Udine in Italien verlegt; die ausgezeichneten Ergebnisse, die alsbald mit der Aufklärung erzielt werden, helfen der Truppe aber wenig bei der schlechten Kriegslage. *Sommer* gelingt es schließlich nach vielen abenteuerlichen Flügen, sich bei Kriegsende nach Süddeutschland abzusetzen.
Zwei weitere Einheiten, die Langstrecken-Aufklärungs-Gruppen FAG 123 und FAG 33, die mit Ar 234 B und Ju 188 ausgerüstet sind, können im Frühjahr 1945 wegen Mangel an Kraftstoff und Ersatzteilen nur noch beschränkt eingesetzt werden.

Blitzbomber

Die ersten Serienflugzeuge der Version Ar 234 B-2 werden vom Werk an die Stabsstaffel des Kampfgeschwaders 76 geliefert. Im August 1944 beginnt die Gruppe III./KG 76 in Alt-Lönnewitz mit der Umschulung von Piloten auf die Ar 234. Im Gegensatz zu den Aufklärern haben die ehemaligen Piloten der He 111 und anderer Kampfflugzeuge erhebliche Schwierigkeiten mit der Handhabung der schnellen Strahlflugzeuge, und es ereignen sich mehrere schwere Unfälle. Im Dezember 1944 wird die 9. KG 76 nach Münster-Handorf verlegt, um von dort aus Angriffe im Rahmen der Ardennen-Offensive vorzubereiten. Inzwischen werden in großer Eile weitere Einheiten mit Ar 234 B-Mustern ausgerüstet, so die Gruppe I./KG 51 in Rheine und Hopsten, die Gruppe II./KG 51 in Essen-Mülheim und die Gruppe III./KG 51 in Münster-Handorf. Diese Gruppen eröffnen – unterstützt durch Einheiten des KG 76 – am 1. Januar 1945 zusammen mit 800 Jägern die große Luft-Offensive gegen Flugplätze in Holland, Belgien und dem Norden Frankreichs. Die Verluste sind auf beiden Seiten ungewöhnlich hoch.

Arado-Nachtjäger

Im Oktober 1944 fliegt Flugkapitän *Kunz* die Ar 234 B V 10, um deren Eignung für den Instrumenten- und Nachtflug zu prüfen. Sein Urteil fällt positiv aus, woraufhin das RLM vorschlägt, unter der Tarnbezeichnung »Nachtigall« eine Ausführung der Ar 234 B-2 als Nachtjäger auszurüsten. Das Flugzeug soll einen zweiten Mann als Radar-Navigator aufnehmen; er findet hinten im Rumpf Platz, in dem für die Kameras vorgesehenen Raum. Unter dem Rumpf sind in einer Wanne zwei starre MG 151/20 vorgesehen. Dreißig Ar 234 B-2-Nachtjäger werden in Auftrag gegeben.

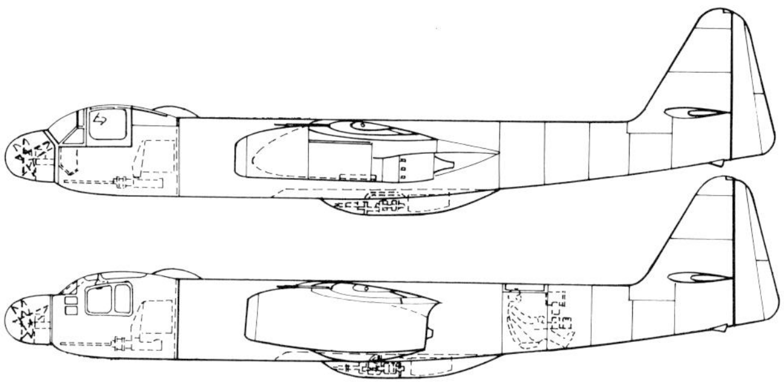

Den Erfahrungen der Front entsprechend werden mehrere Nachtjäger-Versionen der Ar 234 mit verschiedenen Triebwerken geplant. Die Ar 234 P-1 (oben) hat eine nach vorne unten geschlossene und gepanzerte Kabine und einen Navigator neben dem Piloten. Die 234 P-3 wird für die Verwendung der He S 011 mit einem Navigator hinten im Rumpf vorgesehen

Ende des Jahres können die ersten beiden Ar 234 B-2N an das Versuchskommando in Oranienburg geliefert werden. Oberleutnant *Kurt Welter,* einer der erfolgreichsten damaligen Nachtjäger, hält die »Nachtigall« wegen der Glaskanzel für ungeeignet. *Welter* argumentiert: Wenn das Flugzeug hinter einem Bomber zum Schuß komme, bestehe die Gefahr, daß abfliegende Teile die Glaskanzel beschädigen. Außerdem sei die Blendung in der Kanzel viel zu stark, um den Aufgaben eines Nachtjägers nachkommen zu können. Nach *Welters* Vorschlägen muß die Kanzel zweisitzig, vorne geschützt und mit kleineren, geraden Scheiben ausgerüstet werden. Vier Strahltriebwerke setzen nach *Welters* Erfahrungen außerdem die Einsatzbereitschaft herab. Die Flugdauer einer vierstrahligen Ausführung liege außerdem – so *Welter* – bei einer Stunde und 24 Minuten in 8000 m, mit zwei Triebwerken aber bei mehr als zwei Stunden. Er empfiehlt deshalb eine Weiterentwicklung mit zwei He S 011.
Das Entwicklungsbüro von Arado trägt den Vorschlägen *Welters* Rechnung und projektiert daraufhin einen neuen Nachtjäger; gegen Kriegsende befindet sich eine Nachtjäger-Reihe P-1 bis P-5 auf dem Reißbrett. Der Führerraum der P-1 ist nach vorne unten geschlossen und gepanzert. Pilot und Navigator sitzen nebeneinander. Das Flugzeug soll mit einem Nachtjagdgerät Bremen 0 FuG 244 ausgerüstet werden. Als Basis-Modell ist für die P-1 eine vierstrahlige C-7 mit BMW 003 A-1-Triebwerk vorgesehen. Als Bewaffnung dienen zwei MG 151/20 und zwei MK 108/30. Die beiden MK 108 sollen in der Mitte unter dem Rumpf montiert werden. Unter den Triebwerken können zwei abwerfbare Zusatztanks mit je 300 l Kraftstoff mitgeführt werden. Die Kabine ist kleiner und bietet der Besatzung mehr Schutz nach vorne. In einer Weiterentwicklung P-2 sitzt der Radar-Operateur mit dem Rücken zum Flugzeugführer hinten im Rumpf. Für eine P-3 ist die He S 011 und für eine P-4 der Jumo 004 D vorgesehen. Für eine P-5 liegen zwei Entwürfe vor. Der erste Entwurf basiert auf einer vierstrahligen P-2 mit BMW 003 A-Triebwerken mit zwei MK 108 hinter der Kabine, die nach oben schießen, so daß auch Angriffe von unten geflogen werden können. Unter dem Rumpf kann ein zusätzlicher 600-l-Tank mitgenommen werden. Bei einer zweiten P-5, die auf einer P-1 basiert, sind hinten zwei Sitze vorgesehen und ebenfalls zwei nach oben schießende MK 108 und zwei He S 011 A-Triebwerke. Die Planung rechnet mit dem Bau der ersten Prototypen der P-5-Version für Mitte 1945.
Im März 1945 wird unter Leitung von Major *Kurt Bonow* ein Nachtjäger-Kommando ins Leben gerufen, das mit zwei auf »Nachtigall« umgerüsteten Ar 234 B-Versionen die Nachtjagd mit Erfolg aufnimmt, aber tatsächlich Schwierigkeiten durch die Blendung in der Kanzel hat. Während der letzten Kriegstage stoßen weitere als Nachtjäger ausgerüstete Ar 234 B-2 zum Kommando Bonow.

Arado-Projekte

Kleinstjäger Ar E 381

Im November 1944 wird bei einer Besprechung zwischen *Walter Blume* und Oberst *Siegfried Knemeyer*[17], der im Rüstungsstab für neue Flugzeugtypen verantwortlich ist, das Projekt eines Kleinstjägers besprochen. Kurze Zeit danach kann Arado *Knemeyer* ein solches Projekt präsentieren, an dem im Projektbüro seit einiger Zeit gearbeitet worden ist.

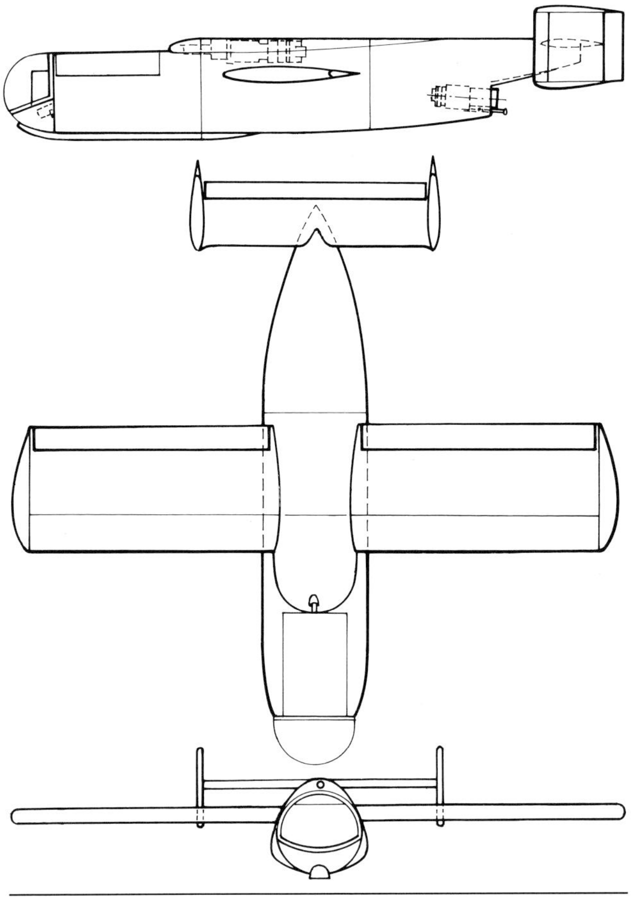

Kleinstjäger Ar E 381 mit einer Liegewanne für den Piloten und Schiebesteuerung mit einem Raketentriebwerk HWK 109-509 B

Der Entwurf dieses Kleinstjägers Ar E 381 stände durchgerechnet kurzfristig zur Verfügung. Die zu erwartenden Leistungen, Reichweiten, Geschwindigkeit und Flugdauer finden beim Rüstungsstab Interesse, und der Bau einer Attrappe und mehrerer V-Muster wird vereinbart. Der Liliput-Raketen-Jäger soll unter einer Arado 234 C befestigt, an Bomberverbände herangebracht werden. Nach Überhöhung der Verbände soll das Flugzeug ausklinken und im Bahnneigungsflug zum Angriff übergehen[18].

Die Ar E 381 ist ein freitragender Schulterdecker mit doppeltem Seitenleitwerk und einer ausfahrbaren Landekufe anstelle eines Fahrwerkes. Die Kabine ist durch Panzerplatten gegen Beschuß gesichert. Zu seinem Schutz besitzt der Flugzeugführer eine nach vorne schwenkbare Panzerplatte von 20 mm Stärke mit einem Visierschlitz. Die Kabine ist mit einer Schiebesteuerung, mit einer Liegewanne für den Piloten und Kopfstütze ausgerüstet. Der Antrieb besteht aus einem sogenannten Marschofen der Walter-Rakete HWK 109-509 B, die als zusätzlicher Antrieb für die Me 163 C und Ju 248 vorgesehen ist. Er reicht für das Flugzeug aus, da es ja nicht mit eigener Kraft zu steigen braucht.

Zur Landung wird eine Stahlkufe ausgeschwenkt, und als Landehilfen dienen durchlaufende, nach unten ausgeschlagene Querruder und ein Bremsfallschirm. Der Marschofen der Walter-Rakete hat einen Schub von 3,43 kN (350 kp). Die technischen Daten sind: Länge 5,70 m, Spannweite 5 m, Flügelfläche 5,5 m^2, Flügelstreckung 4,54, Abflugmasse 1500 kg, Flächenbelastung 273 kg/m^2, Leistungsbelastung 4,3 kg/kp, Flächenleistung 63,6 kg/m^2, Höchstgeschwindigkeit in 8000 m Höhe 900 km/h.

Ar 234 mit Schmarotzern (Misteln)

Auf der gleichen Besprechung mit *Knemeyer* im November 1944 werden auch die Möglichkeiten sogenannter Mistelanordnungen diskutiert, bei denen mindestens zwei Tonnen Sprengstoff in die Luft gebracht werden sollen. Die DFS arbeitet seit Mitte 1944 an einem »Deichselschlepp«, einer festen Verbindung zwischen Flugzeug und dem zu schleppenden Flugkörper mit Flügeln, einem festen Zweiradfahrwerk und der Bombe, die als Rumpf dient. Statt der Bombe kann auch ein Kraftstoffbehälter mitgeführt werden.

Verschiedene Vorschläge werden dem Rüstungsstab von Arado unterbreitet. Eine Ar 234 B kann eine Fi 103 V 1 im Deichselschlepp in die Luft schleppen oder Huckepack transportieren. Die V 1 kann aber auch unter dem Rumpf befestigt geschleppt werden, sofern ein Startwagen benutzt wird. In gleicher Weise können fliegende Benzintanks zur Reichweitenvergrößerung im Deichselschlepp mitgenommen werden; eine V 1 kann 1000 kg Kraftstoff aufnehmen. Mit einem solchen Gerät im Schlepp hätte die Ar 234 C die Reichweite der zweimotorigen Ar 234 B erreichen können. Versuche dieser Art werden im Februar 1945 unternommen; dabei wird in die Ar 234 B ein rückwärtiger Sitz für einen Ingenieur eingebaut, der die Versuche beobachtet. Als fliegende Bombe wird eine Ar E 377 vorgeschlagen, ein großer, kreisförmiger Bombenkörper mit einem Tragflügel in Schulterdecker-Anordnung und geteiltem Seitenleitwerk halb über, halb unter dem Rumpfende, um das Gerät unter einer Ar 234 C-3 aufhängen zu können. Das ganze Gespann startet von einem Startwagen aus. Alle diese Entwicklungen aber bleiben entweder auf dem Reißbrett oder im Versuchsstadium stecken.

Fliegerische Erprobung der Ar 234

Ar 234 und ihr Startwagen

Über die fliegerische Erprobung der Arado Ar 234 A bis 234 C berichtet Chefpilot, Flugbaumeister *Walter Kröger**, der maßgeblich an der Flugerprobung beteiligt ist[19]:

»Fliegerisch bereitet die Segelfliegerlandung auf Kufen trotz der später hohen Landegeschwindigkeit von rund 180 km/h keine besonderen Schwierigkeiten. Der Start stellt dagegen recht hohe Anforderungen an das Können des Piloten. Allein das Rollen ist nicht ganz einfach, besonders, wenn man auf der Rollbahn bleiben will. Jeder damalige Pilot von Flugzeugen mit Turbo-Luftstrahltriebwerken kennt die schlechte Regelbarkeit der Triebwerke im unteren Drehzahl-Bereich. Nun ist zwar bei unserem Dreirad-Startwagen das vordere Rad zum Verhindern des Flatterns mit Federn stark gefesselt, so daß man durch Gasgeben entweder gar nicht aus der geraden Richtung herauskommt oder viel zu enge ›Biegen‹ rollt. Doch für den vorgesehenen Einsatzzweck spielt dies keine Rolle. Im Start selbst macht der Wagen keinerlei Schwierigkeiten; der Abwurf aus der Luft funktioniert zwar gut, doch versagen die Fallschirme häufig, was jedesmal eine Zerstörung des Wagens zur Folge hat. Die Startmethode wird daraufhin bei der 234 A geändert, und zwar wird der Wagen am Boden gelassen und im Augenblick des Abhebens ausgeklinkt. Das Abbremsen des Wagens bis zur Flugplatzgrenze (1000 m-Platz) erscheint zuerst schwierig, wird aber einwandfrei gelöst durch einen Bremsfallschirm und durch Radbremsen, die beide durch das abhebende Flugzeug ausgelöst werden. Es zeigt sich, daß der Wagen auch auf der Grasnarbe gerade weiterläuft und nach kurzer Zeit zum Stehen kommt. Das Auslösen im richtigen Augenblick ist für den Flugzeugführer ebenfalls kein besonderes Problem. Ein zu frühes Auslösen bewirkt, daß das Flugzeug infolge der Gewichtsverminderung sofort vom Wagen wegsteigt, bei einem Auslösen nach dem Abheben fällt der Wagen zwar herunter, erreicht beim Hochspringen aber nicht mehr das Flugzeug. Selbst bei einem Abwurf aus zwei bis drei Metern Höhe bleibt er unbeschädigt; die Sprünge klingen durch die Fallschirmbremsung sehr schnell ab. Während der Erprobung wird der Wagen allerdings zweimal infolge Versagens der elektrischen Auslösevorrichtung mit in die Luft genommen. In beiden Fällen kann der Pilot jedoch nach einer Platzrunde glatt wieder auf dem Wagen landen.

* Dieser Erprobungsbericht umfaßt die folgenden 7 Unterkapitel bis Seite 109.

Arado 234 A V 8 mit erstmals zu zwei Gruppen gebündelten vier BMW 003 A-1-Triebwerken mit Startwagen und Katapultsitz. Erstflug am 4. Februar 1944

Mehr Triebwerk — als Zellenerprobung

Hierbei muß man berücksichtigen, daß Arado es – außer der Me 262 und He 280 – mit dem ersten Turbinen-Flugzeug zu tun hat, das nicht nur geflogen, sondern auch serienreif gemacht werden soll. Den Triebwerken haften noch viele Kinderkrankheiten an, die sich nun einmal erst bei einer längeren Erprobung in mehreren Flugzeugen und mit verschiedenen Flugzeugführern zeigen. So erledigen wir mit der Erprobung auch ein gutes Teil Triebwerksentwicklung mit vielen Messungen, Versuchen und Besprechungen mit den Triebwerkherstellern und manches Problem wird nicht nur gefunden, sondern auch beseitigt. Damals kommen noch ziemlich viel Schaufelbrüche bei den Turbinen vor (das für die hohe Wärmebeanspruchung geeignete Material fehlt im Anfang), die meist einen Brand im Gefolge haben, wenn der Flugzeugführer die Turbine nicht schnell genug abstellt. Aber nicht immer ist das Rütteln bei einem Schaufelbruch im Flugzeug so stark, daß es sofort auffällt, oder sich von Böen nicht unterscheidet. So ist wahrscheinlich auch der Unfall des Einfliegers Selle zu erklären, der nach einem Höhenflug in der Landekurve abstürzt. Wir vermuten ein Durchbrennen der Gestänge für die Quersteuerung als Folge eines Turbinenbrandes. Ich selbst habe einmal einen Schaufelbruch in einer Turbine kurz nach dem Abheben mit voller Zement-Bombenlast; ein sofortiges Abstellen ist nicht möglich, da die Geschwindigkeit noch zu klein und das Fluggewicht zu groß für einen Einmotorenflug ist. So vergehen noch ewig dauernde Sekunden, bis Fahrt aufgeholt ist und die Bomben am Flugplatzrand abgeworfen werden können. Selten in meinem Leben habe ich so geschwitzt! Nach der Landung fehlt der ganze hintere Teil des Triebwerkes.

Die Bedienung eines Flugzeuges mit Turbine ist grundlegend anders als die einer Maschine mit Otto-Triebwerk. Erwähnt seien nur das Anlassen, die Leistungsüberwachung, der nicht kontinuierliche Leistungsanstieg über den Gashebelweg (was beim Rollen und Startbeginn störend ist) und das nur langsam erlaubte Gasgeben beim Durchstarten. Sehr angenehm ist es dagegen, daß kein längeres Warmlaufen der Turbinen erforderlich ist, doch zur Verzweiflung bringt uns manchmal die Verschiedenheit der Leistungen der Turbinen untereinander und ihre Abhängigkeit von der Lufttemperatur. Jeder, der die zeitraubende Arbeit für eine Flugleistungsmessung solch schneller Flugzeuge kennt, kann ermessen, wieviel Arbeit da oft umsonst geleistet worden ist.

Viermotorig der Machzahl entgegen

Die Ar 234 C ist die erste Zelle, in der die beiden anfangs eingebauten Jumo-Triebwerke gegen vier BMW-Turbinen ausgewechselt werden. Die Triebwerk-Schwierigkeiten sind bei jüngeren BMW-Turbinen im Anfang noch vielfältiger, doch wird dies in der Flugsicherheit durch die vier Triebwerke ausgeglichen, ist doch der Flug mit zwei Turbinen auf derselben Seite ohne weiteres möglich. In Erinnerung ist mir besonders die noch recht unvollkommene Steuerung der Triebwerkleistung durch den Gashebel; manchmal gehen in Leerlaufstellung des Gashebels die Triebwerke aus, während sie in Vollgasstellung nicht die volle Leistung erreichen. Ein andermal dagegen erfaßt der Gashebelweg nur den oberen Teil der Leistung, was zur Überbeanspruchung der Turbinen führt. Besonders unangenehm ist, daß die Triebwerke manchmal einfach ausgehen. Wenn hier über Mängel der Triebwerke berichtet wird, so darf nicht vergessen werden, daß wir trotzdem in kurzer Zeit Vertrauen zu ihnen gewonnen haben. Denn einmal werden gefährliche Fehler zu harmlosen Sonderheiten, wenn der Flugzeugführer die Turbine genau kennt und sie auch in Ausnahmefällen richtig behandelt. Zum anderen werden damals die Luftstrahltriebwerke fast täglich verbessert. In fruchtbarer Zusammenarbeit mit den Herstellern kann in kurzer Zeit wertvolle Entwicklungsarbeit geleistet werden, so daß in die Serienflugzeuge schon betriebssichere Triebwerke eingebaut werden.

Flugleistungen der Ar 234

An Flugleistungen werden bei der B-Ausführung in allen Punkten die errechneten Leistungen erflogen, teilweise sogar übertroffen. Die Methoden der Leistungsmessung müssen infolge der hohen Geschwindigkeit allerdings ganz neu gestaltet werden. Zu Kontrollzwecken wird vielfach über Meßstrecken geflogen, wobei es allerdings fliegerisch keine Kleinigkeit ist, mit 740 km/h in Bodennähe zu bleiben. Bei Leistungsflügen ist uns das Funkgerät ein unentbehrlicher Helfer geworden, um schnell zum Platz zurückzufinden, ist man doch schon in fünf Minuten 70 km vom Platz entfernt. Dies gilt besonders für Höhen- und Steigflüge. Im Bahnneigungsflug wird bis an 980 km/h herangegangen, hierbei bleibt die Zelle noch völlig ruhig und gut steuerbar. Mit den berühmten und gefürchteten Mach-Störungen brauchen wir uns bei der B-Ausführung noch nicht zu befassen. Wohl aber haben uns andere Erfahrungen zu einer ganz vorsichtigen Steigerung der Geschwindigkeit bis zu 980

km/h veranlaßt. Nächst dem Raketenjäger Me 163 ist dies die höchste Geschwindigkeit, die ein Flugzeug um diese Zeit (Ende 1943) erfliegt.
Die Steigerung der Leistungen bei der C-Version ist ganz wesentlich: Höchstgeschwindigkeiten von 880 km/h im Horizontalflug in 6 km Höhe und Steigzeiten von 6 min auf 8 km Höhe. Wir haben damit 1944/45, abgesehen von dem erwähnten Kurzzeitjäger Me 163, das schnellste Flugzeug der Welt, das zudem auch noch in einer gewissen Stückzahl an die Front geliefert wird. Doch ist auch damit die Grenze dessen erreicht, was man einem Piloten in einer einsitzigen Maschine zumuten kann, deswegen wird auch bei der Weiterentwicklung an einer Druckkabine mit zwei Mann Besatzung gearbeitet. Man denke bei der Belastung des Führers nur an die Regelung und Überwachung von vier Triebwerken (Start mit abwerfbaren Starthilfegeräten), die körperliche Belastung durch schnellen Steigflug und Höhenflug, an die Bedienung einer ganzen Reihe von Funk-, Radar- und Navigationsgeräten und nach einem zwei- bis dreistündigen Flug an eine nicht ganz einfache Landung mit dem schnellen Vogel zum Beispiel bei schlechter Sicht!

Kurssteuerung und Geschwindigkeit

Die Erprobung der Sondergeräte-Ausstattung erfolgt nur zum Teil bei Arado. Ganz neue Anforderungen werden zum Beispiel an eine Kurssteuerung gestellt, die in einem Geschwindigkeitsbereich von 300 km/h bis 950 km/h ohne Schwierigkeiten einwandfrei arbeiten muß. Die Askania-Kurssteuerung schafft es tatsächlich. Die Justierung geschieht beim Hersteller, das Ausfliegen der Höchstgeschwindigkeit bei Arado.

Aufklärer Ar 234 A V 3 mit zwei abwerfbaren HWK 109-500 oder R I 202 genannten Startraketen mit je 4,9 kN (500 kp) Schub

Start und Landung mit der Ar 234

Die Serienausführung der Arado 234 B hat ein normales Bugrad-Fahrgestell. Schwierigkeiten wegen der geringen Spurweite treten auch bei großen Außenlasten nicht auf. Sie erweist sich sogar fliegerisch als besonders glücklich, als einmal eine Landung auf einem Bein und dem Bugrad ausgeführt werden muß. (Die einzige ernsthafte Fahrwerksstörung während der ganzen Werkserprobung!) Das Flugzeug kann mit hohem Bugrad – nach der ausgefahrenen Seite hängend – sehr lange auf dem einen Bein gehalten werden, so daß beim Überkippen nur geringe Beschädigungen am Randbogen hervorgerufen werden. Erleichternd wirken hierbei die ausgezeichnete Sicht auf die Rollbahn und die guten Flugeigenschaften im Langsamflug. Fliegerisch gefällt besonders beim Start, daß man schon bei geringen Geschwindigkeiten das Bugrad anheben kann, wie auch bei der Landung stark durchgezogen aufgesetzt und das Bugrad noch lange hoch gehalten werden kann. Beides spricht für gute Höhenruderwirkung und richtige Lage der Fahrwerkbeine zum Schwerpunkt. Dadurch wird ein volles Ausfliegen der Mindestgeschwindigkeit bei Start und Landung ermöglicht. Überhaupt können Start- und Landeeigenschaften

Arado 234 B V 9, die erstmals mit einziehbarem Fahrwerk ausgerüstet wird und am 12. März 1944 mit Ubbo Janssen am Steuer zum Erstflug startet

Ar 234 V 1 muß am 29. August 1943 außerhalb des Platzes landen, da beide Triebwerke kein Gas annehmen, und geht zu Bruch. Pilot unverletzt

wegen guter Führersicht, guter Ruderwirkung und guter Fahrwerkseigenschaften als ideal angesehen werden.
Auch ein Landeschirm ist erprobt worden. Er wird am Rumpfheck angebracht und kurz nach der Landung ausgeworfen. Er arbeitet einwandfrei; das Flugzeug wird auf etwa die Hälfte der normalen Ausrollstrecke abgebremst. Diese zusätzliche Bremsung ist normalerweise nicht notwendig, wird aber bei Notlandungen gern verwendet. Für Starts mit Überlast sind auch bei der C-Version zwei zusätzliche Starthilfen unter den Außenflügeln vorgesehen. Die Starts sehen für den Laien infolge der erheblichen Lärm- und Rauchentwicklung recht gefährlich aus. Der wirklich gefährliche Fall, daß eine der beiden Startraketen nicht zündet, ist jedoch nicht aufgetreten. Der Fallschirmabwurf dieser Geräte aus 200 bis 300 m Höhe geht ohne Störungen vor sich. Die Verkürzung der Startstrecke ist erheblich.

Flugeigenschaften von Strahlflugzeugen

Es kommt sehr selten vor, daß ein neuer Entwurf, der mit seinen Leistungen und neuartigen Triebwerken weit in Neuland vorstößt, so gute Flugeigenschaften hat. Jedenfalls stellen wir nach den ersten Flügen erstaunt fest, daß es hier nichts zu verbessern gibt; dasselbe gilt für die A- und B-Versionen. Bei der C-Version treten erstmals die gefürchteten Mach-Störungen auf. Das Höhenleitwerk beginnt schon unterhalb der horizontalen Höchstgeschwindigkeit bei etwa 840 km/h zu vibrieren, dabei wird das Flugzeug leicht kopflastig. Beide Erscheinungen verstärken sich bei einer Geschwindigkeitssteigerung; bei 870 km/h werden die Beobachtungen wegen des zu großen Risikos abgebrochen.

Ar 234 B V 9 wird von vielen Testpiloten geflogen und von Arado-Flugversuchspilot Günther Eheim eindrucksvoll im Kunstflug vorgeführt

Bald zeigt sich der Grund für diese kritischen Schwingungen: die gebündelten Triebwerke der C-Version sind zu einer gemeinsamen Gondel auf der Flügelunterseite zusammengefaßt und erheblich breiter geworden als die Verkleidung des einzelnen Triebwerkes. Der Abstand zwischen Gondel und Rumpf ist zu klein geworden, so daß die Strömung des kurzen Innenflügels gestört wird und das Höhenleitwerk mit beeinflußt. Deshalb wird die Gondel um 16 Zentimeter nach außen gerückt, und die Störungen beginnen erst bei 960 km/h. Diese Geschwindigkeit ist ausreichend. Hierdurch wird auch der Weg deutlich, der bei noch höheren Geschwindigkeiten beschritten werden muß: Höhersetzen des Leitwerkes aus dem Bereich der Flügel-Rumpfstörungen heraus und eine Verlegung der Triebwerke in vorhandene Störkörper wie den Rumpf. Wenn das nicht möglich ist, müssen die Triebwerke möglichst weit nach außen an die Flügelenden gerückt werden. Eine Bestätigung findet man heute an den neuesten Hochleistungsflugzeugen.

Turbo-Luftstrahlflugzeuge und Kolbentriebflugzeuge im Vergleich

Ein Vergleich drängt sich auf, weil bei Arado kurz vorher der Hochleistungs-Zerstörer Ar 240 A-C mit zwei Kolbentriebwerken DB 603 entwickelt worden ist, der in seiner Leistungsklasse, Flächenbelastung (bis 400 kg/m^2) und seiner Verwendungsmöglichkeit dem Turbinenflugzeug Ar 234 sehr ähnlich ist. Die hochgezüchtete Ar 240 stellt mit ihrer Höchstgeschwindigkeit von 675 km/h die Grenze dessen dar, was in dieser Flugzeugklasse mit Kolbentriebwerken zu erreichen ist. Dagegen ist die Ar 234 trotz höherer Geschwindigkeit in Aufbau und Konstruktion verhältnismäßig einfach und steht erst am Anfang ihrer Entwicklung. Für den äußeren Unterschied genügen einige wenige Beispiele: Bei der Ar 234 entfallen die komplizierte Wasserkühlung mit Überwachungs- und Regeleinrichtungen, sie braucht keine Luftschrauben mit Verstellung, die Triebwerkgondeln haben einen wesentlich kleineren Querschnitt. Für den Flugbetrieb ist wichtig: kein Warmlaufen, geringere Wartung, leichter Triebwerkswechsel (demgegenüber allerdings beim Strahltriebwerk kurze Überholungszeiten). Für den Flugzeugführer ist es angenehm, daß die Zelle im Fluge kaum Vibrationen aufweist und außer einem leisen Singen kaum Geräusche zu hören sind. Auf die Flugeigenschaften wirkt sich das Fehlen des Luftschraubenstrahles sehr günstig aus. Insbesondere sind hier zu nennen: Lastigkeitsänderungen um Hoch- und Querachse bei Wechsel zwischen Leerlauf und Vollgas, die beim Kolbentriebflugzeug zu mancherlei Schwierigkeiten mit der Trimmung, mit Rudern und Ruderausgleichen führen, um Start, Durchstarten und Landung ungefährlich zu machen. Ebenso ist das Drehmoment um die Hochachse beim plötzlichen Wegbleiben eines Motors bis zum Erreichen der Luftschrauben-Segelstellung für den Einflieger immer ein Sorgenkind. Auch wirken sich die großen Triebwerksverkleidungen der Otto-Motoren auf die Strömung um den Flügel nachteilig aus, was sich durch hohen Luftwiderstand im Fluge und hohe Landegeschwindigkeit bemerkbar macht. Alle genannten Eigenarten des Kolbentriebflugzeugs fallen bei der Ar 234 als Turbinenflugzeug weg. Folglich gibt es unter den Flugzeugführern und besonders unter den Einfliegern immer nur eine Meinung: Die Ar 234 fliegt wie ein Segelflugzeug.«

Eric Brown, englischer Testpilot und bester Kenner deutscher Flugzeuge, von denen er nach dem Kriege nicht

Ar 234 C-3 V 21, Werknummer 130 061. Erstflug am 27. November 1944. Vorgesehen für Druckkabinen-Erprobung; zwei nach hinten feuernde MK

Ar 234 B V 13 mit vier BMW 003 A-0. Erstflug am 6. September 1944

weniger als 55 Muster fliegt, urteilt folgendermaßen über die Ar 234:

»Die Deutschen haben auch mit diesem Flugzeug eine ausgesprochen überlegene Maschine zu spät und in zu geringer Stückzahl gebaut, um mit ihm noch wirksam in den Gang der Dinge eingreifen zu können. Es war ein herrliches und überlegenes Flugzeug seiner Zeit, dem überhaupt kein gleichwertiges Gegenstück auf Seiten der Alliierten weit und breit gegenüberzustellen gewesen wäre. So kann ich, ohne Widerspruch fürchten zu müssen, sagen, daß die Ar 234 B eine Klasse für sich darstellt.«

Arado-Typenreihe Ar 234 V1 bis V32

Die Tabelle der V-Typen, die durch Hinweise auf Versuchsflüge und deren Ergebnisse in Kurzfassung ergänzt wird, soll einen Überblick über die Arbeit der Arado-Flugversuchsgruppe geben. Obwohl die Arado Ar 234 auf Anhieb ein gelungenes Flugzeug ist, zeigt diese Darstellung, mit welcher Fülle von Problemen sich die Einfliegerei befassen muß, seien es nun Ausrüstung, Bewaffnung, Druckkabinen und besonders die Triebwerke, die um diese Zeit erst am Anfang ihrer Entwicklung stehen. Aus der großen Zahl der Versuchsflüge mit den einzelnen Prototypen werden stets nur wenige herausgegriffen, die über den damaligen Stand der Erprobung Auskunft geben. Viele Schwierigkeiten liegen in den ständigen Änderungen der Aufgabenstellung des Flugzeuges, einmal als Aufklärer, dann als Bomber, bald viermotorig, bald mit Druckkabine, bald bewaffnet, unbewaffnet oder als Zerstörer und schließlich selbst als Jäger. Am meisten hindern während der Erprobung der fehlende automatische Regler beim BMW 003-Triebwerk, der ungleichmäßige Schub und die schwankende Drehzahl. Hinzu kommt das häufige Ausgehen der Triebwerke im Leerlauf bei der Landung. Das Problem der einziehbaren seitlichen Hilfskufen scheint bei der A-Version kaum lösbar.

Typ	Versuchs-Flugzeug	Werk-Nr.	Verwendung
Ar 234 A	V 1[a]	130 001	Kennzeichen: TG+KB; **30. 7. 1943** Erstflug Pilot *Selle* mit zwei Jumo 004 A; Kufen und mit Startwagen; dabei Zerstörung Startwagen wegen Nichtöffnen des Fallschirms; **10. 8. 1943** Flug-Nr. 2; Prüfung Flugeigenschaften; Zerstörung Startwagen infolge Nichtöffnens des Fallschirms; **29. 8. 1943** Pilot *Selle;* bei Landung nehmen beide Triebwerke kein Gas an; Notlandung außerhalb des Platzes; 100 Prozent Bruch; Pilot unverletzt

Typ	Versuchs-Flugzeug	Werk-Nr.	Verwendung
Ar 234 A	V 2	130 002	Kennzeichen: DP+AW; **13. 9. 1943** Erstflug Pilot *Selle* mit zwei Jumo 004 A mit je 5,89 kN (600 kp) Schub; mit Kufenlandegestell und Startwagen; dabei Überführung vom Werk Brandenburg nach Alt-Lönnewitz in Sachsen, wo Erprobung und Serienbau vorbereitet werden; Flüge: Flugeigenschaften, Startwagen G = 7325 kg; **Oktober 1943** verunglückt *Selle* mit der V 2 tödlich nach einem Höhenflug bei der Landung, weil durch Triebwerkbrand Flugzeug steuerlos geworden ist
Ar 234 A	V 3	130 003	Kennzeichen: DP+AX; **29. 9. 1943** Erstflug Pilot *Selle* mit zwei Jumo 004 A; mit Startwagen; Katapultsitz; Raketen als Starthilfe; Walter RI 202b mit 4,90 kN (500 kp) Schub; Eigenschafts- und Querrudererprobung, Ruderkraftmessungen, später Bremsschirm-Erprobung; **5. 4. 1944** Flug-Nr. 16 Pilot *Walter Kröger*; beim Start zur Flugeigenschaftsmessung löst Wagen nicht ab; glatte Landung mit Wagen; Flugmasse 7,8 t; 2600 l Kraftstoff an Bord; Flächenbelastung 300 kg/m^2; Landegeschwindigkeit 190 km/h
Ar 234 A	V 4	130 004	Kennzeichen: DP+AY; **26. 11. 1943** Erstflug *Ubbo Janssen* mit zwei Jumo 004 A; mit Startwagen und Raketen; Katapultsitz; Kurven mit ausgebrannten Raketen bei 280 km/h möglich; Abwurf bei 300 km/h; **16. 3. 1944** *Walter Kröger;* **16. 3. 1944** *Ubbo Janssen;* Spaltklappen-Erprobung; **5. 4. 1944** Flug-Nr. 16 *Walter Kröger,* rechtes Triebwerk braucht in 40 Minuten 300 l mehr Kraftstoff als linkes; Maschine überholen; Abgabe an Rechlin
Ar 234 A	V 5	130 005	Kennzeichen: GK+IV **22. 12. 1943** Erstflug *Ubbo Janssen* mit zwei Jumo 004 B-0 mit je 8,92 kN (910 kp) Schub, mit Startwagen, Katapultsitz; Start mit Raketen; etwa 400 m Rollstrecke; 800 km/h erreicht; fliegt dabei einwandfrei; Triebwerke arbeiten nicht im Leerlauf; vor Landung stillgesetzt, auf fester Piste gelandet; Rutschen auf Bahn mit Knirschen und Funkenbildung; **9. 2. 1944** Oberst *Knemeyer;* **16. 2. 1944** Oberst *Knemeyer;* **2. 4. 1944** Flug-Nr. 8 *Ubbo Janssen;* Wagen löst sich nicht nach dem Start; auch nicht in der Luft; Landung mit Auslauf auf Acker einwandfrei; **10. 5. 1944** Flug-Nr. 14 Flugkapitän *Günther Eheim;* Auftrag Staudruckmessung; Wagen löst weder mechanisch noch elektrisch; fällt erst beim Andrücken aus 300 m ab und wird beschädigt; bei Landung versagt Radhydraulik mit Haupt- und Stützkufen; Randbogen beschädigt; **1. 6. 1944** nach dem 15. Flug übergibt *Ubbo Janssen* das Flugzeug dem Aufklärungs-Kommando (Versuchsverband OKL, Oranienburg) zur Aufklärung über England; **22.–28. 8. 1944** dortiger Einsatz; **28. 8. 1944** nach Start zum Feindflug von eigener Flak abgeschossen
Ar 234 A	V 6	130 006	Kennzeichen: GK+IW; **25. 4. 1944** Erstflug *Ubbo Janssen* mit vier einzeln aufgehängten BMW 003 A-0-Triebwerken, mit Startwagen und Kufen; Prototyp Ar 234 C; **30. 4., 12. 5., 17. 5. 1944** weitere Flüge *Ubbo Janssen;* erstes vierstrahliges Flugzeug der Welt; Pilot durch Leistungshebel und Schubdüsen-Verstellung stark belastet; wegen unterschiedlicher Schübe Neigung zum Ausbrechen; **1. 6. 1944** Flug-Nr. 7 Notlandung auf Acker, weil alle vier Triebwerke nacheinander aussetzen; Flugzeug unbeschädigt; Urteil des Piloten: BMW-Triebwerke in dieser Form noch nicht erprobungsreif für viermotorige Ausführung[b]
Ar 234 A	V 7	130 007	Kennzeichen: GK+IX; **22. 6. 1944** Flug-Nr. 1 *Walter Kröger* mit zwei Jumo 004 B-0; mit Startwagen; Überführung von Brandenburg nach Alt-Lönnewitz; Flug-Nr. 2 Oberleutnant *Sommer;* Bildflug auf 11 km Höhe; Bahnneigungsflug bis 950 km/h; Flug-Nr. 3 *Sommer;* Reichweiten und Bildflug; Flughöhe bis 10 km; Dauer 2 h 20 min; erflogene Reichweite 1416 km; **22.–28. 10. 1944** Einsatz beim Versuchsverband OKL in Oranienburg unter Kennzeichen T9+MH

Typ	Versuchs-Flugzeug	Werk-Nr.	Verwendung
Ar 234 A	V 8	130 008	Kennzeichen: GK+IY; **1. 2. 1944** fertiggestellt mit vier BMW 003 A-0, versuchsweise gebündelt; mit Startwagen; Katapultsitz; **4. 2. 1944** Erstflug; Ergebnisse Flugerprobung: Schwierigkeiten mit Triebwerken; innerhalb von 5 h Flugzeit müssen drei Turbinenläufer ausgewechselt werden; Spaltlandeklappen für hohe Geschwindigkeiten bedenklich; Flugzeug für Truppenausbildung vorgesehen.
Ar 234 B	V 9	130 009	Kennzeichen: PH+SQ; zwei Jumo 004 B-1; Prototyp für Bomber; erstmals mit Fahrwerk und Katapultsitz[c]; **12. 3. 1944** Flug-Nr. 1 *Ubbo Janssen;* Überführung von Brandenburg nach Alt-Lönnewitz; **15. 3. 1944** Flug-Nr. 2 *Ubbo Janssen;* Beginn Erprobung in Lönnewitz; Ergebnisse: Fahrwerk und Klappen fahren nacheinander aus; schwache Bewegungen um Hochachse; nächster Flug springt Einstiegklappe auf; hält 300 km/h aus; sofortige Landung; **16. 3. 1944** Flug-Nr. 4 *Ubbo Janssen;* **18. 3. 1944** Flug-Nr. 5 *Walter Kröger;* Landeklappen bleiben eingefahren; **29. 3. 1944** Oberst *Knemeyer;* Vorführung vor höheren Militärstellen und RLM; gute Beurteilung; **30. 3. 1944** Flug-Nr. 7 Oberst *Knemeyer,* RLM; **14. 4. 1944** Flug-Nr. 23 *Günther Eheim;* Steigflug bis 8500 m; Geschwindigkeitsmessungen; Bahnneigungsflug 920 km/h ohne Beanstandung; Erprobung größeren Höhenleitwerkes; **19. 4. 1944** Flug-Nr. 26 *Günther Eheim;* Leistungsflug mit 1000 kg-Bombe; bei 750 km/h wird Flugzeug unruhig; Startrollstrecke bei Windstille und mit Raketenhilfe 700 m; BMW 003 haben 25 h Laufzeit, dann auswechseln; bisher gut gearbeitet; **12. 5. 1944** Flug-Nr. 42 *Günther Eheim;* Kunstflugerprobung; **3./4. 6. 1944** Flug-Nr. 61–65 *Günther Eheim;* Starts mit Überlast; 1000 kg oder 2× 500 kg Zementbomben; mit Raketen und Bremsschirm; Abflugmasse bis 9,6 t; Landemasse um 6,1 t bis 7 t nach Abwurf Bomben; letzte Landung durch Einknicken unverriegelten Federbeins leichter Schaden; über 100 Flüge
Ar 234 B	V 10	130 010	Kennzeichen: PH+SR; **7. 4. 1944** Flug-Nr. 1 *Ubbo Janssen* mit zwei Jumo 004 B; Maschine hat Bugradfahrwerk; Prototyp für B-Reihe; erhält erstmals Periskop RF 2C; **9. 5. 1944** Flug-Nr. 7 *Ubbo Janssen;* Reichweitenflug zusammen mit V 9; Sammlung von Verbandsflugerfahrungen; Ergebnis: Start auf fester Rollbahn bis 60 m Breite nur einzeln möglich; Abstand wegen Rauch Raketen 1,5 min; wollen zehn Flugzeuge starten, hätte letztes 15 min Wartezeit; **23. 5. 1944** Flug-Nr. 24 *Hans Richter;* Erprobung Patin-Dreiachsensteuerung (PDS) verläuft sehr zufriedenstellend; **12./13. 6. 1944** glanzvolle Vorführung durch *Günther Eheim*[d] in Lärz bei Rechlin; kurvt Me 262 aus; **18. 7. 1944** Überprüfung durch Oberst *Walter Storp* (KG 76), ob als Bomber geeignet; **22. 7. 1944** erneut Überprüfung Patin-Anlage durch Flugbaumeister *Hans Richter;* dabei Turbinenschaufelbruch am linken Triebwerk; Pilot steigt aus und landet leicht verletzt; Flugzeug landet ohne Beschädigung in Kornfeld; da ein Triebwerk weiterläuft, brennt Flugzeug aus[e]
Ar 234 B	V 11	130 021	Kennzeichen: PH+SS; **10. 5. 1944** Erstflug *Walter Kröger* mit zwei Jumo 004 B; Schleudersitz; Fahrwerk; Überführung von Brandenburg nach Alt-Lönnewitz; Flugzeug in Flugeigenschaften ausgesprochen schlecht; beim Landen platzt Reifen, Flugzeug bricht aus, macht Ringelpietz und wird beschädigt; **18. 5. 1944** *Ubbo Janssen;* Verbandsflug in Bodennähe sehr schwierig, nur 50–80 m Abstand; insbesondere beim Kurven schwer zu halten wegen des langsamen Ansprechens der Triebwerke; Flugzeug erhält Patin PDS-Anlage; **30. 9. 1944** *Günther Eheim;* neue Einstellung der Regelung an dem Jumo 004; am Boden um 50 km/h größere Leistungen; Steuerreibung auch mit Gleitlagern so gut wie mit Kugellagern; **1. 10. 1944** *Günther Eheim;* Beurteilung Feinsteuerung; bei 800 km/h fliegt Pilz aus Schubdüse weg; Triebwerk abgestellt; Landung einmotorig

Typ	Versuchs-Flugzeug	Werk-Nr.	Verwendung
Ar 234 B	V 12	130 022	Kennzeichen: PH+ST; **15. 9. 1944** Erstflug mit zwei Jumo 004 B-1; **3. 10. 1944** *Günther Eheim;* Höhenflug zwecks Beurteilung vergrößerten Seitenleitwerkes; kein großer Unterschied zum normalen Leitwerk; **5. 10. 1944** Flugkapitän *Kunz;* Nachtflugerprobung; als geeignet für Nachtflug und Nachtjagd beurteilt; **4. 4. 1945** durch Bomben zerstört
Ar 234 B	V 13	130 023	Kennzeichen: PH+SU; mit vier BMW 003 A-0-Triebwerken zu je zwei Motoren gebündelt; Umstellung auf BMW 003 A-1 mit Jumo-Reglern und Graetzin-Kraftstoffpumpen; **6. 9. 1944** Erstflug *Ubbo Janssen;* drei Triebwerke versagen; Flugzeug bei Notlandung schwer beschädigt
Ar 234 B	V 14	130 024	Kennzeichen: PH+SY; **15. 10. 1944** mit zwei Jumo 004 B fertiggestellt; Funkgeräte-Erprobung in Rechlin
Ar 234 B	V 15	130 025	Kennzeichen: PH+SW; **20. 7. 1944** Erstflug *Ubbo Janssen;* Triebwerkerprobung mit zwei BMW-Triebwerken 003 A-1; ungleichmäßiger Lauf der Triebwerke; vor Landung müssen beide abgestellt werden; **4. 8. 1944** *Ubbo Janssen;* Erprobungsflug mit Bauchlandung bei Torgau; zwei Triebwerke ausgefallen; später Einsatz Versuchsverband OKL Oranienburg; 35 Flüge mit 16 h Flugzeit
Ar 234 B	V 16	130 026	Kennzeichen: PH+SX; **15. 10. 1944** mit zwei BMW 003 fertiggestellt; vorgesehen für Ausrüstung mit Holzpfeilflügel I[f]; ohne Slots; Fläche soll Mitte November fertig werden; gebaut bei der Firma Peters; zweiter Satz Holzpfeilflügel mit Slots in Arbeit; geplant BMW 003 R-Triebwerk; außerdem versuchsweise Anbau Trapez-Flügel mit Laminar-Profil mit 50 Prozent Rücklage der maximalen Profildicke; Nasenspreizklappe im Flügel; gepfeiltes Höhenleitwerk
Ar 234 B	V 17	130 027	Kennzeichen: PH+SY; **25. 9. 1944** fertiggestellt mit zwei BMW 003 A-1; Katapultsitz; **25. 9. 1944** Erstflug *Ubbo Janssen;* Triebwerkerprobung; Zusatzraketen; geänderte Kanzel und anderes Periskop; Rüstmasse 4457 kg[g]
Ar 234 B	V 18	130 028	letzte B-Ausführung; **8. 3. 1945** Fertigstellung mit vier BMW 003 A-1 in zwei Paketen; Versuchsträger für geänderte Bombenaufhängung; Seitenleitwerk normal ohne Zwischenbock[h]; Bremsschirm-Erprobung; Flugzeug sollte mit Metall-Pfeilflügel II ausgerüstet werden, damit etwas mehr Pfeilung als der Holzflügel der V 16; Profil dünner als Holzflügel; evtl. späterer Einbau 2× He S 011; von zwei Flügeln ist einer für Bruchversuche vorgesehen, der zweite für die Flugerprobung; nicht fertiggestellt
Ar 234 C-1	V 19	130 029	Kennzeichen: PI+WX; **30. 9. 1944** fertiggestellt mit vier BMW 003 A-1 in zwei Paketen; Erprobung Druckkabine; Bomber; neues Kraftstoffschema; verdoppelt entsprechend vier Triebwerken; nach Einführung Jumo 004-Regler und Graetzin Kraftstoff-Pumpe sind die meisten Beanstandungen der viermotorigen Maschinen behoben; Rüstmasse 6000 kg; Abflugmasse 9493 kg[i]; **16. 10. 1944** Erprobungsflug *Ubbo Janssen* in Küpper; bei Landung ziehen Bremsen erst am Ende der Piste; Flugzeug rollt durch Zaun; keine Beschädigung; Bremsschirm versehentlich gekappt anstatt ausgelöst
Ar 234 C-2	V 20	130 030	Kennzeichen: PI+WY; **30. 10. 1944** fertiggestellt mit vier BMW 003 A-1; **5. 11. 1944** Erstflug *Ubbo Janssen* in Küpper; Druckkabinen-Erprobung mit Höhenatmer; Feuerlöscher mit CO-Flaschen; 24 V Sammler; Generator; Beleuchtung; Scheinwerfer; FuG 16 ZY; FuG 25a; FuG 102a; Abwurfwaffen an Rumpf und Triebwerken; Bombenzielanlage B2A nicht eingebaut; Lotfe nur Schwenkarm; PDS; Bremsschirm; mit dieser Ausrüstung Rüstmasse 6148 kg[j]; Flugzeug wird nach zweitem Flug von Fw 190 am Boden gerammt; Flugzeug leicht beschädigt; Lieferung an BMW-Flugerprobungs-Zentrum

Typ	Versuchs-Flugzeug	Werk-Nr.	Verwendung
Ar 234 C-3	V 21	130 061	Kennzeichen: PK+EK; **15. 11. 1944** fertiggestellt mit vier BMW 003 A-1; **27. 11. 1944** Erstflug; voll bewaffnet; gründliche Waffen-Erprobung geplant; Druckkabinen-Erprobung; soll Versuchsflügel IV erhalten; als einziges Flugzeug zwei nach hinten feuernde MG 151/20
Ar 234 C-3	V 22	130 062	Kennzeichnung: RK+EL; **16. 12. 1944** Erstflug *Günther Eheim* mit vier BMW 003 A-1; Druckkabinen-Erprobung; Bomber; Rüstmasse 6576 kg
Ar 234 C-3N	V 23	130 063	Kennzeichen: RK+EM; **15. 12. 1944** fertiggestellt mit vier BMW 003 A-1; **14. 1. 1945** Erstflug *Günther Eheim;* Erprobung bewaffneter Druckkabine; später Panzerung; Rüstmasse 6294 kg[k]
Ar 234 C-3	V 24	130 064	Kennzeichen: RK+EN; **31. 12. 1944** fertiggestellt mit vier BMW 003 A-1; **12. 1. 1945** Erstflug *Günther Eheim*[l]; Erprobung bewaffneter Druckkabine; später Panzerung; Umbau für Tiefangriffe
Ar 234 C-4	V 25	130 065	Kennzeichen: RK+EO; **25. 1. 1945** fertiggestellt mit vier BMW 003 A-1; neues Rumpfmittelstück für die Aufnahme größerer Räder[m]; Aufklärer mit Reihenbild-Kameras; Abgabe an Rechlin; **2. 2. 1945** *Günther Eheim;* Überführung von Küpper nach Briest; von diesem Zeitpunkt an Erprobung nach Briest verlegt
Ar 234 C-3	V 26	130 066	**10. 2. 1945** fertiggestellt mit vier BMW 003 A-1; soll Laminarflügel mit normalem Umriß zur Erprobung erhalten[n]; Abgabe an Rechlin
Ar 234 C-7N	V 27	130 067	**28. 2. 1945** fertiggestellt mit vier BMW 003 A-1; neues Rumpfmittelstück zur Erprobung größerer Räder[o]; für Nachtjagd vorgesehen
Ar 234 C-7	V 28	130 068	**10. 3. 1945** fertiggestellt mit vier BMW 003 A-1; neue Kabine für Versuche als Führungsflugzeug eines Verbandes[p]; zwei Sitze leicht versetzt nebeneinander
Ar 234 C-7	V 29	130 069	**20. 3. 1945** fertiggestellt mit vier BMW 003 A-1; wie V 28 als Führungsflugzeug eines Verbandes vorgesehen; Erprobung Flügel III laminar
Ar 234 C-5	V 30	130 070	**Ende März 1945** fertiggestellt mit vier BMW 003 A-1; soll Laminar-Pfeilflügel erhalten; zwei Satz Flügel für Bruchversuche[q]; Zweimann-Druckkabine mit Vollsicht; größere Räder; Bomber[r]
Ar 234 C-5	V 31	130 071	**5. 5. 1945** fertiggestellt mit zwei BMW 003 A-1; vorgesehen als Erprobungsträger für Einbau 2× He S 011
Ar 234 C-5	V 32	130 072	mit zwei BMW 003 A-1; als Erprobungsträger für He S 011 vorgesehen; Zweimann-Kabine; geplant, aber nicht mehr fertiggestellt

[a] Diese Tabelle baut auf veröffentlichten Original-Werk- und Flugberichten auf aus der Schrift Arado Ar 234 Luftfahrtdokumente LD 21, zusammengestellt von Karl R. Pawlas; Arado-Werkunterlagen aus Archiven Deutsches Museum, Avicentra-Archiv, Veröffentlichungen in Flugwelt 12/1957, S. 938 ff.; Flugwelt 1/1958, S. 51; Flugwelt 2/1958, S. 118 ff.; Flugwelt 12/1950, S. 318 ff.; Flugwelt 1949, S. 39.

[b] Aktenvermerk Arado: Flug Ar 234 V 6; Flug-Nr. 7 am 1. 6. 1944 mit Notlandung. Arado Mitteilung Nr. 234/92 vom 29. 11. 1943, gez. Kilian/Le.

[c] Arado Mitteilung Nr. 234/92, Brandenburg, den 29. 11. 1943, gez. Kilian/Le; Bauzustand Ar 234 V 9.

[d] Aktennotiz: Bericht über Vorführung Ar 234 V 10 in Rechlin vom 12./13. 6. 1944, Brandenburg, den 17. 6. 1944, gez. Kröger.

[e] Flugbericht Ar 234 V 10, Flug-Nr. 50; Richter-Patin, Sagan, den 4. 8. 1944, EFoF/Em, gez. Kröger.

[f] Aktennotiz Besprechung 17. 8. 1944, Kosin, Lehmann, Kellermann, Liebing, Kröger, BFö Sag.; Küpper, den 18. 8. 1944, EFo/Lie/En.

[g] Wägungsbericht Sagos Ar 234 V 17, Werk-Nr. 130 027 vom 20. 9. 1944, gez. Bässler.

[h] Arado EFö Sag.; Küpper, den 18. 8. 1944, EFo/Lie/Srie; Besprechung am 17. 8. 1944, Kosin, Lehmann, Kellermann, Liebing, Kröger.

[i] Ladeplan 8-234/V 19 vom 22. 11. 1944.

[j] Sago B Wägungsbericht Hecht V 20, Werk-Nr. 130 030 vom 29. 10. 1944.

[k] Fs Nr. 1283 vom 2. 1. 1945 betr.: Hecht V 22–V 24, gez. Bässler, Sagos, Küpper, Landeshut.

Anmerkungen

1 Rethel ist im Ersten Weltkrieg beim Kondor-Flugzeugbau in Essen tätig gewesen und 1918 mit Fokker nach Amsterdam gegangen. Dort arbeitet er an einer vergrößerten Ausführung des bekannten Fokker F II, den Reinhold Platz, der frühere Chefkonstrukteur von Fokker, im Fokker-Werk Schwerin 1919 gebaut hat und der im deutschen Luftverkehr weite Verbreitung findet.
2 Arado Flugberichte mit Ar 234 V 1, Werk-Nr. 130 001, Führer Selle, vom 12. 8. 1943 aus Arado Ar 234 Band 1, eine Dokumentation, zusammengestellt von Karl R. Pawlas.
3 Buchreihe: Die Deutsche Luftfahrt; Rüdiger Kosin: Die Entwicklung der deutschen Jagdflugzeuge, Band 4, Bernard & Graefe Verlag, Koblenz, 1983, S. 186–188.
4 Flugbericht Ar 234 V 2, Flug 1–7, Alt-Lönnewitz, den 18. 7. 1943, gez. Selle.
5 Flugwelt II 12/1950, S. 318 ff; Vom Fliegen mit Turbinen-Flugzeugen.
Aktennotiz Entwurfsabteilung vom 6. 12. 1944 über Aufklärer Ar 234 B-1 mit Jumo 004 B-1;
Riß, Zeichnungen, Daten.
6 Bericht über Vorführung Ar 234 V 10 in Rechlin am 12. und 13. 6. 1944, Brandenburg, den 17. 6. 1944, EFoF/Mey, gez. Kröger.
7 Entwurfsabteilung Arado-Aufklärer Ar 234 B-1 mit Jumo 004 B vom 6. 12. 1944.
8 Entwurfsblatt Bomber, Arado Ar 234 B-2 mit zwei Jumo 004 B, Entwurfsabteilung vom 20. 11. 1944, gez. Meyer. 8-234 B-2, Flugzeug-Handbuch; Teil 0, Allgemeine Angaben.
9 Bericht Arado Ar 234 C von Ing. Robert Stelzer, Entwicklungswerdegang des Turbinen-Schnellbombers, von 1950, unveröffentlicht.
10 Flugwelt I, vom 1. 10. 1949, S. 39.
11 Arado Protokoll Nr. 2027 vom 19. 7. 1944 über Besichtigung Attrappe Ar 234 C-3, gez. RLM GL/C-E, BAL-Ar-Entwurf für Arado (Namen unleserlich).
12 Werkschrift 234 C-3, C-4/Fi, Bedienungsvorschrift, Ausgabe Febr. 1945.
13 Arado Entwurfsabteilung, Aufklärer Ar 234 C-4 mit vier BMW 003 A-1, vom 26. 9. 1944.
14 Arado Entwurfsabteilung, Bomber Ar 234 C-5 vom 15. 12. 1944 mit Gewichtsaufteilung und Bewaffnung.
15 Junkers wählt, um diese Schwierigkeit zu umgehen, den nach vorn gepfeilten Flügel der Ju 287.
16 In der englischen Literatur als »crescent wing« bezeichnet.
17 Protokoll Nr. 2043 vom 5. 11. 1944, Landeshut; TP/Greiner/G I.
18 Flugwelt II 11/1950, S. 279.
Fritz Hahn, Deutsche Geheimwaffen 1939–1945, Erich Hoffmann-Verlag, Heidenheim, S. 409–416.
19 Flugwelt II 4/1950, S. 86 ff.

---

[l] Aktennotiz Ar 234 V 23 und V 24 vom 25. 9. 1944, Landeshut.
[m] Aktennotiz Arado Landeshut vom 25. 9. 1944 über Besprechung vom 9. 9. 1944 über V 25 und V 27.
[n] Aktennotiz Arado Landeshut vom 19. 9. und 25. 9. 1944 über Laminarflügel V 26.
[o] Aktennotiz Arado Landeshut vom 25. 9. 1944 über Besprechung vom 9. 9. 1944 über V 25 und V 27.
[p] Aktennotiz Arado Landeshut vom 25. 9. 1944 über Besprechung vom 9. 9. 1944 über V 28 und V 29.
[q] Aktennotiz Arado Landeshut vom 25. 9. 1944 über Ar V 30.
[r] Entwurfsabteilung Arado vom 13. 12. 1944, Bomber C-5, gez. Meyer.

MESSERSCHMITT
Messerschmitt und die Me 262

Willy Messerschmitt, Pionier am Reißbrett*

Professor Dr.-Ing. e. h. Willy Messerschmitt

In der historischen Luftfahrtliteratur des In- und Auslandes ist *Willy Messerschmitt* einer der meistgenannten Flugzeugkonstrukteure. Seine Flugzeuge tragen das Siegel des Fortschrittes und weisen den Weg in die Zukunft.
Als Sohn eines Kaufmannes und Weinhändlers wird *Willy Messerschmitt* am 26. Juni 1898 in Frankfurt geboren. Als er, zehn Jahre alt, mit seinen Eltern während einer Dampferfahrt auf dem Bodensee ein Luftschiff majestätisch seinen Weg ziehen sieht, ist seine Begeisterung für die Luftfahrt geweckt. Er baut Modelle und hilft mit vierzehn Jahren Regierungsbaumeister *Friedrich Harth* beim Bau seiner Segelflugzeuge. Nach dem Notabitur wird er kurz vor dem Kriegsende 1918 zum Wehrdienst eingezogen. Nach dem Kriege beginnt er mit dem Ingenieurstudium an der Technischen Hochschule in München. Mit großem Eifer entwirft *Messerschmitt* erste eigene Segelflug-Konstruktionen, die damals in Segelflieger-Kreisen Beachtung finden. Sein letztes Segelflugzeug, das er als Student des Maschinenbaues projektiert und baut, ist die aerodynamisch hochwertige S 14, mit der *Hans Hackmack* am 14. August 1923 während des Rhönwettbewerbes einen Höhenpreis mit 305 Metern Startüberhöhung gewinnt. Die Technische Hochschule München erkennt die S 14 als Diplomarbeit von *Messerschmitt* an. Den Geldpreis für den gewonnenen Höhenflug verwendet *Messerschmitt* sogleich wieder für zwei neue Konstruktionen. Harte Jahre folgen. 1925 erhält *Messerschmitt* von der Nordbayerischen Verkehrsflug GmbH einen ersten Auftrag auf ein Ganzmetall-Klein-Verkehrsflugzeug für vier Personen. Um den Auftrag ausführen zu können, gründet er am 28. April 1926 die Messerschmitt-Flugzeugbau GmbH. Das M 18 benannte Flugzeug bewährt sich so gut, daß acht weitere in Auftrag gegeben werden. *Messerschmitt* hat jetzt zwar Aufträge, aber keine größere Produktionsstätte. Die aus dem Udet Flugzeugbau hervorgegangenen Bayerischen Flugzeugwerke (BFW) in Augsburg haben dagegen gut ausgerüstete Werkstätten, aber keine ausreichenden Aufträge. Der bayerische Staat ist zur finanziellen Unterstützung des Serienbaus der M 18 bereit, sofern beide Firmen zusammenarbeiten. Der Bau des Flugzeuges ist damit gesichert. Im Jahre 1928 erwirbt die *Messerschmitt* nahestehende Familie *Stromeyer-Raulino* das Aktienkapital der Bayerischen Flugzeugwerke (BFW), die Messerschmitt GmbH wird als Konstruktionsbüro in die Firma BFW eingegliedert.
Jahre kreativen Schaffens, aber auch großer wirtschaftlicher Not, folgen – es gibt schwerwiegende Unfälle mit Messerschmitt-Flugzeugen, die nahe an den Konkurs führen. Dennoch entstehen während dieser Krisenzeit für die Entwicklung der Luftfahrt richtungsweisende Flugzeuge, wie das Rennflugzeug M 29 (1932), das ideale Sport- und Kunstflugzeug M 35 und das viersitzige Reiseflugzeug Bf 108. Ein neues Messerschmitt-Flugzeug Bf 109 erregt im Jahre 1937 durch sein hervorragendes Abschneiden auf dem Internationalen Wettbewerb für Militärflugzeuge in Dübendorf bei Zürich weltweites Aufsehen. Das Reichsluftfahrt-Ministerium entscheidet sich nach harten Vergleichsflügen mit den Konkurrenzflugzeugen für die Einführung der Bf 109 bei der Luftwaffe und erteilt *Messerschmitt* einen Großserienauftrag. Mit diesem Auftrag ist sein Lebenswerk wirtschaftlich gesichert.
Messerschmitt ist in der Fachwelt als Konstrukteur des extremen Leichtbaues bekannt geworden, dessen Flugzeuge von Brüchen allerdings nicht verschont bleiben. Aber seine Rechnungen entsprechen, was die Festigkeit angeht, stets den Bauvorschriften. Die aerodynamisch hochwertigen und schnellen Flugzeuge eilen nur den veralteten Bauvorschriften davon. Aber das »Recht« ist auf seiner Seite. *Messerschmitt* hat die Gewohnheit, seine Ideen zu Hause oder unterwegs auf Zettel, Briefumschläge oder Zeitungen zu

* Anmerkungen auf Seite 161.

Papier zu bringen, und diese Skizzen seinen Mitarbeitern im Konstruktionsbüro zur Ausführung zu geben. Neue Konstruktionen kommen fast immer von ihm selbst. Er betrachtet sein Konstruktionsbüro als ausführendes Organ seiner Gedanken. Jedes Detail seiner Flugzeuge stammt bis zur Me 262 von ihm selbst. Seit 1934 gibt es in seinem Werk ein Entwurfs- und ein Konstruktionsbüro, aber *Messerschmitt* ist und bleibt sein eigener Projektingenieur und Konstrukteur.
Den Erfolgen mit der Bf 109 folgt die Entscheidung des RLM für den Serienbau der zweimotorigen Bf 110. Auf einer Me 209 erringt Flugversuchspilot *Fritz Wendel* am 26. April 1939 den absoluten Geschwindigkeits-Weltrekord mit 755 km/h. Seit 1937 ist *Messerschmitt* Honorar-Professor an der Technischen Hochschule München. Die Bayerischen Flugzeugwerke (BFW) werden in Messerschmitt AG umbenannt, die bisher Bf benannten Flugzeuge als Me-Flugzeuge bezeichnet. Im Krieg entstehen unter anderem die Me 210, Me 410 und der sechsmotorige Gigant Me 323 mit einem Laderaum, der den Maßen eines Eisenbahnwaggons entspricht. Die Krönung seines technischen Schaffens als Flugzeugkonstrukteur ist der zweistrahlige Jäger Me 262, das schnellste und leistungsfähigste Jagdflugzeug im Zweiten Weltkrieg, das sechs Jahre nach dem Krieg mit entsprechend stärkeren Triebwerken mit seinen späteren Konkurrenten aus England und den USA noch hätte Schritt halten können.
Messerschmitt baut nach dem Krieg Fertighäuser, Nähmaschinen und Kabinenroller, bis die Spanier, die seine Me 109 bis in die 70er Jahre fliegen, ihn als Berater rufen. Er erhält den Auftrag, für die spanische Luftwaffe einen konventionellen Trainer HA 100 zu bauen (1953), dem bald ein Strahltrainer HA 200 (1955) folgt. Für Ägypten entwickelt *Messerschmitt* ein Mach 2-Jagdflugzeug HA 300, das 1964 zum Erstflug startet.
In Deutschland entsteht über Arbeitsgemeinschaften und Fusionen die Messerschmitt-Bölkow-GmbH, in der er bis 1972 den Vorsitz des Aufsichtsrates innehat und an der sich 1969 die Hamburger Flugzeugbau GmbH unter dem Gemeinschaftsnamen Messerschmitt-Bölkow-Blohm GmbH beteiligt.
Professor *Messerschmitt* zieht sich im hohen Alter in den sonnigen Süden auf seinen Landsitz bei Estepona in Spanien zurück. Er stirbt kurz nach seinem 80. Geburtstag am 15. September 1978 in München.

Neue Möglichkeiten locken

Professor *Messerschmitt* erhält Ende 1937 erste Informationen über Turbo-Luftstrahltriebwerke und befaßt sich 1938 nach einer Besprechung im RLM mit möglichen Lösungen für Strahlflugzeuge. Er beauftragt im Oktober 1938 seine Projektabteilung, verschiedene Studien auszuarbeiten und zu prüfen, ob mit ein- oder zweistrahligen Jägern günstigere Leistungen zu erzielen sind. Zu dieser Zeit liegt die Leitung der Projektabteilung in den Händen von Dipl.-Ing. *Robert Lusser*. Als dieser 1939 zu Heinkel wechselt, übernimmt Dipl.-Ing. *Woldemar Voigt* die Abteilung.
Ende 1938 erhält *Messerschmitt* vom RLM[1], Referat GL/C-E 2/I unter Fliegerstabs-Ingenieur *Hans Antz* einen formellen Auftrag für einen Strahljäger und die vorläufigen Technischen Richtlinien für Jagdflugzeuge mit Strahlantrieb. Sie enthalten Angaben über erwünschte Flugleistungen, Bewaffnung, Festigkeit und die Wertigkeit der Flugeigenschaften und Flugleistungen. Die Technischen Richtlinien sind Überlegungen von *Antz* und Fliegerstabs-Ingenieur *Helmut Schelp* aus der Forschungsabteilung des RLM. Sie basieren auf Ergebnissen der Aerodynamischen Versuchsanstalt für Luftfahrt (AVA), die unter Leitung von Professor *Ludwig Prandtl,* Professor *Albert Betz* und Dipl.-Ing. *W. Encke* erarbeitet worden sind und Hochgeschwindigkeits-Profile für axiale Verdichter von Ladern mit einem Wirkungsgrad von 70 Prozent und mehr versprechen. *Antz* und *Schelp* erkennen anhand dieser Berichte die weitreichenden Möglichkeiten, die sich daraus für Verdichter von Turbo-Luftstrahltriebwerken ergeben und für die Leistungen damit ausgerüsteter Flugzeuge.

Vorläufige Technische Richtlinien für schnelle Jagdflugzeuge mit Strahltriebwerk[2]

1. **Verwendungszwecke:**
   a) Schnelles Jagdflugzeug } Einsatz gegen
   b) Heimatschützer (Interceptor) } Luftziele
2. **Anzahl und Art der Triebwerke:** 1 Luftstrahltriebwerk
3. **Besatzung:** 1 Mann
   Für den Flugzeugführer wird beste Sichtmöglichkeit gefordert. Anstrebenswert ist die Vollsichtkanzel für das Jagdflugzeug. Die Anordnung des Führersitzes ist so zu treffen, daß der hohen Steiggeschwindigkeit und den damit schlechter werdenden Sichtmöglichkeiten nach unten bei normaler Führersitzanordnung Rechnung getragen wird.
   Der Führersitz ist für beide Verwendungszwecke heizbar und für den Verwendungszweck als Heimatschützer entsprechend der hohen Steiggeschwindigkeit als Druckkanzel auszubilden.
4. **Bewaffnung:**
   zu a): 2 MG 17 mit je 1000 Schuß,
   1 MG 151 mit 20 mm-Lauf und 500 Schuß
   zu b): 2 MG 17 mit je 500 Schuß,
   1 MG 151 mit 20 mm-Lauf und 250 Schuß
   Zielgerät: Reflexvisier
   Einbau der Waffen: möglichst im Rumpf oder dicht daran

5. **Nachrichten- und Verständigungsmittel:**
Fu G VII
1 Leuchtpistole mit 6 Schuß
6. **Schutzanforderungen:** Behälter mit Leckschutz
7. **Sicherheitsgerät:** Anschnallgurt, Fallschirm, Sanitätspack, Heizung des Führerraumes, Druckkanzel

Die Forderungen an Kanzel-Innendruck, -Temperatur und Feuchtigkeitsgehalt werden noch festgelegt.

8. **Elektrische Ausrüstung:**
Das Flugzeug muß im Nachtflug eingesetzt werden können.
9. **Flugleistungen:**
Höchstgeschwindigkeit 900 km/h
Landegeschwindigkeit möglichst nicht über 120 km/h
Flugdauer:
bei Verwendungszweck a): 1 Std. Voll-Leistung
bei Verwendungszweck b): ½ Std. Voll-Leistung
Die Anforderungen an die Steiggeschwindigkeit des Heimatschützers werden noch festgelegt.
10. **Flugeigenschaften:**
Es sind die Forderungen der BVF 6019-6021 und die in den Richtlinien der E-Stelle zur Beurteilung von Flugeigenschaften (RBF) gestellten Bedingungen zu erfüllen.
11. **Festigkeit:**
Das Flugzeug ist entsprechend der Beanspruchungsgruppe H 5 zu bemessen.
Einzelheiten werden noch festgelegt.
12. **Flugwerk:**
Das Flugwerk ist in Ganzmetallbauweise herzustellen. Einfacher und billiger Aufbau wird gefordert.
Der Bauaufwand für die Serie darf nicht höher als 3000 Std. liegen. Es sind nur Fl.-Werkstoffe zu verwenden.

Wertigkeit der Flugleistungen und Flugeigenschaften:

zu a):
1. Geschwindigkeit
2. Steigleistungen
3. Start- und Landeleistungen

zu b):
1. Steigleistungen
2. Geschwindigkeit
3. Start- und Landeleistungen

Unterlagen, die bei Einreichung der Entwürfe in 5facher Ausfertigung mitzuliefern sind:
1 Übersichtszeichnung Maßstab 1:50
1 Längsschnitt-Maßstab 1:10
1 Leistungsblatt. – Dieses muß enthalten:
Höchstgeschwindigkeit in Bodennähe
Höchstgeschwindigkeit in 3000 m und 5000 m
Landegeschwindigkeit
Steiggeschwindigkeit
Dienstgipfelhöhe
Flugbereich
1 Gewichtsaufstellung für die Verwendungszwecke a)–b)
1 kurze Baubeschreibung
1 Entwurf einer Ag-Liste

Bei den Studien in *Messerschmitts* Projektbüro zeigt sich bald, daß die bisher gültigen Konstruktions-Maßstäbe für Flugzeuge in vielen Fällen nicht auf Strahlflugzeuge anwendbar sind[3]. Man weiß nur, daß bei Annäherung an die Schallgeschwindigkeit mit einem großen Anstieg des Luftwiderstandes zu rechnen ist. Bei welcher Geschwindigkeit der Widerstandsanstieg beginnt, wie groß er ist und welche Auswirkungen er auf das Flugzeug hat, ist nicht bekannt.

Einstrahlige Entwürfe

Die Angaben, die der Firma Messerschmitt von BMW inzwischen über Größe und Gewicht des dort in Entwicklung befindlichen BMW-Triebwerkes übermittelt werden, lassen vermuten, daß der Auftrag am besten mit einer einmotorigen Maschine gelöst werden kann. Die neue Aufgabe fasziniert nicht nur *Robert Lusser* und *Woldemar Voigt,* sondern ebenso ihr ganzes Ingenieur-Team. Nach vielen Diskussionen werden alle möglichen einstrahligen Lösungen durchgerechnet, darunter auch Varianten mit Doppelrumpf, bei denen das Triebwerk hinten im Rumpf zwischen den beiden Leitwerkträgern sitzt, wie bei dem späteren Focke-Wulf-Projekt P VII »Flitzer« (1944) oder der De Havilland DH 100 Vampire (1941) in England. Bei einer solchen Konstruktion hätte man mit 500 kp Schub auskommen können. Als nächster Entwurf entsteht ein Flugzeug mit kurzem Rumpf mit Lufteinlauf und Triebwerk unter dem Piloten und einem rohrförmigen Leitwerkträger. Von einer Pfeilung wird damals noch abgesehen. Das Projekt gleicht schon weitgehend der späteren Me P 1101 aus dem Jahre 1944/45. Aber *Lusser* und *Voigt*[4] finden zu diesem Zeitpunkt noch keine befriedigende Lösung für die Unterbringung des Fahrwerkes[5]. Das RLM jedoch erhält durch die Überlegungen vom Messerschmitt-Projektbüro erste Angaben über den voraussichtlich benötigten Schub. Es verlangt von den Triebwerkfirmen deshalb eine Auslegung der Triebwerke auf einem Schub von mindestens 5,9 kN (600 kp) bei 900 km/h Geschwindigkeit.
Bei einer einstrahligen Ausführung bereitet die Gestaltung des Lufteinlaufes Probleme. Durch das lange Zuleitungsrohr bis zum Verdichter entstehen hohe Strömungsverluste. Auch ergeben sich Schwierigkeiten mit der Schwerpunktlage.

Zweistrahliger Tiefdecker

Voigt kehrt wegen dieser Schwierigkeiten zu dem ursprünglich beabsichtigten zweistrahligen Entwurf zurück, einem Tiefdecker mit im Tragflügel angeordneten Triebwerken.

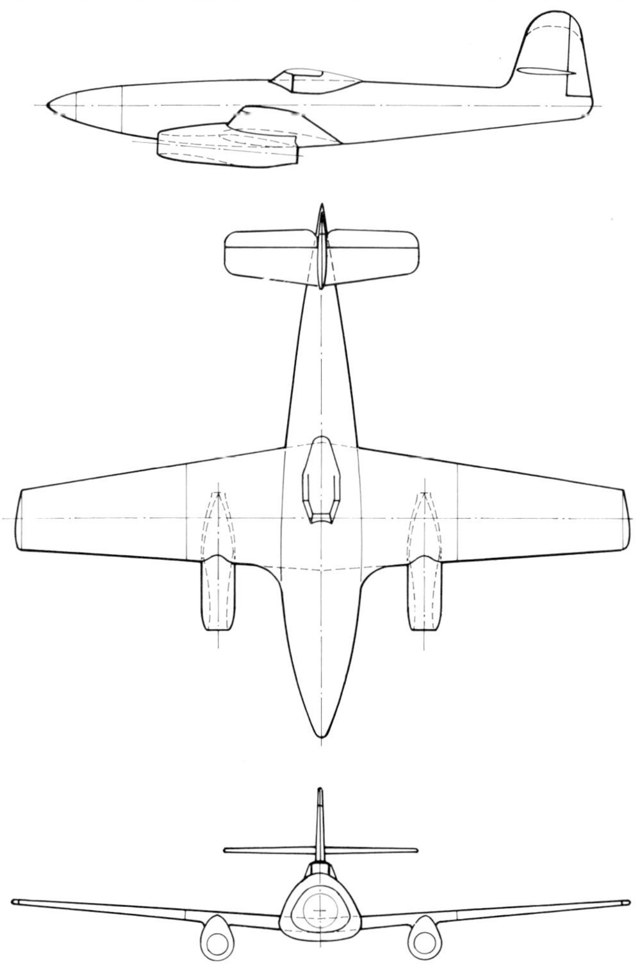

Die Bezeichnung P 65 für die werdende Me 262 stammt offenkundig aus einem sehr frühen Entwicklungsstadium und entspricht in etwa einem in der Literatur mehrfach veröffentlichten Windkanalmodell. Die Zeichnung könnte zu dem ersten Angebot vom 7. Juni 1939 gehören

Der von BMW angegebene Durchmesser der P 3302 ermöglicht eine Unterbringung der Triebwerke im Inneren des Tragflügels. Um die Triebwerke herum werden verdickte Verkleidungsbleche vorgesehen. Die Unterbringung des Einziehfahrwerkes ist bei diesem Entwurf noch unbefriedigend. *Voigt* wagt nicht den Schritt zum Bugradfahrwerk, weil dies eine radikale Neuerung darstellt. Dies erweist sich später als folgenschwerer Irrtum, durch den das Flugzeug lange Zeit nur beschränkt einsatzfähig ist. Anfangs läuft das Projekt anscheinend unter der Bezeichnung P 65, wie aus einem Bericht aus Berlin hervorgeht[6].

Zweistrahliger Mitteldecker

Ein weiterer Entwurf entsteht als Mitteldecker ähnlich dem der späteren He 280, mit der Ausnahme, daß anstatt des Bugradfahrwerkes am Spornradfahrwerk festgehalten wird. *Voigt* befürchtet aber, daß bei einem Mitteldecker bei hohen Geschwindigkeiten an der Rumpfunterseite drei nahe beieinander liegende aerodynamische Störzonen zu hohen Widerständen führen könnten.

Tiefdecker mit Dreieckrumpf

Das nächste Projekt ist wieder ein Tiefdecker, bei dem es ebenfalls bei der Unterbringung der Triebwerke im Flügel bleibt. Die Maße der Triebwerke, die BMW an Messerschmitt übermittelt, werden zur Überraschung der Projektingenieure aber immer größer, die Triebwerke immer schwerer und der Schub geringer. Dies führt zu einer verhältnismäßig schweren und komplizierten Tragflächen-Konstruktion. Das Fahrwerk des Tiefdeckers wird nunmehr so angeordnet, daß es nach innen eingefahren werden kann und die beiden eingezogenen Räder flach nebeneinander liegen. Diese Lösung bereitet viel Kopfzerbrechen. Zunächst soll das Fahrwerk nach hinten eingezogen werden, aber auf diese Weise geht Platz für Kraftstofftanks verloren. Ing. *Althoff* kommt auf den Gedanken, den Rumpf dreieckig zu gestalten. Er wird breiter, schluckt das Fahrwerk und bietet nach vorne eine ideale Plattform für Waffen. Der Vorschlag wird dem Aerodynamiker, Dipl.-Ing. *Walter Eisenmann*[7] unterbreitet, der keine Einwendungen erhebt. Nun muß Professor *Messerschmitt* noch davon überzeugt werden, daß der schöne, ovale, schlanke Rumpf durch einen dreieckig geformten Rumpf ersetzt werden muß. Das kostet noch einmal viele Stunden Überlegungen und Überredungskunst, aber schließlich findet auch *Messerschmitt* keine bessere Lösung.

Zwei Konstruktionen, ein Mitteldecker und ein Tiefdecker – beide zweistrahlig – liegen jetzt vor; *Messerschmitt* und seine Projektingenieure müssen entscheiden, welchen der beiden Vorschläge sie als endgültiges Projekt dem RLM vorschlagen. Die Entscheidung fällt schließlich zugunsten des Tiefdeckers, der in seiner jetzigen Auslegung eine hohe Zuladung verspricht, so daß die Kraftstoffkapazität von einer halben auf eine Stunde Flugzeit erhöht und der Einbau von vier Kanonen möglich wird. Diesen Vorschlag reicht *Messerschmitt* am 7. Juni 1939 dem RLM ein. Nach Annahme des Projektes wird das Rumpfvorderteil als Attrappe gebaut und P 1065 genannt.

Im März 1940 erhält die Firma Messerschmitt vom RLM einen Auftrag auf drei Prototypen der P 1065 und auf eine

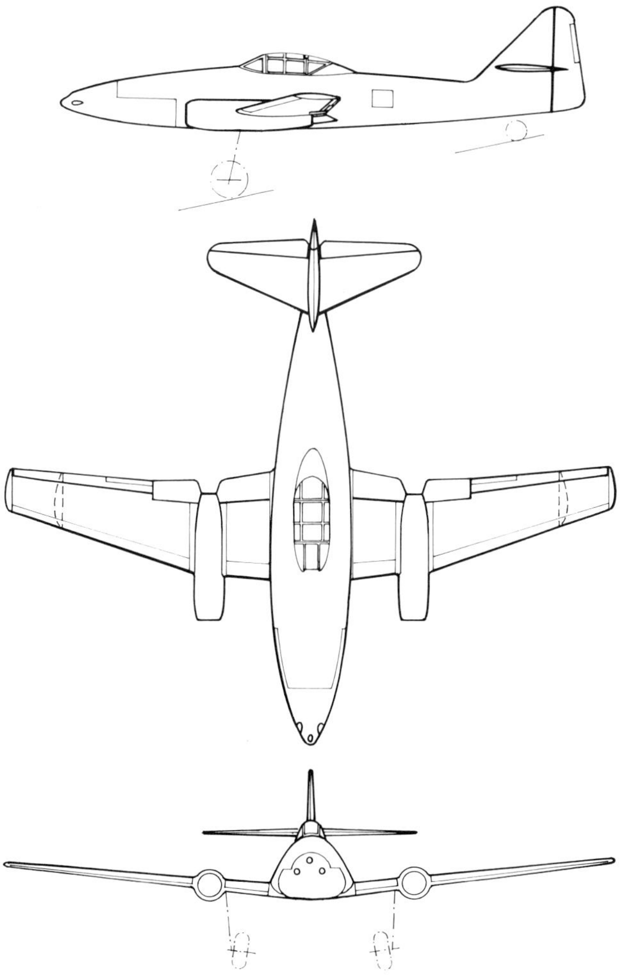

Der folgende Entwurf P 1065 vom März 1940 hat ein nach innen einziehbares Fahrwerk, einen dreieckigen Rumpf und einen nach rückwärts gepfeilten Holm

weitere Zelle für Bruchversuche. In den kommenden Monaten müssen allerdings noch zwei wesentliche Änderungen an dem Entwurf vorgenommen werden. BMW teilt mit, daß die Triebwerke erneut größer und schwerer werden. Das führt zu einer Änderung des Schwerpunktes; das ganze Konzept müßte jetzt mit einem erheblichen Aufwand geändert werden. Um dies zu vermeiden, wird der Holm von den Triebwerken ab zurückgepfeilt.

Professor *Messerschmitt* verfolgt die Entwicklungsarbeiten an dem neuen Flugzeug bis ins letzte Detail, streitet um jedes Gramm Gewicht und um jeden Quadratzentimeter Oberfläche und rät dringend, die Triebwerke im Innern des Flügels zu belassen. Aber der Einbau der Triebwerke würde sehr

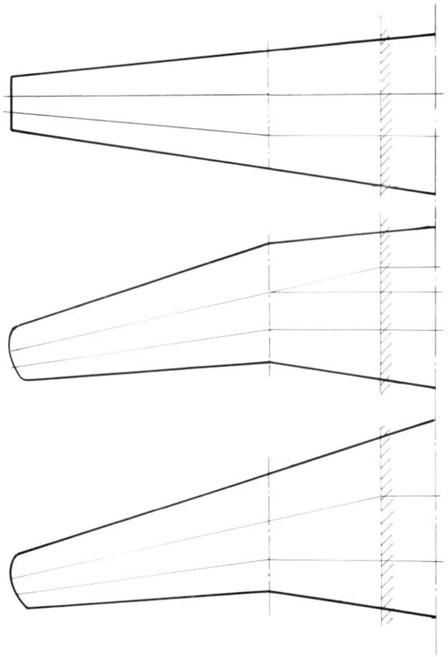

Oben: Tragflügel eines der ersten Entwürfe der Me 262
Mitte: leicht von den Triebwerken ab zurückgepfeilter Flügelholm zum Ausgleich der Schwerpunktverschiebung durch die erheblich größer und schwerer ausfallenden Turbo-Strahltriebwerke
Unten: Vorziehen der Nase des Flügelmittelstücks führt zu einem trapezförmigen Tragflügel

kompliziert, ihre Wartung sehr erschwert. Da die Triebwerke während der Entwicklung zudem immer größer und schwerer werden, stimmt *Messerschmitt* schweren Herzens ihrer Anordnung in Gondeln unter den Tragflügeln zu.

Ein entsprechend geänderter und endgültiger Entwurf mit Trapezflügeln mit 19° gepfeilter Vorderkante und Triebwerken unter den Tragflügeln wird dem RLM am 15. Mai 1940 eingereicht.

Professor *Messerschmitt* ist unermüdlich und bringt jeden Tag neue Skizzen von Einzelteilen einschließlich einer Druckkabine mit ins Büro. Er befaßt sich besonders mit dem Bug der Maschine und der Möglichkeit, dort eine sehr starke Bewaffnung unterzubringen. Sorgsam verfolgt er auch später die Entwicklung des Flugzeuges, weil er befürchtet, es werde zu schwer oder der Luftwiderstand werde ansteigen. Bei zusätzlichen Einbauten fertigt er Skizzen an, um Gewicht zu sparen; er berechnet das Gewicht der Einbauteile und der Befestigungen mit seinem Rechenschieber. Und wehe, wenn ein solches Teil nachher einige Gramm schwerer ausfällt!

Die Planung sieht im Verlaufe der weiteren Entwicklung einen Bremsschirm und taktische Luftbremsen vor. Eine Attrappe dieses letzten Entwurfes wird 1940 von Vertretern

Me 262 V 1 mit der Werknummer 262 000 01, PC+UA, mit Jumo 210 im Bug, während des Einbaues der BMW-Triebwerke P 3302 Ende 1941

des Ministeriums und der BMW-Werke besichtigt. Der Einbau der Triebwerke wird besprochen, ferner die Anordnung der Kraftstoffbehälter und der Bediengeräte für die Luftstrahltriebwerke. Die durch die Attrappenbesprechungen gewonnenen Erkenntnisse werden ausgewertet, Windkanalmessungen vorgenommen. Schließlich wird der Bau der P 1065 V 1 begonnen.
Weder von BMW noch von Junkers sind aber Triebwerke lieferbar. Professor *Messerschmitt* veranlaßt daraufhin, daß vorerst das Kolbentriebwerk Jumo 210 G mit 535 kW (730 PS) in die Rumpfspitze eingebaut wird, um auf diese Weise mit dem Flugzeug fliegerische Erfahrung zu sammeln. *Messerschmitt* sieht darin eine gute Gelegenheit, die Zelle in Ruhe fliegerisch zu erproben, denn die neuen Triebwerke werden – wie er richtig vorausahnt – noch genügend Probleme verursachen.
Im Januar 1941 ist die P 1065 V 1 soweit fertiggestellt, daß sie für den Erstflug mit Jumo 210 vorbereitet werden kann und im Februar erhält das Flugzeug vom RLM die Baumusterbezeichnung Me 262.

Erstflug Me 262 V1 mit Kolbentriebwerk (1941)

Am 18. April 1941 startet Flugversuchspilot *Fritz Wendel* mit der Me 262 V 1, ausgerüstet mit Jumo 210, zum Erstflug. Dieser Flug läßt befriedigende Flugeigenschaften erkennen;

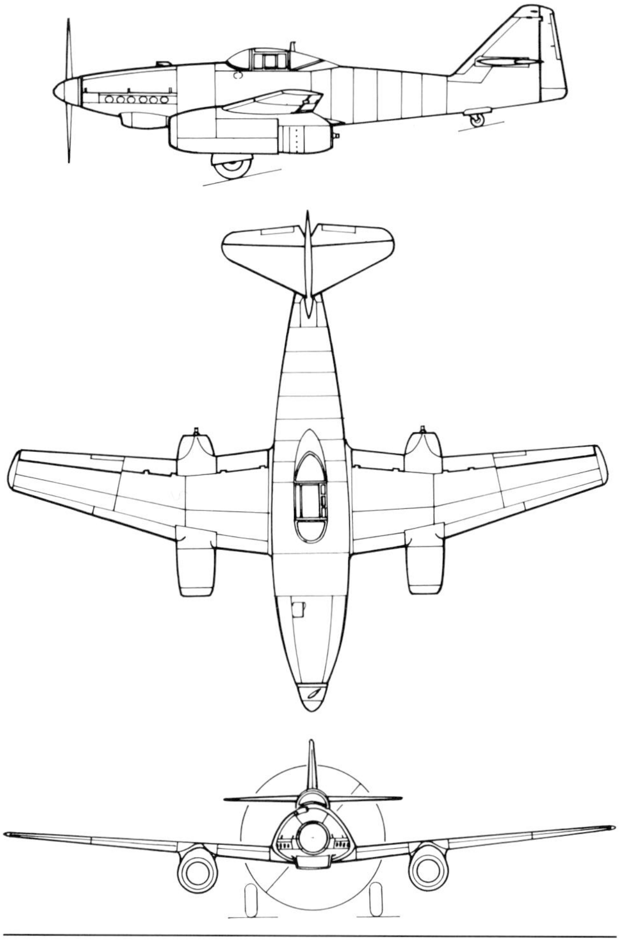

Me 262 V 1 mit Junkers Jumo 210-Kolbentriebwerk und zwei BMW P 3302

horizontal werden mit dem Kolbentriebwerk 450 km/h Geschwindigkeit erzielt. Durch Bahnneigungsflüge kann die Geschwindigkeit bis auf 800 km/h gesteigert werden. Weitere Flüge, die zum Teil Flugversuchspilot *Karl Baur* übernimmt, ermöglichen Untersuchungen über die Steuereigenschaften und über die Seitenruderkräfte.

Am 25. Juli 1941 erhält Messerschmitt vom RLM einen Auftrag auf den Bau von fünf V-Mustern und auf 20 Vorserien-Flugzeuge. Von den Vorserien-Flugzeugen sollen zehn Maschinen bis spätestens Oktober 1942 fertiggestellt werden. Schon wenig später, im September 1941, fordert das RLM eine Untersuchung an, ob die Me 262 auch als schneller Aufklärer ohne Bewaffnung mit Jumo 004-Triebwerken und mit größerer Reichweite geliefert werden kann. Nach Ablieferung der Studie erhält Messerschmitt einen Auftrag auf die Herstellung einer Führerraum-Attrappe für einen Aufklärer.

Im Herbst 1941 werden nach den aufsehenerregenden Flügen von *Heini Dittmar* mit dem Raketenflugzeug Me 163 zwischen RLM und Erprobungsstelle Rechlin und Peenemünde Überlegungen angestellt, die Me 262 zur weiteren Flugerprobung kurzzeitig mit zwei Walter-Raketen-Triebwerken HWK R-II-203b mit je 750 kp Schub oder mit Argus-Pulso-Triebwerken auszurüsten. Aber die Pläne werden schnell wieder fallengelassen, weil auch diese Triebwerke noch nicht serienreif sind.

Mißglückter Flug mit Strahltriebwerken

Die ersten BMW-Triebwerke werden Mitte November 1941 geliefert. Da keine Erfahrungen über das Verhalten der P 3302-Triebwerke vorliegen, bleibt der Jumo 210 eingebaut. Am 25. März 1942 – vier Monate nach Lieferung der Triebwerke – startet Flugversuchspilot *Fritz Wendel* in Augsburg mit der Me 262 V 1 zum Erstflug mit BMW-Strahltriebwerken. Der Augsburger Flugplatz hat eine Graspiste von nur 1100 m Länge; das Flugzeug aber hat mit drei Triebwerken und Zusatztank für den Kolbenmotor eine verhältnismäßig hohe Abflugmasse. Kurz nach dem Start in etwa 50 m Höhe bleiben in kurzen Abständen beide Triebwerke wegen Schäden an den Verdichterschaufeln stehen. Keines der Triebwerke hat auch nur annähernd seinen vollen Schub erreicht. Mit Hilfe des Jumo 210 gelingt es *Wendel,* notzulanden, dabei wird das Fahrwerk beschädigt[8].

Enttäuscht von diesem Start, schlägt das RLM vor, zuerst nur drei Prototypen der Me 262 fertigzustellen und weitere erst nach gelungenen Flügen mit den nunmehr vorgesehenen Jumo 004-Triebwerken. *Fritz Wendel* unternimmt inzwischen eine Informationsreise zu den Triebwerkfirmen BMW in Berlin und Junkers in Dessau, um sich mit der Arbeitsweise der Turbo-Luftstrahltriebwerke vertraut zu machen. Bei Junkers hat er Gelegenheit, eine Me 110 zu fliegen, die als fliegender Prüfstand mit einem 004-Triebwerk ausgerüstet ist.

Me 262 V3 fliegt mit Jumo 004 (1942)

Inzwischen sind die Arbeiten an den Junkers 004-Triebwerken so weit fortgeschritten, daß Junkers Anfang 1942 zwei Triebwerke liefert, die allerdings etwas größer und

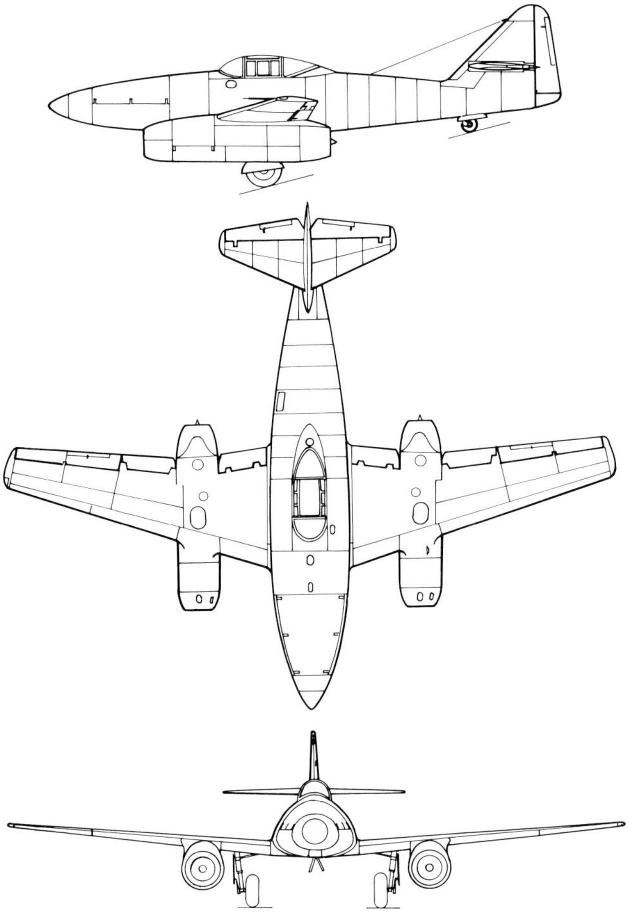

Mit der Me 262 V 3 mit zwei Jumo 004 A-Triebwerken startet Fritz Wendel am 18. Juli 1942 zum gelungenen Erstflug mit Turbo-Luft-Strahltriebwerken

Me 262 V 3 erhält eine vorgezogene Flügelnase zwischen Rumpf und Triebwerk. Mit dem Flugzeug fliegt am 22. Mai 1943 Adolf Galland, der von der Maschine begeistert ist

schwerer sind als der BMW P 3302. Die beiden Triebwerke mit je 700 kp Schub sind vorher im Flug unter einer Me 110 erprobt worden. Deshalb will *Messerschmitt* den Jumo 004 in die inzwischen fertiggestellte V 3 ohne Kolbenmotor einbauen. Das Flugzeug muß allerdings erst für die Aufnahme der größeren Junkers-Triebwerke umgeändert werden.

Am 18. Juli 1942 – sechs Monate nach Eingang der Triebwerke – bereitet *Fritz Wendel* auf dem Flugplatz Leipheim bei Ulm den ersten Start mit der Me 262 V 3 vor. Der Flugplatz hat eine lange, feste Startbahn. *Wendel* rechnet aus, daß er bei einer Abhebegeschwindigkeit von 180 km/h etwa 800 m Rollstrecke braucht und markiert diese Stelle. Als er jedoch die Abhebegeschwindigkeit erreicht, hat er keinerlei Steuerdruck und kommt nicht in die Luft. Einer seiner Monteure schlägt vor: »Bei 180 km/h leicht die Bremsen antippen.« Eine Idee, denkt *Wendel.* Tatsächlich geht der Schwanz bei leichtem Bremsdruck hoch, er hat Steuerdruck und kann abheben. Nach zwölf Minuten landet er und ist begeistert von Flugzeug und Strahltriebwerken. Er erreicht 2000 m Höhe und etwa 600 km/h Geschwindigkeit. Regelung und Beschleunigung des Triebwerkes arbeiten einwandfrei. *Wendel* hat den Eindruck, mit einem Motor zu fliegen. Bei den Junkers-Triebwerken handelt es sich um den Jumo 004 V 9 und V 10. Die Maschine ist bei der Landung allerdings schwer zu bremsen, weil der Leerlaufschub noch zu hoch ist. Bei einem zweiten Flug am Nachmittag steigt *Wendel* auf 3500 m Höhe, erreicht 720 km/h und eine Steiggeschwindigkeit von 5 m/s bis 6 m/s[9]. Das RLM ist allerdings von diesen Starts mit etwas ungewöhnlichen Kniffen nicht so sehr beeindruckt. Die Flugversuchspiloten *Baur* und *Wendel* weisen dringend auf die Notwendigkeit hin, ein einziehbares Bugradfahrwerk einzubauen, um mit der Maschine normal starten zu können. Niemand kann ahnen, daß erst zweieinhalb Jahre später, Ende 1944, ein Bugradfahrwerk verfügbar ist. Nach sechs Flügen geht die V 3 bei einem Einweisungsflug im August 1942 beim Start zu Bruch, weil das Flugzeug bei dem heißen Wetter nicht schnell genug abhebt. Die Maschine wird aber wieder aufgebaut. Die Flugerprobung wird mit der V 1 weitergeführt. Die weitere Flugerprobung und auch Windkanalversuche zeigen, daß die Strömung an den Flügelmittelstücken vorzeitig abreißt, ein Grund für die hohe Landegeschwindigkeit. Diese Ablöserscheinungen verschwinden, als die

Me 262 V 2, Werknummer 262 000 02, mit Jumo 004 A-0. Das Flugzeug erhält seine Flugtaufe am 1. Oktober 1942

Flügelnase weiter nach vorne gezogen wird. Die Flügelvorderkante bildet nunmehr eine vom Rumpf bis zur Flügelspitze pfeilförmig, gerade verlaufende Linie, die aber nichts mit einer Pfeilung wegen der Kompressibilität der Luft bei hohen Geschwindigkeiten zu tun hat. Diese Änderungen können noch an der V 2 berücksichtigt werden, die am 1. Oktober 1942 mit Flugkapitän *Fritz Wendel* und Jumo 004 A-Triebwerken zum Erstflug startet; die gleichen Änderungen werden auch an der V 3 ausgeführt, die sich noch in der Werkstatt zur Reparatur befindet. Die neue Ausführung mit vorgezogenem Flügelmittelstück hat eine um 380 m kürzere Rollstrecke beim Start als die ältere Version und eine geringere Start- und Landegeschwindigkeit.

Am 2. Dezember 1942 kommt es zwischen RLM und *Messerschmitt* erstmals zu Auseinandersetzungen, weil die Arbeiten an der Me 262 zu langsam vorangehen. Das RLM verlangt nunmehr eine Vorziehung der Termine zumindest der V-Flugzeuge mit Bugradfahrwerk, um genügend Flugzeuge für eine gründliche Flugerprobung zu haben. Außerdem sollen die Termine für die inzwischen erteilten zwanzig 0-Serienflugzeuge vorgezogen werden. *Messerschmitt* stellt daraufhin Forderungen auf zusätzlich 225 Vorrichtungsschlosser und 47 Konstrukteure und wiederholt diese und noch weit höhere Forderungen[10] bei allen Anlässen, bei denen es um eine Erhöhung der Produktion der Me 262 geht. Diese Forderungen sind für das RLM unerfüllbar. Dadurch wird das Verhältnis RLM-Messerschmitt getrübt.

Piloten-Elite fliegt die Me 262 (1943)

Messerschmitt veranlaßt nun, um auf das Flugzeug bei der Luftwaffe aufmerksam zu machen, daß erfahrene Experten die Me 262 fliegen können. Als erster erhält Hauptmann *Wolfgang Späte* vom Erprobungs-Kommando 16 am 17. April 1943 die Möglichkeit, die Me 262 V 3 zu fliegen. Er ist begeistert: »Dieses überlegene Flugzeug kann man gleich an die Front schicken.«

Einen Tag nach dem Flug *Spätes* stürzt am 18. April 1943 Flugversuchspilot *Wilhelm Ostertag* mit der V 2 nach mehreren gelungenen Flügen in steilem Sturzflug ab – der erste tödliche Unfall mit der Me 262. Die eingebaute Kamera und der Film bleiben erhalten. Aus dem Film, mit dem die

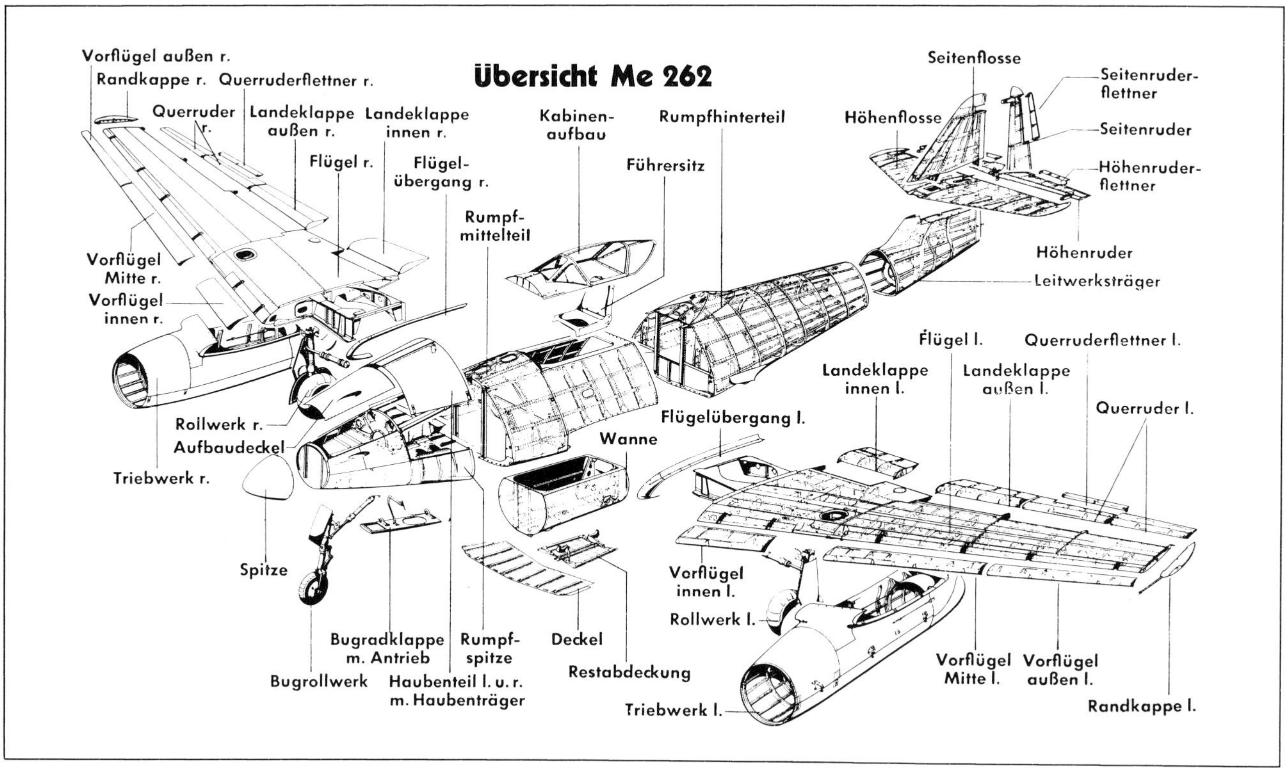

Übersicht über die Me 262 und ihren Aufbau

Instrumente aufgenommen worden sind, ergibt sich ein Aussetzen eines Triebwerkes, was aber kein Grund zum steilen Absturz sein kann. Die Ursache des Unfalles, der später in ähnlicher Weise noch einer ganzen Reihe von Piloten bei der Luftwaffe zum Verhängnis wird, kann erst nach dem Krieg geklärt werden. Im Schubrohr des 004 befindet sich ein tropfenförmiger, verschiebbarer Körper – Schubdüsenpilz, auch Zwiebel genannt –, der in Verbindung mit einem Regler die Austrittsöffnung am Schubrohr automatisch verkleinert oder vergrößert und für einen optimalen Schub in Abhängigkeit von Drehzahl, Höhe und Geschwindigkeit sorgt. Wenn dieser Pilz sich von der Befestigung löst, fliegt er nach hinten und verstopft das Schubrohr. Dadurch bleibt das Triebwerk stehen und vor dem Lufteinlauf entsteht ein Stau, der das Flugzeug in eine stark schiebende Lage bringt. Durch das schiebende Flugzeug gerät das Höhensteuer in einen Windschatten, und die stets etwas negativ eingestellte Höhenflosse leitet in einen Sturzflug über. Durch starken Gegenausschlag mit dem Seitenruder hätte das Schieben verhindert werden können, wäre das Flugzeug zu halten gewesen und dem Höhenruder wieder gefolgt.

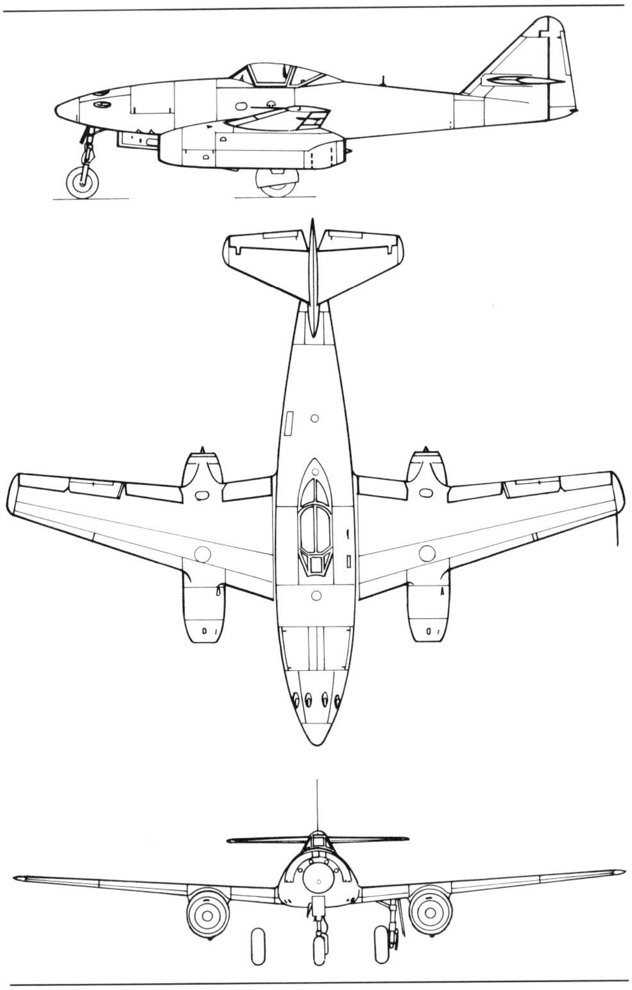

Me 262 A-1a/U-1 mit zwei MK 108 und einem MG 151 sowie einer MK 103 wird in Großserie gebaut

Am 22. Mai 1943 besucht *Adolf Galland* den Flugplatz Lechfeld, wo der Kommandeur der Erprobungsstelle Rechlin, Ingenieure von Messerschmitt und Junkers zu ihm stoßen. *Galland* schildert in seinem Buch[11] seine Eindrücke:

»Wir fuhren hinaus zur Startbahn. Da standen die beiden Düsenjäger Me 262, Anlaß und Mittelpunkt unserer Zusammenkunft und gleichzeitig unser aller großer Hoffnung. Ein ungewohnter Anblick, diese Flugzeuge ohne Luftschraube. In den stromlinienförmig verkleideten beiden Zylindern unter den Tragflächen steckten die Rückstoßtriebwerke. Keiner der Ingenieure hatte uns genau sagen können, wieviel PS die Maschinen entwickelten. Auf unsere Fragen hatten sie ihre Rechenschieber emsig betätigt und sich nur auf soundso viel hundert Kilogramm Schub bei der und der Fluggeschwindigkeit in einer bestimmten Höhe festgelegt, die bei dem vorliegenden Fluggewicht einem Aufwand von soundso viel PS Luftschraubenantrieb entspräche. Das machte uns Piloten, die wir noch nicht auf die Eigenarten der bisher unbekannten Schubkraft umgeschaltet hatten, anfänglich mißtrauisch. Doch die Ingenieure hatten mit ihren seltsamen Kalkulationen schon recht. Vergleiche mit der Antriebsleistung für Luftschrauben waren tatsächlich unangebracht. Trafen die von der Firma angegebenen, errechneten und zum Teil schon erflogenen Leistungen auch nur annähernd zu, dann öffneten sich ungeahnte Möglichkeiten. Und um diese allein ging es!
Die damals phantastische Fluggeschwindigkeit von 850 km/h im Horizontalflug bedeutete einen Vorsprung von mindestens 200 km/h gegenüber den schnellsten Propellerjägern der Welt. Außerdem waren Flugzeiten zwischen 50 und 70 Minuten zu erwarten. Als Kraftstoff konnte minderwertiges, dieselähnliches Öl verwendet werden statt des hoch raffinierten, immer schwerer zu beschaffenden klopffesten Fliegerbenzins.«

Galland wird von den Ingenieuren in die V 4 eingewiesen und startet zu seinem ersten Strahlflug. Nach der Landung ist er von dem schnellen Vogel tief beeindruckt. »Es ist, als wenn Engel schieben«, meint er.
Bei der nachfolgenden Besprechung mit den anwesenden Fachleuten kommt *Galland* zu der Überzeugung, durch eine Großserie und einen verstärkten Großeinsatz der Me 262 könne noch eine Wende in der deutschen Luftverteidigung erreicht werden. Deshalb schlägt er den sofortigen Bau von 100 Serienflugzeugen vor, und zwar in einer einfachen Ausführung für die technische und taktische Erprobung. Die geplante Produktion der Me 209[12], die bei Messerschmitt vor

Jäger Me 262 A-1a*

Hersteller		Messerschmitt
Muster		Me 262 Jäger A-1a
Triebwerk		Jumo 004 B
Standschub	kN	2 × 8,83 = 17,66
	kp	2 × 900 = 1 800[1]
Besatzung		1
Länge	m	10,60
Höhe	m	2,80
Spannweite	m	12,65
Flügelfläche	m^2	21,70
Flügelstreckung		7,37
Rüstmasse	kg	3 803[2]
Kraftstoff	kg	2 252[3]
Schmierstoff	kg	30
Besatzung	kg	100
Nutzmasse	kg	512[4]
Zuladung	kg	2 894
Startmasse	kg	6 697
Flächenbelastung	kg/m^2	308,60
Masse – Schubverhältnis	kg/kN	379,20
	kg/kp	3,72
Flächenschub	kN/m^2	0,82
	kp/m^2	82,95
Höchstgeschwindigkeit	km/h	835[5]
in Höhe	m	0
Reisegeschwindigkeit	km/h	825[5]
in Höhe	m	6 000
Steiggeschwindigkeit	m/s	13[6]
Dienstgipfelhöhe	m	11 400[7]
Reichweite	km	1 230[8]
max. Flugzeit	h	1,50
Startrollstrecke	m	1 020
dto mit Starthilfe	m	780
Landerollstrecke	m	600
Landegeschwindigkeit	km/h	175
Zuladung in % von der Flugmasse		43
Nutzlast in % von der Flugmasse		7
Baujahr		1944

* Quelle: Datenvorlage Messerschmitt AG gez.: Sch. v. 12. 3. 1945; Flugwelt 1955 S. 6 ff; S. 48 ff, S. 316 ff

1 2 × 350 kp = 700 kp in 9 000 m Höhe

2 Rüstmasse lt. Messerschmitt Beschreibung v. 15. 5. 44 gez. Althoff.

Zelle	1 546 kg	Anbauten u. Ausrüstung	219 kg
2 × 004	1 490 kg	Panzerung	191 kg
Behälter	357 kg		3 803 kg

3 2650 l × 0,85 = 2 252 kg

4 4 × MK 108 = 4 × 128 = 512 kg mit Munition lt. Rechnung Mtt.

5 mit Außenbehälter 790 km/h in 0 m; 825 km/h in 6 000 m

6 7,5 min auf 6 000 m = 13 m/s im Schnitt; Steigen am Boden 20 m/s

7 mit halbem Kraftstoff

8 in 9 000 m Höhe; am Boden 525 km und 39 Minuten Flugzeit; bei optimaler Drosselung 660 km.

dem Anlauf steht, solle dagegen eingestellt und dafür die Ausbringung der Fw 190 mit BMW 801, DB 603 oder Jumo 213 entsprechend erhöht werden.

Dieser Vorschlag *Gallands* geht mit seinem Flugbericht noch am gleichen Tag in Abschrift an *Erhard Milch*, während er selbst mit dem Original *Göring* aufsucht. Es gelingt ihm, *Göring* für seinen Plan zu gewinnen. Auch *Milch* hält Rücksprache mit *Galland* und ruft noch am 25. Mai 1943 im RLM eine Amtschefbesprechung ein[13]. Er entscheidet, daß die Me 262 sofort in Serie geht und die Dringlichkeitsstufe der Me 209 erhält. In der Zwischenzeit soll der Bedarf der Front durch den Weiterbau der Fw 190 und Bf 109 gedeckt werden.

Am 27. Juni 1943 wird Professor *Messerschmitt* zu einer vertraulichen Besprechung mit *Hitler* auf dem Obersalzberg geladen. *Milch* muß kurz danach, am 13. August 1943, auf höhere Weisung seine Entscheidung teilweise widerrufen; die Me 209 wird wieder ins Programm aufgenommen, die Herstellungskapazität der Me 262 darf aber darunter nicht leiden. Am 26. November 1943 wird die Me 209 durch persönliches Eingreifen von *Göring* endgültig abgesetzt.

Me 262 V 5 mit der Werknummer 262 000 05 wird am 25. Juli 1941 in Auftrag gegeben, ist im Juni 1943 flugbereit und das erste Flugzeug mit Bugrad, das allerdings nicht einziehbar ist

Kein Serienbau

Hitler selbst verhält sich *Gallands* Vorschlägen gegenüber ablehnend. Er ist zu diesem Zeitpunkt von der Luftwaffe ebenso zutiefst enttäuscht wie von den deutschen Flugzeugherstellern und erinnert an die He 177, die für 1941 zugesagt war und 1943 noch nicht serienreif ist. Er hält nichts von Neuerungen und Verbesserungen im Bereich der Luftwaffe und bestimmt, daß die Me 262 nur mit den vorhandenen Prototypen weiter erprobt wird, ohne in Serie zu gehen. Erst Ende 1943 – sieben Monate nach *Gallands* Flug – wird das

Strahlflugzeug für die Führung wieder interessant, als der Wunsch nach einem Strahlbomber auftaucht. Warum sich *Hitler* gegen die Me 262 als Strahljäger so ablehnend verhält, läßt *Galland* in seinem Buch »Die Ersten und die Letzten« *Johannes Steinhoff* erklären. Dieser ist Mitte 1944 mit dem Kommodore des Jagdgeschwaders Richthofen, *Kurt Bühligen,* und anderen Offizieren nach 150 Luftsiegen zur Verleihung der Schwerter zum Ritterkreuz ins Führungshauptquartier befohlen. Nach der Verleihung fragt *Hitler* in gereizter Stimmung: »Sind wir den amerikanischen und englischen Jägern unterlegen oder nicht?« *Bühligen* antwortet wie aus der Pistole geschossen:

»Seit fast zwei Jahren kämpfen wir mit zahlenmäßiger Unterlegenheit. Unsere Flugzeuge sind außerdem statt schneller langsamer geworden. Rund 70 Stundenkilometer sind die Jagdflugzeuge der Amerikaner und Engländer schneller[14].
Betretenes Schweigen. Darauf Hitler in bösartigem Tonfall zu mir gewandt: ›Was wollen Sie denn eigentlich – etwa ein neues Flugzeug?‹ Und sofort platze ich heraus: ›Jawohl, den Düsenjäger!‹ Hitler: ›Düsenjäger, Düsenjäger – der spukt Ihnen in den Köpfen herum – ich will das nicht mehr hören! Das ist kein Jagdflugzeug, und Sie werden damit nicht jagen können. Mein Arzt hat mir gesagt, daß in den engen Kurven, die Sie ja im Luftkampf fliegen müssen, Teile des Gehirns einfach aussetzen. Dieses Flugzeug ist noch nicht reif, und wenn es so weit ist, dann bekommen es die Jäger nicht. Für Sie habe ich andere, aufgrund der alten technischen Erfahrungen und gesünder entwickelte Flugzeuge! Reden Sie mir nicht mehr von dem Düsenjäger, es ist sinnlos!‹

Der Erfolg dieses Gespräches ist ein Führerbefehl: ›Mit sofortiger Wirkung verbiete ich, mit mir über das Düsenflugzeug Me 262 in einem anderen Zusammenhang oder einer anderen Zweckbestimmung zu sprechen als Schnell- oder Blitzbomber.‹«

Projekt-Flut

Die Begeisterung *Gallands* und *Spätes* für den Wundervogel spricht sich jedoch schnell herum. Bald fordert jede Waffengattung der Luftwaffe eine Sonderausführung der Me 262 an, die um 200 km/h schneller als die gegnerischen Muster sein soll. Im Juni und Juli 1943 erhält die Messerschmitt-Projektabteilung deshalb vom RLM den Auftrag, die Verwendungsmöglichkeit der Me 262 als Jagdbomber, Schnellbomber, als Interzeptor mit zusätzlichem Raketenantrieb, als Aufklärer, als zweisitziger Nachtjäger oder als Zerstörer zu untersuchen. Schließlich soll das Werk Unterlagen für den Einbau einer 5-cm-Kanone liefern und einen Entwurf als Schulflugzeug mit zwei Sitzen hintereinander und mit Doppelsteuerung ausarbeiten. Im November 1943 soll die Firma Messerschmitt im Auftrage des RLM klären, ob Tragflügel, Rumpfende und Leitwerk der Me 262 aus Holz hergestellt werden können. Zur Verbesserung der Höhenleistung wird eine Untersuchung mit größerem Tragflügel angeregt, zur Verkürzung des Rollweges beim Landen wird die Verwendung von Bremsraketen erörtert. Mit BMW finden im gleichen Monat Besprechungen über den Einbau

Me 262 V 7 mit der Werknummer 130 007, Kennzeichen VI+AB. Erstflug am 20. Dezember 1943 mit Jumo 004 B-1

eines BMW 003 R-Triebwerkes statt, das einen zusätzlichen Raketenantrieb hat und in einem Versuchsmuster erprobt werden soll.
Bei einer Besprechung im RLM[15] am 15. Dezember 1943 wird vorgeschlagen, ab Anfang 1945 für Weiterentwicklungen der Me 262 ein alternatives Triebwerk zu verwenden. Gemeint ist die He S 011 A, die bis dahin einen Schub von 1300 kp haben soll, während eine He S 011 B später 1500 kp und eine He S 011 C danach 1700 kp entwickeln wird. Versuchstriebwerke sollen im Sommer 1944 laufen und die Serienherstellung soll Anfang 1945 beginnen.

Schock: Me 262 als Blitzbomber (1943)

Am 3. Oktober 1943 gelingt es *Gerd Lindner,* mit der Me 262 V 3 in 5000 m Höhe 950 km/h Geschwindigkeit zu erreichen. In Insterburg in Ostpreußen werden *Hitler* am 26. November 1943 die inzwischen neu entwickelten Flugzeugtypen vorgeflogen. Während der Vorführung der Me 262 V 6 durch *Gerd Lindner* fragt er Professor *Messerschmitt,* ob man mit dem Flugzeug auch eine Bombe transportieren könne. *Messerschmitt* – nicht ahnend, welche Bedeutung seine Antwort haben wird – bejaht diese Frage. *Hitler* darauf: »Dann ist dies der von mir schon seit Jahren geforderte Schnellbomber; hier fliegt er und niemand nimmt Kenntnis davon.« Er verbietet daraufhin eine Serienherstellung der Maschine als Jäger und fordert kategorisch eine Bomber-Ausführung. *Hitler* hat gute Gründe dafür. Er will bei der bevorstehenden Invasion der Amerikaner und Engländer mit diesem schnellen Flugzeug die Landeboote beim Anlaufen an die Küste angreifen. Aber dieser Vorschlag kommt zu spät, denn die Alliierten haben längst die Luftherrschaft über Deutschland erobert.
Die bitteren Erfahrungen der Luftschlacht um England haben gezeigt, daß Jagdbomber erst dann mit Erfolg angreifen können, wenn zumindest zeitweise eine Luftüberlegenheit[16] besteht. Me 262-Jagdverbände hätten diese zunächst erkämpfen müssen, und unter ihrem Schutzschirm hätten dann Jabos mit Erfolg die Invasion abwehren können. Hier wurde also das Pferd vom Schwanz aufgezäumt.
Eine Änderung der Konzeption vom Jäger zum Jagdbomber führt zu einer höheren Flugmasse, zu zusätzlichem Widerstand, Schwerpunktänderungen und Leistungseinbußen. Für einen Bomber fehlen Aufhängevorrichtungen für die Bomben, eine Abwurf- und Zündanlage, ein Zielgerät, ausreichende Sicht zum Zielen. Für Tiefangriffe erscheint die taktische Eindringtiefe der Me 262 zu gering.

Werke Augsburg und Regensburg in Schutt und Asche (1944)

Durch Angriffe am 25. Februar und am 13. April 1944 wird das Werk Augsburg zerstört, in dem die Tragflügel und das Rumpfvorderteil der Me 262 gebaut werden und die Endmontage erfolgt. Das Konstruktionsbüro ist jedoch vorher nach Oberammergau, nördlich von Garmisch verlegt worden, wo das Projektbüro, die Statik, der Attrappen- und Prototypenbau in einer Kaserne der Gebirgsjäger untergebracht werden. In die Kalkberge werden Stollen getrieben, in die der Prototypenbau mit den Werkzeugmaschinen bombensicher verlegt wird. Der Autobahntunnel bei Leonberg, dazu weitere Tunnels und Höhlen werden nunmehr für die Fertigung eingerichtet. Die Endmontage der Me 262 findet meist im Raum Leipheim statt; in Schwäbisch Hall, Wenzendorf, Obertraubing, Kitzingen, Giebelstadt und Neuburg entstehen neue Fertigungsstätten. Die Teileproduktion wird in waldgeschützte Baracken verlegt. Entdeckt werden zuweilen die Flugzeuge oder Flugzeugteile, die längs der Autobahn abgestellt werden. Zahlreiche kleinere Fertigungsstätten werden um Kuno, Horgau, Gauting und um andere Orte aufgebaut, sie bleiben für den Gegner unentdeckt.
Durch ein solches Notprogramm leidet natürlich die Qualität der Flugzeuge. Die Herstellung des technischen Spitzenproduktes Me 262 in improvisierten Werkstätten ist eine der Ursachen für die erschreckende Zahl von Unfällen mit der Me 262 bei der Truppe. Am 24. April 1944 werden Flugplatz

Me 262 V 6, Werknummer 130 001, Kennzeichen VI+AA, mit Jumo 004 B-1 und hydraulisch einziehbarem Bugrad. Während der Vorführung dieses Flugzeuges Ende 1943 kommt es zu dem unglücklichen Entschluß, das Flugzeug als Bomber anstatt als Jäger zu verwenden

und Werk Leipheim durch Bomben zerstört. Am 17. August 1944 wird das Werk Regensburg, das die Rümpfe der Me 262 herstellt, durch Bombenangriffe dem Erdboden gleichgemacht.

Invasion und Ardennen-Offensive

Am 6. Juni 1944 beginnt die seit langem erwartete und gefürchtete Invasion. Keiner der Blitz-Bomber ist zum Einsatz bereit. Die wenigen fertigen Flugzeuge werden dem Kommando Schenk oder KG 51 (J) zugewiesen, wo man zu diesem Zeitpunkt mit der Umschulung der Piloten auf die Me 262 und mit den Vorbereitungen für die Aufstellung von drei weiteren Verbänden beginnt.
Die Alliierten landen mit 6400 Landungsschiffen in der Normandie, geschützt von ihrer Marine und ihren überlegenen Luftstreitkräften. Die deutsche Abwehrfront wird schrittweise zurückgedrängt. Am 30. August 1944 überschreiten die Alliierten die Seine. Es gelingt den Engländern, die deutsche Front zu durchbrechen und im September 1944 Brüssel einzunehmen. Im November 1944 erreichen sie die Scheldemündung, und nach schweren Kämpfen geht im Oktober 1944 Aachen verloren.
Die Deutschen versuchen am 16. Dezember 1944 mit der Ardennen-Offensive zwischen Monschau und Echternach einen letzten Gegenschlag. Im Verlaufe der Schlacht, in der 41 Verbände aller Waffengattungen den Maasbogen und Antwerpen zurückerobern sollen, bleibt die Offensive wenige Tage nach Angriffsbeginn stecken. Ein Teil der Verbände muß dann ab Mitte Januar 1945 nach dem Osten geworfen werden, um den Vormarsch der sowjetischen Truppen zu bremsen.

Und dennoch...
1433 Me 262 bis Kriegsende

Bis zum Kriegsende im Mai 1945 werden insgesamt 1433 Me 262[17] gebaut. Nur ein Teil kommt Anfang 1945 zum Einsatz; allein rund 500 Flugzeuge werden am Boden durch Luftangriffe beschädigt oder zerstört, für die anderen fehlt es oft an Kraftstoff und Ausrüstung. Immerhin werden in den letzten fünf Kriegsmonaten noch rund 1000 Flugzeuge fertiggestellt, 200 Flugzeuge im Monat unter den unvorstellbaren Bedingungen ständiger Bombenangriffe.
Ähnlich wie *Heinkel* mit seiner He 280 und Arado mit der Ar 234 ist auch *Messerschmitt* mit seinem Flugzeug den Strahltriebwerken weit vorausgeeilt. Eineinhalb Jahre bevor die Antriebe eine bescheidene Betriebsreife erlangen, warten bei Heinkel, Arado und Messerschmitt bereits die Flugzeuge darauf. Hier rächt sich das anfangs geringe Interesse der Motorenwerke an den neuen Luftstrahltriebwerken. *Helmut Schelp* hat als Vertreter des RLM 1939 vor meist verschlossenen Türen gestanden, weil die Werke wegen Überlastung mit Kolbentriebwerken keine neuen Entwicklungsaufträge mehr annehmen wollten.
Die Schwierigkeiten mit der Triebwerkbeschaffung mag einer der Gründe sein, warum *Messerschmitt* anfangs keine große Eile hatte, eine ausreichende Zahl von Flugzeugen zu bauen und zu erproben. Einer der schlimmsten Fehler, der auf das Konto von *Messerschmitt* geht, ist der viel zu späte Einbau eines Bugradfahrwerkes in die Me 262[18]. Die He 280 fliegt seit April 1941 ohne Beanstandungen mit einem vorbildlich konstruierten Bugradfahrwerk. Doch Konkurrenzdenken hält *Messerschmitt* davon ab, eine Anleihe zu machen, die vom RLM hätte vermittelt oder erzwungen werden müssen. Für das Fahrwerk verantwortlich zeichnet bei der Firma Messerschmitt Ingenieur *Wilhelm Binz*. Seine Kollegen verteidigen ihn aber mit dem Argument, *Messerschmitt* habe die Hand über das Fahrwerk gehalten und sei zumindest ebenso verantwortlich wie *Binz*.
Schon im Juli 1942 fordern die Versuchspiloten *Wendel* und *Baur* nach dem Erstflug mit der Me 262 mit 004 energisch ein Bugradfahrwerk; nach einem Jahr erhält die V 5 ein festes Bugrad. Erst am 17. Oktober 1943 wird die V 6 mit einem einziehbaren Bugradfahrwerk ausgerüstet, und dieses erreicht erst mit Hilfe eines Luftwaffen-Erprobungs-Kommandos und der E-Stelle Rechlin Ende 1944 nach 30 Monaten Einsatzreife.
Messerschmitt und seine Mitarbeiter sind wahrscheinlich durch zahlreiche andere Aufgaben und Probleme wie den Bau der Me 109, der Me 209, Me 309, Me 110, Me 210, Me 410, die Giganten-Serie und die Me 264 zu sehr in Anspruch genommen worden, um sich ausreichend der Me 262 widmen zu können. Andererseits hat jedes Flugzeug einen Typenbetreuer, der den Chef täglich über den Stand der Arbeit unterrichtet.
Am Kriegsgeschehen hätte die Me 262 nichts geändert; die Alliierten hätten sich ihren Sieg wahrscheinlich aber viel härter erkämpfen müssen. Bald tauchen nämlich auch auf alliierter Seite die ersten Verbände mit Strahlflugzeugen auf. Am 27. Juli 1944 wird in England der erste Strahljäger-Verband[19] mit Gloster Meteor I aufgestellt, vorerst aber nur zur Bekämpfung der V 1 eingesetzt.
Bleibt der Tatbestand, daß *Messerschmitt* mit der Me 262 den schnellsten und leistungsfähigsten Jäger des Zweiten Weltkrieges geschaffen hat, der mit Erfolg im Einsatz geflogen worden ist, eine glanzvolle technische Leistung unter härtesten Kriegsbedingungen, die einzig in der Luftfahrtgeschichte dasteht.

Me 262 und die Truppe

Me 262 A-2a des Kampfgeschwaders KG 51 Edelweiß

Erprobungskommando Thierfelder

Die Anfänge eines Jagdverbandes mit Strahljägern gehen auf das Erprobungskommando Thierfelder zurück. Ritterkreuzträger Hauptmann *Thierfelder* gehört dem Zerstörergeschwader ZG 26 an und ist ein technisch hochbegabter Offizier, der die Me 262 V 6 erstmals am 21. Dezember 1943 fliegt. In enger Zusammenarbeit mit Messerschmitt und der Erprobungsstelle Rechlin sollen die Voraussetzungen für den Aufbau eines Strahljäger-Verbandes geschaffen werden. Dazu gehören die Umschulung der Flugzeugführer, die Ausbildung von technischem Personal, die Erprobung der vom Werk gelieferten Flugzeuge auf Zuverlässigkeit und Frontverwendungstauglichkeit nebst einer Nachschuborganisation mit Schleppwagen und Fahrzeugen.
Grundlage für den Aufbau des Kommandos ist der am 25. Mai 1943 von *Milch* befohlene Bau einer Vorserie von 100 Me 262. Am 28. Mai 1943 ist über den vereinfachten Bauzustand dieser Flugzeuge beschlossen[20] worden. Oberst *Petersen,* der Leiter der Luftwaffen-Erprobungsstelle Rechlin, wird kommissarisch zum Typenbegleiter bestimmt. Messerschmitt kann dem Kommando zur Schulung vorerst vier V-Flugzeuge mit Heckrad zur Verfügung stellen. Die fehlenden Muster V 5 bis V 10 müssen noch gebaut werden. Am 9. Dezember 1943 wird Hauptmann *Thierfelder* mit der offiziellen Aufstellung des Kommandos beauftragt[21].
Die inzwischen fertiggestellten V-Maschinen V 5 und V 6

Me 262 A-1a mit Jumo 004 B-1 mit je 8,83 kN (900 kp) Schub erzielt mit 2650 l Kraftstoff an Bord in 9000 m Höhe 1230 km und am Boden 525 km Reichweite

Die Me 262 A-1a mit einem Treffer oder Schaden am rechten Triebwerk wird zum Triebwerkwechsel abgeschleppt

werden gemeinsam mit der Firma Messerschmitt erprobt. Der Schwerpunkt liegt anfangs auf der Waffenerprobung durch die E-Stelle Tarnewitz. Die geplante Vorserie von 100 Flugzeugen kann durch die Zerstörung der Werke Augsburg und Regensburg im Februar und April 1944 aber erst gar nicht anlaufen; schließlich fehlen auch noch die Triebwerke. Die ersten fünf Serienflugzeuge erhält das Kommando im April 1944. Die Piloten werden vom III/ZG 26, der dritten Gruppe des Zerstörergeschwaders 26, gestellt, weil um diese Zeit die Me 110 nicht mehr mit Erfolg eingesetzt werden kann und die Piloten gewöhnt sind, mit zweimotorigen Flugzeugen umzugehen. Sie werden teils zur Einweisung zu Messerschmitt kommandiert und beginnen im Juli 1944 mit der Jagd auf »Mosquitos«.

Am 24. April 1944 wird der Serienanlauf der Me 262 durch Bombardierung des Ausweichwerkes Leipheim erneut verzögert. Im Mai 1944 wird befohlen, die Me 262 ab sofort als Blitzbomber umzurüsten und als solchen zu erproben. Daraufhin wird ein Notprogramm aufgestellt, um die nun folgenden Flugzeuge für die neue Aufgabe frontreif zu machen[22].

Für den Bombenabwurf mit einem Jäger müssen vom Kommando der Erprobungsstellen ganz neue Abwurfverfahren entwickelt werden. Ein großer Teil der Erprobungsstelle Rechlin ist mit den verschiedenen Außenstellen wie der Stelle E 2 Zelle, E 3 Stromversorgung und Raketen, E 4 Funk und Navigation, E 5 Instrumente, E 6 Bewaffnung in Tarnewitz, E 7 Bomben und E 8 Bodengerät damit beschäftigt, die Flugzeuge frontreif zu machen. Größte Schwierigkeiten bereitet wieder das Fahrwerk, das manchmal den Einsatz der Flugzeuge einfach in Frage stellt. In Zusammenarbeit mit dem Hersteller sind umfangreiche Versuche und Änderungen notwendig, um die gröbsten Mängel abzustellen. Es zeigt sich weiter, daß das Flugzeug im Bereich höherer Fluggeschwindigkeiten überhaupt nicht erprobt ist. Während der zahlreichen Versuchseinsätze schießt das Kommando neun Mosquito-Aufklärer ab.

Die Flugzeuge werden – wie Messungen ergeben – mit Bomben in 8700 m Höhe um 40 bis 75 km/h langsamer, je nachdem, ob zwei 250 kg- oder eine 500 kg-Bombe mitgenommen wird. In 6000 m Höhe werden mit Bomben 700 bis 730 km/h Geschwindigkeit erreicht. Junkers entwickelt für den 004 B inzwischen einen verbesserten Regler, mit dem das Ausgehen und Anlaßverhalten am Boden und in der Höhe verbessert werden soll. Nach entsprechenden Änderungen werden die Triebwerke in sechs Flugzeugen bei der Erprobungsstelle Lärz und zwei weiteren bei der Erprobungsstelle 3 überprüft. Die Firmen Junkers und Messerschmitt werden in die Erprobung eingeschaltet. Ferner werden Zielflug- und Funkgeräte laufend geprüft, dazu die gesamte Ausrüstung wie Hydraulik, Bordnetz, Sicherheitsgeräte und Kurssteuerung. Überall ergeben sich

Blitzbomber Me 262 A-2a mit Wikingerschiff und 250-kg-Bomben

Im Mai 1944 wird befohlen, das Jagdflugzeug Me 262 A-1a zum Bomber umzubauen

Die Triebwerk-Überwachungsgeräte und die Meßstellen für Druck und Temperaturen des Jumo 004 an der Me 262 ▽

gravierende Beanstandungen. Die Eigenschaften der Me 262 nach der Erprobung und Abstellung der Schäden in Zusammenarbeit mit Messerschmitt und E-Stelle Rechlin beurteilt das Kommando Mitte 1944 wie folgt:

»Die Rollgeschwindigkeit ist ausreichend, die Stabilität um die Hochachse reicht gerade aus. Die hohen Steuerkräfte bei Geschwindigkeiten über 600 km/h erfordern für den Jägereinsatz einen Verstellknüppel[23], der vom 146. Flugzeug an

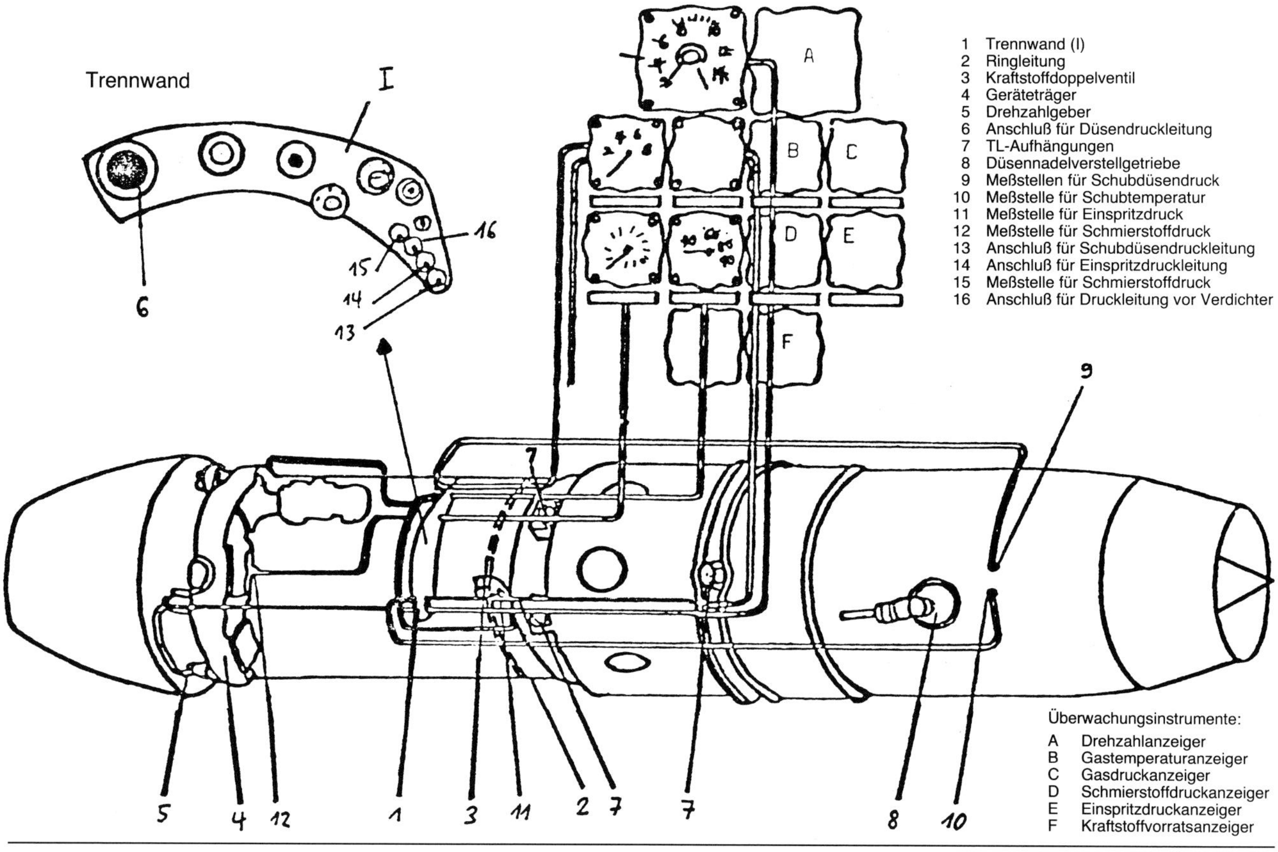

nachgerüstet werden kann. Beim Überziehen ist das Flugzeug harmlos und besitzt keine Neigung, nach der Seite wegzukippen. Start und Landung als Jäger sind harmlos und bereiten einem durchschnittlichen Flugzeugführer keinerlei Schwierigkeiten. Es ist lediglich eine Gewöhnung an die Eigenart der Triebwerke erforderlich. Die Instrumenten- und Blindflugeigenschaften sind gut und werden durch Nachtflüge und Schlechtwettereinsätze nachgewiesen. Die Sicht ist hervorragend. Der vom Typenbegleiter eingeführte eckige Windschutz bewährt sich, aerodynamische Nachteile sind nach den neuesten Messungen der DVL nicht zu erwarten. Weitere Arbeiten zur Verbesserung der Flugeigenschaften laufen, insbesondere in Richtung Erhöhung der Stabilität um die Hochachse. Zur Zeit wird außerdem eine Zulassung für höhere Geschwindigkeiten untersucht. Bei den angelieferten Serienflugzeugen ist der aerodynamische Zustand schlecht. (Schlechter Straak Vorflügel-Hauptflügel, schlecht passende Triebwerksverkleidungen.) Die Schußrohröffnungen und der Leerhülsenauswurf sind offen. Normaler Tarnanstrich. Stoffbespannte Ruder.«

Dem Typenbegleiter Oberst *Petersen* gelingt es, die zahlreichen Änderungen und Verbesserungen rechtzeitig in die anlaufende Serie einfließen zu lassen, so daß die Truppe einigermaßen frontklare Flugzeuge erhält. Am 25. Juli 1944 kommt es bei der neben der Erprobungsfliegerei betriebenen Jagd auf »Mosquitos« zu einem erbitterten Luftkampf zwischen Hauptmann *Thierfelder* und einer Mosquito, in dessen Verlauf *Thierfelders* Flugzeug brennend abstürzt.

Me 262 als Jagdbomber und Aufklärer

Nach den schweren Angriffen auf Hamburg im Sommer 1943 faßt *Hitler* den Entschluß, wieder Vergeltungsangriffe auf England aufzunehmen, anstatt für eine Stärkung der Verteidigung Sorge zu tragen. Die Einsätze von Bomberverbänden der deutschen Luftwaffe gegen England sind seit langem wegen unverhältnismäßig hoher Verluste eingestellt worden. Die Gründe für diesen wahnwitzigen Befehl und noch folgende Torheiten sind wohl auf den verderblichen Angriffgeist *Hitlers* und seine miserable Beratung in Angelegenheiten der Luftwaffe durch Oberst *Christian*[24] zurückzuführen; *Christian* hat sich weder bei der Truppe noch in der Industrie jemals sehen lassen und berät anscheinend so, wie es der Führer wünscht.
Nun soll das schnelle Jagdflugzeug Me 262 der neue Vergeltungsbomber werden. Zwei Wochen nach dem Hamburger Großangriff im August 1943 wird Oberst *Dietrich Peltz* von *Göring* auf höhere Weisung zum Angriffsführer England ernannt[25]. Der General der Kampfflieger läßt allerdings keinen Zweifel daran, daß solche Angriffe nur mit Strahlflugzeugen geflogen werden können. *Peltz* verlangt anfangs kein besonderes Zielgerät für die Me 262. Bald fordert er aber das Lotfe 7 H für die Bomberausführung. Um dieser Forderung nachzukommen, wird versuchsweise eine Me 262 mit einer Vollsichtkanzel für einen liegenden

Zusammenstellung der vom Erprobungs-Kommando Me 262 überprüften und nachgerüsteten Flugzeuge*

Werk-Nr.	Kennzeichen	Erprobungsaufgaben
130 163	E2+01	Fahrwerksbeanspruchungen, Radantrieb durch Lufttaschen
130 170	E2+02	Leistungsvermessung
130 018	E3+01	Triebwerkserprobung
130 168	E3+02	Triebwerkshöhenerprobung
170 038	E3+03	Junkers-Triebwerkserprobung
130 165	E4+05	Hydraulikerprobung, 2× 18 l-Pumpen und Überdruckventile, FuG 16ZY, Jägerkurssteuerung, 2× 3000 W-Generator und Bordnetz
130 188	E7+01	Stuvi, BZA, TSA
170 070	E7+02	TSA-Einbau, Abwurfversuche
130 164	WA+TA	Bordwaffenerprobung, TSA-Einbau
170 057	WA+02	Bordwaffenerprobung
170 095	KD+EA	Fahrwerk- und Hydraulikdauererprobung, Schwerpunktlagen, Zusatzbehälter, 2× 18 l-Pumpe und Überdruckventile, Kunstflug und taktisches Fliegen, Nachtjagdeinsatzerprobung
130 172	EK+LI	Kraftstoff-Versuche, Reifen- und Fahrwerkdauererprobung
130 174	EK+L2	Dauererprobung
170 039	EK+L3	Dauererprobung, Triebwerksversuche (Nadelsteuerung und Beschleunigungsregler)
130 010	VI+AJ	Doppelsitzererprobung und Schulung Gashebelbremse, Versuchstriebwerke für Nadelsteuerung, Kurssteuerung, Nachweisflug für 850 km/h

* Aus Bericht des Kommandos der Erprobungsstellen B. Nr. 22140/45 vom 15. 1. 1945

Vom Juni 1944 an werden vom »Erprobungskommando Schenk« Kampfflieger auf den Jagdbomber Me 262 A-2a umgeschult

Schützen ausgerüstet. Das Flugzeug erhält die Bezeichnung Me 262 A-2a/U-1, wird aber nur in ein oder zwei Exemplaren gebaut, weil es ausgeschlossen ist, die Serie der Me 262 zu stoppen und durch einen Bomber mit liegendem Schützen mit Bombenvisier zu ersetzen.

Die ersten Kampfflieger werden am 20. Juni 1944 auf die Me 262 umgeschult. Im August 1944 wird unter Leitung von Major *Wolfgang Schenk* das »Erprobungskommando Schenk« gegründet, das aus der ersten Gruppe des Kampfgeschwaders KG 51 »Edelweiß« hervorgeht. Nach Umschulung der Piloten und provisorischer Umrüstung der Flugzeuge vom Jäger auf den Einsatz als Bomber erreicht der Verband mit neun Flugzeugen in Juvincourt bei Reims Anfang August Einsatzstärke.

Wolfgang Schenk ist ein erfahrener hoch dekorierter Kampfflieger, der zeitweise im Stab des Leiters der Flugzeugentwicklung im Technischen Amt, Oberst *Knemeyer,* tätig gewesen ist. Mit einem Reflexvisier für Jäger kann aber auch *Schenk* keine gezielten Bombenangriffe im Horizontalflug fliegen, – das ist mit der Jägerausrüstung nur im Bahnneigungsflug möglich. *Schenk* schult deshalb die Piloten seines Kommandos auf diese Art von Bombenabwurf, mit dem er eine ungewöhnliche Zielgenauigkeit erreicht. Er stürzt nach seinem Bericht[26] mit 40° etwa in 5000 m Höhe beginnend und hält dabei gleichbleibend 950 km/h Geschwindigkeit. Mit dem Reflexvisier zielend löst er spätestens in 2000 m Höhe die beiden 250 kg-Bomben aus. Die Abfanghöhe von 2000 m reicht für die Me 262 aus. Er erreicht bei Probeabwürfen in Lechfeld eine durchschnittliche Abweichung von 18 m vom Ziel, eine höhere Genauigkeit als die Ju 88 als Sturzbomber. Der Major operiert mit seinen wenigen Männern von Juvincourt vom linken Flügel der Front zum rechten Flügel und sucht sich seine Ziele selbst aus, weil er von oben keine zugewiesen erhält. Als seine Piloten beginnen, sich mit dem

Me 262 A-1a von JG 7

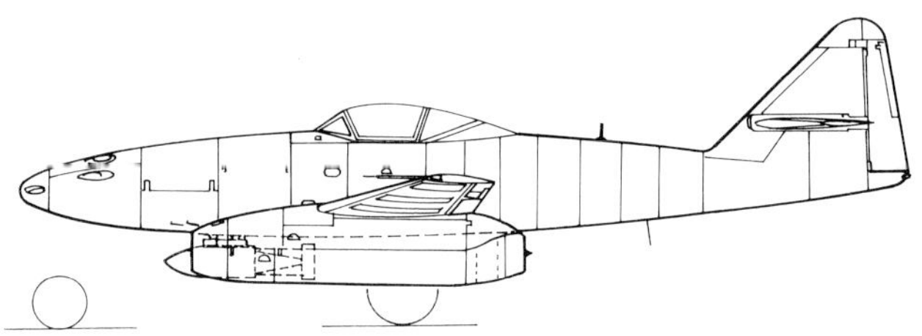

Jagdbomber Me 262 A-2a/U-1, der mit zwei MK 108-Maschinen-Kanonen, zweimal 250 kg Bomben und TSA-Zielgerät ausgerüstet ist

Abwurfverfahren im Bahnneigungsflug über der Front vertraut zu machen, ordnet ein Führerbefehl an, daß ihre Flugzeuge nicht schneller als mit 750 km/h stürzen und nicht unter 4000 m Höhe über Feindgebiet fliegen dürfen. Folglich kann das Kommando vom August 1944 an keine gezielten Angriffe mehr fliegen, bis der Führerbefehl im Dezember 1944 rückgängig gemacht wird. Das Kommando Schenk wird Ende Oktober 1944 in Rheine mit der ersten Gruppe des KG 51 vereinigt, aus der es hervorgegangen ist und die inzwischen ebenfalls Jagdbomber erhalten hat. Major *Schenk* übernimmt die Führung des Geschwaders.

Im Oktober 1944 beginnt wieder die Aufstellung von Jagdeinheiten und von Januar 1945 an werden die Blitzbom-

Me 262 A-2a mit zwei 250-kg-Bomben unter dem Rumpf. Für einen gezielten Bombenabwurf gibt es nach den Erfahrungen Schenks nur den Sturz aus 4000 bis 5000 m Höhe über 2000 m Strecke mit 950 km/h Geschwindigkeit und ein Abfangen in etwa 2000 m Höhe. Die Trefferergebnisse bei diesem Verfahren sind hervorragend. Doch der Sturz wird verboten

Zum Bomber versuchsweise umgebaute Me 262 A-2a/U-2 mit einer verglasten Rumpfspitze, versuchsweise aus Holz, für einen zweiten Mann mit Lotfe 7 H. Zwei Stück werden gebaut. Werknummer 110 555

ber-Verbände auf die Jagd umgestellt. Nach der Ardennen-Offensive schwer angeschlagen, wird die erste Gruppe KG 51 im Winter 1944/45 durch eine zweite Gruppe II./KG 51 wieder aufgefüllt und erreicht eine Stärke von etwa 40 Flugzeugen, die sie bis Kriegsende beibehält.
Anfang Dezember 1944 wird in Lechfeld eine Aufklärungsgruppe unter dem Namen Einsatzkommando Braunegg ins Leben gerufen, die mit der Me 262 A-1a/U-3 ausgerüstet[27] wird. Diese Einheit untersteht dem Versuchsverband des Oberkommandos der Luftwaffe. Aus dieser Einheit entstehen eine Stabs-Gruppe und zwei Stafeln des NA Gr. 6*.

Kommando Nowotny

Nach dem tödlichen Absturz von Hauptmann *Thierfelder* übernimmt Major *Walter Nowotny* dessen Erprobungskommando 262 in Lechfeld und Rechlin. Am 3. Oktober 1944 wird das Erprobungskommando in »Kommando Nowotny«[28] umbenannt und verfügt über 30 Me 262 A-1a; als Operationsbasen dienen die Flugplätze Achmer und Hesepe bei Osnabrück. Aber schon in den ersten Tagen erleidet die Gruppe drei schwere Verluste durch Abschuß der Flugzeuge beim Start. Die Plätze werden daraufhin durch starke Flak und durch das bekannte Grünherz-Geschwader JG 54 geschützt, das mit seinen Kolbentriebflugzeugen auf Wache zieht.
Nach vier Wochen Einsatz gegen alliierte Bomberverbände hat das Geschwader unter unglaublich harten, mit bewundernswertem Elan geführten Einsätzen zwar 22 Abschüsse erzielt, aber sieben Flugzeugführer zu beklagen, 26 Maschinen verloren und noch ganze drei Flugzeuge im Einsatz. Abgesehen von den Verlusten durch Feindeinwirkung sind viele Abstürze und Brüche bei Start und Landung auf nicht ausreichende Einweisung der Piloten zurückzuführen und auf technische Störungen wie Fahrwerkbrüche, Reifenschäden, Triebwerksausfälle oder Vibrationen, die zu Brüchen an der Zelle führen. Am 8. November 1944 fällt *Nowotny,* nach Abschuß einer viermotorigen Maschine von 30 feindlichen Jägern verfolgt, selbst im Luftkampf. Der Grund für diese Katastrophe sind die nicht weit genug von den feindlichen Bomberströmen mit hunderten von Begleitjägern entfernt liegenden Flugplätze. *Fritz Wendel,* der den Ursachen dieses Versagens eines Verbandes mit so hoch qualifizierten Flugzeugführern nachgeht, stellt außerdem fest, daß zwei bis drei Starts auf der Me 262 neben vielen anderen Unzulänglichkeiten nicht ausreichen, um das Flugzeug im Luftkampf zu beherrschen.
Die Reste des Kommandos Nowotny und Thierfelder werden dem II. Ergänzungsgeschwader JG 2 in Lechfeld zugewiesen. Im November 1944 beginnt in Lechfeld unter Leitung von Major *Erich Hohagen* eine Einweisung der Piloten auf die Me 262. Die Flugzeugführer erhalten während mehrerer Tage Unterricht über das Flugzeug, wobei Rümpfe beschädigter Maschinen als Anschauungsmaterial dienen. Typenfliegen findet in Landsberg auf Me 110 und Siebel Si 204 statt. Hieran schließen sich wieder in Lechfeld Einweisungen zum Rollen, Starten und Landen mit der Me 262. Die Ausbildung wird bald unter Leitung von Oberstleutnant *Heinz Bär* ergänzt, der von den Piloten vor dem eigentlichen Einsatz 20 Starts verlangt. Dennoch bleibt die Einweisung lückenhaft, weil häufig der Kraftstoff fehlt. Die Ausbildungs-Einheit fliegt zum Jahresende 1944 während der Schulung Einsätze gegen feindliche Aufklärer. *Bär* schießt während dieser Tätigkeit als Ausbilder nicht weniger als 14 Gegner ab. *Hohagen* stellt aus den umgeschulten Piloten und den Resten des Kommandos Nowotny eine neue Einheit auf, die der Vortrupp des Geschwaders JG 7 wird.

Jagdgeschwader 7

Mitte November 1944 wird von höchster Stelle grünes Licht für den Aufbau von Jagdflieger-Einheiten mit der Me 262

* NA = Nahaufklärer

Mit 835 km/h Höchstgeschwindigkeit ist die Me 262 A-1a den gegnerischen Flugzeugen um 150 km/h bis 200 km/h und den englischen Strahljägern um mehr als 100 km/h überlegen

Bei dieser Me 262 A-1a handelt es sich um die Maschine von Major Theodor Weissenberger I./JG 7

gegeben. *Galland* greift gleich zu und schafft durch Verlegung der zweiten Gruppe des II./JG 3[29] unter Heranziehung guter Flugzeugführer aus anderen Verbänden und der Einheit Hohagens die Voraussetzungen für den Aufbau des JG 7. Am 19. November 1944 werden die in Lechfeld zusammengezogenen Gruppen in dritte Gruppe III./JG 7 umbenannt, deren Leitung Major *Hohagen* übernimmt. Die Gruppen I und II werden in Neumünster aufgestellt.

Oberst *Johannes Steinhoff,* der inzwischen 170 Luftsiege zu verzeichnen hat, übernimmt auf Veranlassung *Gallands* den Verband als Geschwader-Kommodore. Die Flugzeuge treffen nur schleppend ein oder werden unfertig geliefert, dazu verzögert lang anhaltendes Winterwetter ohne Sichtflugmöglichkeiten den Aufbau des Geschwaders. Alle bisherigen Anstrengungen haben hauptsächlich dem Versuch gegolten, aus dem Flugzeug einen Bomber zu machen. Die Fronterprobung für den Jäger ist deshalb vernachlässigt worden. Die von *Thierfelder* begonnene Arbeit muß wieder aufgenommen werden, die Flugzeuge müssen nachgearbeitet und nachgerüstet werden. Eine Kabinenheizung wird benötigt, um das Beschlagen der Scheiben zu verhindern. An der Waffenanlage sind Verstärkungen und Änderungen erforderlich. Hinzu kommt eine unzureichende Führung durch Funk und ein Mangel an Navigationsanlagen.

Ende 1944 wehrt sich eine kleine Gruppe von Offizieren wie Oberst *Günther Lützow,* Oberst *Johannes Steinhoff* und der General der Jagdflieger *Adolf Galland* gegen *Görings* Kritik an mangelndem Einsatzwillen der Luftwaffe. *Steinhoff* wird daraufhin als Geschwader-Kommodore abgelöst. *Hohagen* meldet sich mit seiner schweren Kopfverletzung, die ihn bisher nicht am Weiterfliegen gehindert hat, im Lazarett, *Lützow* wird nach Italien versetzt. An *Steinhoffs* Stelle wird Major *Theodor Weissenberger* Kommodore des JG 7. Die dritte Gruppe III./JG 7, die sich inzwischen in Brandenburg-Briest befindet, übernimmt Major *Rudi Sinner.* Diese Gruppe und die Stabsstaffel bilden den Kern des Verbandes mit rund 50 Flugzeugen.

Weissenberger ist bisher mit der Aufstellung der ersten Gruppe I./JG 7 beauftragt gewesen, die drei Staffeln des II./JG 3 umschult und Anfang 1945 Einsatzreife erreichen soll. Kommandeur ist nunmehr Major *Erich Rudörffer.* Auch hier verzögert sich die Aufstellung durch verspätete Lieferung von Flugzeugen und durch andere kriegsbedingte Schwierigkeiten bis zum April 1945.

Die zweite Gruppe II./JG 7 wird im März 1945 während der letzten Kriegswochen aus Staffeln der vierten Gruppe des JG 54 durch Umschulung der Piloten aufgestellt, kommt aber nicht mehr zu einem geregelten Einsatz.

Weissenberger und *Sinner* gelingt es, mit der III. Gruppe des JG 7 in Zusammenarbeit mit dem Nachrichtenoffizier, Leutnant *Viktor Preuschke,* eine den neuesten Forderungen entsprechende Jägerführung aufzubauen. Erstmals werden ab Februar 1945 ungelenkte Bordraketen vom Typ R4M verwendet, die auf Rosten unter den Tragflächen angebracht werden und sehr zu den Erfolgen bei der Bekämpfung der Bomber beitragen.

Parallel mit dem JG 7 wird ein Verband von Schlechtwetter-Jägern aus dem Kampfgeschwader KG 54 aufgebaut. Der Verband ist vorher mit Ju 88 Kampfflugzeugen ausgerüstet gewesen. Die Flugzeugführer bilden sich als erfahrene Instrumentenflieger weitgehend selbst in ihrem Verband aus, ohne Lehrgang, ohne Durchlauf durch eine Ergänzungsgruppe oder eine entsprechende Umschulung in Lechfeld[30]. Ende Januar 1945 findet der erste Einsatz des KG (J) 54 unter Oberstleutnant *von Riedesel* statt. Bei sehr schlechtem Wetter starten 16 Flugzeuge. Zwei sichere und zwei wahrscheinliche Abschüsse werden erzielt. Drei eigene tödliche Ausfälle sind zu verzeichnen, darunter der Kommodore, weitere drei Maschinen gehen verloren, wobei die Flugzeugführer sich retten können. Die Gruppe erhält daraufhin Befehl, nicht nur Schlecht-, sondern auch Schönwetterjagd auszuüben. Obwohl der Verband während seines Bestehens 145 Flugzeuge erhalten hat, sind größere Erfolge ausgeblieben.

Major *Schenk* bringt in einem Erfahrungsbericht an Oberst *Lützow* zum Ausdruck, »daß Kampfflieger aus dem Handgelenk heraus nicht abschießen können. Die Kampfflieger empfinden gegenüber Jägern eine gewisse Geringschätzung. Für sie ist der Jäger ein nicht voll ausgebildeter Flieger, der

Me 262 A-1a des JG 7 am 15. April 1945 in Perleberg

nicht navigieren kann, der laufend fliegerische Unzucht treibt und dafür um so mehr angibt. Und was von diesen Leuten verlangt wird, sollte ein alter Kampfflieger nicht können? Aber diese Flieger widersetzen sich bei der Jagd allen gültigen Gesetzen des Fliegens. Sie nehmen die Aufgabe des Jägers einfach nicht für ernst genug. Die einzig mögliche Lösung ist die Einschleusung von Kampffliegern in Jagdverbände, wo die Jäger den Vorrang haben und die Kampfflieger sich langsam eingewöhnen können. Erfahrene Kampfflieger werden selten gute Jagdflieger.«

Doch zurück zum JG 7.
Das Verhältnis von abgeschossenen Feindmaschinen zu eigenen Verlusten liegt beim JG 7 bei 10:1. Doch gegen die gewaltige Übermacht des Gegners kann auch der tapferste Einsatz des Geschwaders nichts Entscheidendes mehr ausrichten.

Me 262 als Nachtjäger

Erste Versuche, die zweisitzige Me 262 B-1a auf ihre Tauglichkeit als Nachtjäger zu prüfen, gehen auf Oberst *Hajo Herrmann* – bekannt durch das Nachtjagdverfahren »Wilde Sau« – und auf Oberleutnant *Behrens* in Rechlin zurück. Mit Hilfe von Flugkapitän *Fritz Wendel* werden die verschiedenen Radar- und Navigationsgeräte auf ihre Eignung für die Me 262 als Nachtjäger überprüft. Es stellt sich heraus, daß das Flugzeug für die Nachtjagd besser geeignet ist als zum Beispiel die Ar 234 mit ihrer Glaskanzel. Als erster Nachtjagdverband entsteht ein Kommando unter Major *Gerhard Stamp,* das später durch das Kommando Welter abgelöst wird. *Welter* hat bei der Verleihung des Ritterkreuzes durch *Göring* im Oktober 1944 um Genehmigung gebeten, mit zehn von ihm ausgesuchten Piloten ein

Bei dieser Me 262 A-1a mit der Werknummer 262 000 167 bedeutet das V vor der 167 am Rumpf eine Verwendung des Flugzeuges für Versuchszwecke

Einsitziger Nachtjäger Me 262 A-1a mit FuG 218 und der Werknummer 170 056; mit dem als Versuchsflugzeug gekennzeichneten Muster werden verschiedene Funk-, Navigations- und Kennungsgeräte erprobt

Nachtjagd-Kommando mit der Me 262 A-1a aufstellen zu dürfen, das speziell für die Mosquito-Jagd bestimmt sein soll. *Welter* schießt wenige Tage nach Aufstellung des Kommandos im Dezember 1944 die ersten viermotorigen Bomber und im Januar 1945 drei Mosquitos ab; aber die meisten Piloten seiner Einheit sind bis Februar 1945 noch mit Me 109 G-10 und G-14 ausgerüstet und erhalten erst später die Me 262. *Welter* erhält einige der ersten von der Lufthansa-Werft zu Nachtjägern umgebaute zweisitzige Schulmaschinen der Version Me 262 B-1a/U-1 (s. Baureihen-Übersicht), die mit FuG 218 und vier MK 108 bestückt sind. Von dem ersten reinrassigen Nachtjäger Me 262 B-2a, der eine gestreckte und weniger Widerstand erzeugende Kanzel hat und eine zusätzliche Schrägbewaffnung mit zwei MK 108, erhält *Welter* die einzig fertig gewordene Ausführung. *Welter* übernimmt im April 1945 die 10. Staffel des NJG 11. Sein Kommando erzielt bis zum Kriegsende 48 Abschüsse, davon entfallen auf *Welter* selbst 40.

JG 44, die Ersten und die Letzten

Nachdem *Galland* – wie *Steinhoff* und *Lützow* – Ende 1944 wegen heftiger Auseinandersetzungen mit *Göring* abgelöst worden ist, erhält er im Januar 1945 auf Veranlassung *Hitlers* von *Göring* die Genehmigung, einen Strahljägerverband aufzubauen und selbst die Piloten auszusuchen. Auf diese Weise entsteht die wohl ungewöhnlichste Einheit in der

Zurückschleppen einer Me 262 A-1a nach dem Einsatz zum Munitionieren

Kurz vor Toresschluß werden die Me 262 A-1 des JG 7 mit ungelenkten Bordraketen vom Typ R4M auf Rosten unter den Tragflächen ausgerüstet

Geschichte der Deutschen Luftwaffe. Bald gehören dem Verband – dem Rufe *Gallands* folgend – die besten Flugzeugführer an, vielfach hoch ausgezeichnete Träger des Ritterkreuzes; genannt seien nur die Namen *Lützow, Steinhoff, Barkhorn, Hohagen, Krupinski, Bär* und *Schnell.* Als Basis dienen dem neuen Verband die 16. Staffel des JG 54 und Piloten des Ergänzungs-Geschwaders III./JG 2 in Lechfeld. Nach einer kurzen Trainings-Periode unter Leitung von *Johannes Steinhoff* in Brandenburg-Briest bei Berlin mit etwa 50 Piloten und 25 Flugzeugen wird der JG 44 benannte Verband Ende März 1945 in einem geschlossenen Verbandsflug in 42 Minuten Flugzeit nach München verlegt. Alle Angehörigen des Verbandes wissen, daß an der baldigen Niederlage nichts zu ändern ist. Aber alle sind von dem Turbojäger fasziniert und wollen noch einmal das Gefühl fliegerischer Überlegenheit erleben und auch demonstrieren, daß die Me 262 kein Bomber, sondern ein erfolgreicher Jäger ist.
Nach einer strikten Anweisung der Verbandsführung sind nur Bomber zu bekämpfen; Jägern ist auszuweichen und nur notfalls ein Kampf anzunehmen. Den Kampf eröffnet am 1. April 1945 ein Schwarm bestehend aus *Steinhoff* mit *Krupinski* und *Fährmann.* Sie schießen vier Bomber ab, *Steinhoff* erwischt bei der Landung noch eine Mustang, die seinen Weg kreuzt.
München-Riem wird von diesem Augenblick an den ganzen Tag über von amerikanischen Jägern bewacht, die auf landende oder startende Me 262 lauern. Eine Schutzstaffel unter Leutnant *Heinz Sachsenberg,* dessen Einheit mit der Langnase Fw 190 D ausgerüstet ist, und äußerst starke Flak-Einheiten helfen diesem Übel ab. Hunderte von Arbeitern sind damit beschäftigt, die durch Bombenabwürfe entstehenden Löcher der Graspiste auszufüllen. Die Staffel der Experten startet in Ketten mit drei Flugzeugen. Den erfahrenen Piloten gelingt es, in fünf Minuten bis zu 24 Flugzeuge in die Luft zu bringen. Die Feuerkraft der mit vier MK 108/30 und teilweise mit zwölf bis vierundzwanzig R4M-Raketen ausgerüsteten Maschinen ist enorm. Durch die R4M-Raketen verliert das Flugzeug allerdings 70 km/h Geschwindigkeit. Die Reichweite der Geschosse liegt bei 150 m bis 250 m. Zum Zielen kann ein Standard-Visier verwendet werden. Als am 18. April 1945 *Galland, Steinhoff, Krupinski* und *Fährmann* einem B 26 Marauder-Verband entgegenfliegen wollen, gerät beim Start *Steinhoffs* Flugzeug mit einem Fahrwerkrad in einen nicht fest aufgefüllten Bombentrichter. Das Flugzeug sackt ab, schlägt auf und geht in hellen Flammen auf. *Steinhoff* überlebt, trägt aber sehr schwere Brandwunden davon.
Am 24. April 1945 kehrt Oberst *Lützow* von einem Feindflug nicht mehr zurück.
Am 26. April 1945 fliegt *Adolf Galland* nach Abschuß von zwei Maraudern verletzt mit angeschossener Maschine zurück, kann noch landen und in einen Bombentrichter springen, denn der Platz wird gerade bombardiert. Sein Nachfolger wird *Heinz Bär.* Der Verband verlegt nach 50 Abschüssen im April 1945 in den letzten Kriegstagen nach Salzburg und ergibt sich am 3. Mai 1945 nach Sprengung der Maschinen den Amerikanern.
Das Schlußwort über den Einsatz der Me 262 soll Oberstleutnant *Heinz Bär,* dem letzten Kommandeur des JG 44, gehören. Als Bauernsohn 1913 in Sommerfeld bei Leipzig

Me 262 A-1a in Zürich-Dübendorf. Fähnrich Mudtke vom III./JG 7 landet wegen Kraftstoffmangel am 24. April 1945 in der Schweiz. Das Flugzeug befindet sich heute im Deutschen Museum

geboren, beginnt er 1935 seine Laufbahn als Werkzeugschlosser bei einem Kampfverband. Er wird Flugzeugführer eines Ju 52/3m-Transportverbandes. Zu den Jagdfliegern versetzt, überlebt er den Zweiten Weltkrieg mit nicht weniger als 200 Abschüssen. Selbst 18mal abgeschossen, springt er viermal mit dem Fallschirm ab und ist gezwungen, nicht weniger als vierzehnmal auf dem Bauch zu landen. Er kämpft im Westen, Osten und im Mittelmeer und erreicht allein auf der Me 262 als Kommandeur des Ergänzungs-Geschwaders III./JG 2 18 Abschüsse. Sein Schulkommando schoß während des Trainings 30 Feindmaschinen ab. Der zu den erfahrensten deutschen Piloten gehörende *Heinz Bär,* der nach dem Tode *Lützows* und der Verwundung *Gallands* Kommandeur der Staffel der Experten wird, urteilt über die Me 262[31]:

»Das Düsenflugzeug war gegenüber einem einzelnen Propellerflugzeug einfach zuviel. Wir konnten den Kampf mit den alliierten Jagdflugzeugen annehmen oder verweigern. Die Entscheidung lag bei uns. Der Leistungs- und Bewaffnungsvorteil, der uns durch die Me 262 geboten wurde, war im Jägerkampf ausschlaggebend. Vorausgesetzt natürlich, daß die Me 262 mit beiden Triebwerken einwandfrei funktionierte. In den Düsenjägern waren wir aber in echten Schwierigkeiten, wenn ein Triebwerk ausfiel. Es war auch eine erschreckende Feststellung, wenn der Treibstoff zur Neige ging und man sich zur Landung vorbereitete, daß alliierte Jäger einem bis nach Hause gefolgt waren oder über dem Platz warteten.«

Heinz Bär stellt sich nach dem Kriege als einer der ersten dem Deutschen Aero-Club als ehrenamtlicher Motorflug-Referent zur Verfügung, er stürzt 1955 mit dem Zaunkönig, einem kleinen Langsamflugzeug von Professor *Winter,* tödlich ab.

Aktive und in Aufstellung begriffene Me 262-Verbände*

Jagdgeschwader

Jagdgeschwader 7	Gruppe III Aufstellung in Lechfeld und laufender Einsatz; Gruppe I und II in Neumünster in Aufstellung und Einsatz; Geschwaderstab im Einsatz
Jagdverband 44	Elite-Einheit unter Führung von *Adolf Galland*
KG (J) 6	Aufstellung Geschwader; Umschulung auf Me 262 in Prag; Einsatz gegen sowjetischen Vormarsch
KG (J) 27	Aufstellung Geschwader; Umschulung auf Me 262 in Wels
KG (J) 30	Aufstellung Geschwader; Umschulung auf Me 262 in Königsgrätz
I./KG (J) 54	Giebelstadt; Umrüstung von Ju 88 auf Me 262 seit November 1944 16. Staffel
KG (J) 55	Aufstellung Geschwader und Umschulung in Landau
I./Versuchsverband Ob. d. L.	Versuchs-Einheit der Luftwaffenführung
I./JG 300	Versuche von Stamp zur Bekämpfung von Bombern
JG 301	Planung

Kampfgeschwader

I./KG 51 Edelweiß	I. Gruppe KG 51; Versuchs-Einheit zur Umschulung von Bomberpiloten auf Me 262; seit Oktober 1944 Ausrüstung mit Me 262
I./KG 51	Geschwaderstab KG 51
II./KG 51	II. Gruppe KG 51 in Schwäbisch Hall; füllt I. Gruppe nach Ardennen-Offensive auf; kommt selbst nicht zum Einsatz

Kommandos

Erprobungs-Kommando Me 262 Thierfelder	Lechfeld; zwei Staffeln
Kommando Wegemann	Aufbau Me 262-Einheit Juli 1944 in Bindersleben; Übergabe Einheit in Achmer an *Nowotny*

Kommando Nowotny	3. 10. bis 8. 11. 1944; Lechfeld, Achmer, Hesepe
Erprobungs-Kommando Schenk	Umschulung von Bomber-Piloten seit 20. 6. 1944
Kommando Stamp	Nachtjäger-Versuchs-Einheit zur Verteidigung von Berlin
Kommando Welter	Umbenennung Kommando Stamp in Welter
Jagdgruppe 10	mit Erprobung der R4M-Rakete beauftragt

Aufklärer

Kommando Braunegg	Aufklärungs-Einheit; Aufstellung Lechfeld; Ausrüstung mit Me 262 A-1a/U-3
NA Gr. 6	Weiterführung Kommando Braunegg als Nahaufklärer-Verband mit zwei Staffeln und Stabsgruppe

Nachtjäger

NJG/11	Erweiterung des Kommandos Welter zum Geschwader

Ergänzungsgeschwader

I./Ergänzungsgeschwader KG (J)	Ausbildung und Schulung in Pilsen
II./Ergänzungsgeschwader KG (J)	Aufbau Verband; Umschulung in Neuburg
III./Ergänzungsgeschwader JG 2	Sturmvogel-Ausbildung in Lechfeld
IV./Ergänzungsgeschwader KG 51	Ersatz-Einheit für KG 51 in Neuburg

* Zusammengestellt und ergänzt nach William Green, Warplanes of the Third Reich, Macdonald and Jane's, London und anderen ausländischen Quellen, die auf deutschen Unterlagen fußen.

Me 262-Typenreihe

Me 262 Baureihen-Übersicht (Stand 10. Januar 1945)*

Baureihe	Triebwerk	Kraftstoff Inhalt	Funk-, Nav.-Geräte	Bewaffnung	Abwurf-anlage	Sonstiges
Jäger (J) A-1a	Jumo 004B-1	2570 l + 600 l	FuG 16 ZY mit ZVG FuG 25 a	2× MK 108 je 100 Schuß 2× MK 108 je 80 Schuß	Anbau-möglichkeit: Wikingerschiff ETC 503 ETC 504	2 Raketen mit je 500 kg Schub als Starthilfe (abwerfbar); Kabine später austauschbar gegen Druckkabine; Knüppelgriff KG 13b; anstelle Revi 16 b später EZ 42; Panzerung: vor und hinter dem Führer; Frontscheibe 90 mm Panzerglas
Jäger (J) A-1a/U-1	wie A-1	wie A-1	wie A-1	1× MK 103 je 78 Schuß 2× MK 108 je 66 Schuß 1× MG 151 je 144 Schuß	wie A-1	wie A-1
A-1a/U-4						mit 50 mm Rheinmetall-Borsig BK 5 Kanone
Schlecht-wetter-jäger (S-J) A-1a/U-2	wie A-1	wie A-1	FuG 16 ZY mit ZVG FuG 25a Fug 125 vorgesehen FuG 120a	wie A-1	wie A-1	wie A-1; zusätzlich Kurssteuerung K 22 Knüppelgriff KG 13r anstelle KG 13b; anstelle Revi 16 b später EZ 42
Behelfs-Aufklärer (A) A-1a/U-3	wie A-1	wie A-1	FuG 16 ZY mit ZVG FuG 25a später FuG 125	–	–	wie A-1; anstelle der Waffen, Einbau von 2 Bildgeräten RB 50/30; nicht beheizt in der Rumpfspitze; Bildfolgeregelung durch Intervallgeber mit Aufsteckmotor; später Kurssteuerung K 22
Blitzbomber (BB) A-2a	wie A-1	2570 l	FuG 16 ZY mit ZVG FuG 25a später FuG 125 vorgesehen FuG 120a	2× MK 108 je 80 Schuß 2× 250-kg-Bomben 1× 500-kg-Bombe	Wikinger-schiff ETC 503 ETC 504	wie A-1; jedoch ohne Panzerung hinter dem Führer; später Kurssteuerung K 22; Knüppelgriff KG 13 r anstelle KG 13 b; anstelle Revi 16 b später EZ 42; vorgesehen: Deichselschlepp mit 1× 1000-kg-Bombe oder 1× 900-l-Kraftstoff

* Die Baureihenliste der Me 262 ist vom Messerschmitt-Projektbüro zum 10. 1. 1945 zusammengestellt worden; dies geht aus Hinweisen aus den Unterlagen hervor. Gleichzeitig hat die Liste dem RLM als Arbeitsunterlage gedient, was aus den Stempeln »Geheime Kommandosache« und dem RLM-Hinweis »geh. Kdos ES IV 5724 Ausfertigung« ersichtlich ist. Es kann demnach davon ausgegangen werden, daß die Liste authentisch ist. In Serie gebaut worden sind nur die Jäger-Version A-1 und die Bomber-Version A-2; außerdem sind meist als Sonderausführungen und Abwandlungen der A-1 einige Aufklärer A-5a, Schulflugzeuge B-1, Behelfs-Nachtjäger B-1a/U-1 und einige Nachtjäger B-2a gebaut worden. Die C-Versionen befinden sich als Einzelstücke in der Erprobung. Hinzu kommt eine Reihe von Prototypen und Weiterentwicklungen in mehr oder weniger fortgeschrittenem Baustadium.

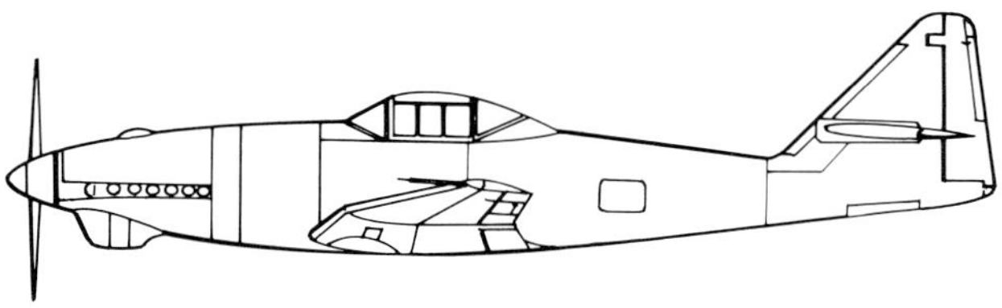

Me 262 V1 mit Kolbentriebwerk Jumo 210

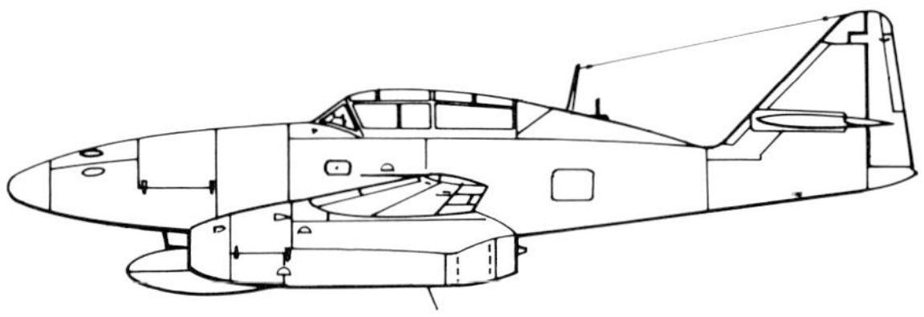

Me 262 B-1a

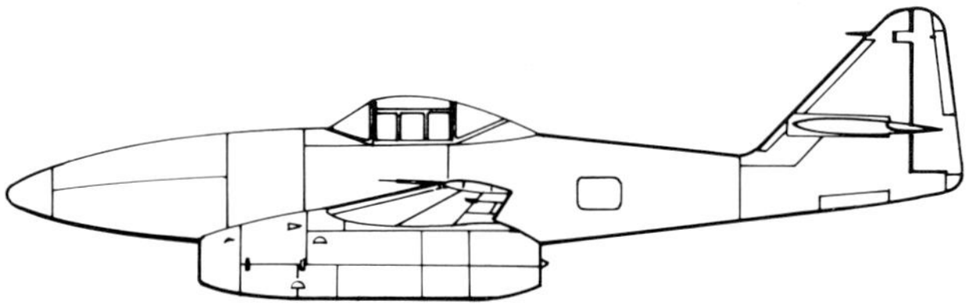

Me 262 V3

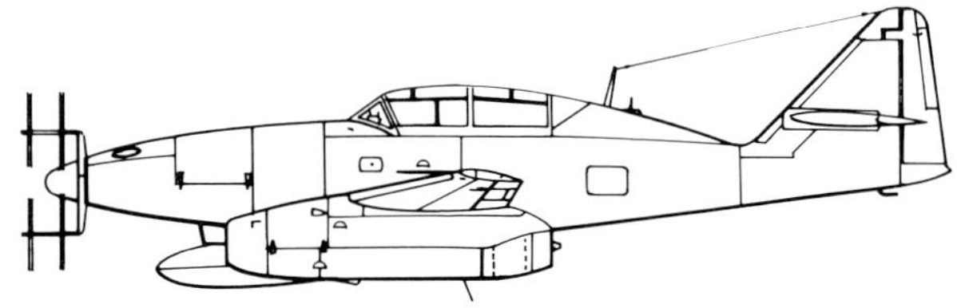

Me 262 B-1a/U-1

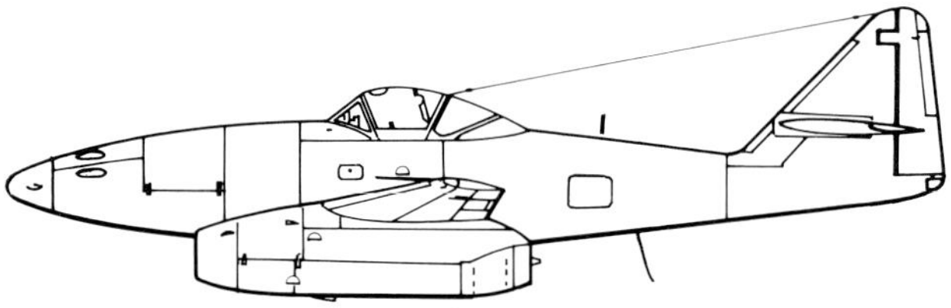

Me 262 A-1/U-1

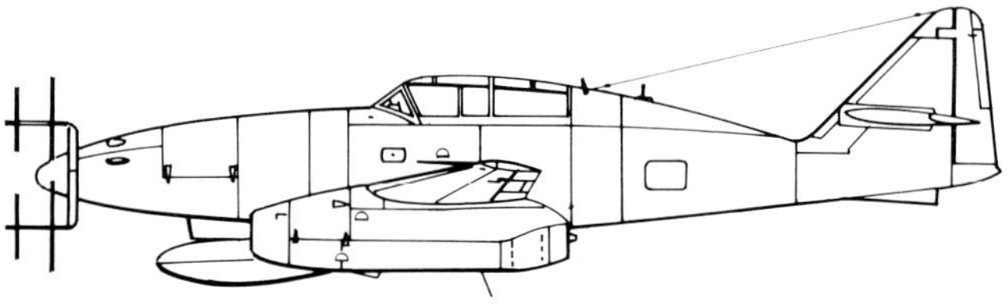

Me 262 B-2a

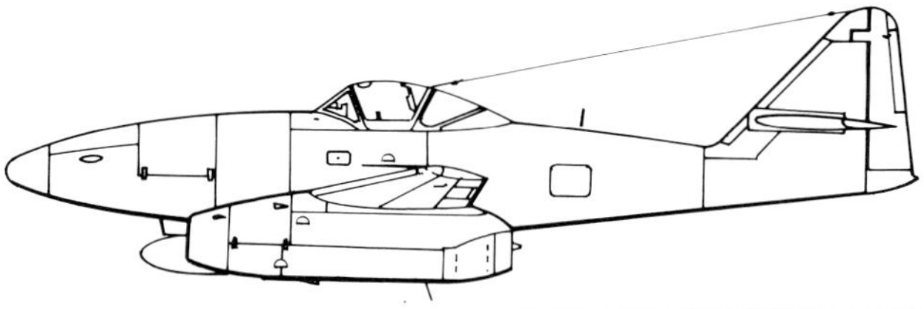

Me 262 A-2a/U-1

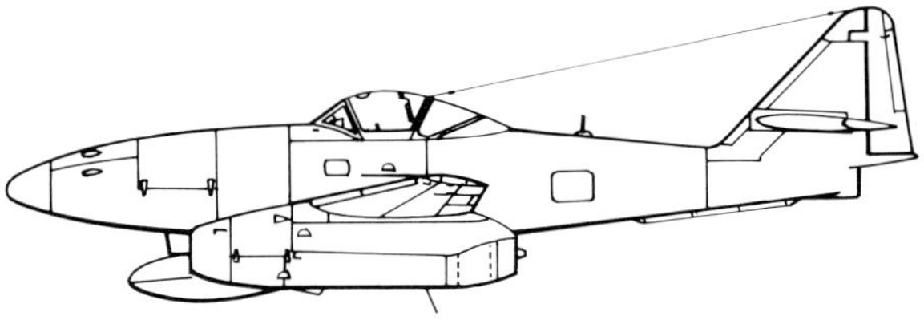

Me 262 C-1a

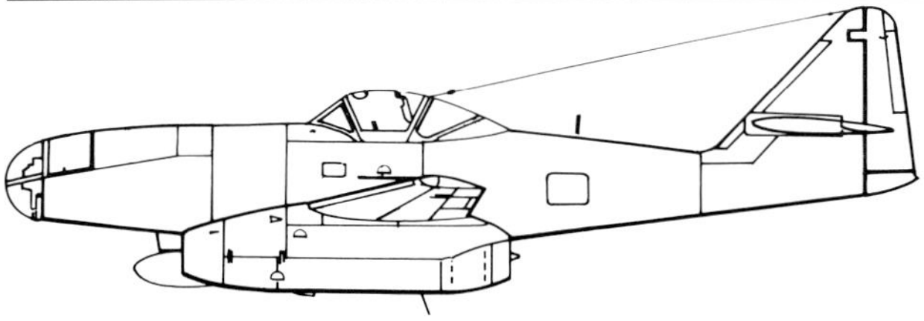

Me 262 A-2a/U-2

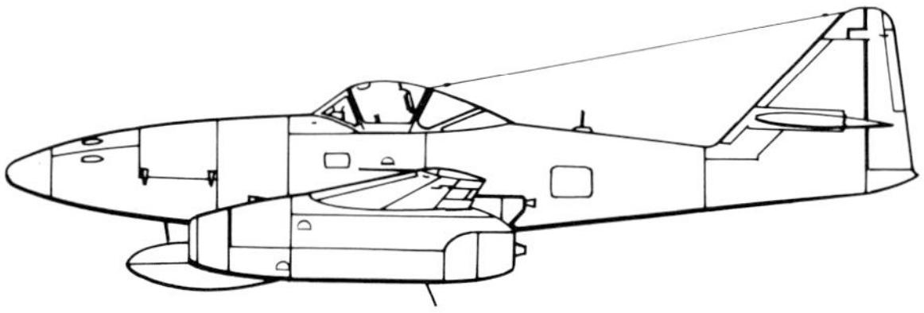

Me 262 C-2b

Baureihe	Triebwerk	Kraftstoff Inhalt	Funk-, Nav.-Geräte	Bewaffnung	Abwurf-anlage	Sonstiges
Blitzbomber mit TSA (BB) A-2a/U-1	wie A-1	wie A-2	wie A-2	2× MK 108 je 80 Schuß TSA-D 2× 250-kg-Bombe 1× 500-kg-Bombe	wie A-2	wie A-2; zusätzlich Einbau der TSA-Anlage in der Rumpfspitze
Schnellst-bomber (SB) A-2a/U-2	wie A-1	wie A-2	wie A-2 zusätzl. ZiY-Anlage f. 2 Mann	–	wie A-2	wie A-2; Rumpfspitze in Holz mit zweitem Mann als Bombenschützen; Lotfe 7H in Rumpfspitze
Panzer-flugzeug (P) A-3a	wie A-1	wie A-1	wie A-1/U-2	wie A-1	Anbau-möglichkeit des ETC 504	wie A-1 Im Bereich des Rumpfmittelteils ist Außenhaut gleich Panzerung (nicht gebaut)
Aufklärer (A) A-5a	wie A-1	wie A-1	wie A-1/U-2	2× Mk 108 je 80 Schuß	–	wie A-1/U-2 Einbau von 2 Bildgeräten RB 50/30 in der Rumpfspitze; wegen Waffeneinbau neue Rumpfspitze; Bildfolgeregelung durch Intervallgeber mit Umschalter (Beobachtungsfenster nach unten)
Schul-flugzeug (S) B-1a	wie A-1	1730 l + 600 l Zusatz-behälter	wie A-1 später wie A-1/U-2	2× MK 108 je 100 Schuß 2× MK 108 je 60 Schuß	wie A-1	wie A-1; später wie A-1/U-2; Rumpf auf Zweisitzigkeit umgebaut mit Doppelsteuerung; neue nicht druckdichte Kabine

Me 262 A-1a/U-4 mit 50-mm-Rheinmetall-Borsig BK 5-Kanone mit der Werknummer 170 083 und verstärktem Bugrad, das eingezogen flach neben der Kanone zu liegen kommt. Von dem Muster sind zwei Stück gegen Ende des Krieges fertiggestellt worden. Das Flugzeug ist für Angriffe auf Bodenziele vorgesehen und erzielt gute Treffererergebnisse

Baureihe	Triebwerk	Kraftstoff Inhalt	Funk-, Nav.-Geräte	Bewaffnung	Abwurf-anlage	Sonstiges
Behelfs-Nachtjäger (N) B-1a/U-1	wie A-1	2070 l + 600 l + 900 l im Deichsel-schlepp	FuG 16 ZY mit ZVG FuG 25a FuG 218 FuG 125 FuG 120a ETV-Anl. anstelle FuG 16 ZY später FuG 24	wie B-1a	–	wie B-1a; ohne Doppelsteuerung
Nacht-jäger (N) B-2a	wie A-1	2900 l + 600 l + 900 l im Deichsel-schlepp	wie B-1a/U-1 zusätzl. FuG 350 Zc	4× MK 108	–	wie A-1/U-2; Rumpf vom Führerraum aus nach vorne und hinten zylindrisch verlängert; zweisitzig; neue nicht druckdichte Kabine
Heimat-schützer I (J) C-1a	wie A-1 mit Walter-trieb im Rumpf-ende	1070 l J2 900 l T-St. 600 l C-St. vorgesehen 2× 300-l-T-St. im Außen-behälter	wie A-1 später wie A-1/U-2	2× MK 108 je 80 Schuß 2× MK 108 je 100 Schuß	–	wie A-1; später wie A-1/U-2; einsitzige Druckkabine; Leitwerksträger umgebaut für Einbau des Waltertriebs; Fahrwerk wie A-1; jedoch mit zwei abwerfbaren Zusatzrädern 660×190
Heimat-schützer II (J) C-2b	BMW 003 R	1070 l J2 900 l SV-St. 600 l R-St. vorgesehen 2× 300 l SV-St. im Außen-behälter	wie C-1	2× MK 108 je 80 Schuß 2× MK 108 je 100 Schuß	–	wie C-1; jedoch mit je einem zusätzlich auf jedem Triebwerk aufgebauten R-Triebwerk; Walterantrieb im Rumpfende entfällt

In der Tschechoslowakei während des Krieges nachgebaute A-1a-Version

Erklärungen zu Bausätzen und Navigationsgeräten*

C-ST	C-Stoff = Raketen-Brennstoff. 30% Hydrazin-Hydrat; 70% Methanol
ETC 503	Bomben-Aufhängevorrichtung oder Einzelträger für Bomben; Bombe = C
EZ 42	Einheitszielvorrichtung; Kreisel gestützt von Askania, die für das Zielen mit den Kanonen und für den Bombenabwurf gleich geeignet ist
FuG 16 ZY	Zielfluggerät
FuG 24	Sprech- und Zielfluggerät
FuG 25a	Kenngerät Freund-Feind-Erstling
FuG 120a	Navigationszusatz Bernhardine, Hellschreibzusatz zum Funkladegerät FuBl 2
FuG 125	Hermine, Funkfeuer-Empfangsgerät
FuG 218	Neptun III, Nachtjagdgerät
FuG 350 Zc	Navigationsradar Rotterdam und Bodenbetrachtungsgerät
J 2	leichtes Dieselöl für den Betrieb von Gasturbinen
KG 13b	Knüppelgriff
K-22	Siemens-Auto-Pilot
R-Stoff	Tonka-Brennstoffe, spezieller von BMW entwickelter Raketen-Brennstoff
Revi 16 b	Reflexvisier
SV-Stoff	Salbei; 90%–98% rauchende Salpetersäure und 2% bis 10% Schwefelsäure
T-ST	T-Stoff = Wasserstoff-Superoxyd als Sauerstoffträger für Raketentriebwerk
TSA	Bombenzielgerät
U 1	U = Bausatz zum Umrüsten der Baureihen; U 1 = in diesem Falle zusätzlich 2× MG 151 mit je 144 Schuß
Wikingerschiff	Verkleidete Bombenaufhänge-Vorrichtung
ZiY	Zielanlage für Bombenschützen
ZVG	Zielflug-Vorsatzgerät

* Siehe auch Fritz Trenkle, Buchreihe »Die deutsche Luftfahrt«; Vom Funksender zum Bordradar, Bernard & Graefe Verlag, Koblenz

Me 262 — Prototypen

Typ	Versuchs-Flugzeug	Werk-Nr.	Verwendung
Me 262	V 1	262 000 01	Kennzeichen: PC + UA; **18. 4. 1941** Erstflug Flugkapitän *Fritz Wendel* mit Jumo 210 G; **25. 3. 1942** Erstflug *Fritz Wendel* mit BMW P 3302; beide Triebwerke setzen aus; Notlandung mit Hilfe Jumo 210 G; **29. 7. 1943** Erstflug mit Jumo 004 B-0; erhält den vorgezogenen inneren Tragflügel zur Verbesserung Flugeigenschaften; **7. 6. 1944** nach 95 Testflügen Bruch
Me 262	V 2	262 000 02	Kennzeichen: PC + UB; **1. 10. 1942** Erstflug *Fritz Wendel* mit zwei Jumo 004 A-0; V 2 wird am gleichen Tag von Flugbaumeister *Heinrich Beauvais*, E-Stelle Rechlin, nachgeflogen; Vorziehen der Flügelnase zwischen Triebwerk und Rumpf; **18. 4. 1943** stürzt Flugversuchspilot *Wilhelm Ostertag* mit V 2 während eines Leistungsfluges tödlich ab wegen Triebwerksausfall durch Lösen der Zwiebel im Schubrohr 004
Me 262	V 3	262 000 03	Kennzeichen: PC + UC; **18. 7. 1942** Erstflug mit Jumo 004 A-0 Leipheim; Flugzeug ist schwerer und hat größere Triebwerkverkleidung für 004; längere Nase; größeres Seitenleitwerk; Querruderkräfte zu groß; **11. 8. 1942** geht zu Bruch; wird wieder repariert; erhält vorgezogene Flügelnase; **20. 3. 1943** wieder im Flugbetrieb; **April 1944** an DVL abgegeben zur Erprobung im hohen Geschwindigkeitsbereich; **3. 10. 1943** erreicht Flugversuchspilot *Gerd Lindner* in 5000 m Höhe 960 km/h Geschwindigkeit; **12. 9. 1944** durch Bomben zerstört
Me 262	V 4	262 000 04	Kennzeichen: PC + UD; **15. 5. 1943** Erstflug mit Jumo 004 A-0; **25. 7. 1943** Vorführung durch *Gerd Lindner* in Rechlin; geht am gleichen Tag beim Start zum 51. Flug in Schkeuditz bei heißem Wetter zu Bruch
M 262	V 5	262 000 05	Kennzeichen: PC + UE; **25. 7. 1941** in Auftrag gegeben; zwei Jahre Bauzeit; starres Bugrad; erhält zwei Borsig Ri 502-Startraketen mit je 500 kp Schub für 6 s;

Typ	Versuchs-Flugzeug	Werk-Nr.	Verwendung
			6. 6. 1943 flugbereit; **4. 8. 1943** Bruch durch Bugrad; Reparatur; **Januar 1944** fliegt wieder; **1. 2. 1944** erneuter Bruch durch Platzen Bugradreifen
Me 262	V 6	130 001	Kennzeichen: VI + AA; **17. 10. 1943** Erstflug mit Jumo 004 B-1; erstes Flugzeug mit hydraulisch angetriebenem einziehbaren Bugradfahrwerk; 004 B-1-Triebwerk ist um 100 kg leichter als B-0; Verkleidung 004 verbessert; *Gerd Lindner* ist für Flugerprobung V 6 verantwortlich; Versuche Fahrwerk durch Ausfahren als Luftbremse zu benutzen bei 550 km/h; Ergebnis kaum beherrschbare Trimmänderung; **20. 12. 1943** fliegt Oberst *Dietrich Peltz* V 6; **21. 12. 1943** fliegen *Major Egon Meyer* vom JG 2 und Hauptmann *Werner Thierfelder*; **9. 3. 1944** geht Flugzeug mit *Kurt Schmidt* zu Bruch
Me 262	V 7	130 007	Kennzeichen: VI + AB; **20. 12. 1943** Erstflug mit Jumo 004 B-1; **21. 2. 1944** beim 17. Flug beschädigt; wieder hergestellt und erstmals geflogen am **11. 4. 1944** durch Oberleutnant *Tesch*; bessere Vollsicht gewährende Haubenverkleidung; erste Vorkehrungen für den Einbau einer Druckkabine; **19. 5. 1944** Absturz nach dem 31. Flug mit Unteroffizier *Hans Flachs*
Me 262	V 8	130 003	Kennzeichen: VI + AC; **18. 3. 1944** Erstflug mit Jumo 004 B-1; Erprobungsmuster für die Bewaffnung mit vier MK 108/30 im Bug; nach Bruch Bugrad beim 258. Flug beschädigt; neue Führersitzhaube mit besserer Sicht; **April 1944** geht das Flugzeug zum Erprobungskommando 262
Me 262	V 9	130 004	Kennzeichen: VI + AD; **19. 1. 1944** Erstflug mit Jumo 004 B-1; Erprobung Ausrüstung in Lechfeld; geändertes Leitwerk für Versuchszwecke; Höhenleitwerk mit Pfeilung und größeres Seitenleitwerk; Flugzeug wird unstabil; Tausch gegen normales Leitwerk; neue Führersitzverkleidung »Rennkabine« genannt; Flugversuchspilot *Karl Baur* stößt mit dem Kopf gegen das zu tiefe Kabinendach
Me 262	V 10	130 005	Kennzeichen: VI + AE; **15. 4. 1944** Erstflug mit Jumo 004 B-1; Erprobung Panzerschutz für Piloten; Versuche mit Bombenabwurf und Wikingerschiff; Starts mit Raketen; Rollstrecke 600 m; mit Raketen mit 1000-kg-Bombe Starts ausgeführt; **6. 8. 1944** Beschädigung Tragflügel durch Reifenschaden; Versuche mit Bomben im Schlepp; Start mit Flügelbombe mit 1000 kg im Deichselschlepp; starke Unruhe

Wegen des Verlustes einiger Prototypen und zwecks ausreichender Erprobung der Me 262 wird eine Reihe von Serienflugzeugen (S 1 bis S 5) zur Flugerprobung mit herangezogen:

Me 262	S 1	130 006 (Leipheim)	Kennzeichen: VI + AF; **19. 4. 1944** Erstflug Oberleutnant *Tesch;* Waffenerprobung MK 108; **25. 4. 1944** zum Erprobungskommando 262
Me 262	S 2	130 007	Kennzeichen: VI + AG; **28. 3. 1944** Erstflug; Hochgeschwindigkeitsversuche; **25. 6. 1944** erreicht *Herlitizius* eine Geschwindigkeit von 1004 km/h; Umbau zum Fotoaufklärer; **19. 7. 1944** durch Feindeinwirkung am Boden zerstört
Me 262	S 3	130 008	Kennzeichen: VI + AH; **1. 4. 1944** Erstflug; Versuche zur Verbesserung des Fahrwerks; **16. 6. 1944** während der Erprobung beim Erprobungskommando 262 beschädigt nach Schaden am Fahrwerk; mehrfach Schäden durch Platzen von Reifen wegen hoher Landegeschwindigkeit
Me 262	S 4	130 009	Kennzeichen: VI + AI; **5. 4. 1944** Erstflug; Versuche mit Flettnerausgleich am Höhenruder; **19. 7. 1944** durch Feindeinwirkung am Boden zerstört
Me 262	S 5	130 010	Kennzeichen: VI + AJ; Prototyp für Schulflugzeug mit zwei Sitzen; **2. 4. 1944** Erstflug; **8. 10. 1944** nach dem 31. Flug zerstört

Me 262 A-1 und ihre Weiterentwicklungen

Die folgend besprochenen Flugzeuge zeigen die vielseitige Verwendungsmöglichkeit der Me 262 für die unterschiedlichsten Aufgaben bei verhältnismäßig geringem Änderungsaufwand. Das Grundmuster aller Versionen ist die im Bau stehende Me 262 A-1.

Schnellbomber I[32]

Der Jäger Me 262 A-1a läßt sich durch Änderungen zu einem sogenannten Schnellbomber umrüsten. Statt der Bewaffnung wird im Bug ein 1000 l-Kraftstoffbehälter eingebaut, auch der letzte hintere Rumpfbehälter wird durch einen 1000 l-Tank ersetzt. Funk- und Navigationsgeräte werden um einen Spant zurückversetzt. Die Federbeine des Fahrwerkes müssen wegen des enormen Übergewichtes verstärkt und mit zwei 85 kg schweren Doppelrädern bestückt werden, von denen je eines nach dem Start ausgeklinkt und abgeworfen wird. Die Bombenaufhängung ist dieselbe wie beim Blitzbomber A-2a (s. Baureihen-Übersicht). Alle Behälter sind gegen Beschuß geschützt. Der Pilot erhält Panzerschutz von hinten. Die Leistungen in der Tabelle basieren auf dem Jumo 004 C, dessen Werte gegenüber dem 004 B um 18 Prozent höher liegen. Ende 1944 wird der 004 C allerdings vom Programm abgesetzt. Er soll durch den 004 D und kurz danach durch den 004 E mit Nachverbrennung ersetzt werden. Auf eine Bewaffnung wird zugunsten der Geschwindigkeit verzichtet.

Bei den in der Tabelle genannten Leistungen ist zu berücksichtigen, daß die Steiggeschwindigkeit in der angegebenen Höhe Höchstwerte sind. Vom Ausgangswert nach dem Start sind die im Steigflug verbrauchten Kraftstoffmengen abgezogen. Die Steiggeschwindigkeiten nach halber Flugstrecke sind auf ein mittleres Fluggewicht von 5855 kg nach Abwurf der Bombe bezogen. Vom Kraftstoff für die Reichweite werden Abzüge für Warmlaufen, Start, Beschleunigung, Platzrunde und Restmenge in Höhe von 390 kg vorgenommen. Bei einer Zuladung von 50 Prozent schleppt das Flugzeug mit Kraftstoff und Nutzmasse noch einmal sein eigenes Gewicht. Das sind beachtliche Werte, insbesondere für ein Erstmuster einer ganz neuen Turbo-Luftstrahlflugzeug-Generation.

Schnellbomber Ia[33]

Die Me 262 A-2a ist das Grundmuster für den Schnellbomber Ia. Zur Verbesserung der Sicht wird bei dem Projekt der Führersitz weit nach vorne gezogen und die Rumpfspitze schmal gehalten. Auf eine Bewaffnung wird wieder verzichtet. Die Ausrüstung mit Navigations- und Funkgeräten verlegt man nach vorn in die Bugspitze. Der Pilot erhält Panzerschutz von vorne, alle Tanks sind gegen Beschuß geschützt. Gegenüber dem Grundmuster werden folgende Änderungen vorgenommen: Bau einer neuen Bugspitze mit Führerraum, Bugrad und Ausrüstung. Das Bugrad wird beim Einfahren um 90 Grad gedreht und kommt unter den Pilotensitz zu liegen. Weiterhin werden sowohl ein neuer Kabinenaufbau als auch die Verlegung der Steuerungs- und Triebwerkgestänge sowie der Hydraulikleitungen von der Flügel-Rumpf-Trennstelle zum Führerraum erforderlich. Die fünf großen und zwei kleineren Tanks fassen insgesamt 4000 l Kraftstoff (3400 kg). Das Fahrgestell wird verstärkt. Statt der abwerfbaren Doppelräder versucht man die Verwendung stärkerer Räder. Für den Start sind vier Borsig-Feststoff-Startraketen mit insgesamt 4000 kp Schub vorgesehen. Die Abflugmasse ist um etwa 300 kg höher als die des Schnellbombers I. Die Leistungen stimmen mit denen des Schnellbombers I überein.

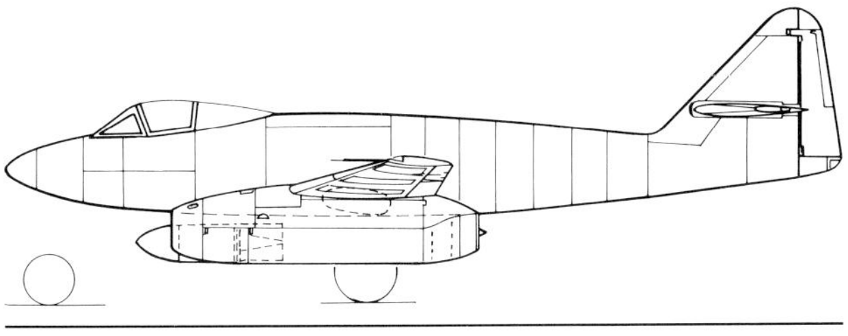

Schnellbomber Me 262 Ia. Zur Verbesserung der Sicht wird der Führersitz weiter nach vorne gezogen

Schnellbomber I und II

Hersteller					
Muster		Me 262 A-2a Schnellbomber I	Me 262 Schnellbomber I	Me 262 A-2a Schnellbomber II	Me 262 Schnellbomber II
Triebwerk		Jumo 004 C*		Jumo 004 C*	
Standschub	kN	2 × 10,42 = 20,84		2 × 10,42 = 20,84	
	kp	2 × 1 062 = 2 124		2 × 1 062 = 2 124	
Besatzung		1	nach ½ Flugstrecke	1	nach ½ Flugzeit
Länge	m	10,60		10,60	
Höhe	m	2,80	Kraftstoff	2,80	Kraftstoff
Spannweite	m	12,65	nach Abzug	12,65	nach Abzug
Flügelfläche	m^2	21,70	für Start und Warm-	21,70	für Start und
Flügelstreckung		7,37	laufen und Steigflug	7,37	Warmlaufen
Rüstmasse	kg	4 400		4 720	
Kraftstoff	kg	3 230		3 570	
Schmierstoff	kg	30		30	
Besatzung	kg	100	ohne Bombe	100	mit 100% Schub
Nutzmasse	kg	1 000[1]	mittlere Flugmasse	1 000	nach Bombenabwurf
Zuladung	kg	4 360	5 855 kg	4 700	mit mittlerer Flug-
Startmasse	kg	8 760[2]		9 420	masse von 5 500 kg
Flächenbelastung	kg/m^2	404,00		434,00	
Masse – Schubverhältnis	kg/kN	420,00		452,00	
	kg/kp	4,10		4,43	
Flächenschub	kN/m^2	0,96		0,96	
	kp/m^2	97,90		97,90	
Höchstgeschwindigkeit	km/h	785	880	882	912
in Höhe	m	6 000[3]	6 000	6 000[9]	6 000[14]
Reisegeschwindigkeit	km/h	742	906	826	907
in Höhe	m	9 000	9 000	9 000	9 000
Steiggeschwindigkeit in 0 m	m/s	14[4]	25,2[8]	15[10]	22[15]
Dienstgipfelhöhe	m	9 450	12 100	9 700[11]	11 200[16]
Reichweite	km	1 180[5]		1 370[12]	
max. Flugzeit	h	1,60[6]		1,70[13]	
Startrollstrecke	m	820[7]		950[7]	
Landerollstrecke	m	650		800	
Landegeschwindigkeit	km/h	173		182	
Zuladung in % von der Flugmasse		50		50	
militär. Nutzmasse in % von der Flugmasse		11		11	
Baujahr		Projekt		Projekt	

* Quelle: Mtt-AG. Augsburg, Projektbüro Degel–Althoff 20. Juli 43; MH-AG Augsburg, Projektbüro Althoff–Degel 22. Juli 43 Me 262 Re. Leistungen in der linken Spalte mit voller Abflugmasse abzüglich Steigen auf Höhe

1 Bombe 1 000 kg außen unter Rumpf
2 Die Abflugmasse enthält 320 kg für 4 Borsing-Raketen mit 1 000 kp zusätzlichem Startschub
3 in 0 m Höhe 755 km/h
4 in 6 000 m 6 m/s, in 9 000 m 1,3 m/s Steigzeit auf 6 000 m 10,5 min, auf 9 000 m 24,2 min
5 in 6 000 m, in 0 m 650 km, in 9 000 m 1 560 km, alles mit 100% Schub
6 in 6 000 m, 2,16 h in 9 000 m, 0,81 h in 0 m
7 mit Raketen
8 13,5 m/s in 6 000 m, 7,3 m/s in 9 000 m
9 826 km/h in 0 m
10 6,6 m/s in 6 000 m; 1,8 m/s in 9 000 m
Steigzeit auf 6 000 m 9,9 min; auf 9 000 22,0 min mit voller Abflugmasse
11 mit 8 100 kg Flugmasse
12 in 6 000 m; 9 790 km in 9 000 m; 910 km in 0 m
13 in 6 000 m; 2,31 h in 9 000 m; 0,91 h in 0 km
14 833 km/h in 0 m;
15 in 0 m; 11,3 m/s in 6 000 m; 5,4 m/s in 9 000 m Steigzeit 6,4 min auf 6 000 m; 12,4 min auf 9 000 m
16 mit 5 500 kg Flugmasse

Schnellbomber II

Der Schnellbomber II soll einen aufgedickten Rumpf erhalten. Die wichtigsten Änderungen betreffen eine unten aufgeschraubte Rumpfwanne, den Austausch der Waffenkanzel gegen Kraftstoffbehälter und ein Doppelradfahrwerk, das mit im Fahrwerkraum untergebracht werden kann. Das Projektbüro untersucht außerdem die Möglichkeiten der Verwendung von großkalibrigen Waffen wie 5-cm-, 7,5-cm- oder 8,8-cm-Kanonen. In dem durch die Aufdickung gewonnenen Bombenraum können zwei 500-kg- oder eine 1000-kg-Bombe untergebracht werden. Sollen einwandfreie Verhältnisse zum Zielen geschaffen werden,

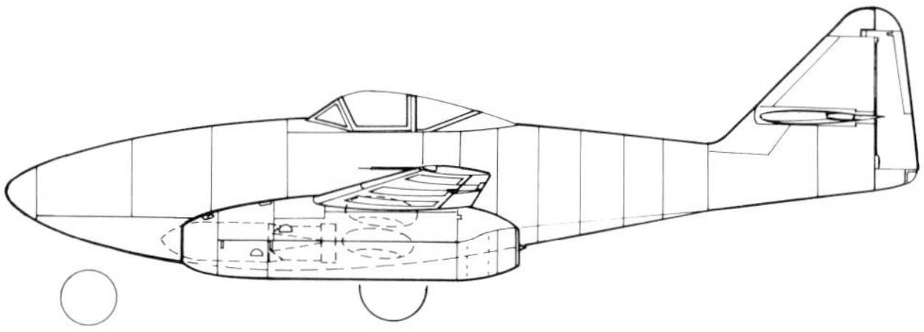

Projekt eines Schnellbombers Me 262 II mit aufgedicktem Rumpf, Doppelradfahrwerk und mit Jumo 004 C

so besteht die Möglichkeit, in der Rumpfspitze einen liegenden Schützen mit Zielgerät unterzubringen, was natürlich zu Lasten der Reichweite geht. Als Starthilfen sind Borsig-Raketen vorgesehen. Man denkt im Projektbüro auch an eine Vergrößerung der Fläche. Die Rüstmasse erhöht sich durch die Aufdickung auf 4400 kg zuzüglich 320 kg für vier Borsig-Startraketen, die Kraftstoffkapazität auf 4200 l (3570 kg) und die Rollmasse auf 9420 kg. Die Flächenbelastung beträgt jetzt 434 kg/m². Über die zu erwartenden Leistungen gibt die Tabelle Auskunft, einmal mit vollem Abfluggewicht abzüglich des Verbrauches beim Start und Steigen und einmal mit stark verringerter Flugmasse auf 5500 kg. Wieder hofft das Werk, auf eine Zuladung von 50 Prozent der Startmasse des Flugzeuges zu kommen. Offen bleibt natürlich das fliegerische Verhalten des Flugzeuges beim Start mit der hohen Abflugmasse[34]. Erstaunlich hoch ist der Geschwindigkeitsvorsprung des Schnellbombers II gegenüber der Version I bei gleichen Triebwerken nur mit im Rumpf anstatt an Schlössern außerhalb des Rumpfes untergebrachten Bomben. Keines der Bomber-Projekte ist verwirklicht worden.

Schulflugzeug Me 262 S B-1a

Schon früh wird der Ruf nach einer zweisitzigen Ausführung der Me 262 als Schulflugzeug mit Doppelsteuer laut. Im Juli 1943 beginnt die Projektabteilung auf Veranlassung des RLM einen von der A-1 abgeleiteten Entwurf als Schulmaschine auszuarbeiten. In der Baureihen-Übersicht ist das Schulflugzeug als (S) B-1a ausgewiesen. Ziel der Projektabteilung ist es, so wenig Änderungen wie möglich vorzunehmen. Bei den beiden hintereinander liegenden Sitzen findet der Schüler vorne Platz, so daß für ihn Sicht und Ausrüstung wie im Jäger sind. Der Ausschnitt im Rumpfmittelteil und Kabinenaufbau wird nach hinten verlängert. Um Platz für den Lehrer zu schaffen, wird der hintere 900 l-Tank auf 400 l verkleinert und unter den Sitz des Lehrers verlegt[35]. Die Reichweite kann durch ein oder zwei Außenbehälter vergrößert werden. Normalerweise ist eine Kraftstoffkapazität von 1500 l (1360 kg) vorgesehen. Damit werden bei vollem Schub am Boden 340 km Reichweite und 39 Minuten Flugzeit und in 9000 m Höhe 89 Minuten Flugzeit erzielt. Neben der Doppelsteuerung gehören FuG 16 ZY und FuG 25a zur Ausrüstung. Die Schußwaffen entsprechen der A-1a. Durch die Überarbeitung der Zelle ist die Abflugmasse im Vergleich zur A-1a etwas geringer geworden, was aber durch die Vergrößerung des Führerraumes und den zweiten Mann

Schulflugzeug SB-1a mit Doppelsteuerung.
Insgesamt werden 15–20 Maschinen geliefert, die teils zur Schulung, teils für die Nachtjagd Verwendung finden

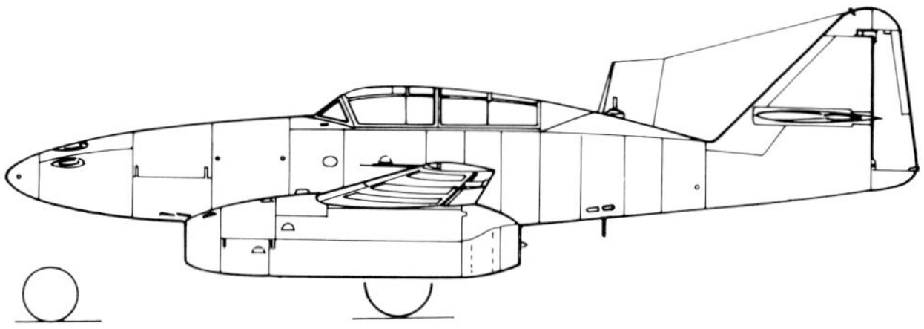

Zweisitziges Schulflugzeug Me 262 SB-1a mit Doppelsteuerung

fast ausgeglichen wird. Die Rüstmasse liegt bei 3820 kg und die Abflugmasse bei 5380 kg.
Im August 1943 wird mit den Arbeiten an der Konstruktion begonnen, die Zeichnungen werden im Februar 1944 fertiggestellt. Doch wo soll das Flugzeug gebaut werden? Das RLM versucht erfolglos, die Firma Siebel in den Bau einzuschalten und wendet sich schließlich an Blohm & Voss. Wochen vergehen, bis eine notdürftig umgebaute, zerlegte A-1-Maschine bei Blohm & Voss eintrifft. Zahlreiche Änderungen sind notwendig. Im August 1944 schließlich kann das Flugzeug eingeflogen und an die Erprobungsstelle Rechlin zur weiteren Erprobung abgegeben werden. Blohm & Voss soll 100 Maschinen bauen. Schließlich wird auch noch die Werft der Lufthansa eingeschaltet, aber bis zum Kriegsende werden nur etwa 15 bis 20 der so dringend benötigten Schulflugzeuge fertiggestellt.

Aufklärer I Me 262 A-5a

Wiederholt ist über ein großes Interesse an einer Aufklärer-Version der Me 262 berichtet worden. Schon 1941 fordert das RLM ein Aufklärer-Projekt an und den Bau einer Attrappe, über die viel diskutiert worden ist. In der Baureihen-Übersicht ist ein Behelfsaufklärer Me 262 A-1a/U-3 aufgeführt, der anstelle der Waffen zwei Bildgeräte in der Rumpfspitze aufweist und einen Zusatztank mit 300 l. Er unterscheidet sich äußerlich von den A-1-Versionen durch zwei Ausbuchtungen für die Kameras am Bug oben. Unterlagen über einen Aufklärer I vom Projektbüro liegen erst ab 29. Juli, 2. August und 10. September 1943 vor. Der Aufklärer I ist nach den Unterlagen des Projektbüros eine abgeänderte A-2-Zelle, die sich ohne großen Aufwand für die Aufklärung umbauen läßt. Die Waffenkanzel der A-Version wird gegen eine neue Rumpfspitze mit zwei Kameras RB 75/30 oder einer Kombination von einer RB 75/30 und einer RB 20/30 getauscht. Zur leichteren Orientierung erhält der Flugzeugführer im Boden des Führerraumes ein Fenster mit Sicht nach unten. Der zusätzliche Einbau eines Periskopes ist möglich. Der vor dem Hauptholm liegende 250 l-Kraftstoffbehälter muß wegen des Fensters wegfallen. Durch den Verzicht auf Bewaffnung kann im Bug zusätzlich ein 500 l-Behälter eingebaut werden.
Die Panzerung nach vorne entfällt. Die Reichweite kann durch zwei Außenbehälter variabel gestaltet werden. Für den Piloten ist ein Panzerschutz von hinten vorgesehen, der 43 kg wiegt.
Die vom Projektbüro errechneten Leistungen[36] basieren auf dem Jumo 004 C, dessen Schub zu diesem Zeitpunkt – wie schon mehrfach erwähnt[37] – um 18 Prozent höher angesetzt werden kann als der des Jumo 004 B. Der beim Start und Steigflug verbrauchte Kraftstoff wird bei den Leistungsangaben mit 50 Prozent, das sind 1300 kg in der Tabelle, von der Flugmasse abgezogen. Die Abzüge außer dem Verbrauch beim Steigflug betragen: 100 kg für das Warmlaufen, 44 kg für den Start, 56 kg für die Beschleunigung, 50 kg für die Platzrunde und 40 kg Restmenge, insgesamt 290 kg. Die Leistungen beziehen sich folglich auf 5265 kg Flugmasse. In der Reichweite enthalten sind die Steig- und Gleitstrecke.

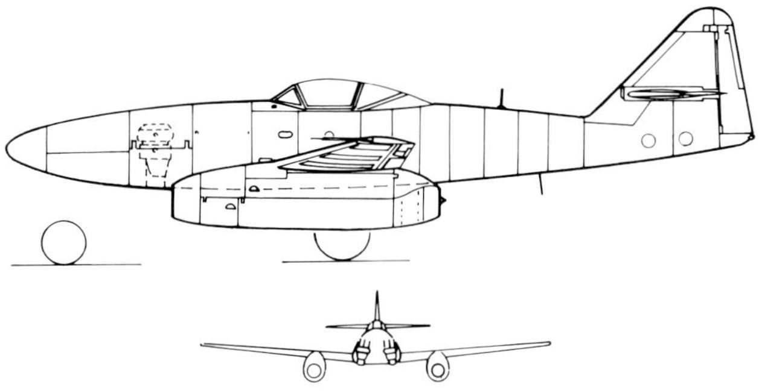

Aufklärer I Me 262 A-5a ist eine A-2, bei der die Waffenkanzel der A-Version gegen eine neue Rumpfspitze mit Kameras getauscht wird; vorgesehen sind zwei Zusatztanks

Aufklärer Ia

Die Sichtverhältnisse bei den beiden Aufklärern Me 262 A-1a/U-3 und A-5a und Aufklärer I befriedigen jedoch nicht. Deshalb wird eine liegende Anordnung und die Verwendung einer Vollsicht-Kanzel untersucht, die aber zu viele Änderungen mit sich bringen. Das Projektbüro verlegt deswegen bei dem geänderten Projekt Ia den Führersitz weiter nach vorne, um auf diese Weise die Sichtverhältnisse zu verbessern. Die Funk- und Navigationsgeräte werden vorne in der Bugspitze angeordnet. Der Pilot erhält einen rückwärtigen Panzerschutz. Notwendig wird eine neue Rumpfspitze mit Führerraum, Bugrad und Raum mit

Me 262 Aufklärer* I und II

Hersteller			
Muster		Me 262 A-5a Aufklärer I	Me 262 Aufklärer II
Triebwerk		Jumo 004 C[1]	Jumo 004 C
Standschub	kN	2 × 10,42 = 20,84	2 × 10,42 = 20,84
	kp	2 × 1 062 = 2 124	2 × 1 062 = 2 124
Besatzung		1	1
Länge	m	10,60	10,60
Höhe	m	2,80	2,80
Spannweite	m	12,65	12,65
Flügelfläche	m^2	21,70	21,70
Flügelstreckung		7,37	7,37
Rüstmasse	kg	3 990	4 363[7]
Kraftstoff	kg	2 600	4 420[8]
Schmierstoff	kg	25	25
Besatzung	kg	100	100
Nutzmasse	kg	140[2]	187[9]
Zuladung	kg	2 865	4 732
Startmasse	kg	6 855	9 095[10]
Flächenbelastung	kg/m^2	315,90	419,10
Masse – Schubverhältnis	kg/kN	328,90	436,40
	kg/kp	3,22	4,28
Flächenschub	kN/m^2	0,96	0,96
	kp/m^2	97,90	97,90
Höchstgeschwindigkeit	km/h	922	882
in Höhe	m	6 000	6 000
Geschwindigkeit	km/h	950	826
in Höhe	m	9 000	9 000
Steiggeschwindigkeit	m/s	21,3[3]	15[11]
Dienstgipfelhöhe	m	11 750	9 800
Reichweite	km	1 380[4]	2 360[12]
max. Flugzeit	h	1,74[5]	2,93[13]
Startrollstrecke	m	500[6]	950[14]
Landerollstrecke	m	550	700
Landegeschwindigkeit	km/h	170	187[15]
Zuladung in % von der Flugmasse		42	52
militärische Nutzmasse in % von der Flugmasse		2	2
Baujahr		1945	Projekt

* Messerschmitt AG Augsburg, Projektbüro, Degel-Althoff, Aufklärer I vom 29. 7. 1943, 262.01.19b.
[1] Die Leistungen beziehen sich auf eine Flugmasse von 5 265 kg, die nach Abzug des zur Hälfte verbrauchten Kraftstoffes und des Verbrauches beim Start verbleibt. Der Jumo 004 C soll Anfang 1945 die Leistung des 004 B + 18% lt. Jumo-Mitteilung v. 20. 1. 43 haben. Der 004 C wird aber nicht gebaut. An seine Stelle tritt der 004 E mit 11,8 kN (1 200 kp) mit Nachverbrennung.
[2] Nur 2 × RB 75/30 Kameras = 140 kg
[3] in 0 m; 11,9 m/s in 6 000 m Höhe; 6,5 m/s in 9 000 m Höhe Steigzeit auf 6 000 m 6,3 min, auf 9 000 m 12,4 min
[4] in 9 000 m; 1 020 km in 6 000 m; 540 km in 0 m Höhe
[5] in 9 000 m; 1,30 h in 6 000; 0,65 h in 0 m
[6] mit zwei Raketen mit insgesamt 19,60 kN (2 000 kp) Schub
[7] Zelle 1 900 kg; 2 × 004 C 1 480 kg; Behälter und Leitungen 680 kg; Einbauten 132 kg; Ausrüstung 171 kg = 4 363 kg Rüstmasse
[8] 5 200 l spez. Gew. 0,85 = 4 420 kg
[9] Bildkamera
[10] Zusätzlich 4 Borsigraketen mit zusammen 39,24 kN (4 000 kp) und 320 kg Masse
[11] in 0 m Höhe; 6,7 m/s in 6 000 m; 2,00 m/s in 9 000 m Steigzeit auf 6 000 m 9,9 min; auf 9 000 22,2 min
[12] in 9 000 m; 1 765 km in 6 000 m; 980 km in 0 m, alles mit 100% Schub
[13] in 9 000 m Höhe; 2,06 h in 6 000 m; 1,17 h in 0 m, Angaben laut Projektbüro
[14] mit 4 000 kp Zusatzschub durch Startraketen
[15] Flächenbelastung bei Landung 230,40 kg/m^2

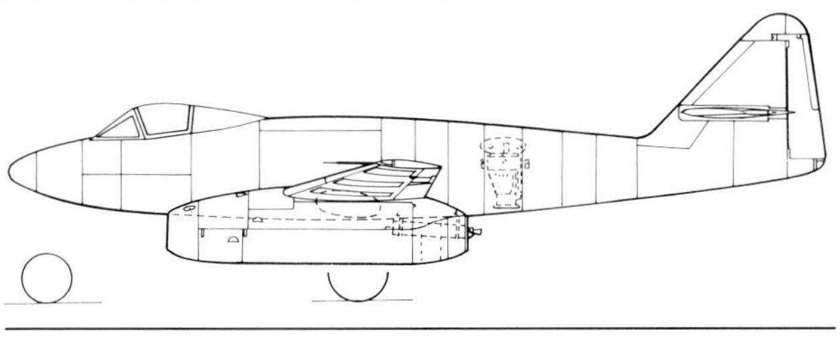

Halterungen für das Funk- und Navigationsgerät. Das Bugrad wird beim Einfahren um 90 Grad gedreht und kommt flach unter den Pilotensitz zu liegen. Führerraum und Einbauten können vom Jäger übernommen werden.

◁
Projekt eines Aufklärers Me 262 Ia mit nach vorne gezogenem Führersitz zur Sichtverbesserung mit neuer Rumpfspitze, neuem Führerraum und Bugrad; die Bild-Kameras sind hinten im Rumpf untergebracht

Steuerungs-, Triebwerksgestänge und hydraulische Leitungen müssen geändert werden. Der vordere und der hintere große 900 l-Tank bleiben erhalten. Die Halterungen für die Bildgeräte sind hinten anzubringen und anstelle des früheren Führerraumes werden zwei Behälter für 500 l und 700 l Treibstoff vorgesehen. Die Daten und Leistungen entsprechen etwa denjenigen des Aufklärers I.

Aufklärer II

Der Aufklärer II weicht erstmals von dem Serienflugzeug Me 262 A-1a durch größere Veränderungen an der Zelle ab. Die Reichweite soll erhöht und die Mitnahme eines zweiten Mannes ermöglicht werden. Der Rumpf der vorgeschlagenen Langstreckenausführung wird aufgedickt, um ausreichenden Platz für zusätzlichen Kraftstoff zu gewinnen[38]. Die Rumpfspitze erhält eine der Aufdickung angepaßte Form. Die Bildgeräte werden ganz vorne in die Bugspitze eingebaut, so daß zwischen Kameras und Pilotensitz Raum für einen weiteren Behälter mit 650 l entsteht. In den vergrößerten Behältern können insgesamt 5200 l oder 4420 kg Kraftstoff untergebracht werden. Der Flugzeugführer erhält wieder ein Periskop, um auch den rückwärtigen Raum beobachten und sich einem Gegner entziehen zu können. Die Funk- und Navigationsgeräte werden zurückversetzt. Der Einbau des Bugrades bleibt unverändert. Das Fahrwerk erhält verstärkte Federbeine, und das Seitenleitwerk wird entsprechend dem größeren Rumpf vergrößert. Die Panzerung nach vorne entfällt wieder, weil eine Bewaffnung für den Aufklärer nicht vorgesehen ist. Die dickbauchige Maschine ist nahezu ein fliegender Kraftstofftank. Die Triebwerkleistung des 004 C wird wieder mit 18 Prozent Aufschlag berechnet. Den Leistungen des Aufklärers II in der Tabelle liegt eine höchstzulässige Abflugmasse von 9095 kg zugrunde, abzüglich 100 kg für Warmlaufen, 50 kg für den Start, 150 kg für die Beschleunigung, 50 kg für die Platzrunde und 40 kg für die Restmenge, sowie ein Abzug für Start und Steigflug von 50 Prozent des Kraftstoffes; danach beträgt die Flugmasse noch 6495 kg. In der Reichweite enthalten sind die Steig- und Gleitflugstrecke. Sollte die extrem hohe Flächenbelastung von 419 kg/m^2 beim Start zu Schwierigkeiten führen, ist die Einfügung eines Zwischenstücks zwischen dem Tragflügel und den Rumpfanschlüssen vorgesehen. Der einfachere Weg ist der vom Projektbüro ins Auge gefaßte Start mit vier Borsig-Raketen mit 33,24 kN (4000 kp) Schub. Das um fast zwei Tonnen überladene Flugzeug hat eine Zuladung von 52 Prozent, es hätte also zwei Prozent mehr schleppen können als es wiegt.

In einer zweisitzigen Ausführung ist ein zweiter Mann direkt hinter dem Piloten, Rücken an Rücken, vorgesehen. Kameras und Periskop befinden sich unter seinem Sitz.

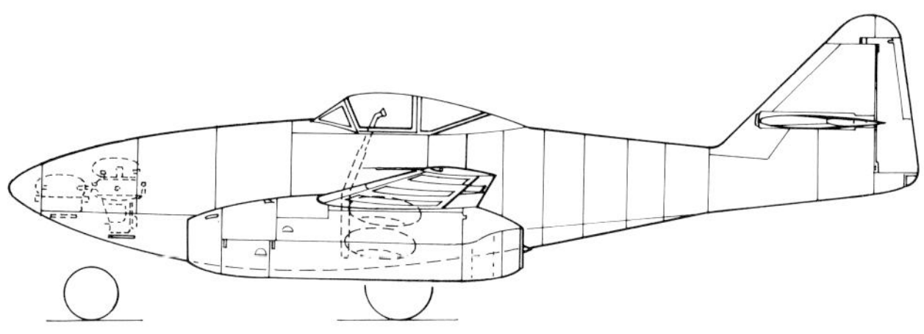

Projekt eines Aufklärers II mit aufgedicktem Rumpf zwecks zusätzlicher Kraftstoffaufnahme zur Vergrößerung der Reichweite. Bildgeräte in der Bugspitze, Periskop für den Flugzeugführer, keine Bewaffnung

Me 262 mit Raketentriebwerken

Heimatschützer I (J) Me 262 C-1a

Das Heimatschützer I- oder Interzeptor I-Projekt ist eine Me 262 A-1, die mit Hilfe eines zusätzlichen Raketentriebwerkes eine außergewöhnlich hohe Steiggeschwindigkeit erreichen soll. Messerschmitt rüstet für diesen Zweck im September 1944 eine Me 262 A-1 unter der Bezeichnung Me 262 C-1a mit einer 509 A2 (RLM-Bezeichnung), auch HWK R II/211/3 genannten Walter-Rakete aus. Das Triebwerk wird im Rumpfende eingebaut, das als Düsenaustrittsöffnung auszubilden ist. Um freien Raum für den Raketenstrahl zu gewinnen, wird das Seitenruder unten ein Stück gekürzt. Die Walter-Rakete hat eine Länge von 2,50 m, einen Durchmesser von 0,86 m, eine Masse von 177 kg und einen Startschub von 1700 kp, entsprechend einer Wellenvergleichsleistung von 6670 PS in Null-Meter Höhe bei 805 km/h Geschwindigkeit. Das Triebwerk verbrennt

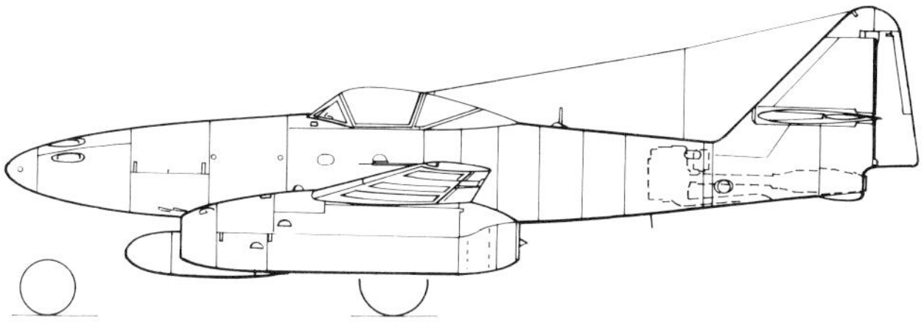

Der Heimatschützer I ist eine mit einem HWK R II/211/3 am Rumpfende ausgerüstete Me 262 A-1 mit hoher Steiggeschwindigkeit. Das Flugzeug ist gebaut und geflogen worden

T-Stoff, hochkonzentriertes Wasserstoffsuperoxyd als Sauerstoffträger und C-Stoff, der aus einem Gemisch von 30 Prozent Hydrazin Hydrat und 70 Prozent Methanol besteht. Der spezifische Kraftstoffverbrauch ist mit 20 kg/kph enorm hoch. Das Triebwerk verbraucht in der Stunde 20× 1700 kg = 34 000 kg Kraftstoff, das sind 566 kg in der Minute bzw. 9,44 kg in der Sekunde.
Der Heimatschützer erhält eine geänderte Kraftstoffanlage[39], die aus zwei T-Stoff- und einem C-Stoff-Behälter besteht. Ein 533 kg (395 l) fassender T-Stoffbehälter wird unter dem Rumpf abwerfbar aufgehängt. Der zweite T-Stoffbehälter liegt vor dem Führersitz im Rumpf und faßt 1215 kg (900 l). Der C-Stoffbehälter liegt hinter dem 765 kg

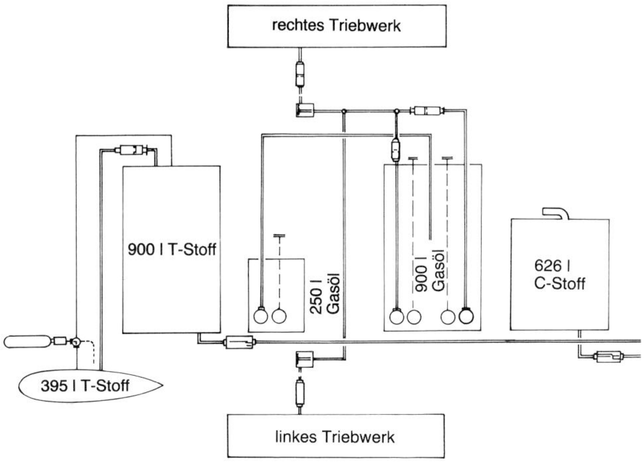

Kraftstoffschema der Me 262 Interzeptor I

(900 l) fassenden Dieselöl (J2)-Behälter und nimmt 575 kg (625 l) C-Stoff auf.
Die beiden Tanks für den Raketentreibstoff werden aus dem Spezial-Kunststoff Antikorrodal hergestellt. Das Fahrwerk erhält wegen der höheren Abflugmasse verstärkte Federbeine und zwei abwerfbare Zusatzräder. Die Bewaffnung entspricht der des Jägers A-1a (s. Tabelle Baureihen-Übersicht) mit zwei zusätzlichen MK 108, insgesamt also sechs Maschinenkanonen. Den ersten Flug mit dem Flugzeug unternimmt *Gerd Lindner* am 27. Februar 1945. Das Flugzeug erreicht – wie *Gerd Lindner* berichtet[40] – mit Raketen- und Turbo-Strahltriebwerken in drei Minuten 8000 m Höhe, das entspricht einer durchschnittlichen Steiggeschwindigkeit von 44 m/s. Die Abflugmasse liegt bei diesem ersten Start bei 7750 kg. Das Flugzeug kann nach dem Brennschluß des Raketentriebwerkes in 8000 m Höhe mit den 004-Triebwerken noch 30 Minuten fliegen. Rechnet man Gleitflug und Platzrunde dazu, bleiben noch knapp zehn bis 15 Minuten Flugzeit. Mit dem Muster sind vier Flüge ausgeführt worden. Am 16. März 1945 erfolgen zwei Flüge, am 19. März 1945 gibt es einen Fehlstart, weil das Raketentriebwerk aussetzt. Durch das Flattern des Bugrades wird die Rumpfspitze leicht beschädigt[41].
Die Betreuung des Flugzeuges ist ebenso schwierig wie die Bedienung durch den Flugzeugführer, der zusätzlich abwerfbare Räder und ein drittes Triebwerk mit besonders

gefährlichen Treibstoffen zu überwachen hat. Der Heimatschützer wird durch einen Nachtjäger bei Mondschein in seiner Boxe zerstört.

Heimatschützer II Me 262 C-2b (D-1)

BMW befaßt sich seit Ende 1943 mit der schon erwähnten Kombination eines Turbo-Luftstrahltriebwerkes und einer Rakete, weil die Starts mit abwerfbaren oder festen Zusatzraketen alles andere als eine befriedigende Lösung darstellen. Wegen der geringen Abmessungen und der räumlich gut gelungenen Verbindung von Turbine und Rakete ist die 003 R ein interessanter Vorschlag zur Verkürzung des Startweges und zur Erhöhung der Steiggeschwindigkeit eines Jägers. Das BMW 003-Triebwerk hat einen Schub von 7,85 kN (800 kp) am Boden und von 3,1 kN (315 kp) in zehn km Höhe, das Raketentriebwerk 718 erreicht einen Schub von 9,80 kN (1000 kp)[42]. Rakete, Rüstsatz und BMW 003 haben eine Masse von 655 kg. BMW baut mehrere dieser Raketentriebwerke und erprobt sie auf Prüfständen.
Das Werk beginnt im Frühjahr 1944 anhand von Werkunterlagen und Einbauzeichnungen von BMW mit dem Umbau einer Serienmaschine unter vier verschiedenen Bezeichnungen, wie Heimatschützer II, Interzeptor II, Me 262 D-1 und der RLM-Bezeichnung C-2B. Zwei BMW 003 R werden in eine Me 262 A-1 installiert und die notwendigen Änderungen an der Tankanlage vorgenommen. Der Verbrauch des Raketentriebwerkes liegt bei 5 g/kps, das sind 300 g/kpmin und bei 1000 kp rund 300 kg/min Verbrauch, für zwei Triebwerke 600 kg je Minute. BMW verwendet im Gegensatz zu Walter S-Stoff mit einem spezifischen Gewicht von 1,53 aus Salbei bestehend, einem Gemisch von 96 Prozent Salpetersäure und vier Prozent Eisenchlorid, ferner R-Stoff mit einem spezifischen Gewicht von 0,911, eine Tonka genannte Chemikalie, ein organisches Amin-Gemisch von

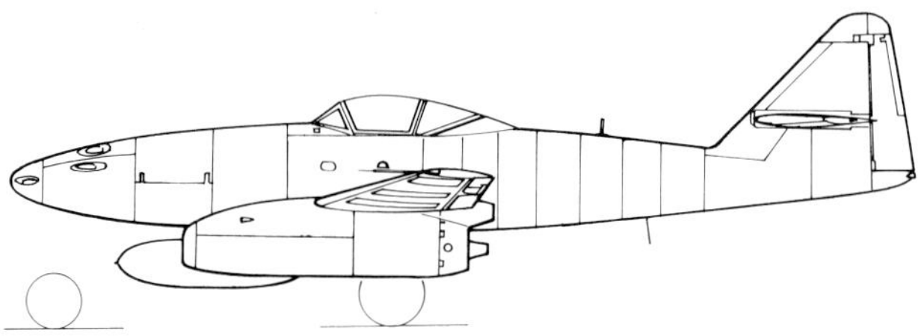

Heimatschützer II Me 262 C-2b (D-1) mit BMW 003 R-Triebwerk ist ebenfalls gebaut und geflogen worden. Der BMW 003 R ist ein 003 mit zusätzlichem Raketenantrieb

basischem Charakter, das nicht mit Wasser gemischt werden kann.
Das Flugzeug soll aber nur R-Stoff und S-Stoff mitführen, weil man damals glaubt, Turbo-Luftstrahltriebwerke könnten mit R-Stoff betrieben werden, worauf ausdrücklich in der Original-Projektbeschreibung hingewiesen wird[43]. Dies hält man aber heute für so gut wie ausgeschlossen. Ein zusätzlicher Außenbehälter mit S-Stoff kann nach dem Steigflug abgeworfen werden. Das Flugzeug erhält wieder Doppelräder, die ebenfalls nach dem Start abgeworfen werden.
Am 25. Januar 1945 werden nach Fertigstellung des Flugzeuges die ersten Bodenversuche unternommen. Dabei explodiert unter lautem Knall und der Bildung schwarzer Rauchwolken das rechte Raketentriebwerk, und das Flugzeug wird erheblich beschädigt. Die Maschine wird repariert und am 26. März 1945 rollt Flugversuchspilot *Karl Baur* zum ersten Start mit kombiniertem Turbo-Luftstrahl- und Raketentriebwerk, der ohne ernste Zwischenfälle verläuft.

»Rein fliegerisch ist ein solcher Flug«, wie Baur berichtet, ein aufregendes, überwältigendes Erlebnis. »Nach dem Einschalten der Rakete während des Rollens steigt die Beschleunigung unheimlich schnell, kaum bleibt Zeit, das losjagende und polternde Flugzeug abzuheben, die Räder abzuwerfen und das Fahrwerk einzuziehen, und schon muß die Maschine steil hochgezogen werden. Mit 74 Metern in der Sekunde jagt der Vogel gleich einem Geschoß nahezu senkrecht in den Himmel. In 6000 m Höhe läßt die Beschleunigung nach, die Rakete ist ausgebrannt. Die Maschine hat aber noch so viel Fahrt und Energie mit den voll laufenden Turbo-Triebwerken, daß sie bis auf 7500 m weiter steil hochsteigt, bis sie im Horizontalflug ihre Reisegeschwindigkeit von etwa 740 km/h erreicht.«

Bei einem ersten Flug dieser Art wird ein Flugzeug nie vollgetankt, so bleibt denn für *Karl Baur* gerade noch Zeit, die Orientierung wieder aufzunehmen, den Platz zu suchen und sich während eines gestreckten Bahnneigungsfluges auf die Landung vorzubereiten. Wenige Tage später, am 29. März 1945, will *Baur* zu einem zweiten Flug starten, aber die Raketentriebwerke springen diesmal nicht an. *Baur* kommt wie sein Kollege *Lindner* zu der Überzeugung, daß dieses Verfahren einer gründlichen Erprobung und einer sorgfältigen Betreuung bedarf, was unter den kriegsbedingten Verhältnissen unmöglich ist. Das Flugzeug wird deshalb wieder in seinen A-1-Zustand zurückversetzt.

Heimatschützer III Me 262 C-3

Der Heimatschützer III, Interzeptor III oder Me 262 C-3, ist das Projekt einer Me 262 als Raketenflugzeug ohne Turbo-Luftstrahltriebwerke. Gleich der vorhergehenden

Heimatschützer und Interzeptor I, II und III, Me 262 C-1a, C-2b und C-3*

Hersteller		Messerschmitt		
Muster		Me 262 C-1a Heimatschützer I	Me 262 C-2b D-1 Heimatschützer II	Me 262 C-3** Heimatschützer III
Triebwerk		Jumo 004 C Walter 509 A 2	BMW 003 R	Walter R II/211
Standschub	kN	2 × 10,42 = 20,84 1 × 16,68	2 × 7,85 = 15,70 2 × 9,80 = 19,60	2 × 16,68 = 33,36
	kp	2 × 1 062 = 2 124 1 × 1 700	2 × 800 = 1 600 2 × 1 000 = 2 000	2 × 1 700 = 3 400
Besatzung		1	1	1
Länge	m	10,60	10,60	10,60
Höhe	m	2,80	2,80	2,80
Spannweite	m	12,65	12,65	12,65
Flügelfläche	m^2	21,70	21,70	21,70
Flügelstreckung		7,37	7,37	7,37
Rüstmasse	kg	4 066[1]	3 836[7]	2 886[10]
Kraftstoff	kg	3 290[2]	3 430	3 620
Schmierstoff	kg	35	35	–
Besatzung	kg	100	100	100
Nutzmasse	kg	694[3]	694[3]	694
Zuladung	kg	4 119	4 259	4 414
Startmasse	kg	8 185	8 095	7 300
Flächenbelastung	kg/m^2	377,18	373,00	336,00
Masse – Schubverhältnis	kg/kN	218,15	229,30	218,82
	kg/kp	2,14	2,25	2,14
Flächenschub	kN/m^2	1,73	1,63	1,54
	kp/m^2	176,22	165,90	156,70
Höchstgeschwindigkeit	km/h	880	740	800
in Höhe	m	12 000	12 000	12 000
Reisegeschwindigkeit	km/h			800
in Höhe	m			16 000
Steiggeschwindigkeit	m/s	59[4]	74[8]	127[11]
Dienstgipfelhöhe	m	16 000	16 000	18 000
Reichweite	km in 12 000 m	745	845[9]	290[12]
max. Flugzeit	min in 12 000 m	42[5]	51	8
Startrollstrecke	m	820[6]	970[6]	615
Landerollstrecke	m	650	600	550
Landegeschwindigkeit	km/h	184	170	154
Zuladung in % von der Flugmasse		50	53	60
militär. Nutzmasse in % von der Flugmasse		8	9	10
Baujahr		1944	1944	Projekt 1943

* Mtt-AG. Augsburg, Me 262 Interzeptor I von 20. 7. 1943 gez.: Degel–Althoff; MH-AG Augsburg: Me 262 Interzeptor II vom 4. 9. 1943 gez.: Althoff–Degel

** Daten: Werkunterlagen Projektbüro Messerschmitt v. 4. 9. 43 entnommen. Errechnete Leistungen gelten für mittleres Fluggewicht mit ½ Kraftstoff.

1 Zelle 1 655 kg + 2 × 004 C = 1 480 kg + HWK RII 170 kg + Behälter und Leitungen 345 kg + Einbauten 122 kg + Ausrüstung 114 kg + Panzerung 180 kg = 4 066 kg

2 Kraftstoffzuladung 970 kg + 575 kg C-Stoff + 1 745 kg T-Stoff = 3 290 kg

3 6 × MK 108 = 414 kg + Munition 280 kg = 694 kg

4 Steigen ohne Start und Beschleunigung 3,35 min auf 12 000 m = 59 m/s. Steigen mit Start- und Beschleunigungszeit 4,50 min auf 12 000 m = 44 m/s.

5 mit Rakete 5,7 min in 16 000 m

6 mit Rakete + 2 × 004 C

7 Rüstgewicht C-2b niedriger, da BMW 003 R mit Rakete 655 kg Masse hat und 004 C 740 kg zuzüglich 85 kg Anteil am Gewicht Rakete. Dafür tankt C-2b mehr als C-1a.

8 Steigen ohne Start- und Beschleunigungszeit auf 12 000 m 2,7 min, mit Start und Beschleunigung auf 12 000 m 3,9 min = 51 m/s.

9 einschl. Steig- und Gleitstrecke

10 Zelle 1 655 kg + Triebwerk 455 kg + Behälter 360 kg + Einbauten 122 kg + Ausrüstung 114 kg + Panzerung 180 kg = 2 886 kg

11 ohne Start und Beschleunigung 1,58 min auf 12 000 m = 127 m/s, mit Start und Beschleunigung 2,43 min auf 12 000 m = 82 m/s

12 mit bester Gleitzahl

Versionen C-1 und C-2 ist das Muster vom Konstruktionsbüro durchgerechnet[44], aber im Gegensatz zu den beiden Vorgängern nicht gebaut worden. Für das Flugzeug sind zwei Walter-Triebwerke R II/211 mit angebauten Marschöfen vorgesehen. Die Triebwerke sollen an den Anschlüssen der Turbo-Triebwerke montiert werden. Die vorne liegende Pumpe der Raketentriebwerke vor dem Flügel und der Ofen mit dem kleinen Marschofen hinter dem Flügel sollen

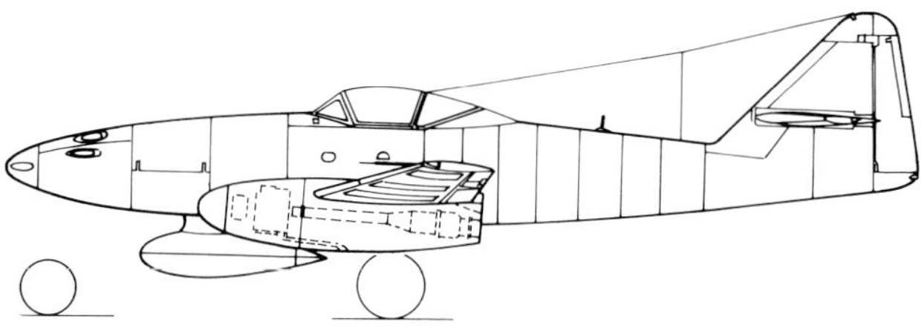

Projekt eines Heimatschützers III; Me 262 C-3 mit zwei Walter-Triebwerken R II/211 anstelle der beiden Jumo 004-Triebwerke

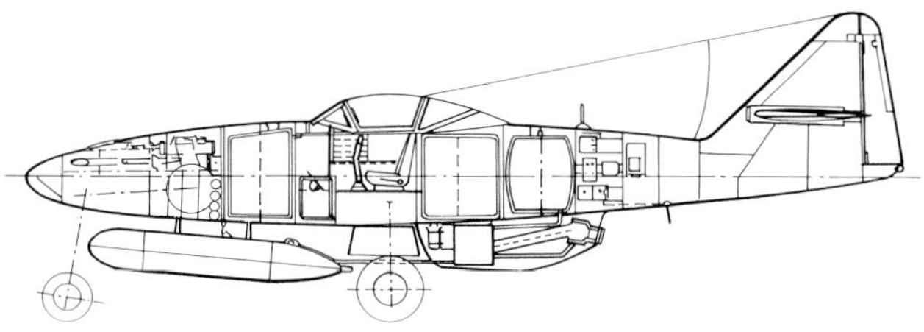

Zeichnung des Heimatschützers IV Me 262 C-3 nach der einzig vorhandenen zeichnerischen Unterlage im Archiv des Deutschen Museums

aerodynamisch gut verkleidet in einer Gondel untergebracht werden. An der Serienausführung Me 262 A-2 muß zu diesem Zweck die Aufhängung des Triebwerkes und dessen Verkleidung geändert und dem Walter-Triebwerk angepaßt werden. Kraftstoffleitungen müssen verlegt, die Kraftstoffbehälter gegen Tanks aus Antikorrodal ausgetauscht werden. Statt der Bombenaufhängung wird eine Befestigung für zwei Außenbehälter für T-Stoff notwendig. Sie sind ungeschützt, die Behälter für den C-Stoff im hinteren Rumpftank werden dagegen mit einem Leckschutz versehen. Der Schub des Triebwerkes wird mit 16,68 kN (1700 kp)[45] angegeben. In die Augen fällt bei der Daten-Tabelle besonders die geringe Rüstmasse durch den Raketenantrieb, die aber in höherer Kraftstoffmasse einen Ausgleich findet. Einer Verwirklichung des Projektes hat wahrscheinlich die äußerst beschränkte Reichweite im Wege gestanden und die Gefahr, während des langen Gleitfluges aus großer Höhe ohne Triebwerk abgeschossen zu werden. Außerdem gibt es den viel einfacheren Raketenjäger Me 163, der für solche Aufgaben von vornherein ausgelegt ist.

Heimatschützer IV

Neben den Varianten Heimatschützer oder Interzeptor I bis III ist 1943 auch an einer Version Me 262 C-3 IV gearbeitet worden, von der ebenfalls Unterlagen aus dem Projektbüro vorliegen. Das nicht näher bezeichnete zusätzliche Raketentriebwerk soll zwischen den beiden Turbo-Luftstrahltriebwerken unter dem Rumpf gleich hinter dem Piloten eingebaut und mit einem Fallschirm abgeworfen werden.
Ein großer Zusatzbehälter unter dem Rumpf zwischen Bugrad und Hauptfahrwerk ist als Tank für den T-Stoff vorgesehen; auf diese Weise kann der gefährliche Brennstoff außerhalb des Rumpfes der Rakete zugeleitet werden. Der C-Stoff befindet sich im rückwärtigen Tank mit 600 l Kapazität und ist durch eine senkrecht durch den Rumpf gehende Fall-Leitung mit dem Raketentriebwerk verbunden. Schwierigkeiten haben sich mit der Zufuhr des T-Stoffes aus dem großen Zusatzbehälter zum Raketentriebwerk ergeben, weil der Außenbehälter etwas tiefer hängt als das Raketentriebwerk. Diese Schwierigkeit kann bei Versuchen nicht behoben werden. Deshalb sind weder der Heimatschützer III, für den dasselbe gilt, noch der Nachfolger IV gebaut worden.

Sonderausführungen

Hochgeschwindigkeitsjäger HG I bis III

Die Me 262 V 9 erhält im Oktober 1944 eine Rennkabine und versuchsweise ein gepfeiltes Leitwerk. *Karl Baur* führt mit dem Flugzeug eine Reihe von Flügen aus, in deren Verlauf er sich an dem Kabinendach geringerer Höhe ständig den Kopf stößt. Das Leitwerk verursacht außerdem Unstabilität um die Hochachse, deshalb wird es wieder gegen ein ungepfeiltes ausgetauscht. Die V 9 ist als Prototyp für ein Hochgeschwindigkeitsprojekt HG I vorgesehen. Ein

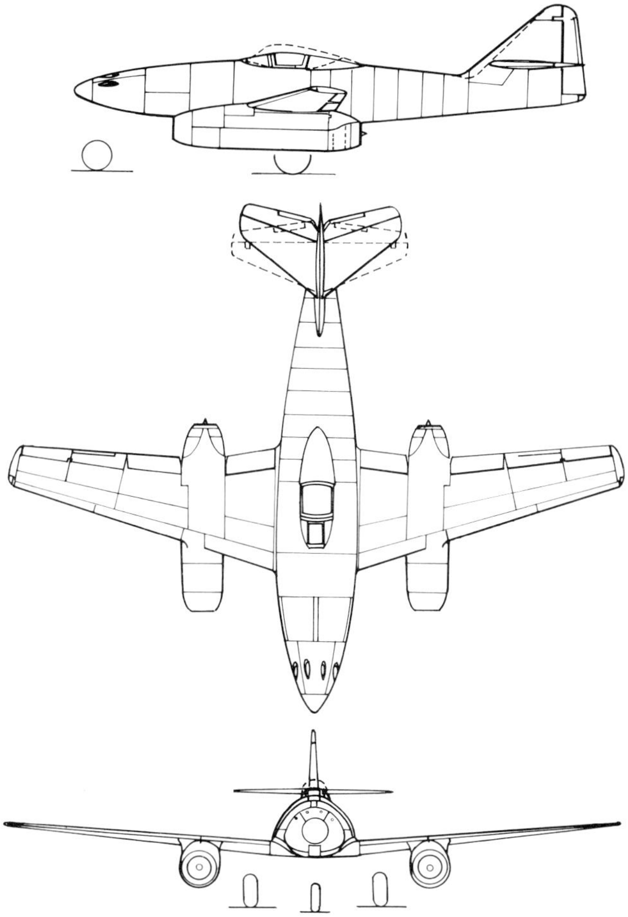

Me 262 V9 erhält 1944 eine sogenannte Rennkabine und versuchsweise ein gepfeiltes Leitwerk und wird als Prototyp für das Hoch-Geschwindigkeits-Projekt HG I hergerichtet

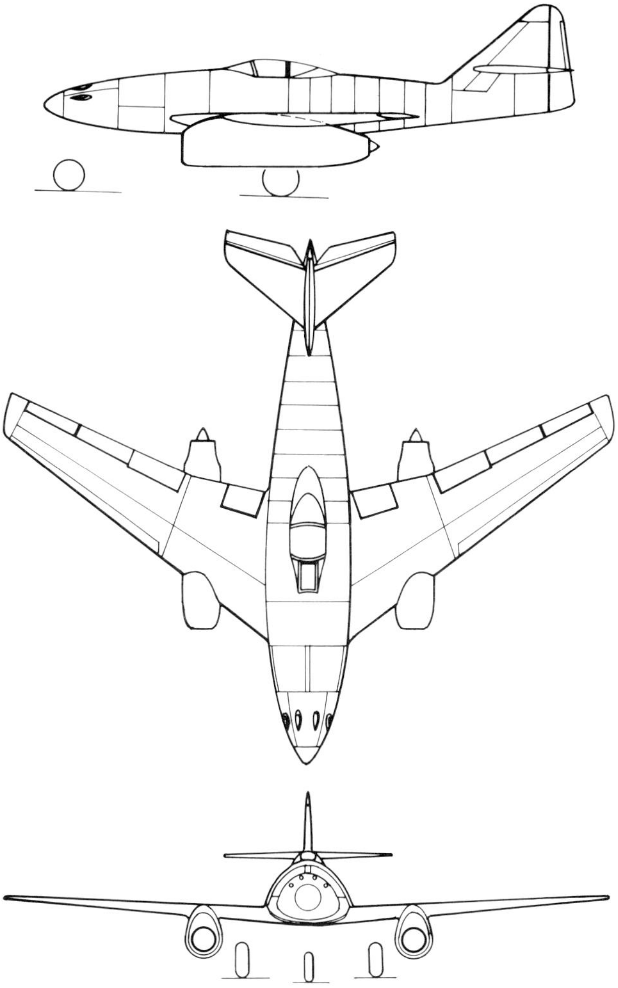

Projekt eines von der Me 262 A-1 abgeleiteten Hoch-Geschwindigkeits-Projektes HG II mit 35° gepfeilten Tragflügeln

zweiter Prototyp für ein ähnliches Projekt HG II wird mit einem um 35° durchgehend gepfeilten Tragflügel ausgerüstet, stößt aber vor dem Erstflug Anfang 1945 mit einem anderen Flugzeug am Boden zusammen und wird zerstört. Eine Fortführung dieser Pläne scheint über einen dreisitzigen Nachtjäger zum Projekt HG III geführt zu haben, einem Jäger mit einem um 45° gepfeilten und einem in den Tragflügel eingestrakten He S 011- oder Jumo 004 C-Triebwerk. Für dieses Projekt und den begonnenen Attrappenbau soll Oberstleutnant *Siegfried Knemeyer* besonderes Interesse gezeigt haben. *Messerschmitt* kritisiert nach einem

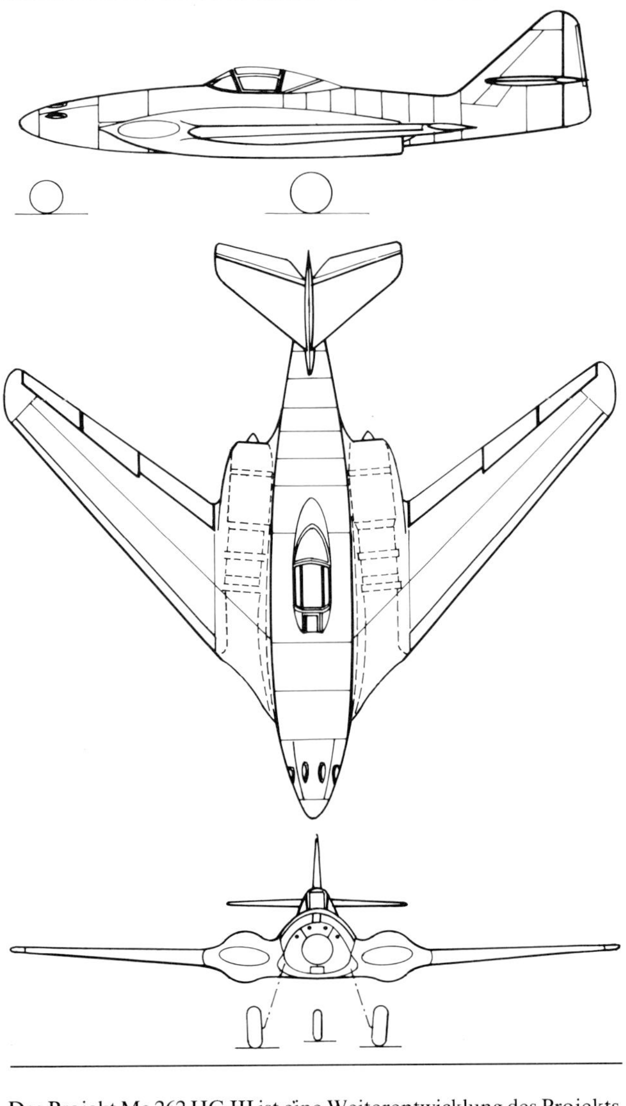

Das Projekt Me 262 HG III ist eine Weiterentwicklung des Projekts HG II mit 45° gepfeilten Tragflügeln und in die Tragflügel eingestrakte Triebwerke

Aktenvermerk[46] den noch zu hohen Gondelwiderstand der Me 262 HG III. Vergleichsmessungen im Windkanal zeigen aber, daß der Gondelwiderstand eines Modells der Serienausführung A-1a um 30 Prozent größer ist als der des neuen Projekts.
Aus einem anderen Protokoll über eine Rücksprache mit Professor *Messerschmitt* geht hervor, daß an diesem Projekt mit Nachdruck gearbeitet worden ist. *Messerschmitt* will den Hauptholm des Pfeilflüglers nicht mehr wie bei der P 1065 in Form von Rohrschellen um das Triebwerk herumleiten, sondern den Holm in den Bereich des Einlaufes legen und den Einlaufkanal durch den nunmehr ungeteilten Träger führen. Ein Hilfsholm in der Nase soll in den Rumpf eingeleitet werden. Auf eine anfangs vorgesehene Kräftedurchleitung durch das Triebwerk soll verzichtet werden[47]. Das Triebwerk soll so weit wie möglich um seine Achse verdreht gegen die Rumpfseitenwand geschoben werden. Der vordere Flügelteil im Bereich des Triebwerkes ist zur Erprobung verschiedener Einlaufformen auswechselbar vorgesehen. Als Außenflügel sind nach wie vor die Tragflächen der Me 262 A-1a eingeplant.

Me 262 mit Lorin-Triebwerk

Um mit Jagdflugzeugen höhere Geschwindigkeiten zu erreichen, regt Professor *Eugen Sänger* Mitte 1941 beim RLM Versuche mit Staustrahltriebwerken an. Schon im Jahre 1913 hat der Franzose *Lorin* – wie eingangs erwähnt – mit derartigen Triebwerken experimentiert. Zu jener Zeit fanden seine Arbeiten aber wenig Interesse, weil die Triebwerke erst auf eine hohe Geschwindigkeit gebracht werden müssen, bevor sie kontinuierlich zu arbeiten beginnen. Das RLM erklärt sich mit einer Finanzierung von Versuchen bei der Deutschen Forschungsanstalt für Segelflug (DFS) einverstanden und veranlaßt, daß ein entsprechendes Triebwerk auf dem Rumpfrücken einer Do 17 montiert und im Fluge erprobt wird. Nach intensiven Flugversuchen mit immer größeren Triebwerken werden Geschwindigkeiten von 720 km/h erreicht, 200 km/h mehr als mit den Kolbentriebwerken der Do 17 Z und Do 217 E. *Sänger* schlägt solche Versuche nun auch *Messerschmitt* vor. Man ist dort nicht abgeneigt, sich mit dem ungewöhnlichen Antrieb zu befassen. Zwei reichlich unförmige Staustrahltriebwerke mit 1,12 m Durchmesser und 6 m Länge sollen auf den Tragflügeln einer Me 262 über den Turbo-Strahltriebwerken montiert werden. Berechnungen zeigen jedoch, daß der Kraftstoffverbrauch der vier Antriebe, die beide Dieselöl J2 verbrennen, so groß ist, daß die Reichweite der Me 262 auf 170 km sinkt. Deshalb wird von praktischen Versuchen Abstand genommen.

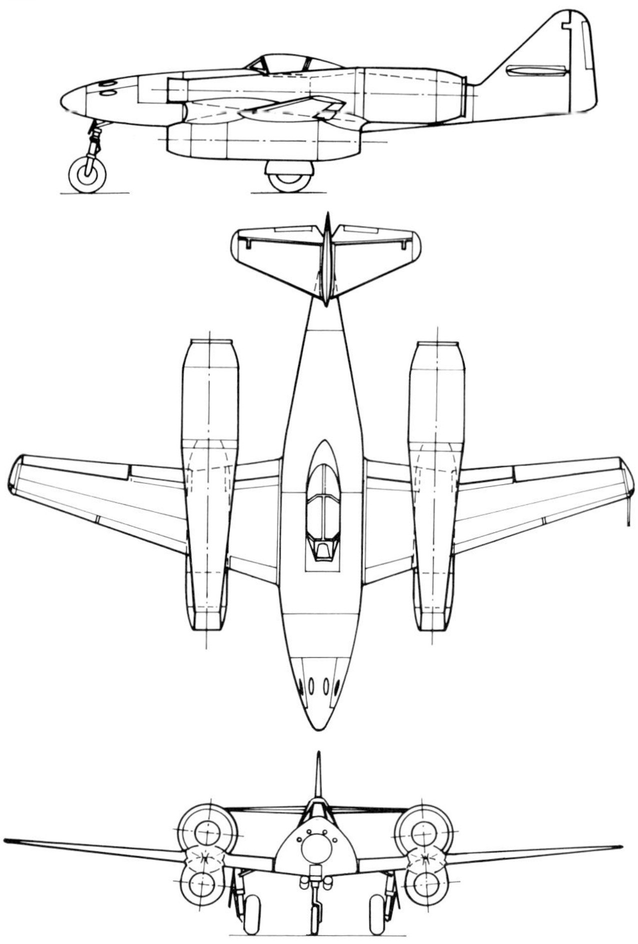

Von Professor Eugen Sänger vorgeschlagener Entwurf einer Me 262 mit zusätzlichen Lorin-Triebwerken, der aber wegen des zu hohen Kraftstoffverbrauches nicht verwirklicht wird

Deichselschlepp

Um die Reichweite von Jagdflugzeugen mit Turbo-Luftstrahltriebwerken zu erhöhen, versuchen sowohl Arado als auch Messerschmitt, den Flugzeugen fliegende Tanks oder gar Bomben mit Hilfe des Deichselschlepps mitzugeben. Das Mutterflugzeug zieht bei dieser Schleppart an einer Deichsel einen Tank mit Hilfsflügeln hinter sich her. Der leer geflogene Tank wird abgehängt und landet mit Hilfe eines Fallschirms. Ein tropfenförmiger, normaler Zusatztank kann als Schleppkörper dienen, erhält Tragflächen angelenkt und ein festes, verkleidetes oder ein abwerfbares Fahrwerk. Mehrere Projekte werden in Angriff genommen. Ein normaler Zusatztank erhält kurze rechteckige Flügel und ein Paar feste Räder; ein zweiter Tank wird mit einem etwas größeren Flügel mit 6,20 m Spannweite und einem zweirädrigen abwerfbaren kleinen Startwagen ausgerüstet. Als weitere Lösung wird eine Fi 103 V 1 als Schleppkörper vorgeschlagen, einmal Huckepack und einmal im Deichselschlepp. Die Huckepack-Ausführung kommt nur für die Ar 234 in Frage, mit deren Hilfe die verschiedenen Anordnungen fliegerisch erprobt werden. Mit vorhandenen V 1-Tragflügeln können 1000 kg-Bomben geschleppt werden oder 900 l Kraftstoff. In Arbeit befindet sich ein Nurflügelbehälter mit einer Kraftstoffkapazität von 1300 l[48]. Mit den Versuchen wird die DFS in Neuburg/Donau beauftragt. Die im Februar 1945 mit einer Ar 234 begonnenen Probeflüge verlaufen aber wenig erfolgversprechend, zumal der Anhänger mit einem Fallschirm meist nur mehr oder weniger beschädigt geborgen werden kann. Das nahe Kriegsende und mehrere Umzüge der mit der Erprobung beauftragten DFS-Einheit führen zur Einstellung der Versuche. Ebenso unerfreulich verlaufen Flüge, die Flugversuchspilot *Gerd Lindner* im Oktober 1944 mit der Me 262 V 10 unternimmt; er hat eine mit einem Flügel und abwerfbaren Fahrwerk ausgerüstete 500 kg-Bombe im Deichselschlepp. Die Bombe pumpt stark und bringt das Schleppflugzeug in größte Gefahr. Nachdem die Erfahrungen wenig erfolgversprechend sind, erscheint es um so unverständlicher, wenn bei mehreren Me 262-Projekten eine Vergrößerung der Reichweite durch Deichselschlepp vorgeschlagen und vom RLM befürwortet wird, obwohl Starts mit Raketenhilfe und Zusatztanks das einfachere und auch erprobte Verfahren sind.

Me P 1101, Versuchsflugzeug mit verstellbarem Pfeilflügel

Das Oberkommando der Luftwaffe schreibt im Juli 1944 einen einmotorigen Strahljäger aus. Sollten die Rohstoffe noch knapper werden, will man als Nachfolger für die zweistrahlige Me 262 eine einstrahlige, nach Möglichkeit noch schnellere Maschine, zur Verfügung haben. Die Firmen Blohm & Voss, Heinkel, Junkers, Focke-Wulf und Messerschmitt werden aufgefordert, dem RLM entsprechende Entwürfe vorzulegen, um Voraussetzungen für einen Vergleich zu schaffen. Ein realistischer Vergleich ist aber – wie sich schon bei der He 162 gezeigt hat – nur dann möglich, wenn vergleichbare Voraussetzungen für eine Leistungsberechnung gegeben sind. Die an der Ausschreibung beteiligten Firmen kommen deswegen im September 1944 auf Veranlassung des RLM in Oberammergau zusammen, um gemeinsam für alle Beteiligten verbindliche Unterlagen zu erarbeiten. Die Firma Messerschmitt arbeitet für diesen Wettbewerb[49] die Projekte Me P 1116 und Me P 1110/II aus nebst einem dritten Projekt P 1101; letzteres entspricht nicht ganz der Ausschreibung und läuft nur intern zum Vergleich im Wettbewerb mit. Das RLM erklärt sich aber damit einverstanden, daß dieses Muster unabhängig von dem Wettbewerb sofort zur Erprobung des Verhaltens eines Flugzeuges mit verstellbaren Pfeilflügeln gebaut wird. Zum Bau der an dem Wettbewerb beteiligten Projekte kommt es wegen der Kriegswirren nicht mehr, zumal zu dieser Zeit schon die He 162 anläuft.
Messerschmitt ist der Ansicht, ein solches Flugzeug könne erst gebaut werden, wenn Klarheit über die Flugeigenschaften einer Maschine mit verschieden großer Pfeilung der Flügel vorliegen. Als Triebwerk steht nur der Jumo 004 B zur Verfügung, da das BMW-Triebwerk 003 für die Ar 234 vorgesehen ist und die Ausbringung des 004 C sich verzögert. Ausgelegt wird das Flugzeug aber schon für den Jumo 004 C und die He S 011. Um schnell einen flugbereiten Prototyp zu erhalten, wird ein abgeänderter Flügel der Me 262 verwendet. Der Flügel wird im Ausweichwerk Leonberg (Autobahntunnel) gebaut, die übrigen Teile in einem Stollen in Oberammergau.

Die P 1101 ist ein Mitteldecker mit 40° gepfeiltem Tragflügel und Leitwerk. Der zweiteilige Tragflügel besteht wegen Materialknappheit aus Holzschalen und hat je einen durchgehenden Vorflügel, die Landeklappen sind als Wölbungsklappen konstruiert. Im Rumpfbug befinden sich oben der Führersitz, darunter der Lufteinlauf und seitwärts rechts und

Experimentalflugzeug P 1101, mit der Messerschmitt die Flugeigenschaften eines Pfeilflüglers bei verschieden großer Pfeilung der Tragflügel untersuchen will. Das Muster hat die wohl fortschrittlichste Auslegung unter den deutschen Strahlflugzeugen und ist versuchsweise mit einer He S 011 ausgerüstet worden

Me P 1101 in Wright Field in den USA mit einer Allison J 35-Turbine mit 24,5 kN (2500 kp) Schub. Bei den drei Browning-Maschinenkanonen handelt es sich um Attrappen

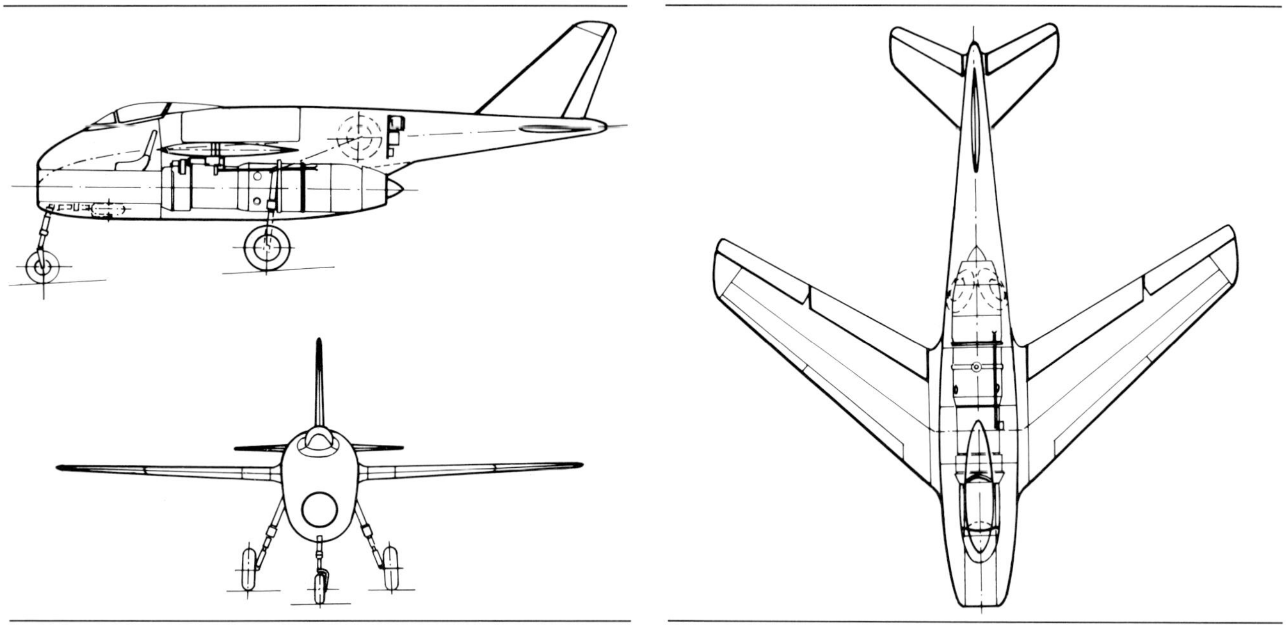

Me P 1101 Versuchsflugzeug mit am Boden einstellbaren Tragflügeln; das Flugzeug ist 1945 fast fertiggestellt worden und stand vor der Flugerprobung

links daneben unten die Waffen, zwei MK 108. Das Bugrad wird beim Einfahren um 90° gedreht und liegt unter dem Lufteinlauf und den Waffen. Der Lufteinlauf mündet in ein Luftführungsrohr zum Triebwerk. Das Rumpfmittelstück enthält oben im Mittelteil die geschützten Kraftstoffbehälter, die 1200 l Gasöl fassen. 300 l werden außerdem geschützt im Tragflügel untergebracht; hinter den Tanks befindet sich das Fahrwerk im eingezogenen Zustand. Das Rumpfende ist als Kegel geformt, trägt das Leitwerk und enthält die Ausrüstung. Das Leitwerk in normaler Kreuzanordnung ist gepfeilt und besteht ebenfalls aus Holz[50]. Der Pilot ist von vorne und hinten gegen Beschuß gesichert. Die Steuerung wird weitgehend von der Me 262 übernommen.

Mit den Arbeiten an der P 1101 ist Mitte 1944 begonnen

Die Me P 1101 wird bei Bell als Studienobjekt untersucht, in geänderter Form als Bell X-5 nachgebaut und mit wesentlich stärkerem Triebwerk Allison J 45 A-17 ausgerüstet. Am 20. Juni 1951 erhält das Flugzeug seine Lufttaufe

P 1101, Versuchsflugzeug mit am Boden verstellbarem Pfeilflügel*

Hersteller		Messerschmitt	Messerschmitt	Messerschmitt
Muster		Me P 1101 mit Me 262-Flügel	Me P 1101 mit neuem Flügel	Me P 1101 Serienausführung
Triebwerk		004 B	He S 011	He S 011
Standschub	kN	8,9	12,75	12,75[5]
	kp	910	1 300	1 300
Besatzung		1	1	1
Länge	m	9,17	9,17	8,84
Höhe	m	3,70	3,70	3,72
Spannweite	m	8,25	8,25	8,80
Flügelfläche	m^2	13,00	15,85[3]	15,80
Flügelstreckung		5,23	4,30	4,95
Rüstmasse	kg	1 950	2 150	2 434
Kraftstoff	kg	850	850	1 200
Besatzung	kg	100	100	100
Nutzmasse	kg	300	300	330
Zuladung	kg	1 250	1 250	1 630
Startmasse	kg	3 200	3 400	4 064[6]
Flächenbelastung	kg/m^2	246	214	257,20
Masse – Schubverhältnis	kg/kN	359,50	266,66	318,74
	kg/kp	3,60	2,60	3,12
Flächenschub	kN/m^2	0,68	0,80	0,80
	kp/m^2	70,00	82,00	82,00
Höchstgeschwindigkeit	km/h	860	980	980
in Höhe	m	7 000	7 000	7 000
Reisegeschwindigkeit	km/h		885	885
in Höhe	m		0	0
Steiggeschwindigkeit in 0 m	m/s	12	22[4]	22
Dienstgipfelhöhe	m	10 000	14 000	14 000
Reichweite	km	860[1]	900[1]	1 100[7]
max. Flugzeit	h	0,48[2]	0,30[2]	0,55[2]
Startrollstrecke	m	710	710	710
Landerollstrecke	m	500	570	570
Landegeschwindigkeit	km/h	170	172	172
Zuladung in % von der Flugmasse		39	37	40
Nutzlast in % von der Flugmasse		9	9	8
Baujahr		Mai 1945	Projekt	Projekt

* Quelle: Messerschmitt TB Nr. 139/45. Blatt Nr. 13, 14, Skizzenblatt Hornung vom 4. 5. 45

1 in 7 000 m Höhe; 500 km in 0 m

2 in 0 m; über erwartete Flugzeiten in der Höhe liegen keine Daten vor

3 mit neuen dünnen Tragflächen

4 6 min auf 6 000 m entsprechend 16,6 m/s durchschnittlichem Steigen

5 geplante Serienausführung

6 Startgewicht mit 4 064 kg mit Starthilfen Startgewicht III mit 4 564 kg mit 500 kg-Bombe mit Starthilfen

7 in 7 000 m Höhe, 500 km in 0 m

worden und im Januar 1945 befindet sich das erste V-Muster schon im fortgeschrittenen Baustadium und zum Ende des Krieges ist das Flugzeug nahezu fertig. Ein zweiter Satz Tragflächen wird ebenfalls im Tunnel von Leonberg fertiggestellt. Bei Bewährung sollen später die Tragflügel der Me P 1116 oder 1110/II versuchsweise übernommen werden. Beim Einfliegen soll die Pfeilung anfangs gering sein, später will man sie bis auf 45° steigern. Sie kann nur am Boden verstellt werden.

Die P 1101 gerät nach dem Kriege in amerikanische Hände und wird als Studienobjekt in die USA gebracht. Bei der Firma Bell wird das Flugzeug unter der Bezeichnung Bell X-5 abgeändert nachgebaut, mit im Fluge verstellbarem Flügel ausgerüstet und fliegerisch erprobt. Der Erstflug findet am 20. Juni 1951 statt. Das Flugzeug wird mit einem Allison J 45 A-17-Triebwerk mit einem Schub von 20,9 kN (2138 kp) ausgerüstet und hat eine Abflugmasse von 4500 kg, die wegen des Verstellmechanismus und des stärkeren Triebwerkes um 500 kg höher liegt als bei der ursprünglichen P 1101. Bell baut noch einen zweiten Prototyp. Mit dem Flugzeug werden 1040 km/h Geschwindigkeit erreicht. Eine Bell X-5 befindet sich im Museum in Wrightfield, eine zweite ist abgestürzt.

Dreisitziger Nachtjäger

Auf Anregung des RLM entwirft die Firma Messerschmitt Anfang 1945 einen dreisitzigen Nachtjäger für zwei He S 011-Triebwerke[51]. In der Baubeschreibung wird auf die technischen Richtlinien des RLM für einen Schlechtwetter- und Nachtjäger vom Februar 1945 Bezug genommen.

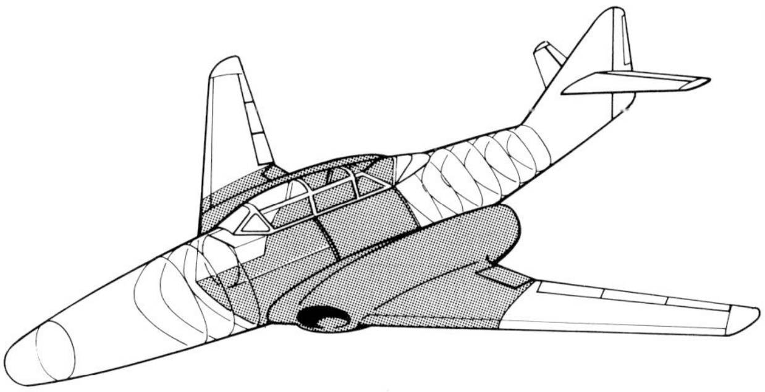

Der gerasterte Teil ist der Änderungsumfang des dreisitzigen Nachtjäger-Projektes im Vergleich zum Nachtjäger Me 262 B-2a

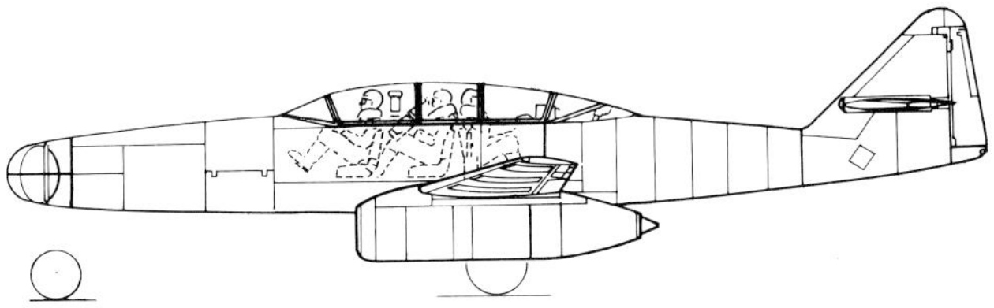

Projekt eines dreisitzigen Nachtjägers mit zwei He S 011-Triebwerken mit normaler Gondelaufhängung unter den Tragflügeln

Messerschmitt schlägt den Einsatz eines dritten Mannes vor, weil eine sichere Führung der Nachtjäger bei der wachsenden Anzahl von Flugzeugen nicht mehr einwandfrei vom Boden aus möglich sein wird. Der dritte Mann und der hohe Stand der Radar- und Navigationsgeräte sollen dem Nachtjäger die Möglichkeit geben, möglichst unabhängig vom Boden sein Ziel zu suchen und zu finden.
Bei diesem vorgeschlagenen Nachtjäger sollen einige Großbauteile der für die Serie vorgesehenen Me 262 B-2a verwendet werden. Dadurch läßt sich die Erprobung vereinfachen und der Aufwand an Vorrichtungen verringern. Die Rumpfspitze mit Bugrad kann ebenfalls von der B-2a übernommen werden, desgleichen Rumpfende, Leitwerkträger, Außenflügel, die beiden Hauptbehälter sowie die Einrichtungen für die geplante Druckwanne mit entsprechender Ausrüstung für den Flugzeugführer. Für Versuchszwecke soll ein Flügel zunächst mit 35° Pfeilung verwendet werden. Der Tragflügel wird durch ein neues Mittelstück unter Beibehaltung der Außenflügel auf 28 m² vergrößert. Die Triebwerke werden im Flügel eingebaut und entsprechen auf diese Weise dem von Professor *Messerschmitt* bei der P 1065 so hartnäckig verfolgten Gedanken einer

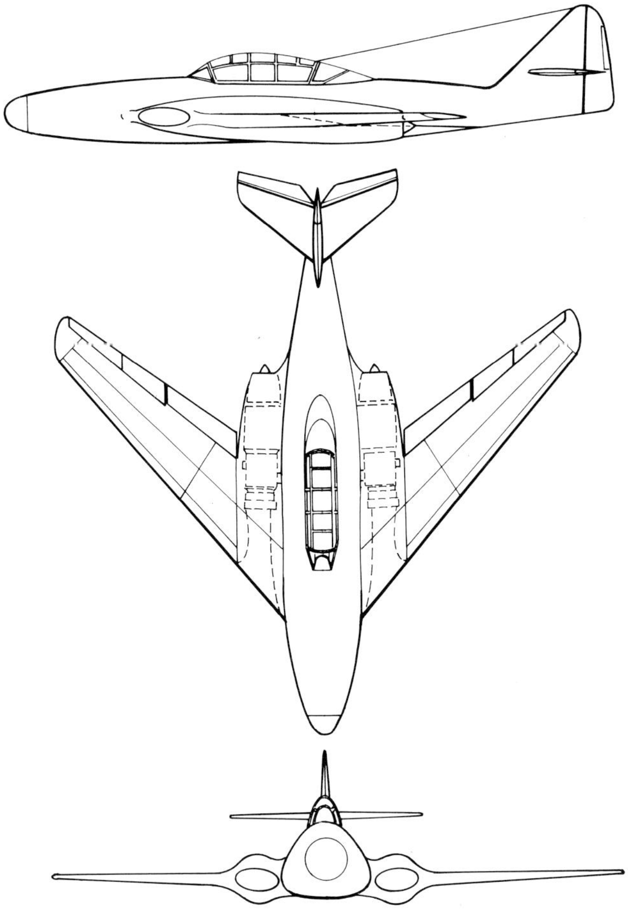

Projekt eines dreisitzigen Nachtjägers mit in den Tragflügeln eingestrakten Triebwerken He S 011

Dreisitziger Nachtjäger

Hersteller		Messerschmitt
Muster		Nachtjäger Me 262 dreisitzig
Triebwerk		2 × He S 011
Standschub	kN	2 × 12,75 = 25,50
	kp	2 × 1 300 = 2 600
Besatzung		3
Länge	m	12,60
Höhe	m	3,00
Spannweite	m	13,65
Flügelfläche	m^2	28,40
Flügelstreckung		6,56
Rüstmasse	kg	5 300
Kraftstoff	kg	2 590
Schmierstoff	kg	170
Besatzung	kg	300
Nutzmasse	kg	520[1]
Zuladung	kg	3 580
Startmasse	kg	8 880
Flächenbelastung	kg/m^2	312,68
Masse – Schubverhältnis		
	kg/kN	348,23
	kg/kp	3,42
Flächenschub	kN/m^2	0,90
	kp/m^2	91,55
Höchstgeschwindigkeit	km/h	930
in Höhe	m	0
Reisegeschwindigkeit	km/h	950
in Höhe	m	6 000
Steiggeschwindigkeit	m/s	25
Dienstgipfelhöhe	m	14 400
Reichweite	km in 10 km Höhe	2 500[2]
max. Flugzeit	h in 10 km Höhe	2,5[2]
Startrollstrecke	m	800
Landerollstrecke	m	700
Landegeschwindigkeit	km/h	180
Zuladung in % von der Flugmasse		40
militär. Nutzmasse in % von der Flugmasse		6
Baujahr		Projekt 1945

[1] vier MK 108 mit Munition
[2] Die Angaben über Kraftstoffzuladung und Reichweite und die sonstigen Daten stammen aus einem Bericht der Entwicklungs-Sonderkommission „Schlechtwetter- und Nachtjäger". Sie werden mit Vorbehalt wiedergegeben; die Richtigkeit über Reichweite und Flugzeit wird angezweifelt. Der Schub der He S 011 in 10 000 m wird mit 490 kp und der spez. Kraftstoffverbrauch mit 1,47 kg/kp/h angegeben.

Unterbringung des Triebwerkes im Flügelinneren. Wegen des einfacheren Aufbaues der bisher unter dem Flügel aufgehängten Triebwerke und einer folglich kürzeren Erprobungszeit sind zwei Ausführungen vorgesehen. Eine Version soll in der bisherigen Form angeordnete Triebwerke erhalten, ein zweites Muster dagegen das neue Flügelmittelstück mit im Flügel eingebauten Triebwerken.
Die Unterbringung des dritten Besatzungsmitgliedes wird durch eine abermalige Rumpfverlängerung (insgesamt 2 m) ermöglicht. Der Kraftstoffvorrat beträgt 3200 l. Mit zwei 600 l Doppelreiter-Zusatztanks, die stromlinienförmig verkleidet über den Triebwerken auf der Tragfläche angeordnet werden, ließe sich die Flugdauer weiter beträchtlich steigern. Zusätzlich zu den vier MK 108 können zwei weitere MK 108 als Schrägbewaffnung eingebaut werden.
Die FT-Ausrüstung sollte mit geringfügigen Änderungen der Ausrüstung des zweisitzigen Nachtjägers Me 262 B-2a entsprechen. Als Ergänzung käme noch das Bordsuchgerät Bremen 0 FuG 244 hinzu, später das FuG 350 Zc Naxos mit einer Antenne im Kabinendach zwischen dem ersten und zweiten Mann. Für den Start mit Überlast sind Aufhängepunkte für vier Borsig-Startraketen mit je 1000 kp Schub vorgesehen.
Die Richtigkeit der in den Werkunterlagen angegebenen Abflugmasse von 8070 kg muß allerdings bezweifelt werden. Schon die Serienausführung des Tagjägers Me 262 A-1a mit voller Last hat eine Abflugmasse von 7000 kg bis 7500 kg. Bei dem Nachtjäger kommen aber neben dem dritten Mann und dem Gewicht des bedeutend vergrößerten Rumpfes, der größeren Tragfläche und dem neuen, schwereren Fahrwerk noch eine um 500 kg höhere Kraftstoffzuladung hinzu. Auch die Entwicklungs-Sonderkommission »Schlechtwetter und Nachtjagd«[52] Arbeitsgruppe Flugmechanik äußert im Februar 1945 Bedenken, weil ein Teil der vergrößerten Tragflügelfläche von 28,4 m^2 auf einen Rumpfanteil (5 m^2) und auf Triebwerkverkleidung (7,8 m^2) entfällt. Es verbleiben noch 15,6 m^2 Tragflügel mit Profil, entsprechend einer realistischen Flächenbelastung von 569 kg/m^2. »Niemand weiß, wie sich bei höherer Geschwindigkeit der Lufteinlauf in der Flügelnase und das gepfeilte Leitwerk verhalten werden und welche Folgen dessen Beeinflussung durch den Abgasstrahl haben wird.«

In jedem Falle wäre eine zeitraubende und aufwendige Flugerprobung notwendig geworden, und man hätte der vereinfachten Ausführung mit der bisher bewährten Triebwerkanordnung wahrscheinlich den Vorzug gegeben. Dennoch wäre die zweite Ausführung ein hochinteressantes Studienobjekt gewesen.

Anmerkungen

1 Robert Schlaifer, Development of Aircraft Engines, USA 1950, S. 392.
2 Quelle: Luftfahrt-Lexikon, 3100-100-1.
3 Zur Entwicklungsgeschichte der Me 262, Referat von Dipl.-Ing. Wolfgang Degel, gehalten am 13. 7. 1982 anläßlich einer Gedenkfeier im Fliegerhorst Leipheim.
4 Woldemar Voigt studiert an der Technischen Hochschule in Darmstadt und gehört der Akademischen Fliegergruppe (Akaflieg) an. Bei Klemm arbeitet Voigt an der berühmten Kl 35 mit und später bei Siebel an der Si 202a Hummel. 1935 geht er als Projektingenieur zu Messerschmitt und wird 1939 Chef des Projektbüros. An dem Entwurf der P 65, P 1065 und Me 262 sind unter anderem Dipl.-Ing. Wolfgang Degel und Ing. Karl Althoff maßgebend beteiligt.
5 Entwicklung und Gestaltung der Schwalbe von Woldemar Voigt in Air International, März 1976.
6 Reisebericht von Hittening, Messerschmitt AG vom 9. 10. 1939 mit Besuch im RLM und Besprechung mit den Herren Tilenius und Gessaer über Munition, Brennstoff, Sichtforderungen, Panzerung und Bewaffnung der P 65. Am 7. 6. 1939 hat Messerschmitt dasselbe Flugzeug als P 1065 bezeichnet. Es wird also einmal so und einmal so benannt, und es handelt sich wohl um den gleichen Entwurf.
7 Chef der Abteilung Aerodynamik ist Dipl.-Ing. Riclef Schomerus, früher Akaflieg Darmstadt. Er entwirft und baut mit Dipl.-Ing. Rüdiger Kosin (Arado) das Windspiel, ein extrem leichtes Segelflugzeug mit 54 kg Rüstmasse. Zu seiner Abteilung gehören der Mathematiker Walter Eisenmann, Dr.-Ing. Winter, Dipl.-Ing. Puffert und von 1939 an Dipl.-Ing. Ludwig Bölkow.
8 Messerschmitt AG, Augsburg, Berichte der Hauptverwaltung Me 262, vom 15. 4. 1942.
9 Junkers Motorenwerke OMW-Kobü-Sondertriebwerke I./108, Akte 2604 TL Flugversuch, 27. 7. 1942, gez. Dr. Franz.
10 David Irving: Die Tragödie der deutschen Luftwaffe, Ullstein-Verlag, S. 302 bis 304 und S. 326.
11 Adolf Galland: Die Ersten und die Letzten. Verlag Franz Schneekluth, Darmstadt.
12 David Irving: Die Tragödie der deutschen Luftwaffe. S. 290 ff.
13 David Irving: Die Tragödie der deutschen Luftwaffe. S. 291 u. 294. GL-Konferenz 25. 5. 1943 (MD: 20.5.5468 ff.).
14 Adolf Galland: Die Ersten und die Letzten. S. 359.
15 Luftfahrt-Lexikon 1301-100-4, Verlag Publizistisches Archiv, Karl R. Pawlas, Nürnberg.
16 Adolf Galland: Die Ersten und die Letzten.
17 Studiengruppe der Luftwaffe: Die Flugzeugbeschaffung in der deutschen Luftwaffe, Anlage 26, S. 4.
18 Am 15. 1. 1945 – ein Jahr nach Anlauf der Serie – stellt in einem Sonderbericht des Kommandos der Erprobungsstellen B. Nr. 22140/45 Oberleutnant Behrens fest, daß das Fahrwerk der Me 262 den auftretenden Beanspruchungen, bedingt durch die hohe Landegeschwindigkeit und die Eigenart der Fahrwerksanordnung, nicht genügte.
19 Henning Remmers: Die deutsche Entwicklung des Strahlflugzeuges vor dem und im Zweiten Weltkrieg, 18. Generalstabs-Lehrgang der Luftwaffe (23), Hamburg, Oktober 1974, S. 52.
20 Protokoll Nr. 11 vom 28. 5. 1943.
21 Bericht des Kommandos der Erprobungsstellen vom 15. 1. 1945, B.Nr. 22140/45 g.
22 Quelle: Bericht des Kommandos der Erprobungsstellen B. Nr. 22140/45 vom 15. 1. 1945.
23 Verlängerbar zwecks größeren Hebelarmes.
24 Messerschmitt AG, Technischer Außendienst Blatt 10, vom 5. 6. 1945, gez. Fritz Wendel.
25 Henning Remmers, Führungsakademie der Bundeswehr: Die deutsche Entwicklung des Strahlflugzeuges am Beispiel der Me 262, S. 35.
26 Wolfgang Schenk: Erfahrungsbericht mit der Me 262 als Bomber; an Oberst Lützow, MBB-Archiv.
27 David Irving: Die Tragödie der deutschen Luftwaffe, S. 368.
28 David Irving: Die Tragödie der deutschen Luftwaffe, S. 367.
29 Manfred Boehme: Jagdgeschwader 7. Motorbuch Verlag 1984.
30 Messerschmitt AG, Technischer Außendienst, Blatt 10 vom 5. 6. 1945, gez. Fritz Wendel.
31 Trevore J. Constable/Raymond F. Toliver: Das waren die deutschen Jagdflieger. Motorbuch-Verlag, Stuttgart.
32 Messerschmitt AG., Augsburg, Me 262-Schnellbomber I mit außen hängender Bombe, vom 20. 7. 1943, gez. Althoff/Degel.
33 Messerschmitt AG., Augsburg, Me 262-Schnellbomber Ia mit außen hängender Bombe, vom 9. 9. 1943, gez. Althoff; Bericht vom 20. 7. 1943, gez. Althoff/Degel.
34 Messerschmitt AG., Augsburg, Me 262-Schnellbomber II mit aufgedicktem Rumpf, vom 22. 7. 1943, gez. Althoff/Degel.
35 Messerschmitt AG., Augsburg, Me 262-Schulflugzeug, vom 9. 8. 1943, gez. Althoff/Degel.
36 Messerschmitt AG., Augsburg, Me 262-Aufklärer I, vom 29. 7. 1943 und 2. 8. 1943.
37 Junkers Einbaumappe vom 20. 1. 1943, 109004B.
38 Messerschmitt AG., Augsburg, Me 262-Aufklärer II mit aufgedicktem Rumpf, vom 29. 7. 1943, gez. Althoff/Degel.
39 Me 262 Interzeptor I, Baubeschreibung MH.AG., Augsburg vom 20. 7. 1943, Nr. 262.01.19, gez. Althoff/Degel.
40 Bericht Gerd Lindner, Flugwelt 3/1950, S. 49.
41 Messerschmitt AG., Erprob.-Ber. Nr. 56 vom 1. 3.–31. 3. 1945.
42 Lt. BMW-Mitteilung vom 7. 3. 1943 an Messerschmitt.
43 Messerschmitt AG., Augsburg, Me 262-Interzeptor II, vom 4. 9. 1943, Nr. 596, gez. Althoff/Degel.
44 Messerschmitt AG., Me 262-Interzeptor III, Geheime Kommandosache, Augsburg, den 6. 9. 1943, gez. Althoff 262.01.01/0.
45 Mitteilung Walter-Werke vom 16. 4. 1943.
46 Aktenvermerk Hochgeschwindigkeits-Entwicklung Me 262, Besprechung bei Professor Messerschmitt am 12. 1. 1945, 0-gau, den 15. 1. 1945, Pr/Sz/S.
47 Abb. Forschungsanstalt, Probü App. 133, 0'gau, den 3. 12. 1944, Pr/Sa/Ne.
48 Messerschmitt AG., Oberammergau, den 23. 4. 1945, Gruppe Sening.
49 Dipl.-Ing. Dietrich Fiecke, Stand der deutschen Jagdflugzeug-Entwicklung zu Kriegsende, Flugwelt V, 6/1953, S. 165 ff. und V, 7/1953, S. 203 ff.
50 B 6 Kurzbeschreibung des Projektes P 1101 TB 139/45 Bl.N., Rest unlesbar.
51 Messerschmitt-Projektbüro, Projektbeschr. dreisitziger Nachtjäger mit zwei He S 011-Triebwerken, Augsburg, gez. Degel.
52 Projekt Me 262 vom 26. 2. 1945, gez. Que/Bu und Vergleich Me 262-Nachtjäger -BV P 21501-Do P 252/1, Bad Eilsen, den 26. 2. 1945, A. Schoppe.

Messerschmitt Me 163*

Ein geschichtlicher Überblick über Messerschmitt *und seine Arbeiten auf dem Gebiete der Strahlflugzeuge wäre unvollständig, ohne die Me 163 einzubeziehen, die unter Führung von* Heini Dittmar *am 2. Oktober 1941 erstmals mit 1003 km/h Geschwindigkeit zur Schallgrenze vorstößt.*
Über die Entstehung der Me 163 hat Dr. Alexander Lippisch[1] *in der Zeitschrift »Flugwelt« eine Arbeit über »Die Entwicklung der Messerschmitt Me 163« veröffentlicht. Besser als jeder andere kann* Lippisch *als Konstrukteur[2] sein weltbekanntes Flugzeug und seine Entstehung selbst beschreiben**:*

Me 163 stößt an die Schallgrenze

»Die Entstehungsgeschichte der Messerschmitt Me 163 geht auf das schwanzlose Muster DFS 39 aus dem Jahre 1936 zurück. Dieses Flugzeug entstand aus der bei einer Landung zu Bruch gegangenen Delta IVb (Fieseler ›Wespe‹). Nach diesem Unfall sollten aufgrund einer Entscheidung einer technischen Kommission, die aus Vertretern der DVL und des Technischen Amtes des RLM bestand, alle Arbeiten zur Entwicklung von Delta-Flugzeugen eingestellt werden. Die Feststellung dieser Kommission lautete: ›Der Delta-Typ ist nicht entwicklungsfähig und es besteht keine Aussicht, diese Flugzeuggattung zu einem praktisch brauchbaren Muster weiterzuentwickeln.‹ Dem tatkräftigen Eintreten des Leiters des DFS, Professor *Dr. Walter Georgii,* war es jedoch zu verdanken, daß trotz der negativen Meinung der maßgebenden Stellen Mittel für die Weiterarbeit bereitgestellt wurden.

Me 163 B-1

DFS 39 (Delta IVc)

Im Jahre 1937 trat die Forschungsabteilung des Reichsluftfahrt-Ministeriums an das Deutsche Forschungsinstitut für Segelflug (DFS) heran. Es wurde ein Nachbau der DFS 39 mit gleichem Tragflügel, aber abgeändertem Rumpf gefordert. Der Verwendungszweck wurde geheimgehalten. Um die Erprobung eines Sondertriebwerkes zu ermöglichen, sollte der Rumpf in Metallbauweise gefertigt werden. Während die DFS die Entwurfsgestaltung übernahm, wurden Rumpf und Triebwerkeinbau in einer Sonderabteilung der Ernst-Heinkel-Flugzeugwerke in Warnemünde hergestellt.
Es war vorauszusehen, daß mit dem Sondertriebwerk wesentlich höhere Geschwindigkeiten erzielt werden sollten. Aus diesem Grunde änderte man weitgehend die aerodynamische Gestaltung des Rumpfes und der Flügelwurzeln. Zur Untersuchung der aerodynamischen Eigenschaften, der Flügeldruckverteilung und der Stabilität

* Anmerkungen auf Seite 173.
** Dieser Beitrag umfaßt die folgenden 5 Unterkapitel bis Seite 165.

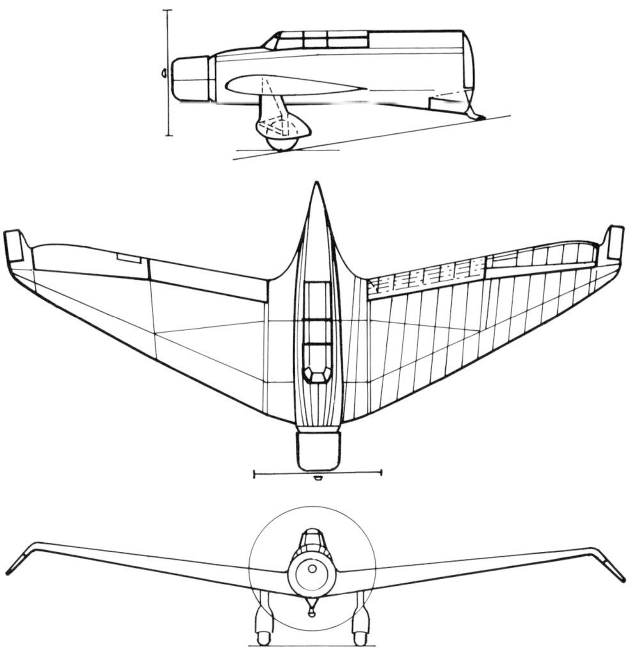

Die DFS 39, Bauzustand 1936, erhält einen neuen Rumpf aus Metall, in dessen Heck ein Raketentriebwerk eingebaut werden soll. Die Arbeiten werden später bei Messerschmitt an einer DFS 194 fortgesetzt

erfolgte eine eingehende Modellmessung dieses Entwurfes im großen Windkanal der Aerodynamischen Versuchsanstalt Göttingen (AVA). Diese Untersuchungen und Freiflugversuche großer Modelle zeitigten das Ergebnis, daß anstelle der Flügelenden-Seitenruder ein zentrales Seitenleitwerk am Rumpfende angebracht wurde. Ferner fiel die V-Stellung des Tragflügels fort.

Kooperation mit Messerschmitt

Während der weiteren Arbeit ergab sich, daß der Bau dieses Versuchsmusters in der ursprünglich vorgesehenen Weise nicht möglich war. Man entschloß sich deshalb, die Abteilung Lippisch mit zwölf Mitarbeitern vom Deutschen Forschungsinstitut für Segelflug einer Flugzeugbaufirma zuzuordnen und dort die Aufgabe weiterzuführen. Zu Beginn des Jahres 1939 wurde eine Abteilung L (Lippisch) bei der Messerschmitt AG in Augsburg geschaffen, in der die Arbeiten fortgesetzt wurden. Die Entwicklungsabteilung des RLM übernahm den Entwicklungsauftrag, für den Dipl.-Ing. *Antz* im RLM zuständig war. Das Muster erhielt sodann den Decknamen Me 163. Das vorgesehene Sondertriebwerk war ein kaltes Raketentriebwerk der Firma Walter, Kiel. Die ursprünglich vorgesehene Schubleistung von 3,9 kN (400 kp) sollte auf 7,35 kN (750 kp) erhöht werden. Inzwischen startete aber schon am 20. Juni 1939 Heinkels eigenes Raketenflugzeug He 176.
Infolge des Kriegsausbruches wurden die sehr langsam fortschreitenden Arbeiten am Bau der zwei Versuchsmuster vorerst völlig unterbrochen. Sie konnten erst 1940/41 fortgeführt werden.

DFS 194 fliegt mit Raketentriebwerk

Inzwischen wurde das ebenfalls bei der DFS entwickelte Muster DFS 194 Ende 1939 umgebaut und mit einem kalten Walter-Triebwerk RI-203 mit 3,9 kN (400 kp) Schub erprobt. Diese Flugerprobung diente vor allem einer Prüfung des Raketenantriebes und der dadurch verursachten Änderung der Flugeigenschaften eines schwanzlosen

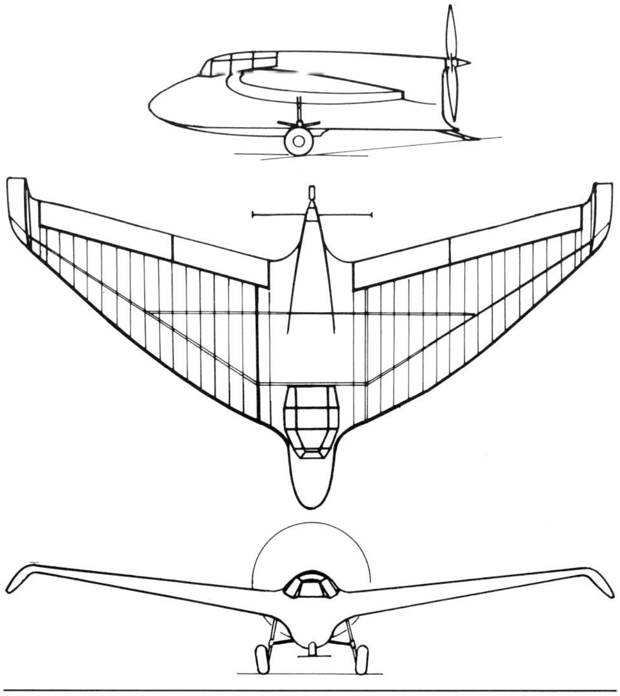

Versuchsflugzeug DFS 194 für einen schwanzlosen Jagdeinsitzer

Die DFS 194 wird 1939 umgebaut und für die Erprobung des Walter-Raketentriebwerkes RI-203 mit 3,9 kN (400 kp) Schub hergerichtet. Den Metallrumpf baut Heinkel. Das Einfliegen des Flugzeuges liegt (1940) in den Händen von Heini Dittmar

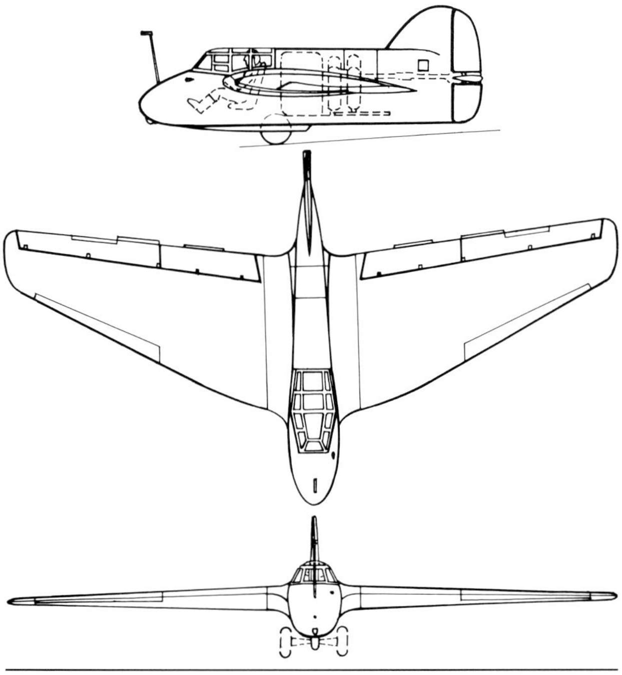

Versuchsflugzeug DFS 194 mit Raketenantrieb

Flugzeugtyps. Sämtliche Erprobungsflüge wurden 1940 auf dem Raketenflugplatz der deutschen Luftwaffe in Peenemünde-West von *Heini Dittmar* ausgeführt. Da die Zelle der DFS 194 ursprünglich für Geschwindigkeiten um 250 km/h ausgelegt war, konnten die Erprobungsflüge nur bis zu einer Höchstgeschwindigkeit von 550 km/h ausgedehnt werden.

Prototyp Me 163

Die Ergebnisse der Versuchsflüge mit der DFS 194 waren sehr zufriedenstellend und vermittelten in vieler Hinsicht wertvolle Unterlagen für die nun folgende Me 163. Inzwischen war die Dringlichkeitsstufe dieses Musters heraufgesetzt worden. Die Besichtigung von *Heini Dittmars* Gleitflugversuchen in Augsburg durch den Generalluftzeugmeister, Generaloberst *Ernst Udet,* beschleunigte die Arbeiten. So konnte man im Sommer 1941 auf dem Flugplatz der Luftwaffen-Erprobungsstelle Peenemünde-West mit Erprobungsflügen mit Antrieb beginnen.
Durch die Gleitflüge waren die Flugeigenschaften bereits weitgehend erprobt, so daß der Pilot für die Versuche mit

Heini Dittmar startet mit der DFS 194 im Sommer 1940 zum Erstflug

Me 163 A V 4, die im Sommer 1941 in Peenemünde ohne Triebwerk erprobt wird. Nach Lieferung des Triebwerkes R II-203b mit 7,35 kN (750 kp) Schub erreicht Heini Dittmar am 2. Oktober 1941 in 3600 m Höhe eine Geschwindigkeit von 1003 km/h

dem Raketentriebwerk bereits mit dem Flugzeug vertraut war. Im Hinblick auf die Flugeigenschaften traten dann später auch keine Schwierigkeiten auf.
Nach den Meßergebnissen der AVA sollte das Flugzeug mit dem Maximalschub des Walter-Triebwerkes R II-203b von 7,35 kN (750 kp) eine Geschwindigkeit von 1003 km/h in 4000 m Höhe erreichen. Allerdings war hierbei der Kompressibilitätseinfluß nicht berücksichtigt. Die kritische Geschwindigkeit mußte bei etwa Mach 0,84 liegen. Nach einer gründlichen Erprobung im Verlaufe von 20 Flügen flog *Dittmar* die Maschine am 2. Oktober 1941 in 3600 m Höhe ganz aus. Bei einer Geschwindigkeit von 1003 km/h trat ein Umschlag der Längsstabilität auf, das Flugzeug wurde plötzlich stark kopflastig. *Dittmar* schaltete das Triebwerk ab, damit gelang es ihm, die Me 163 wieder in die Normallage zurückzubringen. Hochgeschwindigkeitsmessungen im kleinen Schallkanal der AVA Göttingen bestätigten diese Grenzbedingung der Längsstabilität.
Der an den späteren Erprobungsflügen teilnehmende Pilot *Rudolf Opitz* hat die Höchstgeschwindigkeit dann in Höhen von 8000 m ausgeflogen und festgestellt, daß in dieser Höhe ein sehr gradueller Übergang in die Kopflastigkeit durch Kompressibilitätswirkung bei Mach 0,84 eintrat.

Abfangjäger Me 163

Die Ergebnisse der Erprobungsflüge des Sommers 1941 ließen den Plan entstehen, aus dem Versuchsflugzeug Me 163 einen Abfangjäger zu entwickeln. Die Initiative dazu ging von Generaloberst *Udet* aus.
Um in kürzester Zeit über ein einsatzreifes Muster verfügen zu können, sollte der Tragflügel des vorliegenden Typs unverändert übernommen werden. Raum für Kraftstoff und

Me 163 A hat eine Startmasse von 2400 kg und eine Flugzeit von zwei bis drei Minuten. Das Flugzeug, von dem etwa zehn Stück gebaut werden, dient zur Flugerprobung und Schulung

Bewaffnung konnte durch Vergrößerung des Rumpfes gewonnen werden.
Bei Besprechungen im Oktober und November 1941 sagte die Firma Walter, Kiel, die Bereitstellung eines heißen regelbaren Triebwerkes mit einem Standschub von 1500 kp für den Sommer 1942 zu. Die ersten Versuchszellen für diesen neuen Interzeptor sollten im April 1942 für Schleppflugversuche zur Verfügung stehen.
Die Arbeiten an der Me 163 B begannen am 1. Dezember 1941. Dieser Termin wurde von der Zellenbaufirma (Messerschmitt) eingehalten. Die Lieferung des Triebwerkes verzögerte sich jedoch um über ein Jahr. Die Erprobung des Musters und die Schulung der Luftwaffenpiloten ließ somit einen Einsatz erst im Jahre 1944 zu. Außerdem wurden aus Gründen, die hier nicht zur Diskussion stehen, die ersten einsatzbereiten Luftwaffen-Verbände östlich von Leipzig stationiert – einem Bereich, in dem zu dieser Zeit des Krieges nur geringe feindliche Bombertätigkeit vorhanden war. Die eigentlichen Schwierigkeiten, die einen Einsatz behinderten, lagen nicht auf dem technisch-militärischen Gebiet!«

Me 163-Typenreihe

Me 163 A zur Einweisung

Heini Dittmar hat während der Flugerprobung mit der DFS 194 mit Walter-Triebwerk mit 2,90 kN (300 kp) Schub rund 23 m/s Steigen und 350 km/h Geschwindigkeit erreicht. Eine halbfertige Zelle einer DFS 194 wird – um Zeit zu sparen und ein stärkeres Walter-Triebwerk zu erproben – entsprechend abgeändert. Die V-Form der Flügel wird herausgenommen, die beiden Seitenleitwerke an den Flügelenden werden durch ein großes zentrales Seitenleitwerk am Rumpfende ersetzt. Ein abwerfbares Fahrwerk wird vorgesehen. Dieser Zwitter erhält die Bezeichnung Me 163 A und eine V 4 wird 1940 fertiggestellt und im Herbst ohne Triebwerk von *Heini Dittmar* im Flugzeugschlepp geflogen und erprobt. Mit den Flugeigenschaften ist *Dittmar* nach einigen Änderungen zufrieden. Im Neigungsflug beginnt beispielsweise bei 360 km/h Geschwindigkeit das Seitenruder zu flattern und bei 520 km/h das Höhenruder. Im Verlaufe von 15 Schleppflügen im Frühjahr 1941 werden diese und andere Mängel bereinigt.

Den ersten scharfen Flug mit dem stärkeren Triebwerk HWK R II-203b mit 7,35 kN (750 kp) Schub führt *Heini Dittmar* am 10. August 1941 aus. Das Flugzeug hat nunmehr mit Triebwerk eine Leermasse von 1450 kg und eine Flugmasse von 2400 kg bei einer Kraftstoffzuladung von 850 kg T-[3] und Z-Stoff[4], der für einen Flug mit vollem Schub von etwa zwei bis drei Minuten ausreicht. Mit dieser Flugzeit lassen sich 3000 m bis 4000 m Höhe erreichen. Der Mitteldecker besitzt einen kurzen Glattblechrumpf. Der an der Vorderkante um 23° gepfeilte Tragflügel besteht aus einer Holzkonstruktion mit unten in die Flügelnase eingestrakten Schlitzen. Die getrennten Klappen an der Hinter- und Unterkante des Tragflügels dienen als Höhen-Querruder und als Landeklappen. Am Innenflügel befinden sich Trimmklappen. Die Landekufe ist einfahrbar. Der Start erfolgt auf zwei abwerfbaren Rädern, die an der Kufe befestigt sind. Etwa zehn Me 163 A-0 werden gebaut und nach der Erprobung an Flugschulen abgegeben[5].

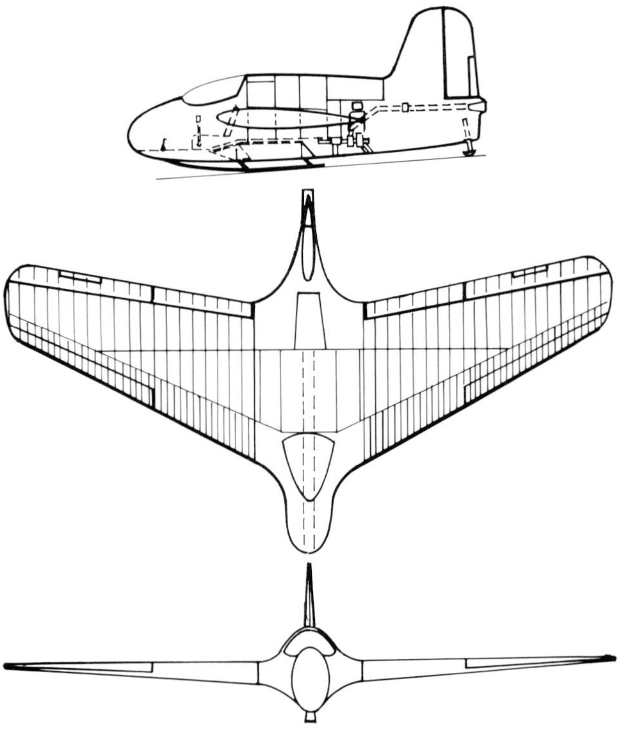

Aus den Erfahrungen mit der DFS 194 entsteht das Versuchsmuster Me 163 A

Me 163 B-Einsatzflugzeug

Durch die vielen Änderungen, die sich auf dem Weg vom Prototypen zum Serienflugzeug ergeben, wird die Me 163 B nahezu eine Neukonstruktion. Der Tragflügel besteht weiterhin aus Holz, das sich wider Erwarten gegen Beschuß als ausreichend resistent erweist. Die Überarbeitung der Konstruktion basiert auf einer Zusage der Walter-Werke auf Lieferung einer neuen HWK 109-509 mit 14,70 kN (1500 kp) Schub, einer Masse von nur 177 kg und einem geringeren spezifischen Verbrauch, der einen Flug von zwölf Minuten Dauer ermöglichen soll. Zur Zeit dieser Zusage existiert aber nur eine Attrappe von diesem Triebwerk, und 1943 ergeben Probeläufe einen doppelt so hohen Verbrauch, der bei mehr als doppelter Kraftstoffzuladung für fünf bis sechs Minuten Flugzeit reichen könnte. Die Kraftstofftanks fassen nunmehr 1160 l T-Stoff und 500 l C-Stoff. Laut Protokoll vom 25. April 1942[6] wird zwischen der Abteilung L (Lippisch) und

Me 163 B mit Raketentriebwerk HWK 509 A-2 mit 14,70 kN (1500 kp) Schub erreicht ein durchschnittliches Steigen von 58 m/s und steigt in 2,6 Minuten auf 9100 m Höhe

der Firma Walter vereinbart, daß im Juni/Juli 1942 die Zellen und Triebwerke für die ersten Serienflugzeuge Me 163 B V 1 bis V 5 fertigzustellen sind. Die Flugzeuge sind auch rechtzeitig fertig, aber die Triebwerke kommen nicht. Die erste Me 163 B V 1 wird daraufhin – ohne Triebwerk – von *Dittmar* am 26. Juni 1942 im Schlepp in Lechfeld geflogen. Solange das Flugzeug motorlos geflogen wird, ergeben sich zwar gute Flugeigenschaften, dennoch werden viele Änderungen am Fahrwerk und an der Kufe notwendig. Nach diesen Umkonstruktionen und dem nachträglichen Einbau von Einrichtungen für eine spätere Druckkabine, eines Bremsschirmes, taktischer Luftbremsen und der Verwendung von Behälterschutz stimmt der Schwerpunkt nicht mehr. *Lippisch* ist verzweifelt. Bremsschirm, Luftbremsen und Druckkabine werden wieder ausgebaut. Erst nach einem Jahr Verspätung können im Sommer 1943 die ersten Flüge mit dem verbesserten Walter-Triebwerk HWK 109-509 unternommen werden. Dabei zeigt sich, daß das Triebwerk noch viele Kinderkrankheiten hat.

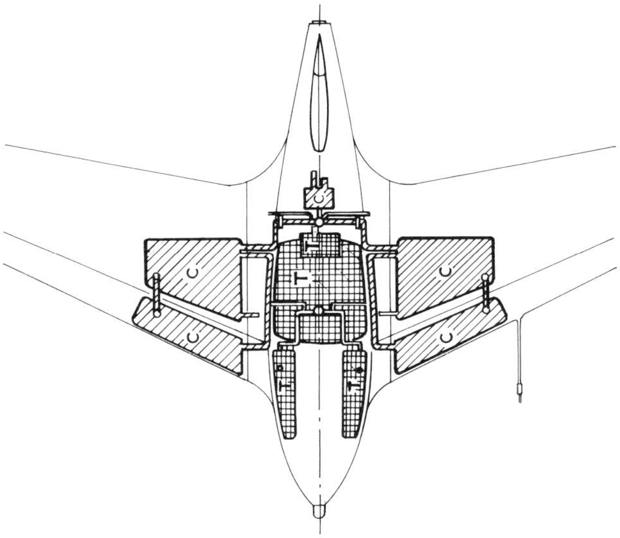

Kraftstoff-Schema der Me 163 B

Als im Mai 1943 bei Messerschmitt in Regensburg rund 70 Me 163 B ohne Triebwerke stehen und zahlreiche Änderungen an diesen Flugzeugen noch nicht berücksichtigt sind, verläßt *Dr. Lippisch* die Messerschmitt-Werke, um die Leitung der Luftfahrt-Forschungsanstalt Wien zu übernehmen. Die ersten Me 163 B[7] werden schließlich im Dezember 1943 an das JG 400 geliefert. Die Abteilung L wird nach Laupheim verlegt und später aufgelöst.

Im Mai 1943 beginnt die Firma Klemm mit der Einarbeitung der Änderungen und Fertigstellung der 70 Maschinen aus Regensburg und baut die Serie der Me 163 B weiter. Als Unterlieferanten bauen die Firmen Flettner, Focke-Achgelis, Wolf Hirth und Schempp Zulieferteile.

Dr.-Ing. Hanns Klemm will aber keine Militärflugzeuge bauen und gerät in schwere Auseinandersetzungen mit dem RLM. Am 23. Mai 1943 scheidet er als Geschäftsführer aus seinem eigenen Betrieb aus. Sein Werk mit damals 1200 Mitarbeitern wird beschlagnahmt und von einem Reichskommissar weitergeführt. *Klemm* wird zweimal von der Gestapo verhaftet, und erst das Kriegsende bringt ihm die Freiheit. Zurückgezogen verbringt er seinen Lebensabend auf einem Bauernhof. Die Stadt Böblingen verleiht ihm an seinem 70. Geburtstag am 4. April 1955 die Ehrenbürgerrechte.

Zweisitzige Me 163 S

Schwierigkeiten mit der Umschulung führen zu einer doppelsitzigen Ausführung Me 163 S. Der Lehrer wird hinter dem Schüler plaziert, dafür verschwinden T-Stofftank und Munitionskasten. Das Flugzeug wird im Schlepp auf

Höhe gebracht und ohne Triebwerk mit Schüler geflogen. Die verbleibenden Tanks können mit Wasser als Ballast gefüllt werden. Die Me 163 S wird aber nicht in Serie hergestellt. Es bleibt bei Einzelstücken.

HWK 109-509 C-1 mit Marschofen

Um die Laufzeit der HWK 109-509 A zu vergrößern, rüstet die Firma Walter das Triebwerk mit einer zusätzlichen Brennkammer aus, die einen Schub von 2,90 kN (300 kp) erzeugt und beim Start und Steigflug mitläuft, bis der Pilot seine beabsichtigte Höhe erreicht. Er kann dann die Hauptkammer abschalten und mit dem Hilfstriebwerk weiter fliegen. Das neue Triebwerk wird in der Me 163 B V 18 erprobt, kommt aber nicht mehr an die Front.

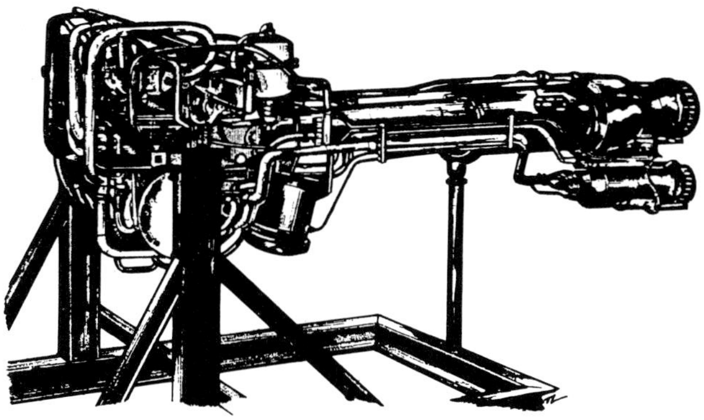

Walter-Triebwerk HWK 509 C-7 mit Marschofen. Letzterer hat 2,90 kN (300 kp) Schub, das Triebwerk insgesamt einen Schub von 19,60 kN (2000 kp)

Me 163 C: 9 Minuten Flugzeit

Die Projektabteilung von Messerschmitt arbeitet Mitte 1944 unter Leitung von Dipl.-Ing. *Voigt* an einer Version Me 163 C, die besonders für das verbesserte Walter-Triebwerk mit Marschofen ausgelegt ist. Das Flugzeug erhält ein neues und größeres Flügelmittelstück und damit eine etwas größere Spannweite. Es soll eine Druckkabine erhalten, die aber für kein Flugzeug vor Kriegsende mehr fertiggestellt werden kann. Die Tanks werden vergrößert, so daß ihr Inhalt für

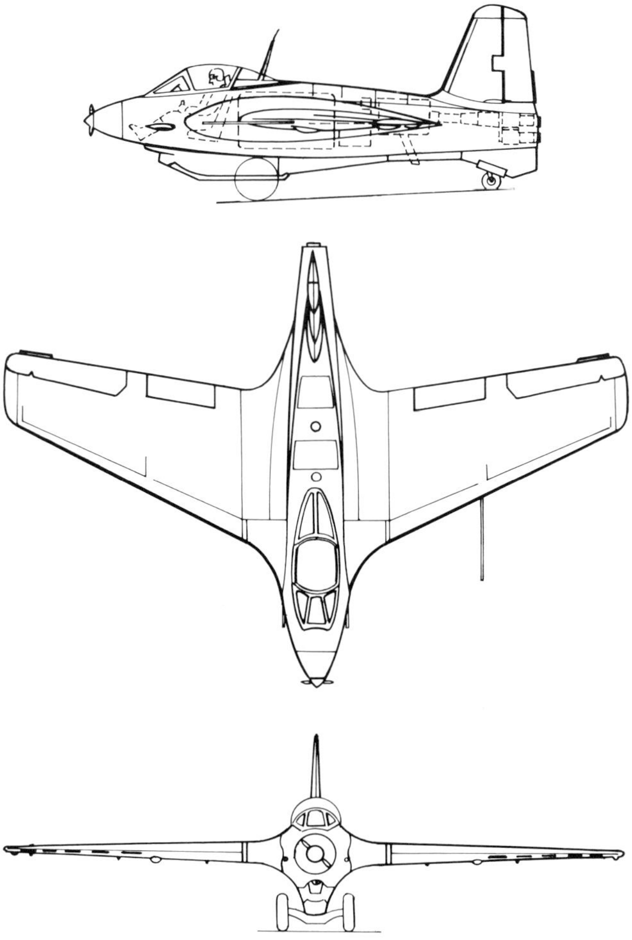

Me 163 C-1a mit zusätzlichem Marschofen HWK 509 C-1 mit 2,90 kN (300 kp) und insgesamt 19,60 kN (2000 kp) Schub

9 Minuten Flugzeit ausreicht, die Waffen werden vom Flügel in die Flügelwurzel verlegt. Ende 1944 beginnen die Vorbereitungen zum Serienbau der Me 163 C-1a, aber nicht mehr als drei Maschinen werden fertig.

Einziehfahrwerk für die Me 163 D

Der Me 163-Reihe soll nach Fertigstellung der C-Version eine Me 163 D folgen mit längerem Rumpf, vergrößerter Reichweite und einziehbarem Bugrad. Das RLM verfügt, daß die Firma Junkers die Konstruktion fortführt, da Messerschmitt mit der Me 262 und anderen Aufgaben

Me 263 (Ju 248) Weiterentwicklung der Me 163 C bei Junkers und Ausrüstung mit einziehbarem Fahrwerk. Die festen Flügelschlitze werden durch ausfahrbare Vorflügel ersetzt. Das Flugzeug soll eine Steiggeschwindigkeit von 70 m/s erzielen und in vier Minuten auf 15 000 m steigen

überlastet ist. Das Flugzeug erhält bei Junkers unter dem Team von Professor *Hertel* die Bezeichnung Ju 248. Das RLM verlangt aber, daß die Arbeiten unter der Bezeichnung Me 263 weitergeführt werden mit dem Hinweis, daß das gesamte Konzept von Messerschmitt *(Lippisch)* stammt.

Me 263 (Ju 248)

Die Junkers-Konstruktionsgruppe versucht, durch größere Tanks und mit Hilfe des Marschtriebwerkes eine nahezu dreifache Reichweite im Vergleich zur Me 163 B zu erzielen. Das einziehbare Bugradfahrwerk wird hydraulisch betätigt und die festen Flügelschlitze werden durch automatisch ausfahrbare Vorflügel und vergrößerte Landeklappen[8] ersetzt.

Die erste Ju 248 V 1 wird im August 1944 in Dessau fertiggestellt und von *Heinz Peters* mit einer Ju 188 im Schlepp geflogen. Das Flugzeug hat Tanks für 1600 l T-Stoff und 840 l C-Stoff an Bord. Die ersten Flüge mit Raketentriebwerk erfolgen im Januar/Februar 1945 in Brandis bei Leipzig, wo Junkers auf Veranlassung des RLM eine Werft für die Me 263 zur Verfügung stellt und wo sie auch gebaut wird. Das RLM schlägt sogar vor, die Me 263 versuchsweise mit dem BMW 003 R-Triebwerk auszurüsten. Am 22. Dezember 1944 wird durch eine Entwicklungs-Hauptkommission in Berlin beschlossen, die Weiterentwicklung mit allen Mitteln voranzutreiben. Durch die Kriegsereignisse bleibt es jedoch bei dem einzigen Prototypen, der in Dessau unversehrt in die Hände der Sowjets fällt. Sie bringen das Muster in ihre Heimat und stellen es dem Konstruktionsbüro Mikoyan und Gurevich zur Auswertung zur Verfügung.

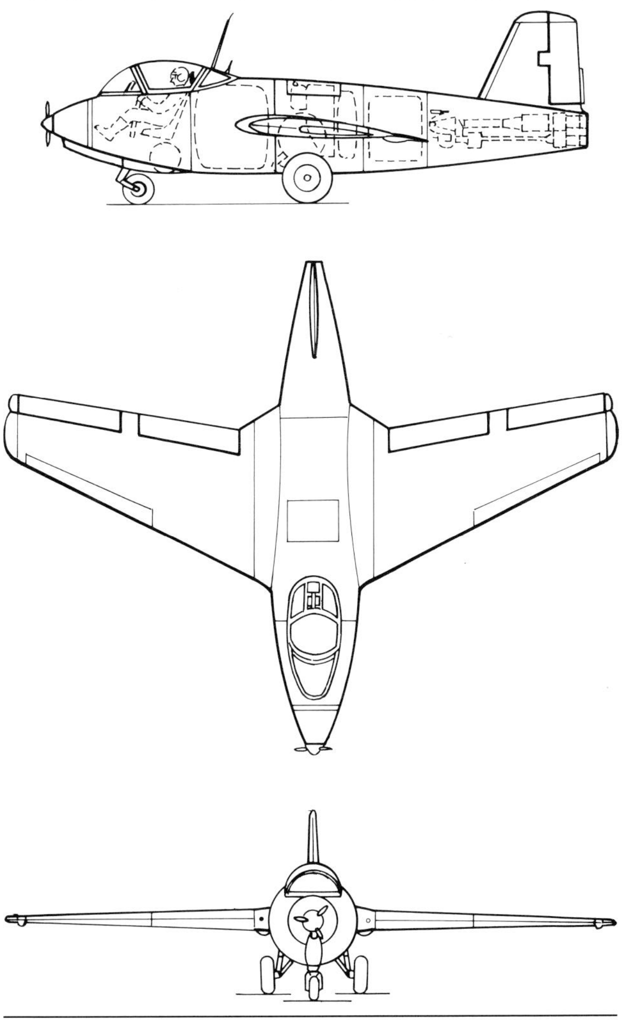

Me 263 (Ju 248) ▷

Raketenjäger Me 163 und Me 263*

Hersteller		Messerschmitt			
Muster		Me 163A V 4	Me 163 B-1	Me 163 C-1a	Me 263 A-1 Ju 248
Triebwerk		Walter HWK RII-203b	Walter HWK RII 211 HWK 509 A-2	Walter HWK 509 C-1	Walter HWK 509 C-4
Standschub	kN	7,35	14,70	19,60	19,60
	kp	750	1 500	2 000[7]	2 000[7]
Besatzung		1	1	1	1
Länge	m	5,60	5,70	7,00	7,50
Höhe	m	3,00	2,50	3,00	3,00
Spannweite	m	8,85	9,30	9,80	9,50
Flügelfläche	m^2	17,50	19,60	20,42	19,50
Flügelstreckung		4,48	4,40	4,70	4,60
Rüstmasse	kg	1 450	1 900	2 050	2 100
Kraftstoff	kg	850	2 000	2 500	2 600
Besatzung	kg	100	100	100	100
Nutzmasse	kg	–	180[1]	250[8]	250[8]
Zuladung	kg	950	2 280	2 850	2 950
Startmasse	kg	2 400	4 180	4 900	5 050
Flächenbelastung	kg/m^2	137,14	213,26	239,90	258,90
Masse – Schubverhältnis	kg/kN	326,50	284,35	250,00	257,70
	kg/kp	3,20	2,79	2,45	2,53
Flächenschub	kN/m^2	0,42	0,75	0,96	1,00
	kp/m^2	42,85	76,50	97,95	102,56
Höchstgeschwindigkeit	km/h	1 003	900	950	980
in Höhe	m	3 600	0	0	3 000
Reisegeschwindigkeit	km/h		900	950	980
in Höhe	m		6 000	12 000	12 000
Steiggeschwindigkeit	m/s		53[2]	–	83[10]
Dienstgipfelhöhe	m		15 000	16 000	15 000
Reichweite	km		50	75	100
max. Flugzeit	min		5[3]	9[9]	15[11]
Startrollstrecke	m		500[4]	600[4]	540
Landerollstrecke	m		600[5]	700	550
Landegeschwindigkeit	km/h	160	160[6]	175	145
Zuladung in % von der Flugmasse		39	55	58	58
Nutzlast in % von der Flugmasse		–	4	5	5
Baujahr		1941	1942	1944	1944

* Quellen: Werkunterlagen von Messerschmitt, Augsburg von 12. 12. 1962 W. Radinger und Junkers

1 2 × MG 151/20 mit Munition
2 durchschnittliches Steigen auf 12 000 m in 3,45 min, entsprechend 53 m/s bei 700 km/h
3 mit vollem Schub bis 12 000 m und 1,5 min Restzeit bei 850 km/h; längste Flugzeit mit Schub 7 min
4 mit Starthilfe = 2 Raketen je 9,8 kN (1 000 kp) Schub über 6 s
5 auf trockenem Rasen, 900 m auf feuchtem Rasen ohne Anschweben
6 bei Landegewicht von 1 900 kg und 97 kg/m^2 Flächenbelastung
7 mit Marschofen mit 2,90 kN (300 kp)
8 2 × MK 108 mit 100 Schuß
9 Unter Gebrauch des Marschofens
10 Steigen auf 15 000 m 3 min
11 in 10 900 m, 13 min in 6 000 m, 9 min in 0 m

Me 163 und die Truppe[6]

Unter Leitung von Oberleutnant *Wolfgang Späte* wird am 5. Mai 1942 in Peenemünde ein Erprobungskommando 16 aufgestellt mit der Aufgabe, den Raketenjäger Me 163 auf seine militärische Verwendbarkeit hin zu prüfen, das Training der Piloten und Bodenmannschaften vorzubereiten und das zur Wartung des Flugzeuges notwendige Gerät entwickeln zu helfen. Nach einem Angriff auf Peenemünde im August 1943 erhält das Kommando 16 Befehl, nach Zwischenahn bei Oldenburg zu verlegen, wo nach langem Warten zum Jahresende die ersten Me 163 eintreffen. Flugzeug wie Triebwerk stecken jedoch noch voller Kinderkrankheiten. Ein Jahr später, im Februar 1944, wird in Lechfeld eine verbesserte Serienausführung Me 163 B erprobt und im Mai 1944 der erste serienreife Typ Me 163 B-1 geliefert. Im Juli 1944 hat die aus dem Kommando 16 entstandene I. Gruppe Jagdgeschwader 400 ausreichende Einsatzmaschinen der Version Me 163 B für zwei Staffeln startklar. Im Verlaufe der ersten scharfen Einsätze ergeben sich neue Probleme. Bei geringen negativen Beschleunigungen schaltet sich das Triebwerk im Flug aus. Es dauert ein bis zwei Minuten, bis man das Triebwerk wieder einschalten darf, sollen Fehlfunktionen und tödliche Gefahren vermieden werden. Praktisch ist der Pilot und sein Flugzeug während dieser Zeit hilflos dem Feind ausgeliefert. Außerdem verliert er einen Teil seiner Höhe. Viele schwere Unfälle ereignen sich durch Ausfall der Triebwerke im oder nach dem Start, und der Flugbetrieb mit diesem Raketenjäger wird zu einer riskanten Angelegenheit.

Dennoch wird der Ausbau der Bodenorganisation mit Nachdruck weiter betrieben. In Wittmundhafen entsteht eine einsatzfähige Staffel, die ihr Personal größtenteils von dem Kommando 16 erhält und ab Mai 1944 mit der Me 163 B-1a ausgerüstet wird. Kaum ist der Betrieb in Wittmundhafen angelaufen, wird der Verband nach Brandis bei Leipzig verlegt. Bei den ersten dortigen Luftkämpfen stellt sich heraus, daß aufgrund der verhältnismäßig geringen Reichweite der MK 108 frühestens aus 650 m Entfernung auf den Gegner geschossen werden kann. Bei der enormen nicht abbremsbaren Geschwindigkeit muß die angreifende Me 163 schon in 200 m Entfernung weggezogen werden, um ein Rammen des Gegners zu vermeiden. Es verbleiben 450 m Strecke zum Schießen, die die Me 163 aber in zwei bis drei Sekunden zurücklegt, reichlich wenig Zeit zum Zielen und Feuern. Neue taktische Formen des Einsatzes müssen gefunden werden, denn bei der Me 163 handelt es sich um eine ganz neue Waffengattung, mit der bisher keinerlei Erfahrungen vorliegen.

Im Juni 1944 wird *Wolfgang Späte* zur Neuaufstellung einer IV. Gruppe des Jagdgeschwaders 54 kommandiert und im Abwehrkampf der zurückweichenden Ostfront eingesetzt. Ihm wird mitgeteilt, die Aufgabe des Erprobungskommandos 16 sei im wesentlichen erledigt, die Version Me 163 B laufe in Serie, und *Späte* müsse sich mit der Führung eines großen Verbandes vertraut machen. In Venlo wird inzwischen eine zweite Staffel im Jagdgeschwader 400 aufgebaut. Da in diesem Raum kein feindliches Flugzeug einfliegt, wird die zweite Staffel zum Schutze der Leuna-Werke mit der ersten Gruppe des JG 400 in Brandis vereinigt, so daß dem Verband dort etwa 40 Flugzeuge mit ebensoviel Piloten zur Verfügung stehen.

Die Me 163 B benötigt wegen ihrer hohen Geschwindigkeit und kurzen Flugzeit neue Waffen. Mit den damaligen Maschinenkanonen bleiben für die Piloten ganze drei Sekunden Zeit zum Schießen

Der Serienbau der Me 163 B findet im Messerschmitt-Werk Regensburg, bei Klemm und bei Junkers statt. Das Fahrwerk ist abwerfbar

Neue Hemmnisse: Die Auswahl dieses Platzes erweist sich bald als Fehlplanung, weil Brandis als Startort zum Schutze Leunas am Rande der Reichweite der Me 163 liegt. Die Amerikaner machen sich das bei ihren Angriffen sogleich zunutze, obwohl die erste Gruppe I./JG 400 schließlich über vier voll ausgerüstete Staffeln verfügt, sind die Erfolge gering, weil es nur wenig Feindberührung gibt. Zur Verteidigung der Leuna-Werke, die schließlich zu den wichtigsten Hydrierwerken gehören, hätten die Flugzeuge auf die Plätze Merseburg, Bitterfeld und Schkeuditz verteilt werden müssen. Eine Ansammlung vieler Flugzeuge in Brandis war ein grundlegender Fehler.

In Udetfeld in Schlesien beginnt Ende 1944 bei der Ergänzungs-Gruppe des JG 400 der Aufbau zweier Ergänzungsstaffeln unter Führung von Hauptmann *Olejnik*.

Ebenfalls Ende 1944 wird in Stargard/Pommern eine zweite Gruppe des JG 400 mit vier Staffeln unter Führung von Hauptmann *Rudolf Opitz* ins Leben gerufen. Major *Späte* kehrt im Dezember 1944 vom JG 54 zurück und wird Kommodore des JG 400.

Große Schwierigkeiten beim Einsatz der Me 163 bereitet das Fehlen von Luftbremsen und von neuen Waffen, welche die sehr hohe Geschwindigkeit des Flugzeuges berücksichtigen. Zu spät kommt die SG. 500 Jägerfaust, eine hoch explosive kleine Rakete mit 50 mm Durchmesser, die noch in zwölf Me 163 B eingebaut wird. Die Jägerfaust ist eine rückstoßfreie, starre Vertikalbordwaffe, die in mehreren Einzelladerohren zusammengefaßt, automatisch durch einen Fotozellenfühler beim Unterfliegen eines Bombers ausgelöst wird. Nur eine einzige der damit ausgerüsteten Me 163 B erreicht den Verband und wird noch am 10. April 1945 von Brandis aus eingesetzt. Das Flugzeug unterfliegt eine Gruppe von schweren Lancaster-Bombern und zerfetzt mit der Jägerfaust die Führungsmaschine.

Die Me 163 B-1 wird anfangs bei Messerschmitt in Regensburg gebaut, später von Klemm in Böblingen und zuletzt auch von den Junkers-Werken. Die Produktion läuft noch bis Februar 1945 und bricht erst in den letzten Kriegswirren zusammen. Bis Ende 1944 sind insgesamt 237 Maschinen gebaut worden. Im Dezember 1944 erreicht die Produktion mit 90 Flugzeugen im Monat ihren Höhepunkt. Von Januar 1945 bis zum Kriegsende werden noch 42 Maschinen fertiggestellt. Während der letzten Wochen im Krieg gibt es keinen C-Stoff mehr, weil das Herstellerwerk zerstört worden ist. Um diese Zeit erreicht das JG 400 gerade seine volle Einsatzstärke. Erzielt werden neun Abschüsse bei 14 eigenen Verlusten, – ein vernichtendes Ergebnis einer neuen Waffe, die durch zeitliche Verzögerungen halb fertig und waffentechnisch mangelhaft ausgerüstet zum Einsatz kommt.

Eric Brown[9], einer der erfahrensten englischen Testpiloten, hat die Me 163 B nach dem Kriege ohne Raketentriebwerk geflogen. Sein Urteil:

»Will man die Me 163 unter Würdigung aller Aspekte beurteilen, dann muß man sagen, daß ihre Wirksamkeit im Einsatz etwas zweifelhafter Natur war. Sie war für ihre Piloten möglicherweise bedrohlicher als für den Gegner, zu dessen Vernichtung sie eingesetzt wurde. Ihre Einsatzergebnisse rechtfertigen den riesigen Aufwand kaum, mit dem sie zur Frontverwendung tauglich gemacht wurde. Ohne sich in Widersprüche zu verwickeln, kann man jedoch behaupten, daß die Me 163 B einem brillanten Konzept ihr Entstehen verdankt. Hätte man mehr Zeit zur Entwicklung des Walter-Raketentriebwerkes zur Verfügung gehabt, um es zuverlässiger und anpassungsfähiger zu machen, die Me 163 wäre bestimmt zu einer ernsthaften Bedrohung der alliierten Bomber bei Tage geworden. Auf Seiten der Alliierten wurde diese Bedrohung übrigens befürchtet, als man das erste Mal von ihrer Existenz erfahren hatte.«

Wolfgang Späte (ab 1942 Führer des Erprobungskommandos 16 und zuletzt Kommodore des mit Me 163 ausgerüsteten Jagdgeschwaders 400) gibt hierzu folgende Schlußbemerkung:

»Die Me 163 zu planen und zu bauen, war sinnvoll und aussichtsreich. Steigvermögen und Fluggeschwindigkeit gaben ihr entwaffnende Überlegenheit gegenüber jedem Gegnerflugzeug. Die Flugzeugzelle war mit geringem Aufwand und durch eine Industrie, die freie Kapazitäten hatte (Holztragflächen!), trotz aller Kriegshemmnisse auch in größeren Stückzahlen produzierbar. Dem Walter-Triebwerk ging als besondere Empfehlung voraus, daß seine Herstellung in Serie nur einen kleinen Bruchteil des Aufwandes an Material und Arbeitszeit erforderte, der zur Produktion eines herkömmlichen Flugzeug-Triebwerkes aufgebracht werden mußte.
Was nicht voraussehbar war: Die Walter-Ingenieure brauchten ein Jahr länger als vorgesehen, um Kinderkrankheiten des so völlig neuartigen Raketentriebwerkes abzustellen, und es gelang ihnen nicht, den Treibstoffverbrauch in jenen Grenzen zu halten, die anfangs vorgesehen worden waren. Das Flugzeug war gut, seine Piloten nicht schlechter. Einen erfolgreichen Einsatz in der Luftverteidigung verhinderten weniger die gewiß noch feststellbaren Mängel als das Chaos der letzten Kriegsmonate.«

Anmerkungen

1 Alexander Lippisch: Die Entwicklung der Messerschmitt Me 163. Flugwelt 9/1959, S. 381 ff. und S. 423 ff. – Hans J. Ebert, Erstmals 1000 km/h, Luftfahrt International 10/1981.

2 Alexander Lippisch wird am 2. November 1894 geboren, studiert Maschinenbau, dient als Freiwilliger der Fliegertruppe im Ersten Weltkrieg und wird Assistent für Aerodynamik bei den Zeppelinwerken in Lindau. Von 1921 ab widmet er sich dem Segelflug, baut den Rhönadler und erweist sich mit der Konstruktion des weltbekannten Fafnir als genialer Konstrukteur. Er wendet sich bald Sonderentwicklungen des Segelfluges und des extremen Leichtbaues zu, wie Delta- und Nurflügel-Konstruktionen. Der Zweite Weltkrieg zwingt ihn, über die militärische Verwendung seiner Konstruktionen nachzudenken. Verwirklicht wird der Raketenjäger Me 163. Schon 1942 entwirft Lippisch ein Delta-Modell als Vorschlag für ein Überschallflugzeug. Messungen im Göttinger Windkanal (AVA) zeigen 1944, daß mit dieser Bauform mit dünnen Profilen und kleinem Seitenverhältnis der Überschallflug möglich werden wird. Die Concorde hat die Umrisse seines damaligen Modells.

3 T-Stoff = Wasserstoffsuperoxyd.

4 Z-Stoff = wässerige Lösung von Natrium oder Kaliumpermangat.

5 Alexander Lippisch: Ein Dreieck fliegt, Motorbuch-Verlag, Stuttgart 1976.

6 Wolfgang Späte: Der streng geheime Vogel Me 163, Verlag für Wehrwissenschaften, München 1983.

7 Ing. Harald Kuhn: Leistungssteigerung durch Zusatzraketen oder Nachverbrennung. Flugwelt IV/1952, S. 147–148.

8 Deutsche Raketen, Raketenflugzeuge, Staustrahltriebwerke und Flugzeuge, Flugwelt II, 1/1950, S. 4 und 5.

9 Eric Brown zählt zu den besten Flugversuchspiloten Englands. Nach dem Kriege hat er Gelegenheit, die meisten damaligen deutschen Einsatzflugzeuge zu fliegen. Die brillante Beurteilung dieser Flugzeuge mit ihren Vor- und Nachteilen hat ihm bei Freunden und ehemaligen Gegnern den Ruf eines hoch sachlichen und kompetenten Fachmannes auf dem Gebiete der Flugerprobung und der Beurteilung von Flugzeugen eingebracht. Sein Urteil gilt im In- und Ausland gleich viel.

JUNKERS
Junkers Ju 287 — Sechsstrahlig in die Sowjetunion

Diesem Kapitel über das erste sechsstrahlige Kampfflugzeug Ju 287 liegt ein Beitrag[1] von Dipl.-Ing.* Fritz Freytag[2] *zugrunde. Er gehörte als Abteilungsleiter dem Junkers-Team an, das sich mit der Konstruktion der Ju 287 befaßte. Die Projektierung des Flugzeuges lag in den Händen von Dipl.-Ing.* Hans Wocke, *der durch Studien und Windkanalversuche damals die wissenschaftlichen Voraussetzungen für den Schnellflug mit mehrstrahligen und großen Strahlflugzeugen geschaffen und einen wertvollen Beitrag zur Hochgeschwindigkeits-Aerodynamik in Deutschland geleistet hat. Freytag schreibt 1961 in der Flugwelt**:*

»Im Jahre 1942 erhalten die Junkers-Werke in Dessau vom RLM den Auftrag, ein viermotoriges Kampfflugzeug mit Turbo-Luftstrahltriebwerken zu entwickeln.
Um diese Zeit war bereits bekannt, daß durch Pfeilstellung der Flügel der starke Widerstandsanstieg im Machbereich verzögert werden kann. Die Verdichtungsstöße treten dann erst bedeutend später auf. Beim Einsetzen von Verdichtungsstößen ändern sich aber auch die anderen Kennwerte des Flügels, die wiederum einen starken Einfluß auf die Flugeigenschaften des Flugzeuges ausüben. Es galt also, auch das Momentenverhalten des Flügels in dem gesamten Geschwindigkeitsbereich von der Minimal- bis zur Maximalgeschwindigkeit zu beachten. In den Windkanälen der Junkers Flugzeug- und Motorenwerke in Dessau wurde ein umfangreiches Meßprogramm in Angriff genommen, das die allgemein gültigen Messungen der Deutschen Versuchsanstalt für Luftfahrt in Berlin und der Aerodynamischen Versuchsanstalt in Göttingen ergänzte. Dabei stellte sich heraus, daß das Verhalten der Grenzschicht beim nach hinten gepfeilten Flügel mit den zu jener Zeit bekannten Mitteln nicht genügend beeinflußt werden kann. Das wurde erst möglich durch die spätere Erfindung des Grenzschichtzauns durch *Dr. Hans Liebe*, mit dessen Hilfe beim rückwärts gepfeilten Flügel das Abfließen der Grenzschicht nach den Flügelenden hin beseitigt werden konnte.

Vorteile des vorgepfeilten Flügels

Zur Vermeidung des frühzeitigen Auftretens örtlicher Verdichtungsstöße am Flügelprofil ist es belanglos, ob der Flügel nach hinten oder nach vorn gepfeilt wird. Entgegen dem Verhalten der Grenzschicht beim nach hinten gepfeilten Flügel fließt diese bei einer Vorwärtspfeilung des Flügels zur Flügelmitte hin und vereinigt sich dort mit der Grenzschicht des Rumpfes. Mit dieser zusammen fließt sie dann am Rumpf entlang nach hinten ab. Aus diesen bei Windkanalversuchen in den Junkers-Werken gewonnenen Erkenntnissen ergab sich noch eine Reihe weiterer aerodynamischer Vorteile des negativ gepfeilten Flügels. So konnte die Größe der Querruder gegenüber dem zurückgepfeilten und sogar auch gegenüber dem geraden Flügel vermindert werden. Durch das Abfließen der Grenzschicht vom Flügelende zum Flügelinneren hin liegen die Querruder in einer wesentlich gesünderen Strömung und haben daher eine höhere Wirkung. Es konnte also der Spannweitenanteil für das Querruder geringer gehalten werden, wodurch sich der Spannweitenanteil für die Landeklappen entsprechend vergrößern ließ. Dadurch ergab sich eine beträchtliche Erhöhung des maximalen Auftriebsbeiwertes des vorgepfeilten Flügels.

Ju 287 V 1, improvisiertes Baukastenflugzeug

Nach diesen Vorarbeiten wurde im Jahre 1942 ein Flugzeug mit einem vorgepfeilten Flügel projektiert. Um möglichst schnell Ergebnisse über die Flugeigenschaften zu erhalten, wurde mit Teilen aus der Serienfertigung ein Flugzeug zusammengestellt, zu dem im wesentlichen nur der Flügel und die Triebwerkanlage neu zu konstruieren waren. Der Rumpf der Ju 287 V 1 mit Piloten-Vollsichtkanzel stammte von der He 177 A-3; das Heckleitwerk, bestehend aus Höhen- und Seitenleitwerk, übernahm man von einer Ju 188; das Fahrwerk setzte man aus Fahrwerkteilen von erbeuteten Flugzeugen des Typs Convair B-24 Liberator zusammen. Als Antrieb wurden vier Strahlturbinen Jumo 004 B-1 eingebaut. Zwei Triebwerke waren jeweils rechts und links am Rumpfvorderteil angesetzt, die beiden anderen

* Anmerkungen auf Seite 185.
** Dieser Beitrag umfaßt die folgenden 15 Unterkapitel bis S. 185.

Windkanal-Modell EF 122, mit dem die Vorversuche mit dem vorgepfeilten Flügel unternommen und die günstigste Anordnung der Triebwerke untersucht wurden

Ju 287 V 1 in Brandis während der Flugerprobung. Unter den Triebwerken Jumo 004 B-1 befinden sich Startraketen des Typs HWK 109-502 mit je 4,9 kN (500 kp) Schub

wurden am Flügel in 37 Prozent der Halbspannweite so aufgehängt, daß etwa 29 Prozent der Triebwerkslänge über die Flügelhinterkante hinausragten. Aus Sicherheitsgründen wurde unter den Triebwerken zusätzlich jeweils ein Walter-Triebwerk HWK 109-502 mit einem Schub von 500 kp angeordnet. Zwei dieser Triebwerke wurden beim Start eingeschaltet, während die beiden anderen einen eventuellen Triebwerkausfall während des Startes wenigstens teilweise kompensieren sollten. Eine ähnliche Anordnung war auch für die projektierte endgültige Form der Ju 287 vorgesehen. Der Einfachheit halber verzichtete man bei dem Erprobungsflugzeug auf ein Einziehfahrwerk. Das abgestrebte Hauptfahrwerk wird am Flügel fest angeschlossen. Die Fahrwerke verkleidete man, um den Widerstand zu mindern und Störungen am Flügel und am Höhenleitwerk durch Wirbelschleppen hinter den Fahrwerken zu vermeiden. Da das Bugfahrwerk der Ju 287 V 1 stärker belastet war als das der B-24, werden zwei in geringem Abstand nebeneinanderliegende Bugradfahrwerke verwendet, die ebenfalls stromlinienförmig verkleidet werden.

Start der Ju 287 V 1 mit Hilfe von Raketen. Vor der Seitenruderflosse befindet sich ein Gerüst mit Meßgeräten

Ju 287 V 1 bei der Landung mit geöffnetem Fallschirm, der den Auslauf bis zur Hälfte verkürzen kann

Der Aufbau des Tragflügels

Der Flügel dieses Experimentalflugzeuges wurde neu konstruiert und neu gebaut. Er hatte bereits die für das endgültige Projekt vorgesehene Form und Profilierung mit einer Pfeilung der Vorderkante von 23°. Ebenso entsprach sein konstruktiver Aufbau dem des späteren Flügels. Eine Ausnahme bildeten die Anlenkpunkte für das feste Fahrwerk sowie die Ausschnitte und Klappen für das später vorgesehene Einziehfahrwerk. Der Flügel war in Trägerbauweise gefertigt.

Die Flugerprobung der Ju 287 V 1

Im Anfang des Jahres 1944 war das Experimentalflugzeug in der Endmontage fertiggestellt, und am 16. August 1944 begann Flugkapitän *Siegfried Holzbaur* mit der Flugerprobung auf dem Flugplatz Brandis bei Leipzig[3]. Dabei zeigte sich, daß der vorgepfeilte Flügel die Erwartungen voll erfüllte. Wesentliche Mängel traten nicht auf. Eine zufriedenstellende Abstimmung des Verhaltens des Flugzeuges um seine drei Hauptachsen war auf Anhieb recht gut erreicht worden. Als besonders angenehm wurde die Steuerbarkeit um die Längsachse empfunden, was für die Bestätigung der vorausgegangenen Windkanalversuche von besonderer Bedeutung war. Nach 16 Flügen in Brandis ohne nennenswerte Beanstandungen und Änderungen wurde das Experimentalflugzeug Ju 287 V 1 zu weiteren Flügen zur Luftwaffen-Erprobungsstelle Rechlin übergeführt. Hier wurde vor allem die Strömung am Flügel und am Flügel-Rumpf-Übergang beobachtet. Ein Vergleich der Flugaufnahmen mit den Aufnahmen der Windkanalversuche zeigte sehr gute Übereinstimmung im Gesamtbereich des Anstellwinkels[4]. Bei großen Anstellwinkeln war sogar eine geringe Verbesserung gegenüber den Windkanalaufnahmen festzustellen. Leider konnte mit diesem Versuchsflugzeug die Maximalgeschwindigkeit nicht bis zur kritischen Machzahl des Flügels gesteigert werden, weil ein Einziehfahrwerk fehlte und der Schub der Triebwerke nicht ausreichte. Nach den vorhergehenden Untersuchungen hätte der Flügel eine kritische Machzahl von etwa 0,85 besessen; in der Praxis konnte jedoch mit dem Flugzeug nur eine Machzahl von etwa 0,7 erflogen werden. Erst bei späteren Flugversuchen stellte sich heraus, daß ohne Störungen durch örtliche Verdichtungsstöße mit einer Machzahl von 0,92 einwandfrei geflogen werden konnte.

Im Laufe der weiteren Erprobung des Flugzeugmusters Ju 287 zeigten sich außer den heute noch geltenden großen Vorteilen des vorgepfeilten Flügels auch einige Nachteile, die besondere Beachtung erforderten. Bedingt durch die geometrische Form und die Eigenart der Luftkraftverteilung über die Flügeltiefe verdrehte sich der Flügel mit zuneh-

Ju 287 V 1 während der Erprobung

Nach 16 Flügen in Brandis wird die Ju 287 V 1 an die Erprobungsstelle Rechlin zur weiteren Erprobung abgegeben. Rechlin untersucht hauptsächlich die Strömung am Flügel und Flügelübergang zum Rumpf, was aus den aufgebrachten Wollfäden gut zu erkennen ist

mendem Auftriebsbeiwert, so daß sich der Anstellwinkel an den Flügelenden vergrößerte. Dadurch ergibt sich eine Verlagerung der Auftriebsverteilung mit einer Erhöhung zu den Flügelenden hin. Das Ergebnis ist eine schlechtere Längsstabilität des Flugzeuges, die mit steigender Geschwindigkeit zunimmt. Die einzige Gegenmaßnahme ist eine entsprechende Versteifung des Festigkeitsverbandes des Flügels. Die Untersuchungen des Ju 287-Flügels ergaben, daß die Werte für die Flügelsteifigkeit und das Aufdrehen des Flügels infolge der Luftkräfte bei der gewählten Vorpfeilung von 23° eben noch korrespondierten.

Baustop für die Ju 287

Gegen Ende des Jahres 1944 mußten alle Arbeiten an diesem interessanten Flugzeugmuster eingestellt werden. Die gesamte Kapazität der Junkers Flugzeug- und Motorenwerke wurde – wie die aller Flugzeugwerke – auf Anweisung des Luftfahrt-Ministeriums auf die Jägerproduktion umgestellt. Zu Beginn des Jahres 1945 mußten die Arbeiten jedoch mit höchster Dringlichkeit wieder aufgenommen werden.
Bei den Windkanalmessungen im Jahre 1942 hatte sich

Ju 287 V 1 mit Startraketen unter den Triebwerken am Tragflügel

herausgestellt, daß bei höheren Machzahlen die Längsanordnung der Triebwerkgondeln zur Verminderung des Widerstandes von erheblichem Vorteil ist. Die heute als »area rule« oder Flächenregel allgemein bekannte Auslegung bei Flugzeugen für hohe Unterschallgeschwindigkeiten ist also bereits zu diesem Zeitpunkt entwickelt worden.

Triebwerke und Fahrwerk der Ju 287

Entsprechend der jeweiligen Lage in der Triebwerkentwicklung und der Triebwerkfertigung wechselten die zum Einbau vorgesehenen Triebwerktypen zwischen Jumo 012, Heinkel He S 011, BMW 003 und Jumo 004. Da der jeweilige Schub mit Werten zwischen 800 kp und 2900 kp sehr unterschiedlich war, änderte sich mit dem Typ auch gleichzeitig die Zahl der einzubauenden Triebwerke. So wurden Projekte mit zwei Jumo 012-Triebwerken entwickelt; da aber die Entwicklung dieses Triebwerkes noch nicht weit genug fortgeschritten war, rechnete man vorerst mit dem Einbau von vier He S 011-Triebwerken. Dabei stellte sich aber heraus, daß auch diese Triebwerke noch lange nicht greifbar waren. Es blieb somit nur noch die Wahl zwischen den Triebwerken BMW 003 und Jumo 004, die aber für die Jäger-Fertigung so gut wie beschlagnahmt waren. Es blieb der ministeriellen Entscheidung überlassen, die Triebwerke für die Ju 287 bereitzustellen.

Durch die Anwendung eines Integralbauteils als Umsetzungsstück für die Kräfte und Momente aus der Flügeleinleitung wurde es möglich, den Raum zwischen den beiden Hauptspanten des Rumpfes für die Räder des eingezogenen Hauptfahrwerkes freizuhalten. Das in der Nähe des vorderen Flügelträgers angelenkte Fahrwerkbein lag eingefahren im Flügel und wurde durch entsprechende Klappen abgedeckt. Das Bugradfahrwerk im Vorderteil des Rumpfes unter der Pilotenkabine wurde hydraulisch nach hinten in die Rumpfkontur eingezogen. Beim Einfahren wurde das Bugrad um 90° geschwenkt, so daß es horizontal und flachliegend im Rumpf untergebracht werden konnte.

Entwicklungsstand der Ju 287 am Kriegsende

Durch das viele hin und her in der Steuerung der Entwicklung der Ju 287 durch das Luftfahrt-Ministerium war bis zum Ende des Krieges außer dem Versuchsflugzeug noch kein Prototyp fertiggestellt. Statt dessen gab es eine Attrappe im Maßstab 1:1 mit allen Einrichtungen und Einzelheiten; auch von einigen Triebwerkanordnungen waren Attrappen im Originalmaßstab angefertigt worden. Die Konstruktion war bereits serienmäßig aufgezogen und vollständig abgeschlossen. In großer Anzahl waren auch bestimmte Festigkeitsversuche durchgeführt und viele Funktionsversuche an Aggregaten und kompletten Anlagen abgeschlossen worden. So hatte man zum Beispiel eine vollständige Kraftstoffanlage mit allen Details auf einem allseitig schwenk- und kippbaren Gerüst aufgebaut und auf Funktionssicherheit untersucht. Die gesamte Hydraulikanlage war in langen Versuchsreihen unter Belastung und Einsatzbedingungen geprüft worden. Die Junkers-Werke hatten alle Vorbereitungen für einen reibungsfreien Ablauf der Mustererprobung und der Serien-

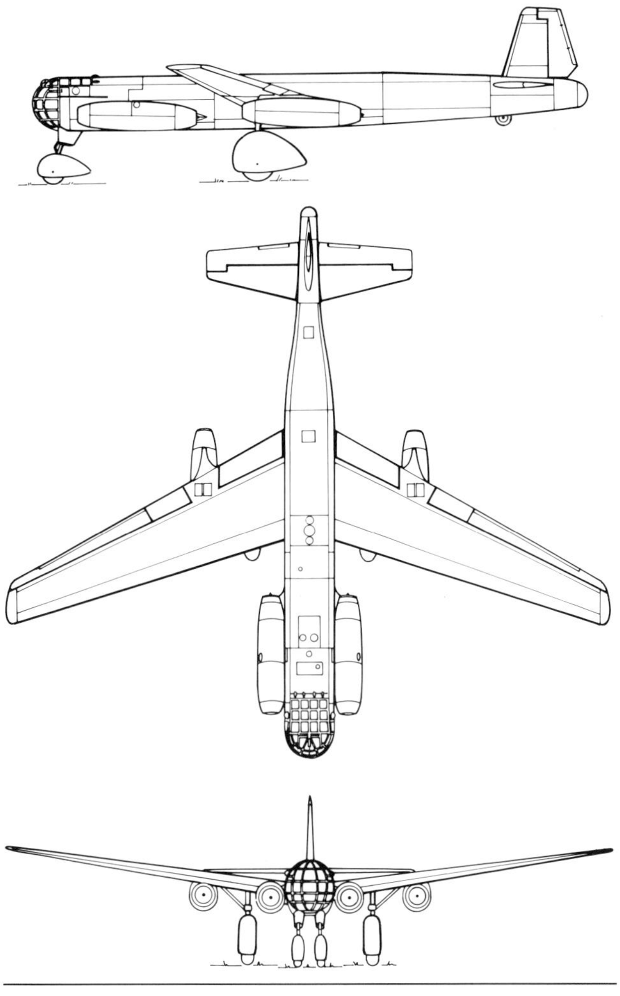

Ju 287 V 1 mit vier Jumo 004 B-1-Triebwerken

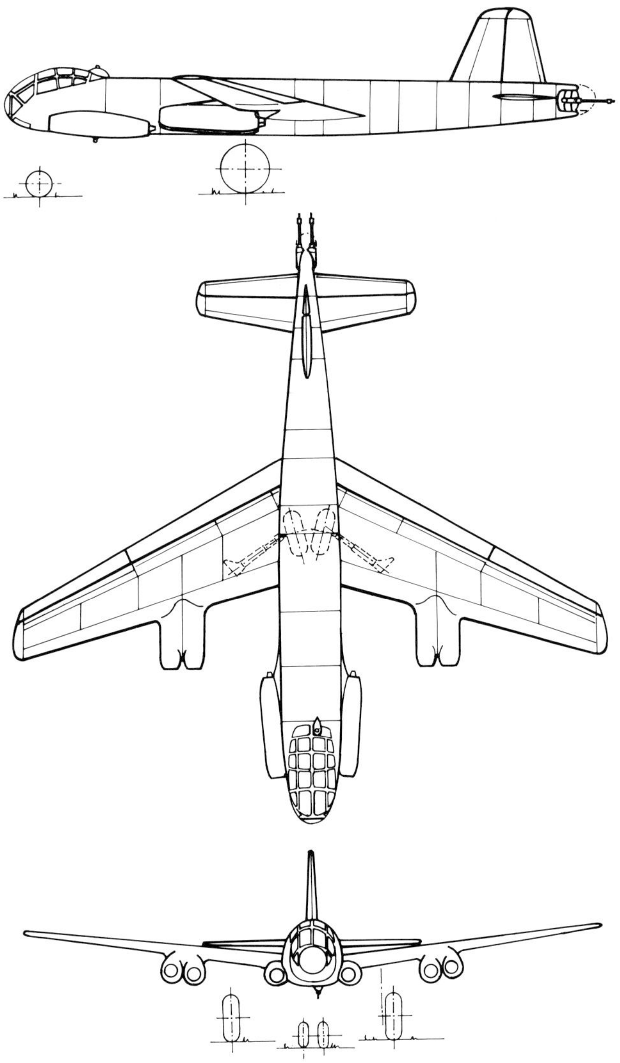

Ju 287 V 3 mit neuem Rumpf, Leitwerk und Einziehfahrwerk und sechs Jumo 004 B-1 nebst automatischer Heckbewaffnung

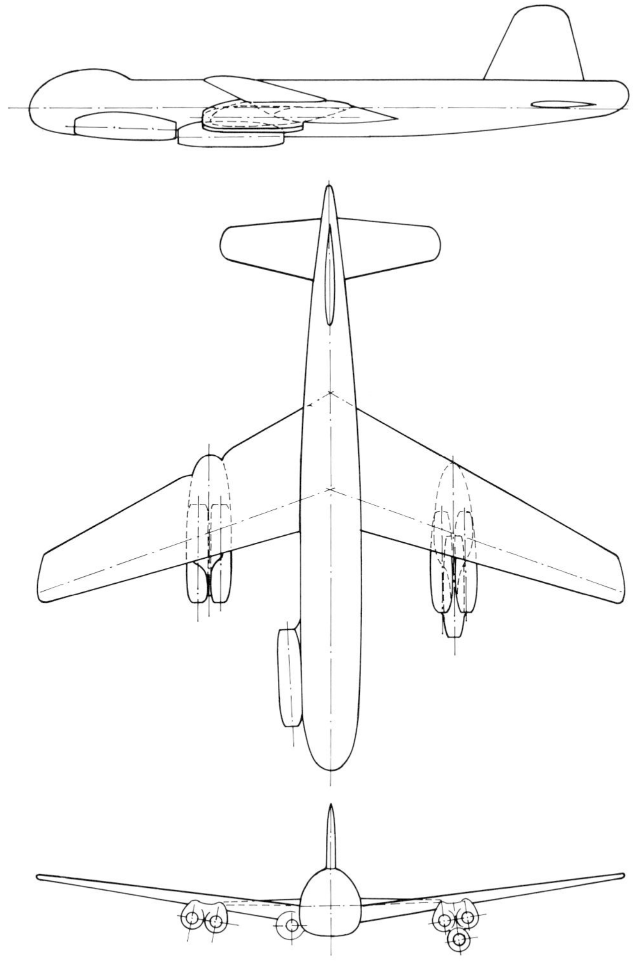

Ende 1944 werden auch die He S 011 oder der Jumo 012 zum Einbau in die V 3 vorgesehen. Praktisch wäre aufgrund der Kriegslage aber nur ein Dreier-Paket aus BMW 003 A-1-Triebwerken zum Einbau in Frage gekommen

produktion getroffen. So lagen auch alle erforderlichen Halbzeuge, Schmiede- und Preßteile sowie die einzubauenden Aggregate und Geräte in genügender Menge bereit, um die ersten Musterflugzeuge entsprechend schnell herstellen und mit der Serienfertigung beginnen zu können. Trotz der Schwierigkeiten durch die Verlagerung der einzelnen Werkteile und durch Produktion von Einzelteilen in vielen kleineren Betrieben waren bei Kriegsende für einige Flugzeuge bereits fertig bearbeitete Teile vorhanden. Entsprechend den Verlagerungsorten und Fertigungsbetrieben verteilten sich diese Einzelteile über das gesamte Gebiet von Anhalt, Sachsen und Thüringen.

Weiterarbeit unter sowjetischer Verantwortung

Nach der Besetzung Dessaus durch sowjetische Truppen wurden sogleich so viele Fachkräfte wie möglich zusammengezogen, die mit der Rekonstruktion der letzten Entwicklungsarbeiten begannen. Dabei wurde neben vielen anderen Projekten auch die Ju 287 rekonstruiert. In mühevoller Arbeit trug man viele Fertigungsunterlagen und bereits hergestellte Bauteile wieder zusammen. Inzwischen hatte die sowjetische Militäradministration die Anweisung zur Weiterentwicklung von Flugzeugen und Triebwerken erteilt. Die zerbombten Werksanlagen in Dessau wurden teilweise wieder aufgebaut, Windkanäle repariert und wieder in Betrieb genommen sowie die Laboratorien für Festigkeitsversuche und Hydraulikerprobung neu errichtet. Auch die Triebwerkprüfstände des Motorenwerkes wurden instandgesetzt, um die Weiterentwicklung der Triebwerke zu ermöglichen.

EF 131 — die neue Ju 287

Als Ergebnis dieser Arbeiten entstand als Weiterentwicklung der Ju 287 ein Strahlbomber mit der Typenbezeichnung EF 131. Die Bezeichnung EF bedeutet Entwicklungs-Flugzeug und stammte noch aus der vorangegangenen Arbeit der Junkers-Werke, genauso wie die Typennummer 131, die eine direkte Fortsetzung der Numerierung der Entwicklungs-Flugzeuge des Junkersteams darstellte. Während die Grundkonzeption der Ju 287 beibehalten wurde, wies die EF 131 einige bemerkenswerte Änderungen auf – augenfällig besonders die Anordnung der Triebwerke in jeweils einer Dreier-Traube unter den Flügeln. Eine Projektierung dieser Triebwerkanordnung war bereits früher erwogen worden; es kam jedoch nicht zur endgültigen Konstruktion. Bei den Windkanalversuchen stellte sich heraus, daß zum einwandfreien Erreichen hoher Auftriebsbeiwerte ein kurzer Vorflügel an der Flügelwurzel angeordnet werden mußte. Dieser Vorflügel arbeitete automatisch: vor dem Erreichen der Geschwindigkeit, bei der die Strömung sich abzulösen begann, fuhr der Vorflügel selbsttätig aus, bei Beschleunigung des Flugzeuges fuhr er von selbst wieder ein. Die Anordnung hat sich in Form und Auslegung bestens bewährt.

Bau der EF 131 in Dessau

Nach dem Bau einer Holzattrappe der EF 131 im Maßstab 1:1 wurde die Fertigung von zwei Flugzeugen freigegeben, von denen das eine zur Flugerprobung und das andere für Festigkeitsversuche vorgesehen war[5]. In sieben Monaten wurden beide Flugzeuge fertiggestellt. An der Versuchszelle waren bereits die ersten hauptsächlichen Belastungsfälle im Festigkeitslabor vorgenommen worden, als das fliegende Musterflugzeug zur Flugerprobung vorbereitet wurde. Im gleichen Zeitraum hatte man auch einen Triebwerkprüfstand aufgebaut, an dem die Funktionen an dem Original-Triebwerkdrilling geprüft wurden. Dabei stellte sich heraus, daß keine nennenswerte gegenseitige Beeinflussung der drei Triebwerke zu befürchten war. Die Unterschiede in den Leistungen der einzelnen Triebwerke waren so verschwindend gering, daß sie praktisch keine Störungen ergaben.

Klar zum Einfliegen — in die Sowjetunion

Im Spätsommer 1946 war das Musterflugzeug EF 131 zum Fliegen fertig, nachdem es ein umfangreiches Bodenprogramm einschließlich einer eingehenden Rolluntersuchung

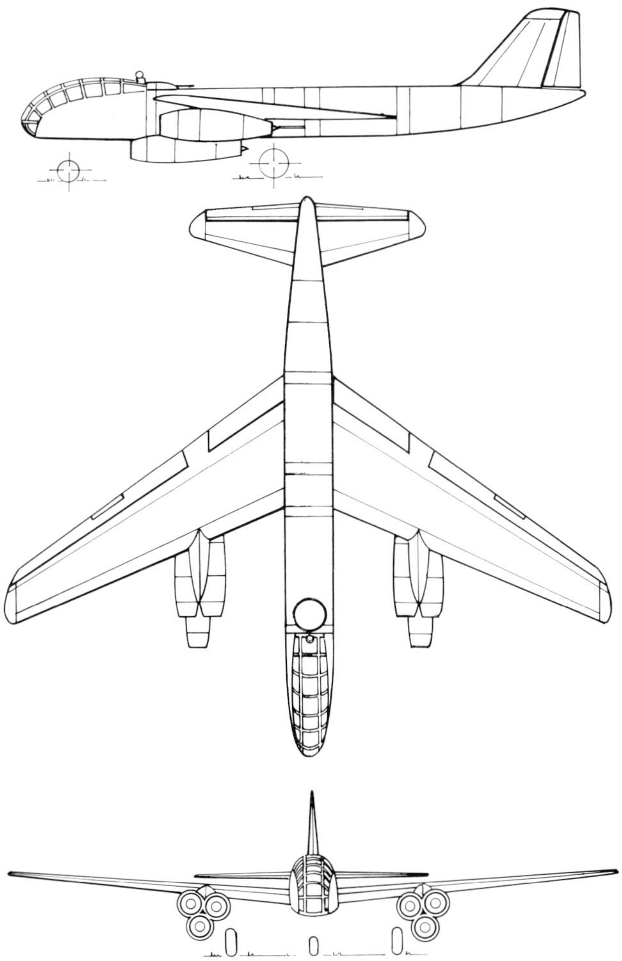

Die EF 131 ist eine Weiterentwicklung der Ju 287 mit sechs nach dem Krieg gebauten Jumo 004 C-Triebwerken, die in Dessau unter sowjetischer Besatzung fertiggestellt und 1946 zur Erprobung in die Sowjetunion gebracht (Podberesje) wird

erfolgreich abgeschlossen hatte. Aus politischen Gründen sollte die Flugerprobung jedoch nicht in Dessau stattfinden. Von sowjetischer Seite erging die Anweisung, das Flugzeug zu zerlegen und mit der Bahn nach Rechlin, dem ehemaligen deutschen Erprobungszentrum, zu schicken. Alle Vorbereitungen wurden getroffen, ein entsprechender Transport im Werk Dessau zusammengestellt. Unter Bewachung durch sowjetisches Militär ging der Zug ab, wurde aber zum russischen Erprobungszentrum Podberesje in der Nähe von Moskau umgeleitet. Wenig später folgte die deutsche Mannschaft, einschließlich der fliegenden Besatzung. Schließlich wurde in den frühen Morgenstunden des 22. Oktober 1946 der größte Teil der in Dessau zusammengezogenen Spezialisten des Junkersteams mit ihren Familien unter militärischer Bewachung in die Sowjetunion verschickt. Zur gleichen Zeit wurden die gesamten Werkseinrichtungen, Laborausstattungen und die Materiallager des Werkes eingepackt und ebenfalls abtransportiert.
Als der große Transport am Zielort nördlich von Moskau eintraf, war das Musterflugzeug bereits im wesentlichen von der früher eingetroffenen Erprobungsmannschaft montiert worden. Das Erprobungsflugzeug für die Festigkeitsversuche wurde im Labor des Zentralinstituts für Aerodynamik und Hydrodynamik wieder aufgebaut und für die Fortsetzung der bereits in Dessau begonnenen Versuche vorbereitet.

Wintererprobung der EF 131 bei minus 35°C Kälte

Die anlaufende Erprobung der EF 131 erfüllte die Erwartungen voll. Lediglich bei niedrigen Geschwindigkeiten traten Flatter-Erscheinungen auf, die nach den Windkanalversuchen in dieser Größenordnung nicht zu erwarten gewesen waren. Dennoch waren sie so gering, daß eine Änderung nicht notwendig erschien. Während der Flugerprobungszeit wurde der Flugplatz noch einmal gewechselt. Dadurch konnten die Flüge erst im Spätherbst weitergeführt werden. Diese Erprobung im russischen Winter ohne eine schützende Halle brachte eine Reihe unerwarteter Schwierigkeiten mit sich. Das schlechte Arbeiten der Riedelanlasser der Jumo 004-Triebwerke war noch das harmloseste Übel. Durch einen entsprechenden Ätherrausch konnten schließlich die Triebwerke auch bei minus 35° C angeriedelt werden. Die Flugversuche wurden jedoch noch vor ihrem endgültigen Abschluß von sowjetischer Seite abgebrochen und das Flugzeugmuster auf sowjetische Anweisung hin einer Änderung unterzogen.

Ein neuer Entwurf — Der schwere Strahlbomber EF 132

Während die bisher beschriebenen Flugzeugmuster auf dem Prototyp der Dessauer Ju 287 aufbauten, wurde im Jahre 1946 mit der Projektierung eines ganz neuen schweren Strahlbombers EF 132 begonnen. Schon in seiner Grundkonzeption weicht dieses Flugzeugmuster grundsätzlich von der Ju 287 ab. Die EF 132 besaß einen um 35° nach hinten gepfeilten Flügel. Die technisch-taktischen Forderungen schrieben eine Geschwindigkeit von 900 bis 950 km/h, eine Reichweite von 3500 km mit einer Nutzlast von 15 000 kg und eine schwere Abwehrbewaffnung vor. Dabei sollte die Startrollstrecke nicht größer als 1250 m sein. Zum Antrieb wurden sechs Triebwerke Jumo 012 von je 2500 kp Startschub vorgesehen, die zu dreien nebeneinander im Flügel angeordnet wurden. Das Flügelmittelstück lag bei der Schulterdeckeranordnung in der oberen Rumpfhälfte, wodurch sich ein ungeteilter Bomberraum von annähernd zwölf Meter Länge ergab.

Holzattrappe und Gleitermodell der EF 132

Die EF 132 war in Dessau bereits als Holzattrappe im Maßstab 1:1 erbaut und verschiedentlich von sowjetischen Kommissionen besichtigt worden. Bei Windkanalversuchen hatte man besonderen Wert auf die Ausbildung der Triebwerkeinläufe gelegt. Die ermittelten Werte ließen recht gute Leistungen und Flugeigenschaften erwarten. Nach der Verlagerung in die Sowjetunion wurde an diesem Muster weitergearbeitet.
Zunächst begann man mit der Konstruktion eines Segelflugzeuges, mit dem die Flugeigenschaften bei höheren Reynoldszahlen ermittelt werden sollten, als das im Windkanal möglich war. Ebenfalls wurden Holzattrappen von einzelnen Bauteilen erstellt, bei denen räumliche Klärungen notwendig waren. Das galt hauptsächlich für das Flügelstück mit den Triebwerkeinbauten. Hier bereitete es einige Schwierigkeiten, die Triebwerke ohne nennenswerte Raumverschwendung unterzubringen, aber doch genügend Platz für eine ausreichende Zugänglichkeit für Wartungsarbeiten im eingebauten Zustand zu haben. Dabei durfte selbstverständlich der Festigkeitsverband des Flügels nicht zu sehr gestört werden, um den Gewichtsaufwand in vernünftigen Grenzen zu halten. Die Landeklappe in diesem Flügelbereich sollte als Spreizklappe ausgebildet werden, wobei eine

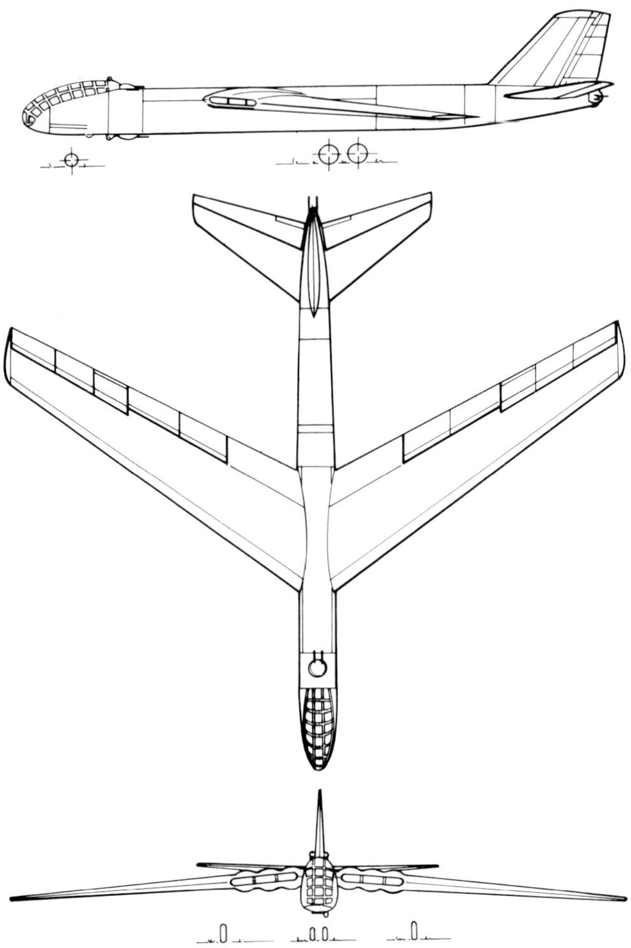

1946 wird das Junkers-Team zwangsweise in die Sowjetunion verschickt und damit beauftragt, eine sechsstrahlige EF 132 zu bauen. Zum Antrieb sollen in der Sowjetunion hergestellte Jumo 012-Triebwerke dienen. Während der Konstruktion müssen die Arbeiten eingestellt werden

einfache Antriebskinematik und Betätigung zu erreichen war. Die Konstruktionsarbeiten an dem Flugzeugmuster EF 132 waren bereits angelaufen, als schon wieder die Anweisung zu ihrer Einstellung erteilt wurde.

EF 140, ein schneller Aufklärer

Als neue Aufgabe sollte das Entwicklungsteam einen schnellen Aufklärer entwerfen, dessen technisch-taktische Bedingungen 900 km/h Reisegeschwindigkeit und 3500 km Reichweite vorsahen. Hierfür eignete sich eine Modifikation der EF 131, die durch eine Reihe von Änderungen in kürzester Zeit als Prototyp zum Fliegen gebracht werden konnte. Da in der Zwischenzeit noch einige andere Flugzeugtypen projektiert worden waren, erhielt dieser Aufklärer die Typenbezeichnung EF 140.

Für die neuen Einsatzbedingungen mußte das Seitenverhältnis des Flügels vergrößert und die Startflächenbelastung verringert werden. Die Flügelstreckung wurde demzufolge von 6,5 auf 8,3 erhöht und die Flächenbelastung von annähernd 400 kg/m² auf 350 kg/m² reduziert. Durch einfaches Ansetzen einer Flächenverlängerung an den alten Flügelstrak wurde die Spannweite von 19,4 m auf 23 m gebracht, dadurch ließ sich eine Flächenvergrößerung von 58,4 m² auf 63,8 m² erzielen. Da durch die Flächenvergrößerung die Landeflächenbelastung verringert wurde, konnte die Landegeschwindigkeit mit 190 km/h praktisch gleichbleiben.

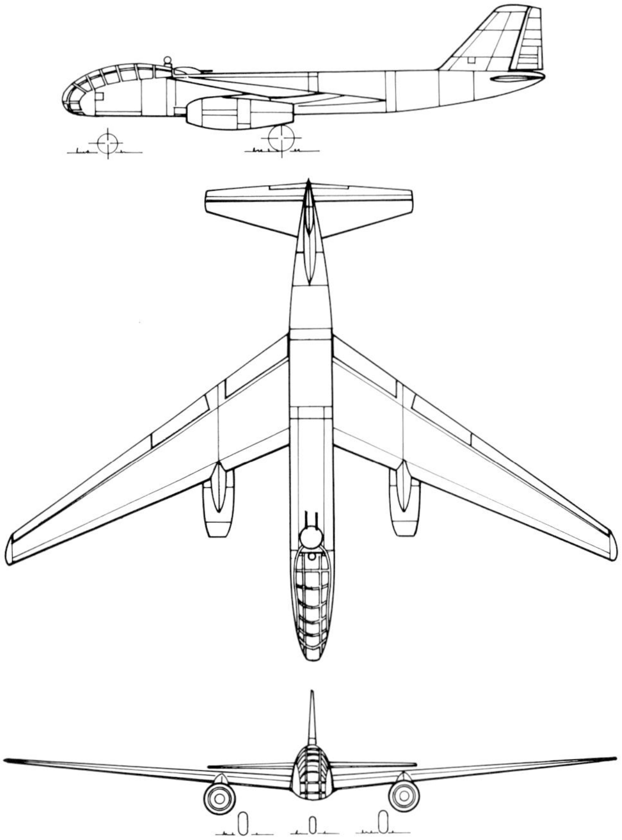

Als neue Aufgabe baut das Junkers-Team einen schnellen Aufklärer EF 140. Das Flugzeug wird zunächst von der deutschen Mannschaft erprobt und danach von einer russischen Mannschaft übernommen

Junkers Ju 287 und ihre russischen Nachfolger*

Hersteller		Junkers				
Muster		Ju 287 V 1	Ju 287 V 3[5]	EF 131[7]	EF 132[9]	EF 140[10]
Triebwerk		Jumo 004 B-1[1]	Jumo 004 D	Jumo 004 C	Jumo 012	Mikulin AM 2
Standschub	kN	4×8,44=33,76	6×9,30=55,80	6×10,40=62,39	6×24,50=147,15	2×31,39=62,78
	kp	4×860=3 440	6×950=5 700	6×1 060=6 360	6×2 500=15 000	2×3 200=6 400
Besatzung		2[2]	3	3	5	3
Länge	m	18,30	18,60	18,60	30,80	18,10
Höhe	m	4,70	5,40	5,40	8,40	5,40
Spannweite	m	20,10	20,10	20,10	32,40	23,00
Flügelfläche	m^2	58,30	58,30	58,40	161,00	63,80
Flügelstreckung		6,90	6,90	6,90	6,50	8,29
Rüstmasse	kg	10 900	11 500	11 900	31 300	12 300
Kraftstoff	kg	4 080	7 700	7 700	18 000	7 700
Schmierstoff	kg	40	60	80	250	70
Besatzung	kg	200	300	300	500	300
Nutzmasse	kg	1 000	1 520	3 020	14 950	1 930
Zuladung	kg	5 320	9 580	11 100	33 700	10 000
Startmasse	kg	17 820	21 080	23 000	65 000	22 300
Flächenbelastung	kg/m^2	305,60	361,50	393,80	403,70	349,50
Masse – Schubverhältnis	kg/kN	527,80	377,80	368,60	441,70	355,20
	kg/kp	5,18	3,70	3,60	4,33	3,48
Flächenschub	kN/m^2	0,58	0,96	1,07	0,90	0,98
	kp/m^2	59,00	97,80	108,90	93,16	100,30
Höchstgeschwindigkeit	km/h	620	800	850	930	1 020
in Höhe	m	6 000	6 000	9 000	9 000	9 000
Reisegeschwindigkeit	km/h	600	855	900	850	900
in Höhe	m	6 000	11 000	11 000	9 000	9 000
Steiggeschwindigkeit	m/s	13,70[3]	16,5[3]	20[3]	15,5	20,80
Dienstgipfelhöhe	m	9 400	11 000	11 300	10 300	12 300
Reichweite	km	980[4]	1 800[6]	1 900[8]	3 500	2 500
max. Flugzeit	h	1,50[4]	2,15	2,15[8]	2,70	2,58
Startrollstrecke	m	610	950	1 020	1 260	870
Landerollstrecke	m	460	550	570	580	590
Vorderkantenpfeilung	o	−23	−23	−23	+36,9	−23
Landegeschwindigkeit	km/h	170	185	186	190	190
Zuladung in % von der Flugmasse		30	45	48	52	45
Nutzlast in % von der Flugmasse		6	7	13	23	9
Baujahr		1944	Projekt 45	1946	1947	1949

* Quelle: Verfasser
[1] zuzüglich 4 × Walter 109–502 Raketen mit je 4,9 kN (500 kp) Schub
[2] Flugzeug dient ausschließlich der Flugerprobung
[3] in 0 m Höhe
[4] in 6 000 m Höhe
[5] V 3 hat neue Zelle mit Einziehfahrwerk und ist Projekt geblieben.
[6] In 9 000 m hat der 004 D einen Schub von etwa 350 kp × 6 Triebwerke = 2 100 kp × spez. Verbrauch in 9 km von 1,7 = 3 570 kg Verbrauch/h. Kraftstoffkapazität 7 700 kg: 3 570 Verbrauch = 2,15 h Flugzeit bei 840 km/h entsprechend einer Reichweite von 2,15 × 840 = 1 800 km. Berücksichtigt werden muß noch der höhere Verbrauch beim Warmlaufen, Start, Beschleunigen und Steigen.
[7] In Dessau projektierte Ju 287 mit Triebwerken in Dreier-Trauben-Anordnung unter den Tragflügeln, in Dessau gebaut, nach Fertigstellung zur Flugerprobung nach Podberesje bei Moskau transportiert.
[8] in 11 000 m Höhe mit 900 km/h
[9] Ebenfalls bei Junkers in Dessau erstellte Weiterentwicklung der Ju 287, die in der Sowjetunion gebaut, aber nach Fertigstellung nicht weiter verfolgt wird. Positive Pfeilung, Triebwerke in Tragflügel eingestrakt.
[10] Vom Junkers-Team in der Sowjetunion gebauter Aufklärer

Als Triebwerke wurden zwei Turbinen-Luftstrahltriebwerke des sowjetischen Chefkonstrukteurs *Mikulin* mit der Typenbezeichnung AM-2 eingebaut, die einen Startschub von je 3200 kp entwickelten. Das Flugzeug wurde dann am Boden erprobt und anschließend in die Flugerprobung genommen; zunächst durch eine deutsche Mannschaft. Später wurde die Erprobung von russischer Seite weitergeführt. Besonderheiten traten während der Erprobung nicht auf.«

Ju 287 V 1 in Brandis bei der Vorbereitung zum nächsten Flugversuch

Anmerkungen

1 Eine Chronik der strahlgetriebenen Flugzeuge des Junkers-Teams, Flugwelt 5, 6, 7, 8, 9, 10, 11/1961 ohne Namensnennung, da deutsche Ingenieure, die in der Sowjetunion gearbeitet haben, zu dieser Zeit ihren Namen noch nicht veröffentlichen konnten. Die Bearbeitung erfolgte durch den Verfasser.

2 Fritz Freytag beginnt in den dreißiger Jahren seine Laufbahn als Dipl.-Ing. des Flugzeugbaues bei den Albatros Flugzeugwerken, wechselt zur Aerodynamischen Versuchsanstalt Göttingen (AVA) und bleibt schließlich bei den Junkers Flugzeugwerken in Dessau, wo er Abteilungsleiter im Projektbüro wird. Im Kriege obliegt ihm die Bearbeitung des ersten sechsstrahligen Flugzeuges Ju 287. Außerdem befaßt sich Freytag mit einer Mistel-Konstruktion und der Projektierung eines Aufklärers. Nach dem Kriege wird Freytag für acht Jahre in die Sowjetunion zwangsverpflichtet und kehrt 1954 zum VEB-Flugzeugbau in Dresden zurück, wo er maßgeblich an dem Verkehrsflugzeug B-152 mitarbeitet*. Als der VEB-Flugzeugbau im Jahre 1960 eingestellt wird, wechselt Freytag in die Bundesrepublik Deutschland und wird Abteilungsleiter beim Weser-Flugzeugbau, den späteren VFW-Fokkerwerken, wo die Betreuung der Transall in seinen Händen liegt. Freytag stirbt im Alter von 67 Jahren.

* Beachtliche Erfolge des mitteldeutschen Flugzeugbaues, Luftfahrtforschung und -lehre in Mitteldeutschland, Das Mittelstrecken-Strahlverkehrsflugzeug 152, Flugwelt 1959 S. 45 bis 50.

3 Siegfried Holzbaur wird am 19. Dezember 1915 in Stuttgart geboren. Er verschreibt sich früh dem Segelflug, absolviert das Studium des Maschinen- und Flugzeugbaues und erwirbt seine Lizenzen als Sportflieger. Er beteiligt sich an den Rhön-Segelflugwettbewerben, an Deutschlandflügen und dem Olympia Sternflug (1934–1937). Bei der Firma Bosch wird er Versuchstechniker und Testpilot und 1938 Versuchsingenieur im Konstruktionsbüro der Junkers-Werke. Im Zusammenspiel von Entwurf, Konstruktion und Flugerprobung liegen seine besonderen Fähigkeiten, so daß er zum Chefpiloten der Junkers Flugversuchsgruppe avanciert, als erster die Ju 288 und die vierstrahlige Ju 287 fliegt und verantwortlich die Erprobung dieser Muster übernimmt. Die Junkers-Werke bescheinigen Holzbaur hervorragende Erfahrungen auf dem Gebiete der Flugtechnik und im Einsatz seiner Person, wenn es um die Erprobung noch unbekannter Flugeigenschaften geht.

4 Flugkapitän Siegfried Holzbaur: Vorwärts gepfeilte Flügel. Interavia, Jahrgang V, Nr. 7/1950.

5 Neue Flugzeuge aus der Sowjetunion: Ju 287. Flugwelt 1950, S. 282.
Das Deutsche Element in der sowjetischen Flugzeugindustrie, Ju 287, EF 131, EF 132, Flugwelt 1951, S. 232 ff.

Ju 287 contra He 343

Heinkel im Verzug*

Zwischen den Firmen Junkers und Heinkel spielt sich 1944 um den Strahlbomber Ju 287 und die geplante He 343 ein erbitterter Konkurrenzkampf ab, über den bisher wenig bekannt geworden ist. Junkers hat – wie schon berichtet – 1942 vom RLM einen Auftrag auf den Bau eines mehrmotorigen Strahlflugzeuges erhalten. Der erste Prototyp wird Anfang 1944 fertig und Mitte 1944 im Fluge erprobt. Die gewonnenen Erfahrungen fließen in zwei Weiterentwicklungen Ju 287 V 2 und Ju 287 V 3 ein. Die V 2 hat die gleiche provisorische Zelle mit zwei BMW-Zwillings-Flügeltriebwerken (zwei gekuppelte BMW 003 A-1) und zwei Jumo 004 am Rumpf. Für ein späteres Stadium der Flugerprobung sind für die V 2 zwei Drillings-Triebwerke mit je drei BMW 003 A-1 unter den Tragflügeln unter Fortfall der Jumo 004-Triebwerke vorgesehen.
Die V 3 entspricht dagegen mit neuem Rumpf, mit Einziehfahrwerk und zwei BMW-Drillings-Triebwerken weitgehend der EF 131. Diese Projekte liegen im September 1944[1] im Konstruktionsbüro von Junkers vor, etwa zu der Zeit, als die Weiterarbeit an Kampfflugzeugen vorübergehend gestoppt wird.
Als die Ju 287 im Januar 1944 für die Flugerprobung vorbereitet wird, beginnen bei Heinkel die ersten Projektarbeiten für ein mehrstrahliges Kampfflugzeug He 343, das innerhalb kürzester Zeit fliegen und schon Mitte 1945 an die Truppe geliefert werden soll. Heinkels Vorarbeiten zu diesem Projekt gehen auf die gleiche Ausschreibung des RLM für einen Strahlbomber aus dem Jahre 1942 zurück. Heinkel befaßt sich bis Anfang 1944 allerdings nur mit der Durchrechnung mehrstrahliger Projekte und mit Windkanalmessungen. Er fürchtet um die He 277, die zu dieser Zeit gebaut wird und von der er sich mehr verspricht[2]. So entstehen unter Leitung von *Siegfried Günter* vorerst nur Bomber-Projekte, freitragende Mitteldecker, mit Tragflügeln verschiedener Größe.
Die Baugruppen dieser nach den Zeichnungs-Nummern benannten P 1068-Projekte sind sehr einfach gehalten, um schnell fertigen und kurze Termine einhalten zu können. Nur eine Ausführung hat versuchsweise einen gepfeilten Flügel, obwohl für die vom RLM erwarteten Geschwindig keiten ein Pfeilflügel noch nicht erforderlich ist.

* Anmerkungen auf Seite 198.

Heinkel P 1068.01-78

Das erste Projekt P 1068.01-78 ist ein Mitteldecker mit einem Tragflügel mit gerader Flügelvorderkante. Im Rumpfbug befindet sich der Führerraum für zwei Mann Besatzung, für

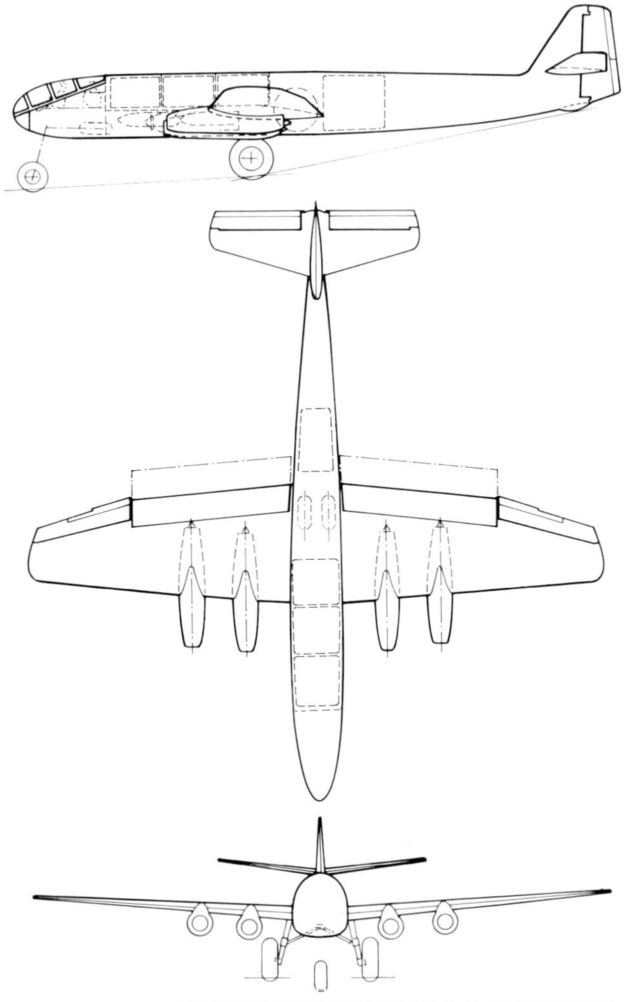

Heinkel-Projekt P 1068.01-78 mit vier He S 011-Triebwerken, 22,3 t Abflug- und 1,5 t Nutzmasse

den eine Druckkabine eingeplant wird. Im oberen Teil des Rumpfmittelstückes befinden sich drei Kraftstofftanks mit je 1980 l Inhalt. Der untere große Raum ist frei und zur Unterbringung der Nutzlast vorgesehen. Es folgt in Höhe des letzten Drittels der Flügeltiefe ein großer freier Raum zur Unterbringung des Hauptfahrwerkes; das Bugrad wird nach einer Drehung um 90° in den freien Raum unter der vorgesehenen Druckkabine eingezogen. Dem Fahrwerkraum im Rumpfmittelstück schließt sich ein großer Kraftstoffbehälter mit 4850 l Fassungsvermögen an. Zur Verminderung der Landegeschwindigkeit sind Fowler-Landeklappen vorgesehen.
Zum Antrieb sind vier He S 011-Turbo-Luftstrahltriebwerke vorgesehen. Heinkel glaubt aber anscheinend selbst nicht mehr an die zeitige Fertigstellung der He S 011 Mitte 1945 und sieht als zweites Triebwerk den Jumo 004 C vor. Die vier Triebwerke werden einzeln an der Vorderkante des Tragflügels aufgehängt. Diese Anordnung hat den Vorteil leichterer Wartung. Die Rüstmasse der 01-78 liegt bei 12 800 kg, die Abflugmasse bei 22 300 kg und die Reichweite mit 1500 kg Nutzlast in 6000 m Höhe bei 1310 km (s. Datentabelle).

Heinkel P 1068.01-79

Dieser Entwurf unterscheidet sich nur durch geänderte Rüstsätze von dem Vorgänger. Daten und Gewichte sind nahezu dieselben.

Heinkel P 1068.01-80

Das Projekt hat die gleichen Abmessungen wie der erste Entwurf. Anstelle von vier He S 011 werden aber auch sechs He S 011- oder Jumo 004 C-Triebwerke vorgeschlagen[3]. Allerdings geht die Reichweite rapide zurück. Das Modell hat in seiner letzten Ausführung einen ferngesteuerten Heckstand. Die Windkanalversuche deuten darauf hin, daß dieses Modell die ungünstigste Auslegung hat. So muß nach einer günstigeren und wirtschaftlicheren Auslegung gesucht werden.

Heinkel P 1068.01-83

Bei diesem vierstrahligen Entwurf werden die Abmessungen des Rumpfes und der Tragflügel bedeutend verkleinert[4]. Wieder wird ein fernbedienter rückwärtiger Abwehrstand

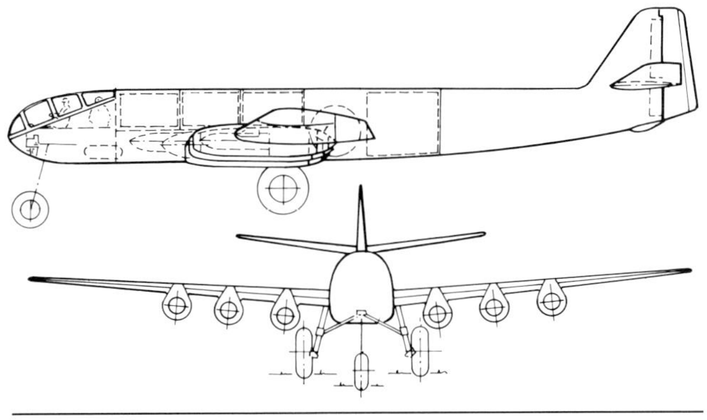

Heinkel-Projekt P 1068.01-80 mit sechs He S 011-Triebwerken, 23,5 t Abflug- und 1,5 t Nutzmasse

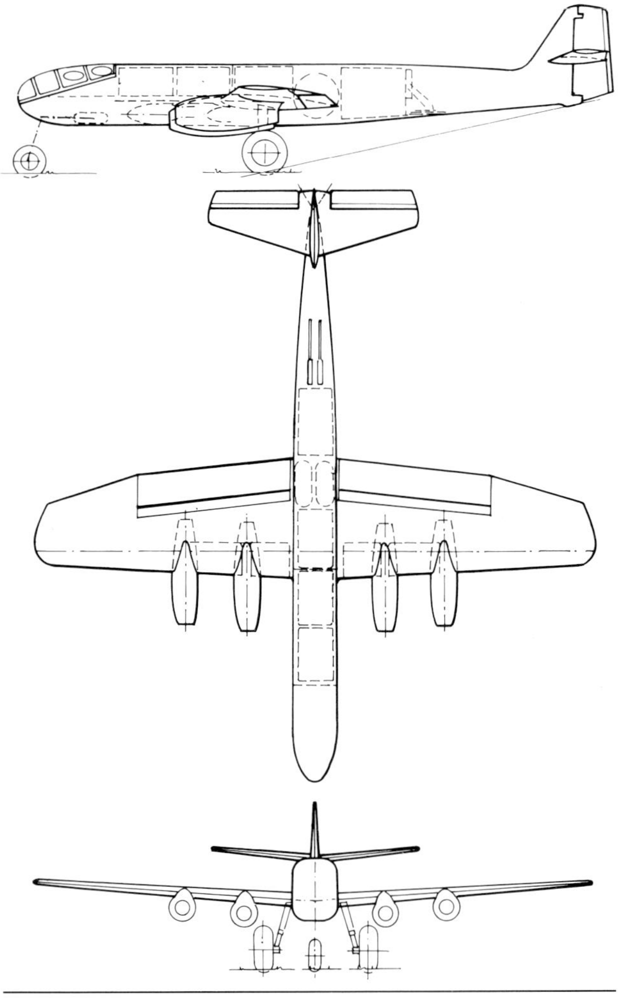

Heinkel-Projekt P 1068.01-83 mit verkleinerten Abmessungen, vier He S 011-Triebwerken, 17,9 t Abflug- und 1,5 t Nutzmasse

vorgesehen. Durch die geringeren Abmessungen wird bei gleichbleibender Nutzlast die Geschwindigkeit erheblich erhöht. Allerdings kann nicht die gleiche Kraftstoffmenge wie bei den Vorgängern mitgeführt werden, weil in dem kleineren Rumpf die Behälter ebenfalls kleiner ausfallen. Die höhere Geschwindigkeit reicht aber nicht aus, um dieselbe Reichweite wie das Muster 1068.10-78 zu erzielen. Das Flugzeug ist um vier Tonnen leichter, was bei den knappen Rohstoffen ins Gewicht fällt.

Heinkel Pfeilflügler-Projekt P 1068.01-84

Diese im Vergleich zu den beiden ersten Projekten ebenfalls kleinere Ausführung erhält im Entwurf einen Pfeilflügel (35°). Die Triebwerke werden bei diesem Muster seitwärts des Rumpfes, einmal unter der Flügelnase und einmal über der hinteren Flügelkante angeordnet. Zum Antrieb dienen wiederum He S 011 Heinkel-Triebwerke. Nennenswerte Vorteile gegenüber dem gleichen Baumuster mit normaler Flügelausführung sind nicht zu erkennen (s. Tabelle). Der Tragflügel mit Pfeilform ist um 300 kg schwerer als der normale Flügel gleichen Flächeninhalts[5]. Die Messungen im Windkanal ergeben bei dieser Triebwerkanordnung aber eine bedeutende Verbesserung des Flugverhaltens im Bereich des Langsamfluges und beim Landen. Die P 1068-Vorschläge werden im Januar 1944 dem RLM mit einigen Verbesserungen überreicht[6]. Die beiden ersten Flugzeuge haben einen Tragflügel mit 60 m^2 Fläche und eine Rumpfbreite von 1,80 m und sollen mit He S 011 ausgerüstet werden. Gleichzeitig werden in der RLM-Mappe die Flugzeuge auch mit Jumo 004 C durchgerechnet[7]. Zu dieser Zeit befindet sich noch ein Typenblatt mit einer Version mit einem Rumpf mit 2,10 m Breite und einem Fahrwerk mit 2,80 m Spurbreite in Arbeit[8].
Die beiden letzten Typen sind Modelle gleicher Größe mit gleichen Triebwerken, einmal als Pfeilflügler und einmal mit normaler Flügelanordnung. Dabei zeigt sich ein sehr geringer Vorteil des Pfeilflüglers gegenüber dem Flugzeug mit geradem Flügel. Dies läßt die Schlußfolgerung zu, daß der Pfeilflügel keine größeren Vorteile im Geschwindigkeitsbereich zwischen 800 und 950 km/h bringt. Allerdings kann mit dem Pfeilflügel-Flugzeug bei einer Weiterentwicklung und Ausrüstung mit stärkeren Triebwerken weiter in den Schallbereich vorgedrungen werden, wogegen das Flugzeug mit geraden Flügeln hier eine gefährliche Grenze findet.

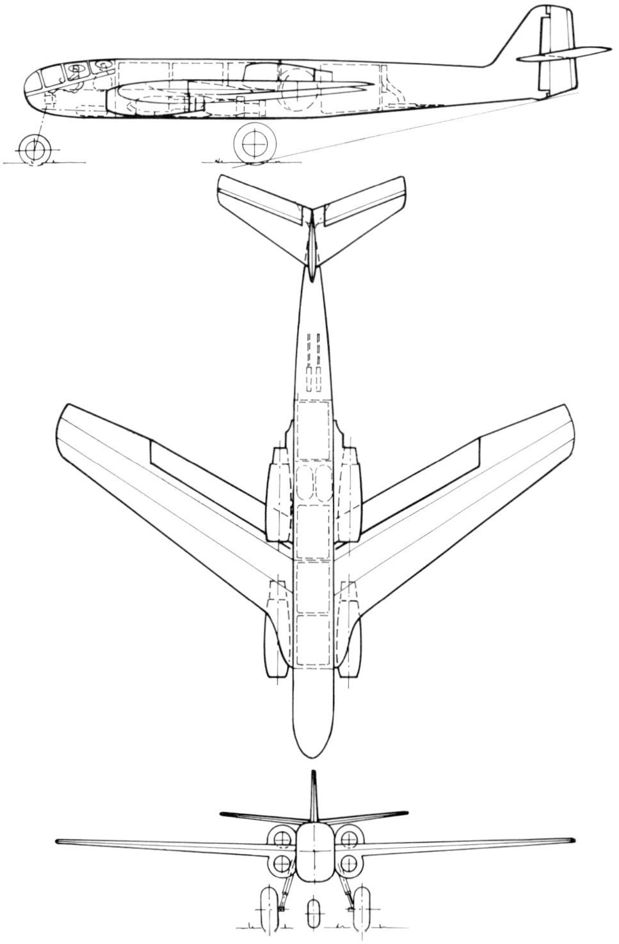

◁
Heinkel-Projekt P 1068.01-84 mit 35° gepfeilten Tragflügeln, vier seitwärts des Rumpfes angeordneten He S 011-Triebwerken mit 18,2 t Abflug- und 1,5 t Nutzmasse. Es zeigt sich, daß der Pfeilflügel zwischen 800 km/h und 900 km/h keine nennenswerten Vorteile bringt

He 343 — Arado 234 x 1,5

Anfang Januar 1944 befiehlt der »Führer«, daß mit aller Kraft auf Strahlflugzeuge umzustellen ist[9]. Die ersten Strahlbomber sollen Anfang 1945 bei der Truppe sein. Gedacht wird an ein Kampfflugzeug mit 20 t Abflugmasse. Aus den zahlreichen Untersuchungen der verschiedenen Varianten der P 1068-Reihe ergibt sich, daß ohne eine gründliche Flugerprobung das Risiko für den Serienanlauf eines vierstrahligen Kampfflugzeuges nicht verantwortet werden kann. Oberstleutnant *Knemeyer* kann sich deshalb auch bei *Heinkel* mit dem Vorschlag durchsetzen, beim Entwurf des vierstrahligen Kampfflugzeuges von einer

Heinkel-Projekte für einen Strahlbomber*

Hersteller			Heinkel			
Muster			P 1068. 01-78	P 1068. 01-80	P 1068. 01-83	P 1068. 01-84
Triebwerk			He S 011	He S 011	He S 011	Pfeilflügler He S 011
Standschub		kN	4 × 12,75 = 51,00	6 × 12,75 = 76,50	4 × 12,75 = 51,00	4 × 12,75 = 51,00
		kp	4 × 1 300 = 5 200	6 × 1 300 = 7 800	4 × 1 300 = 5 200	4 × 1 300 = 5 200
Besatzung			2	2	2	2
Länge		m	20,00	20,00	17,00	17,00
Höhe		m	2,10	2,10	1,80	1,80
Spannweite		m	19,00	19,00	17,00	17,00
Flügelfläche		m^2	60,00	60,00	43,00	45,00
Flügelstreckung			6,00	6,00	6,70	6,40
Rüstmasse		kg	12 830[1]	14 800[4]	10 760[5]	11 060[6]
Kraftstoff		kg	7 770	7 000	5 500	5 500
Besatzung		kg	200	200	200	200
Nutzmasse		kg	1 500	1 500	1 500	1 500
Zuladung		kg	9 470	8 700	7 200	7 200
Startmasse		kg	22 300	23 500	17 960	18 260
Flächenbelastung		kg/m^2	371,70	391,66	417,70	405,80
Masse – Schubverhältnis		kg/kN	437,30	310,80	352,16	358,00
		kg/kp	4,29	3,00	3,45	3,50
Flächenschub		kN/m^2	0,85	1,28	1,20	1,13
		kp/m^2	86,67	130,00	120,90	115,55
Höchstgeschwindigkeit	in 0 m	km/h	825[2]	930[2]	910[2]	894[2]
	in 6 km	km/h	853	896	888	895
	in 10 km	km/h	825	850	850	872
	in 12 km	km/h	795	835	825	842
Steiggeschwindigkeit		m/s	20[2]	33[2]	28,5[2]	28[2]
Dienstgipfelhöhe		m	11 100	13 200	12 700	12 500
Reichweite	in 0 m	km	850[3]	550[3]	670[3]	630[3]
	in 6 km	km	1 310	830	955	960
	in 10 km	km	1 910	1 170	1 315	1 350
	in 12 km	km	2 220	1 430	1 610	1 620
Startrollstrecke		m	1 080	900	900	1 000
Rumpfbreite		m	1,80	1,80	1,30	1,30
Spurweite		m	3,30	3,30	3,00	3,00
Landegeschwindigkeit		km/h	156	166	167	166
Zuladung in % von der Flugmasse			42	37	40	39
Nutzlast in % von der Flugmasse			7	6	8	8
Baujahr			Projekt 1943	Projekt 1943	Projekt 1943	Projekt 1943

* Quelle: Flugwelt 3/1951 S. 74 + 75; Heinkel-Werkunterlagen

[2] halber Kraftstoff ohne Nutzlast

[3] Vollgas

[1] **Aufteilung der Gewichte**

Flügel	kg	3 010
Rumpf	kg	1 700
Leitwerk	kg	377
Steuerung	kg	65
Triebwerk	kg	3 950
Behälter	kg	803
Ausrüstung	kg	1 075
Einrichtung + Heizung	kg	350
Fahrwerk	kg	1 500
	kg	12 830

[4] **Aufteilung der Gewichte**

Flügel	kg	3 100
Rumpf	kg	1 700
Einrichtung + Heizung	kg	350
Leitwerk	kg	377
Steuerung	kg	65
Fahrwerk	kg	1 500
Triebwerk	kg	5 925
Behälter	kg	708
Ausrüstung	kg	1 075
	kg	14 800

[5] **Aufteilung der Gewichte**

Flügel	kg	2 100
Rumpf	kg	1 280
Einrichtung	kg	350
Leitwerk	kg	270
Steuerung	kg	60
Fahrwerk	kg	1 220
Triebwerk	kg	3 950
Behälter	kg	530
Ausrüstung	kg	1 000
	kg	10 760

[6] **Aufteilung der Gewichte**

Flügel	kg	2 400
Rumpf	kg	1 280
Einrichtung	kg	350
Leitwerk	kg	270
Steuerung	kg	60
Fahrwerk	kg	1 220
Triebwerk	kg	3 950
Behälter	kg	530
Ausrüstung	kg	1 000
	kg	11 060

Strahlbomber Heinkel He 343* mit verschiedenen Triebwerken und Nutzmassen

Hersteller			Heinkel			
Muster			He 343	He 343	He 343	He 343
Triebwerk			Jumo 004 B[1]	Jumo 004 C	Jumo 004 c	BMW 003[9]
Standschub		kN	4 × 8,83 = 35,30	4 × 9,96 = 39,83	4 × 9,96 = 39,83	4 × 8,83 = 35,30
		kp	4 × 900 = 3 600	4 × 1 015 = 4 060	4 × 1 015 = 4 060	4 × 900 = 3 600
Besatzung			2	2	2	2
Länge		m	16,50	16,50	16,50	16,50
Höhe		m	5,35	5,35	5,35	5,35
Spannweite		m	18,00	18,00	18,00	18,00
Flügelfläche		m^2	42,25	42,25	42,25	42,25
Flügelstreckung			7,66	7,66	7,66	7,66
Rüstmasse		kg	9 038[2]	9 068[2]	9 038[2]	8 278[10]
Kraftstoff		kg	4 500	5 490	4 500	4 500
militärische Nutzlast		kg	1 187[3]	1 187[3]	1 262	1 187[3]
Besatzung		kg	200	200	200	200
Nutzmasse		kg	1 500	2 000	3 000	1 500
Zuladung		kg	7 387	8 877	8 962	7 387
Startmasse		kg	16 425	17 945	18 000	15 665
Flächenbelastung		kg/m^2	388,75	424,73	426,03	370,76
Masse – Schubverhältnis		kg/kN	465,30	450,54	451,90	443,80
		kg/kp	4,56	4,42	4,43	4,35
Flächenschub		kN/m^2	0,84	0,94	0,94	0,84
		kp/m^2	85,20	96,10	96,10	85,20
Höchstgeschwindigkeit	in 0 m	km/h	785[4]	825[4]	825[7]	810[4]
	in 6 km	km/h	800	835	835	853
	in 10 km	km/h	740	770	770	795
Steiggeschwindigkeit	in 0 m	m/s	13,3[5]	15,3[6]	13,7[8]	13,5[11]
Dienstgipfelhöhe		m	9 800	10 000	9 300	10 480
Flugstrecke u. Flugdauer in km	in 0 m	Zeit	540/0,70	620/0,75	480/0,60	570/0,71
Flugstrecke u. Flugdauer in km	in 6 km	Zeit	885/1,1	1 015/1,87	750/1,00	900/1,1
Flugstrecke u. Flugdauer in km	in 10 km	Zeit	1 240/1,8	1 445/1,98	950/1,35	1 325/1,78
größte Flugstrecke	in 10,7	km	1 530	1 620	1 120	1 620
Startrollstrecke		m	1 360	1 425	1 450	1 220
Bomben im Rumpf		kg	1 500	2 000	2 000	1 500
außen		kg			1 000	
Landegeschwindigkeit		km/h	168	168	169	162
Zuladung in % von der Flugmasse			45	49	50	47
militärische Nutzlast in % von der Flugmasse			9	11	16	10
Baujahr			Projekt 1944	Projekt 1944	Projekt 1944	Projekt 1944

* Alle Werte, auch der Triebwerke, nach Heinkel-Werke und Unterlagen im Heinkel-Archiv

[1] Schub bei 900 km/h in 6 000 m 4,9 kN (500 kp), spezifischer Verbrauch 1,9 kg/kp
Schub bei 900 km/h in 10 000 m 3,18 kN (325 kp), spezifischer Verbrauch 1,82 kg/kp

[2]

Flugwerk	5 230 kg	
Triebwerk	3 190 kg	
Behälter	618 kg	9 038 kg

[3] militärische Nutzlast

2 × MG 151 starr nach hinten	150 kg	
Munition 2 × 200 Schuß	90 kg	
Panzerung	100 kg	
Ausrüstung	847 kg	1 187 kg

[4] Vollgas ohne Bomben

[5] in 6 000 m 7,3 m/s
Steigen auf 6 000 m 9,8 min
Steigen auf 10 000 m 28,8 min

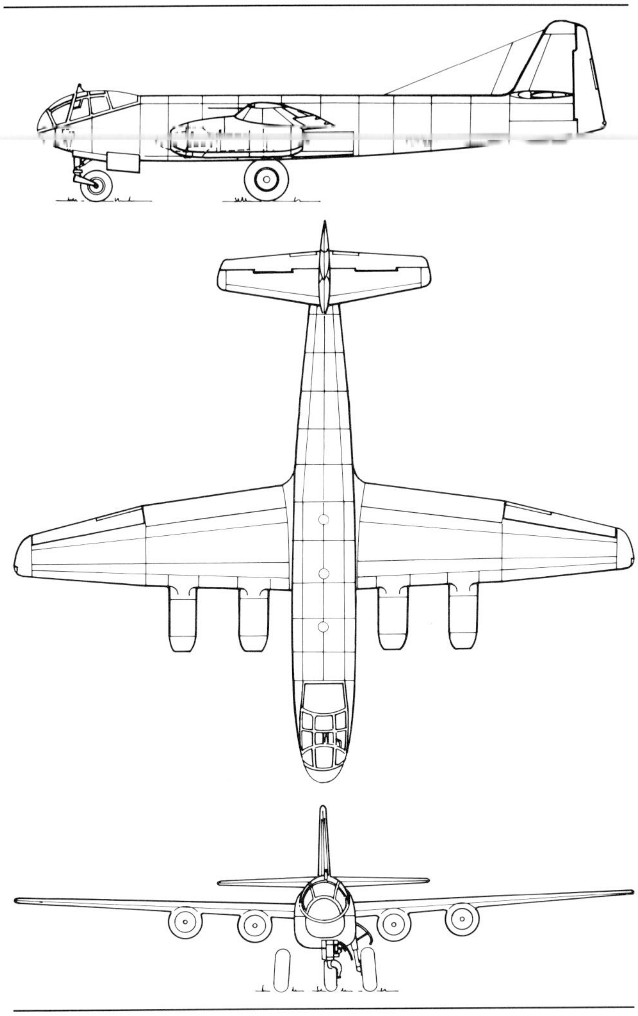

Heinkel He 343 ist eine 1,5mal vergrößerte Ar 234 mit entsprechenden Abänderungen und für verschiedene greifbare Triebwerke und unterschiedliche Nutzmassen zwischen 1500 kg und 3000 kg ausgelegt. Der Bau des Flugzeuges wird Anfang 1944 in Angriff genommen

1,5fachen Vergrößerung der Ar 234 C auszugehen. *Siegfried Günter* trifft am 24. Januar 1944 bei Arado ein, um die erforderlichen Unterlagen dafür in Empfang zu nehmen[10].

Der Rumpf sollte innen für einen Bomber mit 2000 kg Nutzlast umgerüstet und Platz für eine Zweimann-Besatzung geschaffen werden. Dafür können die mit den P 1068 gewonnenen Erfahrungen nutzbringend angewendet werden. Außerdem sollten verschiedene Rüstsätze für den Rumpf eingeplant werden: so wird an die Mitführung einer ferngesteuerten Fritz X-Bombe gedacht, eine der viel gerühmten »Wunder-Waffen«. Diese Bombe fliegt draht-, aber auch über Funk nachgelenkt ihr Ziel an. Stabilisiert wird sie durch einen Kurskreisel. Die Bombe hat eine Masse von 1150 kg, die der Sprengladung beträgt 320 kg. Gefordert werden für die vierstrahlige Maschine 860 km/h Geschwindigkeit in 6000 m Höhe und eine Reichweite von 1220 km mit Jumo 004 B oder 004 C bei etwa 16 000 kg Abflugmasse. Bei Verwendung des Jumo 004 B ergeben sich ähnliche Werte wie beim leistungsstärkeren 004 C, wenn die Nutzlast auf 1500 kg reduziert wird. Die Maße der Zeichnungen der Arado 234 C werden in großer Eile in allen Einzelteilen auf das 1,5fache vergrößert. Eine Neukonstruktion des Fahrwerkes erweist sich als notwendig, ferner müssen die vier Triebwerke einzeln unter den Tragflächen aufgehängt werden. Eine entsprechende Umkonstruktion des Flugzeuges liegt am 14. März 1944 unter der Bezeichnung He 343 mit Jumo 004 B und 004 C[11] in drei Versionen dem RLM vor[12].

Beim Antrieb ist der Entwurf der He 343 sehr flexibel. Vom Jumo und den Heinkel-Antrieben bis zum BMW können alle Triebwerk-Typen eingebaut werden, die gerade zur Verfügung stehen. Entsprechend dem Triebwerkschub variiert die Abflugmasse zwischen 16 t und 18 t. Heinkel hofft, bis zur Fertigstellung der He 343 die stärkeren Triebwerke 004 C oder He S 011 zur Verfügung zu haben, mit deren Hilfe die Nutzlast von 2000 kg auf 3000 kg erhöht werden kann. Dabei müssen allerdings die Lasten über 2000 kg als Außenlasten befördert werden, was wiederum mit einem Geschwindigkeitsverlust von 40 km/h bis 70 km/h verbunden ist. Zur Abwehrbewaffnung sind zwei starre MG 151 im hinteren Teil des Rumpfes vorgesehen. Die Triebwerke müssen etwas weiter vorne eingebaut werden, um genügend Tiefe für die Fowler-Landeklappen zu erhalten.

Für die He 343 sind verschiedene Versionen vorgesehen:
Eine He 343 A-2 ist als Aufklärer gedacht und kann mit Zusatztanks im Nutzlastraum eine erhöhte Reichweite erzielen.

---

[6] in 6 000 m 7,4 m/s
Steigen auf 6 000 m 8,9 min
Steigen auf 10 000 m 28,6 min

[7] hier stimmen die Werkangaben nicht, denn neben 2 000 kg Bomben im Nutzlastraum sollen 2 × 500 kg außenbords mitgeführt werden, was zumindest 70 km/h Geschwindigkeit kostet. Es sei, der Bombenraum ist um ein Drittel vergrößert worden (der Verfasser)

[8] in 6 000 m 6,5 m/s
Steigzeit auf 6 000 m 10,33 min
Steigzeit auf 10 000 m 17,57 min

[9] Schub bei 900 km/h in 6 000 m 550 kp
spezifischer Verbrauch 1,83 kg/kp
Schub bei 900 km/h in 10 000 m 360 kp
spezifischer Verbrauch 1,82 kg/kp

[10]

Flugwerk	5 230 kg	
Triebwerk	2 430 kg	
Behälter	618 kg	8 278 kg

[11] in 6 000 m 7,2 m/s
Steigzeit auf 6 000 m 9,6 min
Steigzeit auf 10 000 m 26 min

Eine Version He 343 A-3 kann mit den verschiedensten Waffen für Sondereinsätze ausgerüstet werden.
Eine He 343 B-1 kann anstelle der starren rückwärtigen Bewaffnung im Heck eine ferngesteuerte Abwehrbewaffnung erhalten, die allerdings ein doppeltes Seitenleitwerk erfordert, was wieder Gewicht, mehr Widerstand und eine erschwerte Flugerprobung bedeutet. Die Heckbewaffnung soll über ein Periskop vom Führerstand aus bedient werden.

Die He 343 wird im November 1944 noch einmal gründlich überarbeitet, und der Bau des Flugzeuges hätte anlaufen können, nachdem Attrappen gebaut, die Materialbestellungen und der Serienbau fest geplant waren.
Nun beginnt aber der Kampf um den Auftrag. *Heinkel* befürchtet, daß das RLM der fortschrittlicheren Ju 287 den Vorzug geben könne. Deshalb streicht er in einem Gutachten die Einfachheit der He 343 heraus, die auch weniger Material beansprucht. In einer Antwort kann Professor *Hertel,* Technischer Direktor der Junkers Flugzeug- und Motorenwerke, auf die bereits erprobte Ju 287 mit moderner Auslegung und höheren Leistungen hinweisen. Bei dieser Diskussion werden wenig bekannte, interessante Tatsachen angesprochen, auf deren Wiedergabe nicht verzichtet werden soll.

Am 22. November 1944 wird nach einer vom Technischen Direktor *Francke* unterschriebenen Mitteilung auf Veranlassung von General-Ing. *Lucht*[13] die He 343 gestoppt. Die vorhandenen Teile und Vorrichtungen für die V 1 und V 2 sind auf Lager zu legen.

MOBILITÄT HAT TRADITION

BMW Motoren schreiben Geschichte

Seit einem halben Jahrhundert ist sie flugtüchtig, und eine Reise in dieser Maschine ist immer noch ein großes Erlebnis: die Ju 52, in den 30er Jahren gebaut und in ihren letzten Exemplaren heute in der Schweiz stationiert. Drei BMW Sternmotoren bringen diese Maschinen voran – seinerzeit letzter Stand der motorischen Technik.

Erst 1944 war der Sternmotor überholt: eines der ersten serienmäßig hergestellten Strahltriebwerke der Welt ging in Produktion. Auch diese Turbine 003 trug das BMW Zeichen. Die BMW AG hat als Flugmotorenhersteller begonnen. Schon 1919 flog ein Testpilot, Zeno Diemer, in München Höhenweltrekord. Wo er seine Maschine mit einem BMW IIIa-Motor startete, liegt heute das olympische Gelände. Hier, als Nachbar des früheren Flugfeldes, ist BMW 1916 entstanden. Aus der Freude am Fliegen ist heute die Freude am Fahren geworden. BMW hat seit den 20er Jahren Maßstäbe im Flugmotorenbau gesetzt. Heute setzt das Unternehmen Maßstäbe für Fahrzeuge und Fahrzeugmotoren. An Münchens Olympiapark, wo das Unternehmen vor einem Menschenleben entstand, steht heute die Zentrale einer Weltmarke für Motorräder und Automobile.

BMW

12/10/88

50 Jahre
Turbostrahlflug
1939 stieg das erste Strahlflugzeug auf. Angetrieben von 6 kN Schubkraft.
Heinkel He 178
Heute verfügen die modernen Triebwerke über eine Schubkraft bis zu 290 kN, bei gleichzeitig größter Betriebssicherheit. Und auch in der Zukunft werden die neuen Ideen und hochgesteckten Ziele der Ingenieure für Fortschritt in der Luftfahrt sorgen.
MTU Motoren- und Turbinen-Union
München GmbH
Dachauer Str. 665 · D-8000 München 50
mtu
Deutsche Aerospace

Denkschrift zu den Baumustern He 343 und Ju 287 von Prof. Ernst Heinkel

Abschrift

Ernst Heinkel
Prof. Dr. Ing. e. H.
Dr. phil. h.c.

Denkschrift
zu den Baumustern He 343 und Ju 287

I. Aufgabenstellung

Als wir im Januar ds. Js. die Aufgabe erhielten unter starker Anlehnung an den Strahljäger Ar 234 einen Strahlbomber zu konstruieren, in 20 Musterflugzeugen zu bauen und zugleich dessen Großserienausbringung vorzubereiten, lagen dieser Aufgabenstellung folgende Erwägungen zugrunde:

1. Es ist erforderlich, der Luftwaffe alsbald einen frontreifen Strahlbomber zur Verfügung zu stellen.
2. Um jedes Risiko für den raschen Serienanlauf auszuschließen, muß die Konstruktion auf bereits bewährten Prinzipien aufgebaut werden.
3. Auch die Wahl des Triebwerks muß von diesem Gesichtspunkt aus erfolgen. Es sollen daher nur tatsächlich vorhandene und bereits bewährte TL-Triebwerke zum Einbau kommen. TL-Triebwerke mit höheren Leistungen, die aber noch in der Entwicklung stehen oder noch nicht ausreichend sich bewährt haben, können für die Weiterentwicklung des Baumusters vorgesehen werden.
4. Parallel mit dieser Aufgabe erhielt Junkers den Auftrag auf Konstruktion, Musterbau und Großserienvorbereitung eines Strahlbombers, bei dem bewußt eine Reihe von Risiken in Kauf genommen wurden. Den Risiken des nach vorn gepfeilten Flügels steht im günstigsten Falle nur ein errechenbarer Gewinn von etwa 30 km/h gegenüber, was uns für ein schnell zu erstellendes Baumuster als nicht lohnend erscheint.

II. He 343

1. Entwurf

a) Wir hatten auf dem Gebiet des Strahlbombers bereits durch unsere Arbeiten für P 1068 wertvolle Vorarbeiten geleistet.
b) Dem Entwurf wurde, um jedes Risiko für den raschen Serienanlauf auszuschließen, die 1,5fache Vergrößerung der Ar 234 zugrunde gelegt.
c) Als Triebwerk wurden 4 Jumo 004 C gewählt mit einem Standschub von je 1000 kg. Dieses Triebwerk hat seine Bewährungsprobe bereits bestanden.
d) Die Auslegung des Flugzeuges (Größe, Gewicht, Fläche usw.) ergab sich aus den taktischen Forderungen, die an den Strahlbomber gestellt wurden.

III. Vergleich der He 343 und der Ju 287

1. Die beiliegende Aufstellung ergibt einen Vergleich der Gewichte und Flugleistungen beider V-Muster.
2. Aus der Aufstellung ist ersichtlich:
   a) Das **Gewicht des Flugwerkes beträgt:**
   bei der He 343 = 5260 kg
   bei der Ju 287 = 7070 kg

Die Ju 287 erfordert somit einen Mehraufwand von rd. 1,8 t an Material.
Dieser Mehraufwand ist in Anbetracht der Materiallage nur vertretbar, wenn damit eine wesentliche Leistungssteigerung gegenüber der He 343 erreicht würde.

b) Die **Bombenlast** der He 343 beträgt 2000 kg, die **theoretische** Bombenlast der Ju 287 beläuft sich auf 3000 kg.
Die Mitführung einer Bombenlast von 3000 kg bringt die Ju 287 auf ein Abfluggewicht von 23 555 kg. Mit diesem Abfluggewicht kann die Maschine nur **mit** Starthilfe starten.
Für einen aus Flugsicherheitsgründen mindestens notwendigen Anstiegwinkel nach Abheben von 3 Grad muß das Startgewicht der Ju 287 ohne Starthilfe auf 21,5 t begrenzt werden. Beim Strahltriebwerk sind kleine Startreserven besonders bedenklich, da bei steigenden Lufttemperaturen sich für dieses die Startfähigkeit mehr verschlechtert als beim Otto-Triebwerk. In den schlechten Starts sahen wir einen wesentlichen Teil des Risikos der Ju 287.
Für ein Startgewicht von 21,5 t muß die Bombenlast auf 2000 kg und der Kraftstoff auf 6000 kg erniedrigt werden.
Durch diese Erniedrigung wird die praktisch verwertbare Bombennutzlast beider Flugzeuge gleich. Die größte Flugstrecke beträgt bei gleicher Abwurflast und gleichem Tankschutz etwa **1500 km bei der Ju 287 gegenüber 1600 km der He 343.**
Die größere Auslegung der Ju 287 bringt somit bezüglich Bombenlast und Reichweite keinen Gewinn.

c) Die **Höchstgeschwindigkeit** liegt bei beiden Baumustern annähernd gleich.
Lt. Angabe der Motorenhersteller ist der Abfall des Schubes mit der Flughöhe beim BMW-Motor geringer als beim Jumo-Motor.
Wenn diese nach unseren Erfahrungen nicht zu erwartende Angabe zutrifft, errechnet sich für die Ju 287 in 6 km Höhe eine um 25 km/h höhere Geschwindigkeit wie die der He 343.
Die Angaben für den Jumo-Motor, die unseren Rechnungen zu Grunde liegen, sind sehr vorsichtig gehalten und durch Flugversuche nachgewiesen.

d) In der Ju 287 kommen 6 BMW 003 TL-Triebwerke zum Einbau. Dieses TL-Gerät konnte bisher noch keinen Beweis seiner Frontreife erbringen.
Bei dem unbefriedigenden Entwicklungsstand ist eine Schuberhöhung nicht zu erwarten.
Der leistungsfähigere He S 011 kommt für eine Serie vorläufig nicht in Frage.

IV. Folgerungen aus der Vergleichsbetrachtung:

1. Die räumliche Auslastbarkeit der Ju 287 bringt keinen Vorteil. Die Leistungen der Ju 287 werden auch mit der He 343 erreicht, aber bei wesentlich kleinerem Materialaufwand und mit 4 statt 6 Triebwerken.
2. Die He 343 kann auch mit Erfolg als Aufklärer und Zerstörer eingesetzt werden.
Für die schwere Ju 287 ist diese Vielseitigkeit in ihrem Einsatz nicht gegeben.
3. Die Flugerprobung der He 343 dürfte keinerlei neue Probleme bringen. Sie wird also schneller durchzuziehen sein wie die der Ju 287, bei der eine Reihe von neuen Erkenntnissen – z. B. der Pfeilflügel nach vorn – erst ihren Bewährungsnachweis erbringen müssen.
Die He 343 wird daher voraussichtlich **früher** in der Serienfertigung anlaufen können als die Ju 287.
4. In der Besprechung in Berchtesgaden am 25. Mai 1944 fand die Ju 287 anerkennende Erwähnung, **während die He 343 von keiner Seite auch nur genannt wurde.**
In vorstehenden Ausführungen ist der Beweis erbracht, daß die Leistungen der Ju 287 von dem Baumuster He 343 billiger (Arbeitsstunden, Brennstoff) und ohne mit einem so großen Risiko verbunden zu sein, erreicht werden.
Es dürfte somit **im Interesse der Landesverteidigung liegen,** zumindestens parallel mit der Serienausbringung der Ju 287 den Serienauftrag auf die He 343 zu erteilen.
Durch einen solchen Auftrag würde man auch wieder an den Ausgangspunkt bei der ersten Aufgabenstellung zurückkehren: Der Front baldigst einen frontreifen, leistungsfähigen und mit dem geringsten Risiko verbundenen Strahlbomber zur Verfügung zu stellen.

Wien, den 16. Juni 1944

gez. Ernst Heinkel

He 343 – Ju 287

Gewichte und Flugleistungen

		He 343	Ju 287	
Fläche	m^2	42,3	58	
		2 t Bomben 5,5 t Kraftst.	geplante Zuladung: 3 t Bomben 7 t Kraftst. schlechter Start	reduzierte Zuladung wegen Start: 2 t Bomben 6 to Kraftst.
Triebwerke		4 x Jumo 004 C	6 x BMW 003	
Standschub	kg	4 x 1015	6 x 800	
Gewichte				
Flugwerk	kg	5260	7070	
Triebwerk	kg	3190	3800	
Gesch.Behälter	kg	618	750	
Ausrüstg. o.Schußwaffen	kg	847	950	
Schußwaffen	kg	150 2xMG 151 starr	365 2xMG 151, beweglich fernbedient	
Munition	kg	90	175	
Besatzung	kg	200	300	
Panzer	kg	100	145	
Kraftstoff	kg	5490	7000	6000
Bomben	kg	2000	3000	2000
Abfluggewicht	kg	17945	23555	21555
Höchstgeschwindigkeit ohne Berücksichtigung d.Waffen				
i.H = 0 km:	km/h	825	820	820
i.H = 6 km:	km/h	835	855	860
Höchstgeschwindigkeit mit Berücksichtigung der Waffen				
i 6 km Höhe:	km/h	835	855	840
Größte Flugstrecke	km	1600	1700	1500
Rollweg bei Start:	m	1450	1900	1550
Anstiegwinkel nach Abheben	Grad	3,5	2,2	3

Anmerkung zum Start der Ju 287: Bei 23,5 t Abfluggewicht und ohne Starthilfe beträgt der Anstiegwinkel nach Abheben 2,2 Grad. Dieser Winkel ist zu klein, da dann bei geringen Steuerfehlern des Flugzeugführers ein Gelingen des Startes zu sehr in Frage gestellt ist. Nach Erfahrungen mit schwer beladenen Maschinen muss mindestens drei Grad gefordert werden. Das Abfluggewicht muss hierbei um 2 t auf 21,5 t verringert werden.

Wien, 15.6.44 Wbch/Be

He 343 – Ju 287, Gewichte und Flugleistungen aus der Streitschrift von Professor Ernst Heinkel

Stellungnahme von Prof. Dr.-Ing. Heinrich Hertel

Stellungnahme durch Prof. Dr.-Ing. Heinrich Hertel von den Junkerswerken

Betr.: Baumuster Ju 287 und He 343

Die Ausführungen des Herrn Prof. Dr. Heinkel führen zu einem groben Trugschluß, der im wesentlichen in drei fundamentalen Fehlern seiner Überlegungen beruht:

1. Herr Heinkel rechnet für He 343 den wahrscheinlichen Verhältnissen entsprechend in seinem offiziellen Datenblatt (Nr. 1423 v. 24. Mai 1944) auch mit dem noch leistungsschwachen Jumo 004 B-Gerät, das erprobt ist und in Serie läuft. In seiner Gegenüberstellung zur Ju 287 setzt er dagegen für die He 343 das leistungsgesteigerte Jumo 004 C-Gerät ein, das für den Einsatz im Strabo nicht gesichert ist. Umgekehrt rechnet Herr Heinkel in seinem offiziellen Datenblatt (Nr. 1423) bei BMW 003-Gerät für He 343 ausschließlich mit 900 kg Standschub, reduziert jedoch in der Gegenüberstellung bei Ju 287 die Leistungen des BMW auf 800 kg Standschub.
   Demnach hat er im Gegensatz zu einer objektiven, richtigen Vergleichsbasis für das Heinkel-Flugzeug 115 kg Schub zugeschlagen und für das Junkers-Flugzeug 100 kg Schub abgezogen (im Gegensatz zu eigenen Rechnungsannahmen). Diese Differenz von 215 kg je Gerät, also ein Plus von 27 Prozent, muß die He 343 natürlich in einem günstigen Licht erscheinen lassen, das jedoch völlig unberechtigt ist.
2. Herr Heinkel stellt Datenblätter auf, in denen er den Einsatz der verschiedenen Strahlgeräte im Muster He 343 darstellt (z. B. Nr. 1423) und übersieht dabei, daß selbstverständlich auch das Junkers-Flugzeug Ju 287 in der Lage und von vornherein darauf ausgelegt ist, stärkere TL-Geräte aufzunehmen, sowie diese für die Produktion greifbar sind. Die Ausrüstung der Ju 287 mit BMW 003 ist von IFA ausschließlich aus Gründen der Entwicklungs- und Beschaffungslage der TL-Geräte als erste Lösung herausgestellt, aber keinesfalls soll auf den Einbau vom Jumo 004 C verzichtet werden. Wenn Herr Heinkel glaubt, für die He 343 das Jumo 004 C-Gerät mit 1015 kg Standschub sicher einsetzen zu können*, so muß er es in einer Vergleichsaufstellung auch für Ju 287 ansetzen, die in ihrer Gesamtauslegung dieses Gerät als fortschrittliche Lösung von vornherein berücksichtigt hat. Bei Ansatz gleicher TL-Geräte Jumo 004 C zeigt sich sofort die große Überlegenheit der Ju 287.
3. In einer Zusammenstellung setzt Herr Heinkel Daten der Ju 287 an, die vielleicht irgendeinem Projektzustand entsprechen, jedoch nicht dem in der Konstruktion erreichten Ergebnis, so daß von Herrn Heinkel für Ju 287 die Gewichte zu hoch und die Leistungen zu niedrig angesetzt sind. Bei einem Mitte Juni 1944 angesetzten Vergleich wäre es richtig gewesen, die zu diesem Zeitpunkt erarbeiteten Gewichte und Leistungen der Ju 287 einzusetzen, anstatt irgendwelche überholten unrichtigen Unterlagen zu verwenden. Es ist dem RLM im Laufe der Konstruktion bereits eingehend über die Maßnahmen der Gewichtseinsparung und der sich daraus ergebenden Erfolge berichtet worden, wobei es gelungen ist, die Panzerung und Munition zusätzlich einzubauen, ohne die früher projektierten Gewichte zu überschreiten.

Die Gewichts- und Flugleistungszusammenstellung der Denkschrift von Herrn Prof. Dr. Heinkel ist, da nicht vergleichbare von ihm gedachte Ausführungen gegenübergestellt sind, grundsätzlich falsch. An ihre Stelle müssen die beiden Tafeln** treten, die der Stellungnahme beigefügt sind.

Tafel I
Da das 004 C-Gerät nach dem Stand der Entwicklungs- und Fertigungsvorbereitung vor Mitte 1945 nicht anläuft und die Geräte mit gesteigerter Leistung zweifellos der Leistungssteigerung der in Beschaffung befindlichen Jäger und Zerstörer zugute kommen wird, muß für den Anlauf eines Strahlbombers mit Jumo-TL mit der Ausgangsausführung B also 900 kg Schub gerechnet werden. Um die Schwierigkeiten zu überbrücken, die darin liegen, daß mit

leistungsgesteigertem C-Gerät für den frühen Anlauf des Strahlbombers nicht zu rechnen ist, wurde im Einvernehmen mit GL/C-3 zunächst mit dem BMW 003-Gerät gerechnet. In der Vergleichsgegenüberstellung ist das Gerät mit den Leistungen anzusetzen, die von dem Lieferer des Gerätes als die zulässige Beanspruchung angesehen wird, d. h. 900 kp kurzzeitiger Standschub und 800 kp Dauerschub. Die Tafel zeigt, daß bei diesem gerechten Vergleich die Bombenzuladung der Ju 287 mit 3000 kg doppelt so groß wie in He 343 mit 1500 kg ist, und die Flugstrecke der Ju 287 mit 1900 km um 45 Prozent größer als bei He 343 mit 1330 km ist. Die rechnerische Geschwindigkeit ist beim Junkers-Flugzeug trotz des Zusatzwiderstandes der beweglichen Bewaffnung um 70 km/h höher.

Tafel II

Wenn, was unter allen Umständen anzustreben bleibt, es doch gelingt, das Gerät 004 C früher und auf so breiter Basis zu bringen, daß es auch dem Strahlbomber zugute kommen kann, so wird es selbstverständlich auch bei Ju 287 eingesetzt.

Die beste sachliche unanfechtbare Wertung ergibt sich aus der Gegenüberstellung beider Muster mit dem gleichen von Herrn Heinkel besonders empfohlenen Triebwerk Jumo 004 C in Tafel II. Hierbei sind, um jede Diskussion auszuschalten, für He 343 die von Herrn Heinkel in der Denkschrift aufgeführten Daten übernommen. Diese Gegenüberstellung beider Muster mit gleicher Annahme für das Triebwerk zeigt die große Überlegenheit der Ju 287:

a) Die Bombenzuladung der Ju 287 ist 3000 kg statt 2000 kg bei He 343.

b) Trotz dieser um 50 Prozent höheren Bombenlast ist die größte Flugstrecke der Ju 287 mit 1930 km gegenüber 1600 km bei He 343 um 20 Prozent größer.

c) Die Höchstgeschwindigkeit der Ju 287 ist trotz Einbau einer beweglichen Bewaffnung in Ju 287 um 70 km/h höher als die der He 343.

d) Als weiterer Vergleichsfall wurde in Tafel II noch die Ausrüstung der Ju 287 mit schwerer Bombenzuladung 4 t unter Beibehaltung des bisherigen Kraftstoffgewichtes angegeben. Es ergibt sich, daß in dieser Ausführung die Bombenzuladung der Ju 287 doppelt so groß ist wie die der He 343 bei gleicher größter Flugstrecke. Diesem Falle kommt insofern besondere Bedeutung zu, als er zeigt, daß der Bombenraum der Ju 287 durchaus in stärkstem Maße ausgelastet werden kann (Beispiel 2 × 2000 kg oder 8 × 500 kg im Rumpf untergebracht). Bei He 343 ist für größere Bombenlast Außenaufhängung vorgesehen, die die ohnehin wesentlich geringere Geschwindigkeit dieses Musters weiter herabsetzt. Zu diesen weit überlegenen Leistungen der Ju 287 treten folgende für Ju 287 sprechende Gesichtspunkte:

e) Die He 343 besitzt trotz der wesentlichen Unterlegenheit in der Geschwindigkeit keine bewegliche Abwehrbewaffnung. Der starre Rückwärtseinbau wird als nicht ausreichend angesehen. Herr Heinkel erkennt die Notwendigkeit einer beweglichen Heckbewaffnung offenbar auch an, da in seinen Entwurfszeichnungen (343.01 – 11 B vom 24. Mai 1944) er selbst eine Lösung mit Doppelseitenleitwerk und Heckstand für eine Zerstörerausführung angibt. Die Erstellung zweier völlig verschiedener Rümpfe einschließlich Leitwerk erscheint wenig folgerichtig. Wir stehen nach wie vor auf dem Standpunkt, daß es wichtig ist, für eine solche Aufgabe den Waffenstand von vornherein zu projektieren und konstruieren und als Rüstsatz fertig zu erstellen, um diesen jederzeit einbauen zu können.
Die Leistungen der Ju 287 berücksichtigen den Einbau sowohl gewichtlich als auch widerstandsmäßig. Bei dem Einbau der beweglichen Bewaffnung müßten an den Leistungen der He 343 entsprechende weitere Abstriche eingesetzt werden.

f) Aus den Unterlagen des Herrn Heinkel geht nicht hervor, ob das Flugzeug He 343 im Gegensatz zu der Erstauslieferung der Rechnungen und der im Erfahrungsaustausch vorgeführten Attrappe mit Höhenkammer ausgerüstet ist, die für den Strahlbomber unerläßlich ist. Ju 287 sieht Höhenkammer von Anfang an vor.

g) Die ständigen Hinweise auf das Risiko eines Pfeilflügels sind insofern abwegig, als umfangreiche Kanalversuche gezeigt haben, daß dieses Problem in kurzer Zeit zu beherrschen ist.

Schlußfolgerung

Im Gegensatz zu den Ausführungen der »Denkschrift«, die durch unsachliche Vergleiche glaubt, eine Leistungsgleichheit beider Muster herausrechnen zu können, liegt gemäß der beigefügten Tafel II eindeutig klar, daß die Ju 287 unter Ansatz des gleichen Triebwerksentwicklungsstandes (Jumo 004 C) ausschlaggebend bessere Leistungen besitzt. Bei gleicher Flugstrecke doppelte Bombenlast, 70 km höhere Geschwindigkeit, bewegliche Abwehrbewaffnung, Druckkammer.

Die Entwurfsarbeiten Ju 287 haben immer schon das Jumo-Werk berücksichtigt und die Grundauslegung der Ju 287 schließt eine zur Ausnutzung des Jumo 004 C notwendige Steigerung des Fluggewichtes für 25 t von vornherein ein,

so daß die Lieferung der Zelle in dieser Ausführung keinerlei Schwierigkeiten macht (mit Ausnahme einer Anlaufstörung, da die Zeichnungen jetzt für BMW-Gerät ausgeliefert sind).
Es kann keinesfalls mehr verantwortet werden, daß ständig die Projekte mit verschiedenen Annahmen über Leistungen und Lieferbarkeit von Triebwerken hin- und herschwanken. Um diesen Zustand der Unsicherheit von Seiten der Flugzeugentwicklung zu beseitigen und dem Jonglieren mit Triebwerkleistungen, das leider von anderer Seite durchgeführt wird, ein für allemal zu begegnen, sind von mir alle Maßnahmen getroffen, um den Triebwerkseinbau BMW 003 und Jumo 004 C entwicklungsmäßig parallel so vorwärts zu treiben, daß der Einbau beider Geräte in gleicher Weise sichergestellt ist. Die Produktion muß allerdings rechtzeitig Klarheit über die einzubauenden Geräte haben und jede Umstellung gegenüber den bisherigen Vorhaben bringt eine Anlaufverzögerung.
Auf die sonstigen Ausführungen der Denkschrift wird aus Zeitmangel nicht eingegangen.

Dessau/Raguhn, den 9. Juli 1944

gez. Hertel

* Die Behauptung in der Denkschrift unter II C, daß das Triebwerk 004 C auf dem Standschub von 1000 kg seine Bewährungsprobe bestanden hat, ist ein Irrtum; bisher ist nur das B-Gerät mit 900 kg Schub erprobt.
* Die Tafeln lagen dem Original aus den USA nicht bei, die Daten sind aber der Tabelle zu entnehmen unter EF 131, der in Deutschland nach dem Kriege in Dessau noch fertiggestellten Serienausführung der Ju 287 mit Jumo 004-C.

Anmerkungen

1 Junkers Flugzeug-Motorenwerke AG, Kobü-Entwurf Freytag/Si vom 15. 9. 1944, Kobü-Es 4549: Überblick über Auslegung und Entwicklung des Strahlbombers Ju 287.
2 Heinkel Aktenvermerk vom 17. 1. 1944, Unterhaltung Ing. Benz im Auftrag der Heinkel-Werke und RLM-Vertreter Stöwer am 16. 1. 1944 anläßlich der Absicht eines Auftrages des RLM für eine 1,5fach vergrößerte Arado 234.
3 Ernst Heinkel Flugzeugwerke GmbH, Wien-Schwechat-Entwurfsbüro, Strahlbomber Nr. 1068.01-80, auch sechsmotorig mit Jumo 004 C vom 10. 1. 1944.
4 Ernst Heinkel Flugzeugwerke GmbH, Wien-Schwechat-Entwurfsbüro vom 13. 1. 1944, Nr. 1068.01-83/Typ Strahlbomber, G=18 t, F=43 m².
5 Ernst Heinkel Flugzeugwerke GmbH, Wien-Schwechat-Entwurfsbüro, Nr. 1068.01-84 / Typ Strahlbomber mit vier He S 011 vom 14. 1. 1944.
6 Ernst Heinkel AG, Wien-Schwechat, vom 14. 1. 1944, gez. Günter.
7 Programm-Vorschlag über Ausbringung, Fertigungsstätten, Nachbaufirmen, Materialanforderung, Personal der 1068, lt. Aktenvermerk: Hauptverwaltung/MD Dir. Dankert, vom 27. 1. 1944 und Betriebsdirektion, Dir. Schaber, vom 31. 1. 1944.
8 Fernschreiben vom 8. 1. 1944 von Techn.Direktor Francke an Berliner Büro über DE-Antrag (Dringlichkeit). Betr.: P 1068, Arbeitsstunden je Flugzeug: 150 000; Kosten je Flugzeug: 820 000 RM; erforderliche Rohstoffkontingente: Alu 10 t, Magnesium 0,6 t, legierter Stahl 6 t, unlegierter Stahl 1,5 t, edlere Metalle 12 kg, gez. Francke.
9 Aktenvermerk Nr. 5 von Heinkel vom 17. 1. 1944 betreffs Strahlbomber, gez. Francke.
10 Heinkel-Aktennotiz vom 24. 1. 1944 über telef. Rücksprache Knemeyer-Scheibe über mittleren Strahlbomber und Übergabe der Ar 234-Zeichnungen.
11 He 343-Strahlbomber, D.Bl. 1408 He/343/Re/1498 vom 14. 3. 1944, Hbch/Er 7.
12 Heinkel-Aktenvermerk Nr. 17 gez.: Francke über Termine, Konstruktionsbüro, Vorrichtungskonstruktion, Arbeitsvorbereitung, Musterbau, Materialbereitstellung und Verlagerung.
13 Mitteilung 196/44, Dir. Fr./Me. 36 vom 22. 11. 1944.

Henschel Flugzeugwerke

Hs 132 A, erster Strahl-Sturzbomber

Gleich der Me P 1101 steht bei Kriegsende auch die Henschel Hs 132 A zum Einfliegen bereit. Das RLM beauftragt 1943 das Werk mit dem Bau eines extrem kleinen Bombers für steile Bahnneigungsflüge mit einer horizontalen Geschwindigkeit von etwa 750 km/h, der im Falle einer Invasion zur Bekämpfung von Schiffen vorgesehen ist. Das Technische Amt des RLM will den Gedanken des Sturzangriffes neu beleben, der wegen des überaus starken Abwehrfeuers in der bisherigen Form nicht mehr durchführbar ist. Die Entwurfsabteilung von Henschel will diese Aufgabe mit Hilfe eines Flugzeuges mit Turbo-Luftstrahltriebwerk lösen. Der Pilot soll das Flugzeug in liegender Position steuern, weil er statt der im Sitzen verträglichen fünf bis sechs g (5- bis 6fache Erdbeschleunigung) liegend zehn bis zwölf g aushalten kann, ohne einen »black-out« zu bekommen.
Im Mai 1944 liegt das von Henschel ausgearbeitete Projekt dem RLM unter der Projektnummer Hs 132 A zur Genehmigung vor. Der trapezförmige Tragflügel des Mitteldeckers und das Leitwerk bestehen aus Holz; der Flügel ist zweiholmig ausgeführt und von hoher Festigkeit. Der Metall-Rumpf hat kreisförmigen Querschnitt, auf seinem Rücken ist – ähnlich wie bei der He 162 – das Triebwerk montiert. Wegen des heißen Schubstrahles muß das Seitenleitwerk zweiteilig ausgeführt werden. Das Fahrwerk großer Spurweite ist in den Tragflügel nach innen oben einziehbar, das Bugrad kommt um 90° gedreht in den Bug unter den Piloten zwischen den beiden Kanonen zu liegen. Das Flugzeug soll im schnellen, steilen Bahnneigungsflug außerhalb des Abwehrfeuers des Schiffes angreifen, scharf hochreißen und dabei die Bombe auslösen. Der Pilot kann sofort abdrehen. Die Bombe wird zunächst durch die Beschleunigung bei der Auslösung eine ansteigende Flugbahn haben. Für diesen Abwurf ist ein besonderes Visier notwendig, das nicht zeitig fertig wird und den Bau des Flugzeuges verzögert. Da der Flugzeugführer im Liegen nur weit geringere Handkräfte am Steuer ausüben kann als im Sitzen, ist ein federgesteuertes Kraftruder vorgesehen.

Das Technische Amt gibt noch im Mai 1944 sechs Prototypen in Auftrag, die mit BMW 003 A-1-Triebwerk auszurüsten sind. Als Abwurfwaffe ist für die Hs 132 A-Versionen eine 500 kg-Bombe vorgesehen. Henschel rechnet im Sturz- oder Bahnneigungsflug mit 800 km/h Geschwindigkeit, so daß die Abwehr sicherlich einige Zeit brauchen wird, bis ihre Zielgeräte auf diese hohe Geschwindigkeit eingestellt sind. Die A-Version hat keine Bordwaffen. Eine zweite Version Hs 132 B ist ein Jagdbomber mit einer Bombe und zwei Maschinenkanonen MK 151. Für diese Ausführung ist der Jumo 004 B-2 eingeplant. Für einen späteren Jagdbomber Hs 132 C mit einem He S 011 wird an zwei MG 151 und zwei

Gut gelungene Rekonstruktion der Henschel Hs 132 V 1 von Gert Heumann

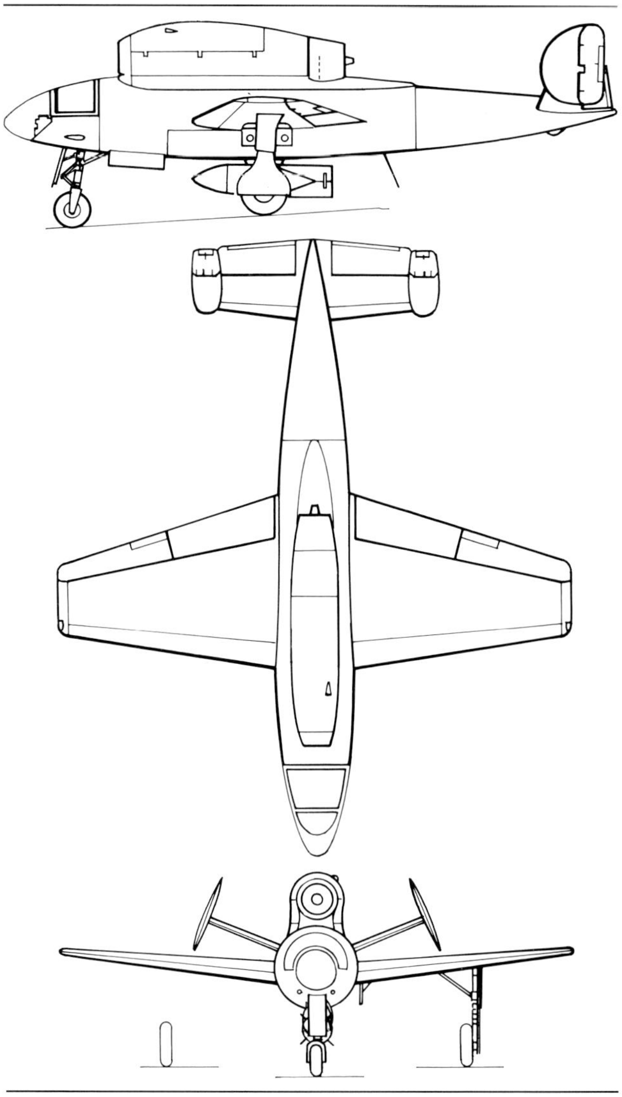

Die Henschel Hs 132 V 1 ist zur Bekämpfung von Schiffen in steilem Bahnneigungsflug vorgesehen. Wegen der dabei auftretenden hohen Beschleunigungen soll der Pilot das Flugzeug liegend steuern

MK 108 gedacht und versuchsweise an eine 1000 kg-Bombe SD 1000. Die Starts mit schweren Bomben müssen mit Hilfe von Zusatz-Raketen erfolgen.

Obwohl das erste V-Muster dieses Flugzeuges kurz vor Kriegsende fast fertiggestellt ist, kommt es wegen Bombenschäden im Betrieb und Verlegung der Büros nicht mehr unter deutscher Leitung zur Erprobung. Dies geschieht vielmehr nach Besetzung des Werkes durch sowjetische Truppen unter sowjetischer Aufsicht. Einzelheiten hierüber sind bisher nicht bekannt geworden.

Henschel HS 132*

Hersteller		Henschel
Muster		Hs 132 V 1
Triebwerk		BMW 003 A-1
Standschub	kN	8,83
	kp	900
Besatzung		1
Länge	m	8,80
Rumpfquerschnittsfläche	m^2	1,17
Spannweite	m	7,85
Flügelfläche	m^2	14,80
Flügelstreckung		4,16
Rüstmasse	kg	1 895
Kraftstoff	kg	885
Schmierstoff	kg	20
Besatzung	kg	100
Nutzmasse	kg	500[1]
Zuladung	kg	1 505
Startmasse	kg	3 400
Flächenbelastung	kg/m^2	229,70
Masse – Schubverhältnis	kg/kN	385,00
	kg/kp	3,77
Flächenschub	kN/m^2	0,60
	kp/m^2	60,80
Höchstgeschwindigkeit	km/h	750
in Höhe	m	0
Reisegeschwindigkeit	km/h	766
in Höhe	m	4 000
Steiggeschwindigkeit	m/s	11[2]
Dienstgipfelhöhe	m	10 000
Reichweite	km	500[3]
max. Flugzeit	min	40[3]
Startstrecke bis 15 m Höhe	m	1 260
Landegeschwindigkeit	km/h	150
Zuladung in % von der Flugmasse		44
Nutzlast in % von der Flugmasse		15
Baujahr		1945

* Quelle: Werkunterlagen

[1] 1 × 500 kg Bombe SC/SD 500, ohne Bordwaffen
[2] bei voller Abflugmasse
[3] am Boden; in 9 000 m Höhe 1,5 h und 1 100 km Reichweite

Zusätzliche geometrische Daten:

Verwindungswinkel des Flügels		= 2°
Trapezverhältnis		= 0,49
Höhenleitwerksfläche	m^2	= 2,75
Seitenleitwerksfläche	m^2	= 1,85
V-Stellung des HLW	V_H	= 20°
Profil am Rumpfanschluß		1,6 50 15–0,835 39
Profil am Flügelende		0 00 11–1,1 30

Horten Flugzeugbau

Nurflügel-Jagdflugzeug Ho IX und der große Bruder Ho XVIII

Walter (li) und Reimar Horten

Die Brüder *Walter* und *Reimar Horten* befassen sich seit ihrer frühen Jugend mit dem Bau von Modellen und mit Fragen der Flugmechanik und Flugeigenschaften von Nurflüglern. Sie werden erfahrene Modell- und Segelflieger und wollen nun die gewonnenen theoretischen Erkenntnisse in einem eigenen bemannten Nurflügler praktisch anwenden. Im elterlichen Hause entsteht um die Wende der Jahre 1932/33 der erste Nurflügler Horten Ho I.

Mitte 1933 gelingen im Autoschlepp die ersten Starts; erfolgreiche Flüge spornen zur Teilnahme am Rhönwettbewerb 1934 an. Auf der Wasserkuppe zeigt sich im harten Wettbewerb, daß eine Reihe grundlegender Verbesserungen notwendig sind, soll der Nurflügler mit den anderen Flugzeugen konkurrieren können: ein neues Profil, Änderungen an der Steuerung und viele sich aus der Flugerfahrung ergebende Verbesserungen. Nach statischen Bruchversuchen und der Ausschlachtung der Ho I geht es mit frischem Mut an den Bau der Ho II. Sie soll einen Motor erhalten, um unabhängig von Helfern und Transportwagen zu werden. Bei der fertigen Ho II sitzt der Pilot halbliegend im Cockpit. Zwei weitere Flugzeuge werden als Segler gebaut und auf der Rhön 1937 geflogen. Für den Rhön-Segelflugwettbewerb 1938 entsteht auf dem Fliegerhorst Köln-Ostheim, wo *Walter Horten* inzwischen als Technischer Offizier (TO) tätig ist, eine auf 20 m Spannweite vergrößerte Ho III.

Zehn verbesserte Ho IIIb werden gebaut; weitere Muster entstehen 1941/42 in geänderter Form unter der Typenbezeichnung Ho IIId als Motorsegler, mit liegenden Piloten 1943 als Ho IIIf und mit Tandem-Doppelsitzer-Anordnung als Ho IIIg. Schon vor Kriegsausbruch ist *Reimar* Reserve-Offizier der Luftwaffe und *Walter* Jagdflieger und Technischer Offizier des Jagdgeschwaders 26. *Reimar Horten* verschlägt es 1940 zu einer Lastensegler-Fliegerschule nach Königsberg-Neuhausen, wo er 1941 die Ho IV mit 20 m Spannweite und kniend-liegend angeordnetem Piloten und Flügeln großer Streckung baut. Die Ho IV gilt zu dieser Zeit als leistungsfähiger Segler.

Anfang Mai 1941 beruft General *von Döring Walter Horten* als Technischen Referenten in seinen neu zu bildenden Stab des »Generals der Jagdflieger« nach Berlin. *Walter* veranlaßt seinen Bruder, in einer Werft des Peschke Flugzeugbaues in Minden die Ho V aus der Kölner Zeit (1937) in einen zweimotorigen Doppelsitzer mit zwei HM 60 R-Motoren als Einsitzer umzubauen. Ferner sollen aus dem Projekt Ho VII (Schulflugzeug mit zwei Argus As 10c-Motoren) ein einsitziger zweistrahliger Jäger Ho IX entwickelt und die notwendigen Zeichnungen erstellt werden. Im April 1942 verlegt das Kommando von *Reimar Horten* auf den Fliegerhorst Göttingen; der Einheit stehen alle Einrichtungen der Werft zur Verfügung. Nach der zweimotorigen Ho VII mit einziehbarem Fahrwerk entsteht als Schulflugzeug der Prototyp des geplanten Jägers Ho IX, der zunächst ohne Triebwerke erprobt werden soll, bis Strahltriebwerke zur Verfügung stehen. Außerdem wird noch der Entwurf für einen »Fliegenden Windkanal«, Ho VIII, mit 40 m Spannweite und sechs As 10c-Motoren bearbeitet, eine Vorstudie für einen Langstreckenbomber.

Ende 1942 stehen den *Hortens* die voraussichtlichen Schubwerte der BMW 003- und Jumo 004-Triebwerke und deren Einbaumaße zur Verfügung, so daß nunmehr der Schwerpunkt der Arbeit auf die Ho IX verlegt werden kann. Beide Brüder überarbeiten noch einmal das Projekt und kommen mit ihrem Nurflügler mit zwei Strahltriebwerken rechnerisch auf Geschwindigkeiten um 1000 km/h mit 2000 km Reichweite und 1000 kg Nutzlast.

Am 1. März 1944 ist die erste Ho IX[1] als Gleiter fertiggestellt und *Heinz Scheidhauer* startet im Schlepp einer He 111 zum Erstflug, der zufriedenstellend verläuft. Da der Flugplatz Göttingen etwas zu klein ist, wird die Erprobung dieses

1 Ho IX (229), Flugwelt 1950, S. 155 ff.

Die zweistrahlige Horten Ho IX V 1 wird ohne Triebwerke am 1. März 1944 fertiggestellt und danach im Schleppflug erprobt

Nurflügel-Strahljägers am 23. März 1944 nach Oranienburg bei Berlin verlegt. Auch *Walter Horten* fliegt die Maschine und stellt gute Flugeigenschaften fest. Kleinere Schwierigkeiten mit dem Bugrad können behoben werden. *Walter* bemerkt aber als Jagdflieger, daß die Ho IX bei unruhigem Wetter wahrscheinlich keine ausreichend stabile Plattform für das genaue Schießen auf größere Distanzen hergibt. Jedoch scheint eine Abhilfe in Form einer vertikalen Kielflosse mit »Bremsrudern« an den Flügelenden möglich. Der Jäger und Nurflügler Ho IX V 2 sollte drei Monate nach dem Erstflug der V 1 mit zwei BMW 003-Triebwerken fliegen. Die Triebwerke sind von *Dr. Oestrich* vom BMW-Motorenbau für diese Versuche zugesagt worden. Das Mittelstück des Tragflügels der Ho IX V 2 besteht aus einem geschweißten Stahlrohrgerüst und enthält den Führersitz, die beiden Triebwerke, die Lafetten für die Waffen (MK 103/30) und das Fahrwerk. Die Außenflügel bestehen aus einer zweiholmigen Holzkonstruktion. Die Flügeldicke im Mittelstück liegt bei 14 Prozent der Tiefe und bei acht Prozent an den Flügelenden. Etwa zwei Drittel des Hohlraumes der Tragflügel nehmen selbstdichtende Tanks auf mit einer Kapazität von 3000 l Kraftstoff. Die Triebwerke sind links und rechts vom Piloten angeordnet und fügen sich

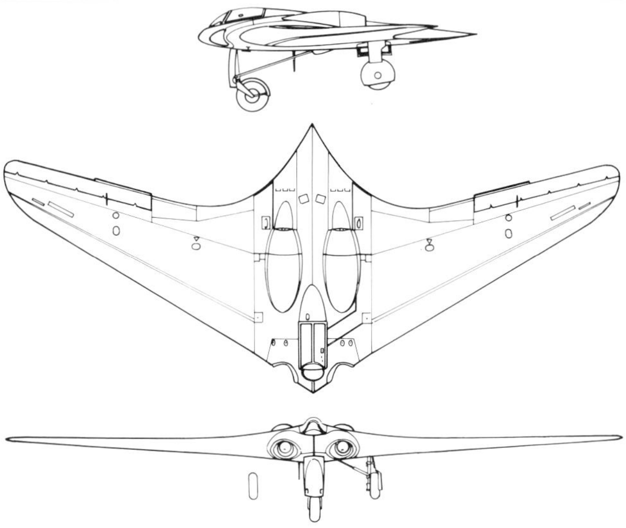

Anhand verschiedener Zeichnungen, aber auch mit Hilfe von Bildern entstandener Riß der Ho IX V2. Werkunterlagen stehen zur Zeit nicht zur Verfügung

Ho IX V 2 mit zwei Jumo 004 B-1-Triebwerken. Das Flugzeug geht am 2. Februar 1945 durch einen Triebwerkschaden zu Bruch, wobei der Pilot, Leutnant Ziller, getötet wird

Horten Ho IX V3 (Go-229)

gut in den Strak des Flügels ein. Ein Bremsschirm am Ende des Flügelmittelstücks dient zur Verkürzung der Landerollstrecke. An den Flügelhinterkanten befinden sich Klappen, die als Querruder, Höhenruder und Landeklappen dienen. An den Flügelenden übernehmen zwei Spoiler-Klappen die Aufgabe des Seitenruders – das kleinere Paar für hohe Geschwindigkeiten, das größere für die Landeeinteilung.
Nun hört das RLM (L C I) durch »Zufall« von Flugversuchen eines künftigen Strahljägers, von dem man nichts weiß und auf den kein offizieller Auftrag erteilt worden ist und will den Weiterbau verbieten. *Walter Horten* aber kann schnell klären, daß es sich nicht um einen üblichen Industrieauftrag handelt und die Arbeiten können, von *Göring* sanktioniert, fortgesetzt werden.
Leider aber kommt es zu einer ganz unvorhergesehenen zeitlichen Verzögerung durch den Wechsel der Triebwerke. Das RLM ordnet an, daß das Kommando IX keine BMW 003-Triebwerke erhalten könne, sondern den Jumo 004 verwenden müsse. Bei Lieferung des Jumo 004 stellt sich heraus, daß sich durch eine nachträgliche Änderung der Position einiger zur Ausrüstung gehörenden Aggregate der Durchmesser von ursprünglich 0,60 m auf 0,80 m erhöht. Dies erfordert einen Neubau des ganzen Tragflügel-Mittelstücks der Ho IX V 2. Die Spannweite vergrößert sich um 0,80 m, die Flügeldicke steigt von 14 auf 14,5 Prozent der Tiefe. Mit diesen und anderen Änderungen wird die geänderte V 2 gegenüber der V 1 ohne Triebwerke ein ganz neues Flugzeug. Es muß natürlich improvisiert werden; die *Hortens* verlieren fast ein halbes Jahr, obwohl Tag und Nacht gearbeitet wird.
Im Dezember 1944 kann das geänderte Flugzeug nach Oranienburg übergeführt werden. Die Serienflugzeuge sollen auf Anordnung des RLM bei der Gothaer Waggonfabrik gebaut werden, die im Serienbau Erfahrungen hat und freie Werkstattkapazitäten für den Holz- und Stahlrohrbau. Die Zeichnungen und ein Teil des Personals werden von *Horten* an Gotha abgegeben. Das Flugzeug erhält die RLM-Bezeichnung Ho/Go 229, und Gotha erhält einen Auftrag über zunächst 20 Vorserienflugzeuge. Das Werk ändert wenig an der Konstruktion, lediglich ein Schleudersitz wird vorgesehen. Die Geometrie der Triebwerk-Lufteinläufe wird vereinfacht und Kühlluft für das Gehäuse der Turbinen abgezweigt. Das Fahrwerk wird im Hinblick auf spätere Gewichtserhöhungen verstärkt. Ferner werden Vorrichtungen für die Mitnahme von Abwurflasten und von abwerfbaren Kraftstofftanks geschaffen.
Eine Weiterentwicklung unter der Bezeichnung Ho/Go 229 B sieht eine zweisitzige Version für die Nachtjagd vor, für welche die Prototypen Ho/Go 229 V 4 und V 5 vorgesehen sind.
In Oranienburg bereiten *Walter* und *Reimar Horten* gemeinsam die Flugerprobung vor; hier erhalten sie Hallenraum und eine Werkstatt. Bei einer Besichtigung zeigt Oberst *Knemeyer* großes Interesse für die zweimotorige Ho VII mit Argus-Motoren und läßt sich von *Walter Horten* in das Flugzeug einweisen. Danach startet er zum Alleinflug, von dem er nach etwa 40 Minuten zurückkehrt. Sein Eindruck: »Dieses Flugzeug fliegt ja wundervoll! – Ich denke, das ist die ideale Bauweise für einen Langstreckenbomber!« Für *Walter Horten* ist diese Bemerkung unverständlich, denn die Ho IX ist als Jäger gebaut worden und zu dieser Zeit, im Dezember 1944, dringend erforderlich. Von einem Bomberprojekt zu sprechen, erscheint ihm zumindest »ungewöhnlich«.
Durch Zufall erfahren die *Hortens,* daß an die deutsche Luftfahrtindustrie tatsächlich ein Auftrag auf einen Strahlbomber erteilt worden ist, der, ohne nachzutanken, mit einer militärischen Zuladung von 1000 kg nach Amerika und

Zweistrahliger Nurflügeljäger* Ho IX und Verkehrsflugzeug Ho VIII

Hersteller			Horten	Horten	Horten
Muster			Ho IX V 1	Ho IX V 2	Ho XVIII[4]
Triebwerk			ohne[1]	Jumo 004 B-1	Jumo 222 A u. B
Standschub	kN	kW		2 × 8,82 = 17,64	6 × 2 205 = 13 230
	kp	PS		2 × 900 = 1 800	6 × 3 000 = 18 000
Besatzung			1	1	8
Länge	m		7,50	7,50	32,00
Höhe	m		2,80	2,80	7,00
Spannweite	m		16,00	16,80	80,00
Flügelfläche	m^2		46,00	52,80	600,00
Flügelstreckung			5,65	5,35	10
Rüstmasse	kg		1 900	4 840	45 000
Kraftstoff	kg			1 700	33 600
Schmierstoff	kg			40	2 500
Besatzung	kg		100	100	800
Nutzmasse	kg			232	38 100
Zuladung	kg		100	2 072	75 000
Startmasse	kg		2 000	6 912	120 000
Flächenbelastung	kg/m^2		43,45	130,90	200,00
Masse – Schubverhältnis	kg/kN	kg/kW		392,00	9,07
	kg/kp	kg/PS		3,80	6,66
Flächenschub	kN/m^2	kW/m^2		0,33	22,05
	kp/m^2	PS/m^2		34,10	30,00
Höchstgeschwindigkeit	km/h			900	520
in Höhe	m			4 000	4 000
Reisegeschwindigkeit	km/h			950	420
in Höhe	m			12 000	4 000
Steiggeschwindigkeit	m/s			12,5[2]	–
Dienstgipfelhöhe	m			16 000	14 000
Reichweite	km			1 000[3]	5 600
max. Flugzeit	h			1,10[3]	14
Landegeschwindigkeit	km/h		75	130	131[5]
Zuladung in % von der Flugmasse			5	30	62
Nutzlast in % von der Flugmasse			5	3	32
Baujahr			1944/45	1945	Projekt 1946

* Quelle: Mitarbeit von Walter Horten; s. a. Flugwelt 10/1950, S. 249

[1] Erprobung im Gleitflug

[2] 2,5 min auf 2 000 m; 5,4 min auf 4 000 m, 9,4 min auf 6 000 m, 14,1 min auf 8 000 m, 21,5 min auf 10 000 m

[3] in 10 000 m Höhe; mit 2 430 kg Kraftstoff an Bord und 7 670 kg Abflugmasse 1 900 km Reichweite in 10 000 m Höhe; am Boden 30 min Flugzeit und 500 km Reichweite

[4] Nach dem Krieg Änderung des Projektes Ho XVIII vom Strahlbomber zum Verkehrsflugzeug. Da zu jener Zeit keine ausreichend leistungsfähigen Strahltriebwerke zur Verfügung stehen und das Risiko mit einer Druckkabine für ein so großes Flugzeug zu groß ist, Wahl eines Kolbentriebwerkes. Heute wird diese Bauweise mit dem Stealth-Flugzeug Northrop B-2 wieder aufgenommen

[5] bei 95 000 kg Landemasse

zurück fliegen kann. Keines der Werke kann diese Bedingungen erfüllen. Kurz vor Weihnachten 1944 erhält *Walter Horten* in Göttingen einen Anruf von Oberst *Knemeyer* mit der Frage: »Könnt ihr Hortens einen solchen Bomber bauen?« – Höchste Eile und strengste Geheimhaltung sind erforderlich . Oberst *Knemeyer* ist Projektoffizier für diesen Bomber, der Ho XVIII genannt wird und New York angreifen soll.

Walter Horten ist nicht glücklich über diesen Auftrag, der ausgerechnet jetzt vor dem Erstflug der Ho IX V 2 erteilt wird, ein Projekt dazu, das bei den etablierten Flugzeugwerken als »unmöglich« gilt. Doch können die beiden Brüder nicht nein sagen und melden bald darauf, daß das Projekt in der extremen Bauweise als »Nurflügler« verwirklicht werden kann. Sie werden Ende Februar 1945 aufgefordert, nach Berlin-Adlershof (DVL) zu kommen, um dort ihr Projekt den Vertretern der Flugzeugindustrie zu präsentieren. Die Industrie erhält den Auftrag, das Horten Ho XVIII[2] genannte Projekt zu beurteilen. Das Ergebnis: »keine Einwände!« – eine Realisierung wird von allen Firmen für möglich gehalten. Anfang März wird angeordnet, daß die Hortens gemeinsam mit der Firma Junkers dieses Flugzeug schnellstens bauen sollen. – Zu spät! Junkers verlegt soeben in den Harz, die Hortens wieder nach Göttingen, – die US Army erreicht die Weser.

Zurück nach Oranienburg, wo im Dezember 1944 der Erstflug der Ho IX V 2 bevorsteht. Leutnant *Ziller* soll die ersten Sprünge mit der inzwischen mit Jumo 004 ausgerüsteten Ho IX übernehmen, und *Heinz Scheidhauer* soll ihn im Tower über Funk unterstützen. *Ziller* hat inzwischen in Rechlin die Me 262 geflogen, um sich mit Strahlflugzeugen vertraut zu machen. Um die Weihnachtszeit 1944 aber herrscht kein geeignetes Wetter, um ein neues Flugzeug mit erheblichen Änderungen gegenüber der V 1 einzufliegen, deren Auswirkungen auf Zelle und Flugeigenschaften bisher nicht geprüft werden konnten.

Die *Hortens* fahren in Eile nach Göttingen, um *Knemeyers* Wunschflugzeug durchzurechnen und danach die Flugerprobung der Ho IX in Oranienburg zu übernehmen. Der ungewöhnliche Vogel Ho XVIII hält sie aber länger als erwartet in Göttingen fest, da drei Auslegungsbeispiele für das Flugzeug durchzurechnen sind. *Ziller,* der strikte Anweisung hat, erst nach Rückkehr der Brüder *Horten* zu starten, beginnt im Januar mit der Erprobung der Maschine am Boden. Bei Rollversuchen festgestellte »Schwachstellen« am Mittelstück werden repariert. Beim erneuten Rollen am 2. Februar 1945 wird das Flugzeug zu schnell. *Ziller* erkennt, daß er am Platzende gegen ein Hindernis rennen wird. Um dies zu vermeiden, gibt er vollen Schub und hebt ab, gewinnt Höhe, unternimmt zwei Vorbeiflüge und gibt über Funk gute Leistungen durch. Im Gleitflug fährt er allerdings zu früh das Fahrwerk aus, irgend etwas stimmt nicht. Er geht in einen flachen Spiralkurvenflug über – keine Funkverbindung mehr – am Ende dieser Spirale kommt es zu einem harten Aufschlag. *Ziller* wird herausgeschleudert und tödlich verletzt. Der Läufer eines Triebwerkes sitzt fest, wie festgestellt wird. Triebwerkdämpfe müssen *Ziller* die Besinnung genommen haben – so das Ergebnis späterer Recherchen.

Unabhängig von diesem Unglück wird der Bau der Prototypen bei Gotha fortgesetzt und das Flugzeug in das »Jägerprogramm« aufgenommen. Als die Ho/Go 229 V 3 gerade fertiggestellt ist, besetzen die Amerikaner das Werk in Friedrichsroda und bringen sie in die USA. Die V 4 bis V 6 befinden sich in der Montage.

»Die Väter des Nurflügels«, wie die Brüder *Horten* zuweilen in den USA genannt werden, erleben nun nach 43 Jahren, daß ihre damaligen Entwürfe der Ho XVIII mit dem neuesten amerikanischen Northrop Stealth-Bomber B-2 eine auffallende Ähnlichkeit haben und ihre Arbeiten dort fortgesetzt werden.

2 Walter Horten: Ein deutscher Atlantik-Clipper Ho VIII. Flugwelt 1950, S. 248 ff.

Langstrecken-Strahlflugzeuge im Vergleich: Ho XVIII, Ju 287 S und Me P 1107

Vorgeschichte

Das neue streng geheime amerikanische Stealth-Flugzeug Northrop B-2[1] soll für den Radarschirm nur schwer zu erfassen sein. Der ungewöhnliche Nurflügler ähnelt äußerlich der 1944/45 von den Brüdern Horten für einen »Amerika-Besuch« entwickelten Ho XVIII und deren geplanten Weiterentwicklungen. Zufällig gelingt es dem Verfasser, Akten der DVL vom 25. Februar 1945 zu finden, die das Geheimnis der damals geplanten deutschen Langstreckenflugzeuge hüten. Eine Sonderkommission der DVL vergleicht nach diesen Unterlagen die von Junkers, Messerschmitt und Horten vorgelegten Entwürfe, deren bester weiterentwickelt in großer Stückzahl gebaut werden und Amerika angreifen soll. Es handelt sich bei den Konkurrenz-Flugzeugen der Ho XVIII um Weiterentwicklungen der Ju 287 und den bei Messerschmitt in Arbeit befindlichen Hochgeschwindigkeitsflugzeugen Me 262 HG I bis III, die schon besprochen worden sind.
Die Firmen Junkers und Messerschmitt erhalten Mitte 1944 einen Auftrag vom RLM, ein Langstrecken-Strahlflugzeug mit einer Reichweite zu entwickeln, welches die USA mit 4 t Bomben an Bord erreichen und auch wieder zurückkehren kann. Junkers entwirft daraufhin eine Langstrecken-Ausführung Ju 287 S, und Messerschmitt entwickelt aus dem Hochgeschwindigkeits-Projekt HG III eine vierstrahlige Me P 1107. Am 26. Januar 1945 werden von der DVL unter Leitung von Professor *Dr.-Ing. Bock*[2] die beiden Entwürfe von einem Gremium von Fachleuten verglichen und festgestellt, daß keiner den Anforderungen entspricht. Daraufhin findet am 25. Februar 1945 eine zweite Sitzung mit einem Vergleich der inzwischen verbesserten Entwürfe unter Einbeziehung des Projektes Horten Ho XVIII statt, das zu projektieren den Brüdern *Horten* Mitte Dezember vom RLM in Auftrag gegeben worden ist. Die Horten erweist sich beim Vergleich als das in der Reichweite weit überlegene Flugzeug; selbst mit festem Fahrwerk und mit Triebwerken, die in Gondeln unter den Tragflügeln angeordnet sind, hat sie eine weit größere Zuladung. In einer Ausführung, die sich im Projektstadium befindet, mit Einziehfahrwerk mit den Triebwerken und der gesamten Nutzlast im Tragflügel, können sogar noch weit bessere Reichweiten erzielt werden. Bei einer weiteren ins Auge gefaßten Version denken die Hortens an ein nach dem Start abwerfbares Fahrwerk und einer Landung nach der Rückkehr mit der leer geflogenen Maschine auf Kufen.

Langstreckenausführung Ju 287 S

Die Leistungen der dem Leser schon bekannten Ju 287 können als ausgesprochenes Langstreckenflugzeug bedeutend verbessert werden.
Vergleicht man die Ju 287 S mit der in Dessau gebauten Weiterentwicklung EF 131, so ergibt sich, daß die Rüstmasse gleichbleibt, die Kraftstoffzuladung verdoppelt wird, die Nutzmasse um 25 Prozent auf 4000 kg steigt und die Startmasse um 8200 kg erhöht werden kann. Der Schub wird dagegen durch Verwendung von vier He S 011 anstelle von sechs Jumo 004 C-Triebwerken um 19 Prozent auf 51 kN (5200 kp) gesenkt. Die Geschwindigkeit vermindert sich geringfügig im Vergleich zur EF 131, die Reichweite aber steigt von 1900 km in 11 300 m Höhe auf 4430 km, einer beachtenswerten Leistungssteigerung bei gleicher Rüstmasse und geringerem Schub.
Mit ihrer um 60 Prozent höheren Flächenbelastung gegenüber der Ho XVIII benötigt die Ju 287 allerdings lange Rollstrecken und zusätzliche Startraketen. Beim Serienbau sind für die Ju 287 keine großen Schwierigkeiten zu erwarten, weil schon eine V 1 gebaut, bei Junkers erprobt und von der Erprobungsstelle Rechlin nachgeflogen worden ist. Es haben sich keine grundsätzlichen Mängel ergeben. Durch die Flugerprobung, bei der sich die negative Pfeilform des Tragflügels bewährt, erhält die Ju 287 einen großen zeitlichen Vorsprung vor den anderen beiden Projekten.

[1] Northrop hat sich gleich den Hortens schon früh mit schwanzlosen Flugzeugen und Nurflüglern befaßt. 1940 fliegt der erste Northrop Nurflügler N-1M mit zwei 48 kW (65 PS) Lycoming-Motoren mit Druckschrauben. Eine vergrößerte Ausführung N-9M mit 18,30 m Spannweite hat zwei 202 kW (275 PS) Menaco-Motoren und dient zur Erprobung einer geplanten weit größeren Ausführung XB-35, mit deren Bau 1943 begonnen wird. Mitte 1946 startet das Flugzeug zum Erstflug. Die Abflugmasse liegt zwischen 73 t und 94 t, die Spannweite bei 52 m und zum Antrieb dienen vier P&W R 4360-Triebwerke mit je 2200 kW (3000 PS) Leistung. Eine Weiterentwicklung der B-35 wird bereits mit sechs Allison J 35-Strahltriebwerken ausgerüstet.

[2] Quellen: Sonderkommission Flugzeugzellenbau, Entwicklungs-Hauptkommission »Flugzeuge«, Sonderkommission »Kampfflugzeuge«, verantwortlich für den Vergleich im Auftrage der DVL Berlin-Adlershof, 25. Februar 1945, gez. Bock.

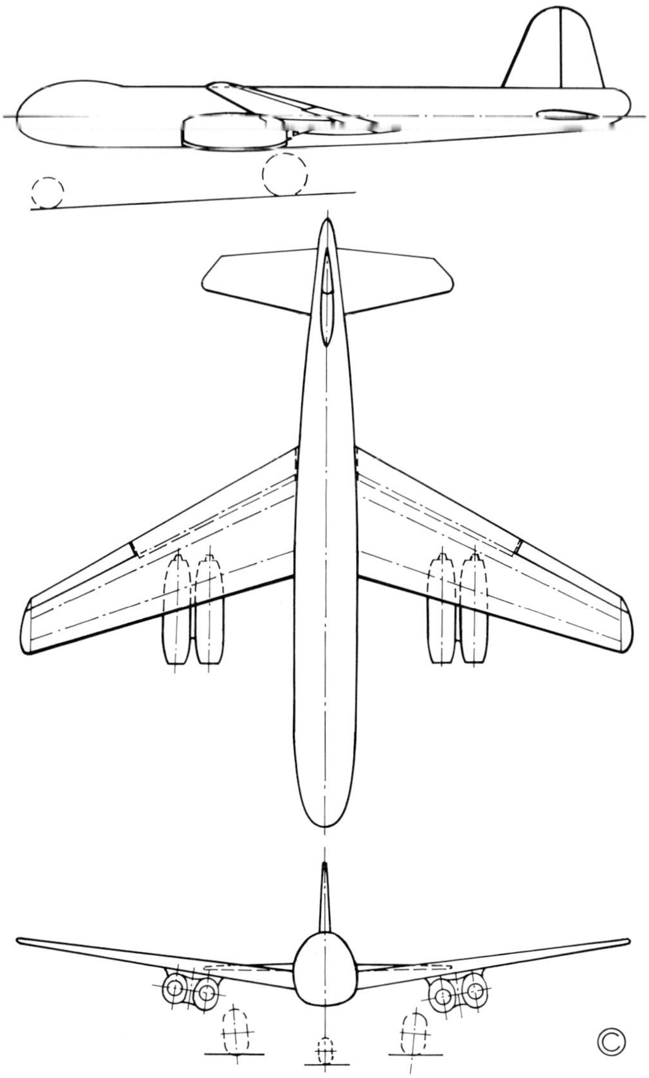

Durch eine Überarbeitung der Ju 287 und Ausrüstung mit vier He S 011-Triebwerken entsteht der Entwurf Ju 287 S mit 4550 km Reichweite.

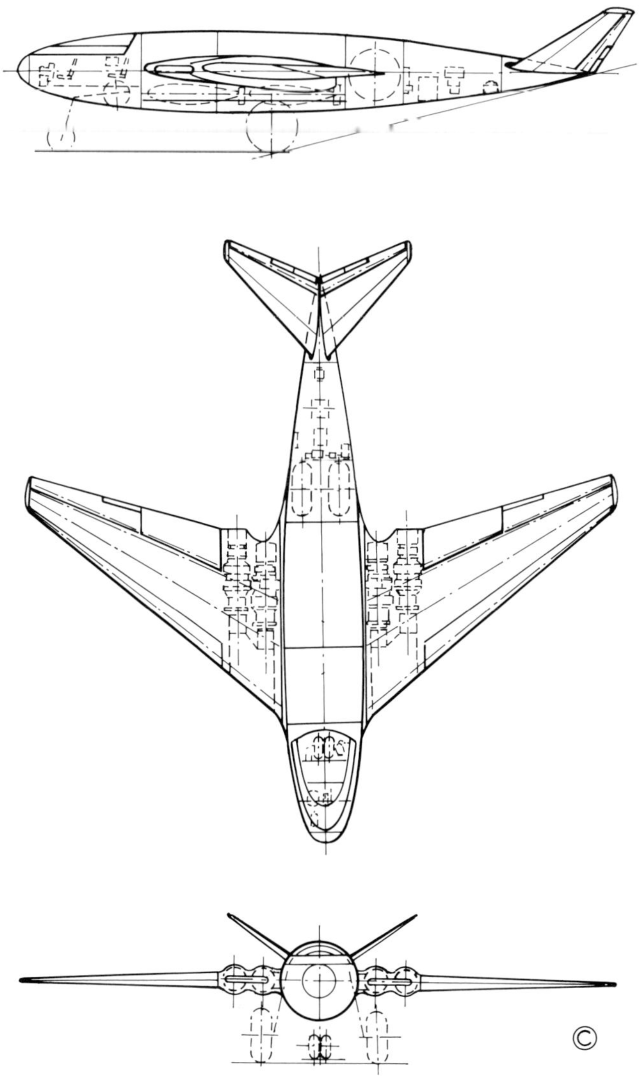

Langstrecken-Projekt Me P 1107, eine Weiterentwicklung des zweistrahligen Hochgeschwindigkeits-Projektes HG III.

Von der zweistrahligen HG III zur vierstrahligen Me P 1107

In der ersten Phase des Strahlflugzeugbaues befaßt sich Messerschmitt hauptsächlich mit schnellen Jägern, aber auch mit deren Weiterentwicklung zu leichten Kampfflugzeugen. Mit der Me P 1107 erhält Messerschmitt erstmals einen Auftrag auf ein ausgesprochenes Langstreckenflugzeug mit Strahltriebwerken, für das die Me 264 mit vier Kolbentriebwerken und 6000 bis 10 000 km Reichweite bereits ein gewisses Vorbild ist. In einer Studie vergleicht das Werk denn auch beide Flugzeuge und stellt Überlegungen an über eine Umrüstung des Flugzeuges vom Jumo 211 auf BMW 018-Strahl- oder BMW 028-Propellerturbinen. Dieser Gedanke wird aber wegen der gänzlich anderen Struktur eines Strahlflugzeuges wieder aufgegeben. Die Me P 1107 ist eine Weiterentwicklung des Hochgeschwindigkeits-

Projektes Me 262 HG III, eines zweistrahligen Tief- und Mitteldeckers mit stark gepfeilten Tragflügeln, bei dem die beiden Triebwerke einmal in Gondeln und einmal im Tragflügel angeordnet sind. Das neue Flugzeug ist eine vierstrahlige Vergrößerung dieses Projektes mit einem gepfeilten V-Leitwerk anstelle eines normalen Leitwerkes. Dank eines wohl gelungenen Entwurfes steht der ganze Rumpf vom Führerraum bis zum Fahrwerkraum hinter dem Flügelende für Kraftstoff und Nutzlast zur Verfügung.
Das Werk rechnet sich eine für die Me P 1107 um 35 km/h bis 50 km/h größere Höchst- und eine um 50 km/h bis 80 km/h höhere Reisegeschwindigkeit gegenüber der Ju 287 S aus. Die optimale Flugstrecke gibt Messerschmitt mit 7400 km an, die von der Kommission auf real verwirklichbare 4650 km zurückgeschraubt wird. Als Folge der hohen Flächenbelastung von 513 kg/m² werden allerdings sechs bis zwölf Startraketen notwendig, weil sonst die Rollstrecke ungewöhnlich lang und das Steigen nach dem Abheben zu gering ist.
Ein Vorprojekt der Me P 1107 hat vier Strahltriebwerke, die halb unter dem Flügel weit über diesen nach hinten hinausragend angeordnet sind. Vorgesehen sind ein T-Leitwerk und ein nach hinten in den Rumpf einziehbares Fahrwerk. Bei der endgültigen Ausführung, die zum 25. Februar vorliegt, muß wegen der starken Pfeilung bei der Flugerprobung mit Schwierigkeiten und mancherlei Änderungen gerechnet werden, weil noch keine Erfahrungen vorliegen, wie die Flugeigenschaften durch eine solche Konstruktion beeinflußt werden. Dasselbe gilt für das Verhalten des Flugzeuges mit den im Tragflügel innen eingebauten Triebwerken bei Annäherung an die Schallgeschwindigkeit. Ein erheblicher Zeitaufwand kann deshalb notwendig werden, bis diese neuartige Anordnung Betriebsreife erreicht. Die Me P 1107 hat ohne Zweifel, strömungstechnisch gesehen, eine vorbildliche Auslegung, ist schneller als die Ju 287 S, birgt aber noch viele Risiken in sich.

Nurflügler Ho XVIII

Die Ho XVIII ist ein Nurflügler und eine Weiterentwicklung der Ho VIII, die 40 m Spannweite hat, eine Rüstmasse von 4000 kg, eine Flugmasse von 8000 kg und sechs Argus As 10-Kolbentriebwerke mit je 176 kW (240 PS). Ende 1944 befindet sich dieses Flugzeug im Bau. Es hätte als Versuchsmuster für die Erprobung der vergrößerten Ho XVIII dienen können. Doch der Krieg nähert sich seinem Ende, die Ereignisse überschlagen sich, und ein weit größeres Projekt Ho XVIII soll schnellstens vorgelegt werden. Es soll den Atlantik überqueren können und mit den Projekten Ju 287 S und Me P 1107 verglichen werden.

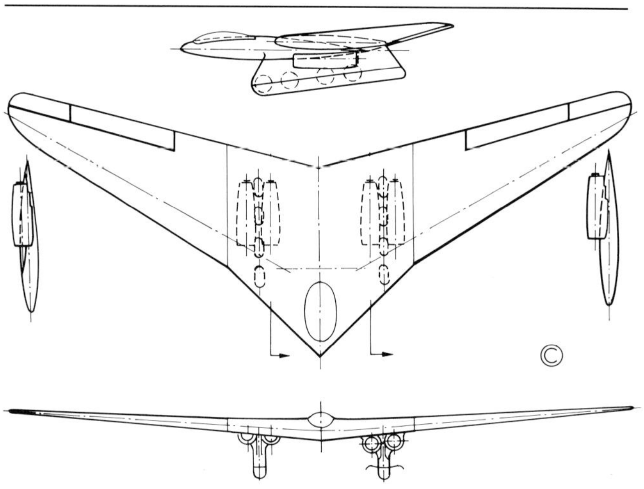

Horten Ho XVIII. Auffallend ist die unsymmetrische Anordnung der Triebwerke. Wegen einfacherer Wartung verlangt die E-Stelle Rechlin eine Anordnung der Triebwerke in Gondeln unter den Tragflächen. Horten bietet diese Bauweise an und eine zweite Ausführung mit teilweise in den Flügeln einbezogenen Triebwerken.

Das Projekt Ho XVIII ist für Geschwindigkeiten um Mach 0,75 ausgelegt. In seiner Endausführung soll das Flugzeug 12 000 km Reichweite erzielen. Das in großer Eile erarbeitete erste Projekt hat ein sorgfältig verkleidetes festes Fahrwerk mit seitwärts der Fahrwerkverkleidung angeordneten Triebwerken unter den Tragflächen. Zwei verschiedene Versionen werden angeboten: ein Projekt mit der von Rechlin geforderten Unterbringung der Triebwerke in Gondeln und eine aerodynamisch bessere Ausführung mit halb im Flügel eingebauten Triebwerken, die allerdings die Wartung erschweren. Mit einem Tragflügel mit 156 m² hat die Ho XVIII nur etwa 40 Prozent der Flächenbelastung der Ju 287 S oder der Me P 1107. Außerdem ist das Flugzeug nicht voll ausgelastet, so daß in der Spalte Ho XVIII/II in der Tabelle 19 000 kg Kraftstoff eingesetzt werden können, was zu einer überlegenen Reichweite von 6450 km führt.
Die Ho XVIII/I hat nach Darlegungen der *Hortens* eine Gewichtsreserve von 7000 kg, die in Kraftstoff, in höhere Reichweite, stärkere Triebwerke oder höhere Geschwindigkeit umgesetzt werden kann. Wären die Triebwerke im Flügel eingebaut und ein einziehbares Fahrwerk vorgesehen worden, wäre mit höheren Geschwindigkeiten als den angegebenen 860 km/h zu rechnen. Die Reichweite hätte bei einer fortschrittlicheren Auslegung wahrscheinlich auf die geforderten 12 000 km erhöht werden können. Die geforderten Leistungen und Reichweiten sind überhaupt nur mit einem Nurflügler zu erreichen, wie der Vergleich zeigt. Die Amerikaner werden ihre Gründe haben, wenn sie sich nach

KHD
Luftfahrttechnik

den nicht allzu guten Erfahrungen mit der Rockwell B-1 heute wieder mit der Nurflügelbauweise befassen, die Professor *Junkers* übrigens für Atlantikflugzeuge schon in einem Patent im Jahre 1910 vorgeschlagen hat.

Projekt-Vergleich

Die drei Projekte werden in einer Besprechung vom 20. bis zum 23. Februar 1945 in Dessau von einer Sonderkommission »Flugzeugzellenbau« gemeinsam mit einer Sonderkommission »Kampfflugzeuge« beurteilt. Der Kommission gehören an: Dipl.-Ing. *Ludwig Bölkow* (Messerschmitt), Dipl.-Ing. *Gropler* (Junkers), Major *Walter Horten, Dr. Reimar Horten,* Oberstabsingenieur *Kohl* (Fertigungsführung), Flugbaumeister *Rüdiger Kosin* (Arado), Professor *Dr.-Ing. Quick* (DVL) und Flugbaumeister *Egon Scheibe* (OKL).

Vergleich der Rüstmasse

Bei der Abschätzung der Rüstmasse der Ju 287 wird von den gewogenen Gewichten der geflogenen V 1 ausgegangen. Die Änderungen in der Ausrüstung der Kraftstofflast und der Unterbringung der Nutzlast, die zur Langstreckenausführung führen, werden geschätzt. Die Rüstmassen der P 1107 und der Ho XVIII werden mit Hilfe von Unterlagen aus dem Projektbüro von Junkers überprüft, weil für diese Rechnungen praktische Erfahrungen vom Einflugbetrieb der Ju 287 vorliegen. Die Rüstmasse der Me P 1107 liegt um 1535 kg höher als von Messerschmitt berechnet. Bei der Ho XVIII ist die Rüstmasse dagegen um 1000 kg niedriger anzusetzen als von den Brüdern *Horten* geschätzt.
Sowohl bei der Ho XVIII als auch bei der Me P 1107 können die äußeren Tragflügel aus Holz hergestellt werden. Werden diese Bauteile dagegen gegen Metallteile getauscht, so ergeben sich Gewichtseinsparungen von 300 kg bis 600 kg.

Widerstand und Geschwindigkeit

Die Widerstandsflächen und die Höchstgeschwindigkeit der genannten drei Flugzeuge in 7000 m Höhe werden in Diagramm 1 dargestellt. Unter Berücksichtigung des Schubs der He S 011 in dieser Höhe und des induzierten Widerstandes ergeben sich in 7000 m Höhe folgende Geschwindigkeiten

Ju 287	885 km/h
Me P 1107	935 km/h
Ho XVIII	860 km/h

Die P 1107 ist demnach um 50 km/h schneller als die Ju 287 S. Die Tabelle zeigt jedoch, daß in diesem höheren

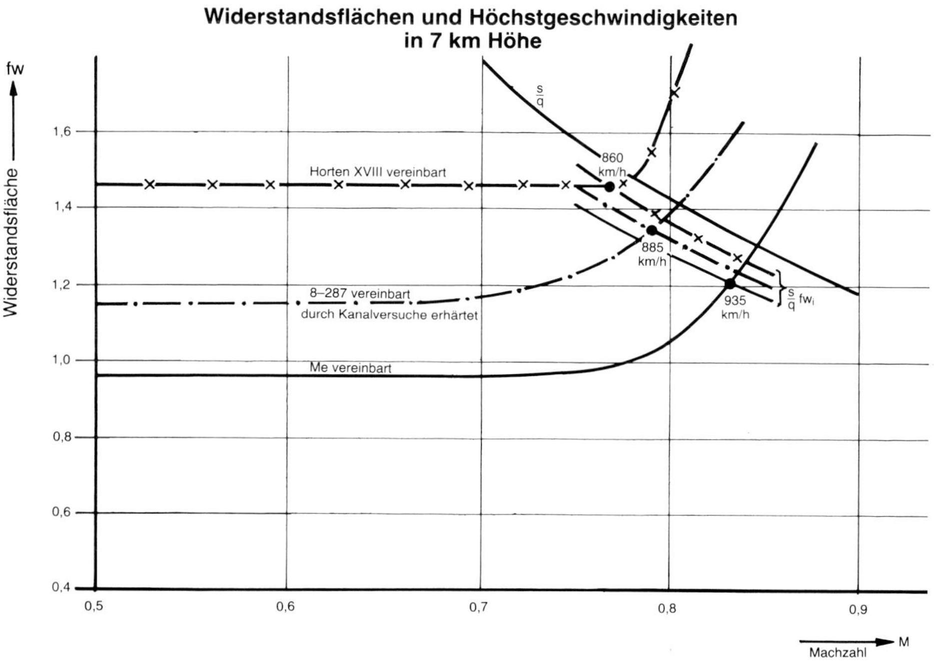

Diagramm 1

Geschwindigkeitsbereich bei der P 1107 der Widerstand durch die Annäherung an die Schallgeschwindigkeit bereits stark ansteigt. Hieraus können sich Störungen für die Flugeigenschaften ergeben, die ein Ausfliegen dieser Geschwindigkeit gar nicht zulassen. Die geringere Geschwindigkeit der Ho XVIII ist auf die wesentlich größere Flügelfläche zurückzuführen. Sie fliegt dafür aber in einem Bereich, der voraussichtlich frei von Störungen durch die Annäherung an die Schallgeschwindigkeit ist.

Reichweiten

Bei der Berechnung der Reichweiten wird davon ausgegangen, daß die Kraftstoffmenge von 15 000 kg bis auf eine Restmenge von 260 kg ganz ausgeflogen wird. Die zusätzliche Kraftstoffmenge, die für das Starten der Triebwerke und das Rollen verbraucht wird, bleibt beim Startgewicht unberücksichtigt. Die Flughöhe wird so gewählt, daß bei vollem Schub noch eine Reserve von 2 m/s Steiggeschwindigkeit vorhanden ist. Die unter diesen Bedingungen errechneten Reichweiten sind im Diagramm 2 wiedergegeben. Für eine mittlere Reisegeschwindigkeit ergeben sich:

	Reichweite	Reisegeschwindigkeit
Ju 287 S	4 430 km	800 km/h
Me P 1107	4 850 km	880 km/h
	4 650 km	850 km/h
Horten XVIII/I	5 350 km	780 km/h
Horten XVIII/II	6 450 km	780 km/h

Die Ho XVIII/II mit einer Kraftstoffzuladung von 19 t anstatt von 15 t ist den Konkurrenten trotz größeren Widerstandes und geringerer Geschwindigkeit in der Reichweite weit überlegen. Durch die geringere Flächenbelastung erreicht das Flugzeug schneller große Höhen und kann dort mit geringerem Verbrauch fliegen.
Messerschmitt gibt in der Baubeschreibung vom 26. Januar 1945 für die Me P 1107 bei 15 t Kraftstoffzuladung 7400 km Reichweite an und stellt einen Vergleich mit der schon genannten Me 264 an, die für eine ähnliche Aufgabe 1942 gebaut worden ist. Die Kommission muß diese Angaben berichtigen, da die Differenzen auch von *Ludwig Bölkow* nicht geklärt werden können, weil ihm keine Leistungsrechnungen zur Verfügung stehen.

Start und Landung

Die Rollstrecken der Flugzeuge ohne Starthilfen liegen zwischen 4000 m und 4500 m. Nur die Ho XVIII/I kommt mit 2500 m Rollstrecke aus. Bei Verwendung (Diagramm 3) von Startraketen mit sechs mal 1200 = 7200 kp zusätzlichem Schub, 15 t Kraftstoffzuladung und 4000 kg Nutzlast liegen die Rollstrecken bei 1500 m (Ho XVIII) und 2500 m bei der Ju 287 S und Me P 1107. Werden dagegen zur Beschleunigung nach dem Start und zum besseren Steigen anfangs zehn mal 1200 = 12 000 kp-Raketen benutzt, so ergeben sich normale Startstrecken bis zu 2500 m und bei der Ho XVIII/I und bei der Ho XVIII/II von 1200 m. Wieder ist das Horten-

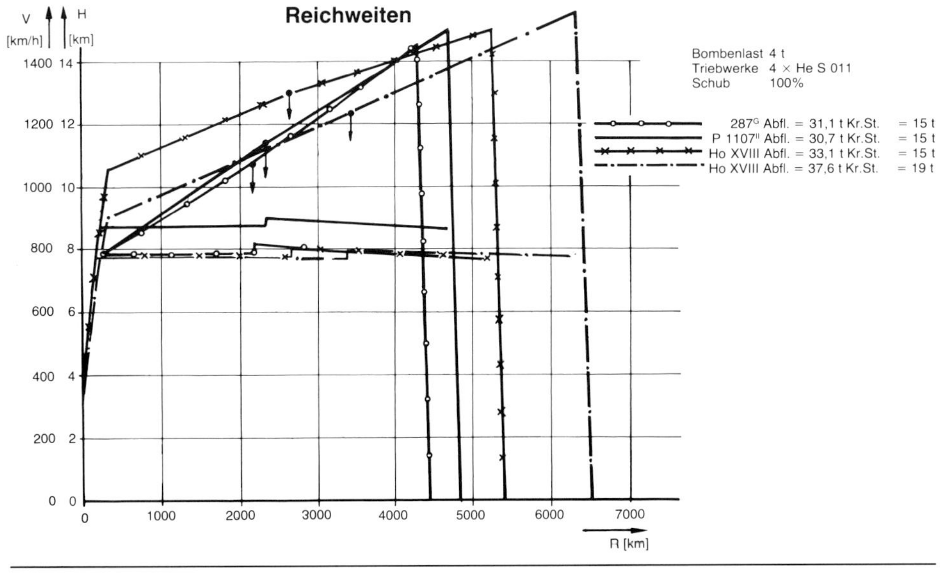

Diagramm 2

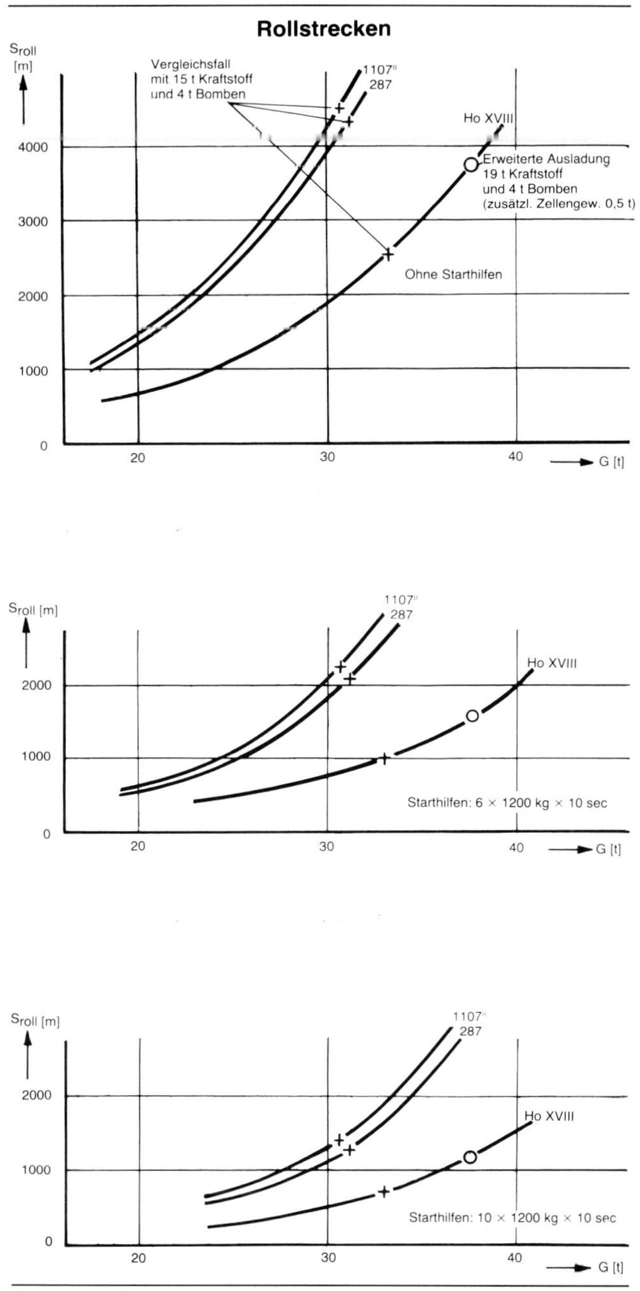

Diagramm 3

Projekt mit normaler und erhöhter Kraftstoffzuladung den Konkurrenten weit überlegen.

Auch hier hat Messerschmitt wesentlich günstigere Werte errechnet, für die es an Beweisen fehlt.

Flugeigenschaften

Bei den Flugeigenschaften im hohen Machbereich liegen die Ju 287 S und Me P 1107 günstiger als der Nurflügler. Über die Bewährung eines so großen Nurflüglers im hohen Machbereich liegen bisher keinerlei Erfahrungen vor. Man rechnet deswegen mit einer wesentlich längeren Entwicklungs- oder Erprobungszeit für das Horten-Flugzeug. Da die Me 262 und Ar 234 schon im hohen Mach-Bereich erprobt sind, kann man hier auf vorliegende Erfahrungen zurückgreifen. Probleme mit der Stabilität bei Strahlflugzeugen bisheriger Bauweise können meist durch konstruktive Änderungen behoben werden. Werden aber beim Nurflügler Änderungen notwendig, können sie wahrscheinlich nur durch Veränderungen am Flügel selbst aufgefangen werden, was bei dem großen Tragflügel einen erheblichen Aufwand erfordern kann. Es bleibt deshalb die Entscheidung offen, ob man unter erhöhtem Risiko und höherem Zeitaufwand das bessere Flugzeug baut oder mit geringem Risiko das derzeit unterlegene, dafür aber bewährte Flugzeug.

Serienbau

Der Fertigungsaufwand für die Ju 287 S wird unter Einschluß aller Bauteile bei einer Serie von 25 Einheiten pro Monat auf 28 000 Arbeitsstunden je Flugzeug geschätzt.

Bei der Me P 1107 beziffert die Kommission den Aufwand auf etwa 25 200 Arbeitsstunden.

Für die Ho XVIII errechnen die Brüder *Horten* von der 100. Maschine an mit einem Aufwand von 12 000 Arbeitsstunden. Dieser Wert wird von der Kommission dahingehend berichtigt, daß er günstigenfalls beim 500. Flugzeug erreicht werden kann.

Bleibt für den heutigen Leser noch ein leichtes Kopfschütteln übrig, wie man sich zu einem Zeitpunkt, an dem die Russen die Oder bei Frankfurt erreichen, noch mit solchen Projekten befassen kann.

Langstreckenflugzeuge, Vergleich*

Hersteller		Junkers	Messerschmitt	Horten	Horten
Muster		Ju 287 S	P 1107	Ho XVIII/I	Ho XVIII/II
Triebwerk		He S 011	He S 011	He S 011	He S 011
Standschub	kN	4 × 12,75 = 51,0	4 × 12,75 = 51,0	4 × 12,75 = 51,0	4 × 12,75 = 51,0
	kp	4 × 1300 = 5200	4 × 1300 = 5200	4 × 1300 = 5200	4 × 1300 = 5200
Besatzung		3	3	3	3
Länge	m	18,60	18,00	19,00	19,00
Höhe	m	5,40	4,35		
Spannweite	m	19,40	17,30	30,00	30,00
Flügelfläche	m^2	58,40	60,00	156,00	156,00
Flügelstreckung		6,50	5,00	5,80	5,80
Rüstmasse	kg	11 990	11 535	13 980	14 480
Kraftstoff	kg	14 740	14 740	14 740	19 000
Schmierstoff	kg	100	100	100	100
Besatzung	kg	400	400	400	400
Nutzmasse	kg	4 000	4 000	4 000	4 000
Zuladung	kg	19 240	19 240	19 240	23 500
Startmasse	kg	31 230	30 775	33 220	37 980
Flächenbelastung	kg/m^2	534,70	513,00	213,00	243,00
Masse – Schubverhältnis	kg/kN	612,00	603,00	651,00	744,00
	kg/kp	4,10	5,90	6,40	7,30
Flächenschub	kN/m^2	0,87	0,85	0,30	0,30
	kp/m^2	89,00	87,00	33,00	33,00
Höchstgeschwindigkeit	km/h	885	935[4]	860	850
in Höhe	m	7 000	7 000	7 000	7 000
Reisegeschwindigkeit	km/h	800	850	780	780
in Höhe	m	8 000	8 000	8 000	8 000
Dienstgipfelhöhe	m	14 000	14 000	14 000	14 000
Reichweite	km	4 430	4 650	5 350	6 450
max. Flugzeit	h	5,70	5,80	7,10	8,60
Startrollstrecke[1]	m	4 250	4 500	2 500	3 750
Startrollstrecke[2]	m	2 200	2 250	1 000	1 500
Startrollstrecke[3]	m	1 250	1 400	700	1 200
Landegeschwindigkeit	km/h				
Zuladung in % von der Flugmasse		60	62	58	62
Nutzmasse in % v. d. Flugmasse		13	13	12	11
Projekte		1945	1945	1945	1945

* Quellen: Werkangaben; Leistungen teilweise berichtigt durch Sonderkommission »Flugzeugzellenbau« in der Entwicklungshauptkommission »Flugzeuge« 25. 2. 1945; Tabelle Junkers Kobü-Entwurf Gropler/Si vom 12. 2. 1945, Kobü-Ew 4806; s. a. Flugwelt 10/1950 S. 248 ff.

1 ohne Starthilfen

2 mit Starthilfen 6 × 1 200 kp × 10 S

3 mit Starthilfen 10 × 1 200 kp × 10 S

4 die Kommission rechnet mit 910 km/h

Sonderkonstruktionen

Leichtes Schnellkampfflugzeug Me 328 B (P 1079)

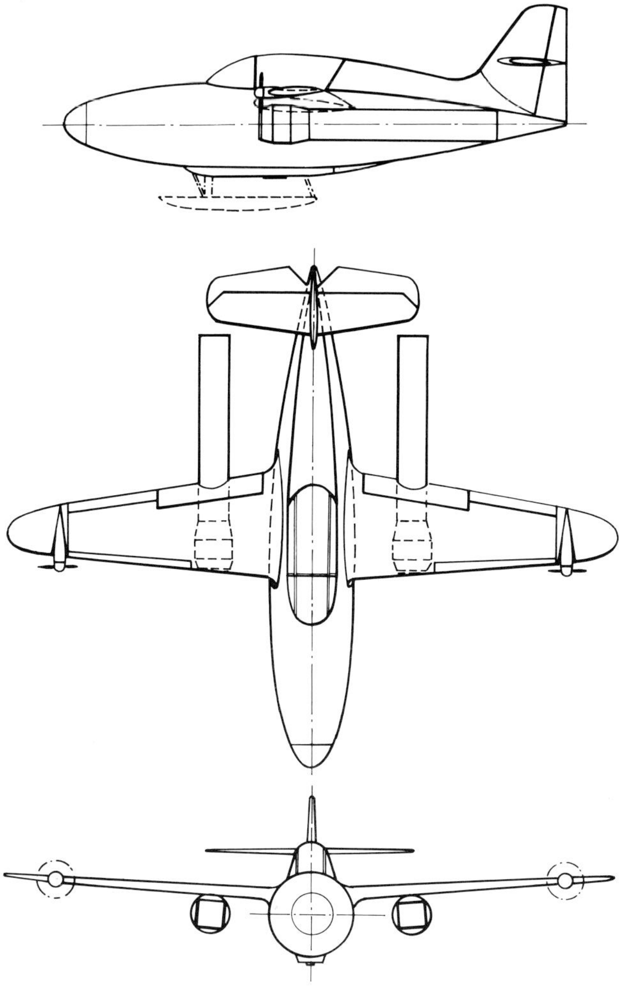

Messerschmitt Me 328 B (P 1079)

Im Jahre 1942 beauftragt das RLM die Firma Messerschmitt, ein Flugzeug zu entwickeln, das hart verteidigte Erdziele während des Tages bekämpfen kann. Bei dem Me 328 genannten Muster geht es zunächst um eine Abwehr von Landungsschiffen im Falle einer Invasion der Alliierten an der französischen Küste. Später soll – wie schon erwähnt – die Me 262 diese Aufgabe übernehmen und deshalb zum Jagdbomber umgebaut werden.

Woldemar Voigt steht bei der Auslegung der Me 328 unter dem Zwang, das Flugzeug in kurzer Frist und in einfacher Form aus Holz und heimischen Sparstoffen zu erstellen. Trotzdem soll es schneller als die besten Kolbentriebjäger werden und dank seiner Geschwindigkeit und der kleinen Abmessungen für die Bodenabwehr schwer zu treffen sein. Das Ergebnis ist ein freitragender Schulterdecker mit Tragflügel, Rumpf, mit Landeklappen und Vorflügeln in Holzbauweise. Zum Antrieb dienen zwei Argus Pulso-Triebwerke As 014, links und rechts unter den Flügeln angeordnet. Anstelle eines Fahrwerkes wird eine Landekufe verwendet. Das Höhenleitwerk besteht aus Metall, weil es von der Me 109 G übernommen wird. Der Start kann im Schlepp auf der Kufe mit zwei abwerfbaren Rädern erfolgen, mit Hilfe eines Katapults mit Startwagen oder in Form eines Schleuderstartes mit einem von Raketen angetriebenen Schienenwagen. Das Flugzeug soll auf der Kufe landen.

Zwei gegen Beschuß geschützte Kraftstoffbehälter fassen 2200 l (1780 kg) und sind vor dem Piloten im Rumpfvorderteil und hinter dem Flugzeugführer untergebracht. Der Pilot ist durch Panzerplatten zwischen den beiden Kraftstoffbehältern geschützt. An den Flügelspitzen ist ein Gerät zum Kappen von Ballon-Kabeln vorgesehen. Der erste Prototyp Me 328 V 1, dem zahlreiche Projekte und Modelle für Windkanalmessungen vorausgehen, wird von dem Deutschen Forschungsinstitut für Segelflug (DFS) in Gemeinschaft mit dem Segelflugzeugbau Jakob Schweyer hergestellt. Die V 1 wird 1943 für die ersten Flüge mit Hilfe einer Halterung auf dem Rücken einer Do 217 E montiert und im Mistelschlepp geflogen. Später wird sie im Schleppflug auf Höhen von 3000 m bis 6000 m geschleppt und in Hörsching bei der DFS im Gleitflug erprobt.

Als Anfang 1944 die ersten Argus As 014 geliefert werden, beginnt die DFS mit Flügen mit Triebwerken. Der Pilot kann im Notfall zum Aussteigen mit dem Fallschirm den rückwärtigen Teil des Flugzeuges absprengen. Als Schleppflugzeug dient wieder die Do 217 E. In etwa 3000 m Höhe wird ausgeklinkt, und die As 014-Triebwerke werden gestartet. Die Stromversorgung erfolgt durch zwei von Seppeler-Luftschrauben angetriebenen 2000-Watt-Generatoren, die an den Flügelenden angeordnet sind. Ähnlich wie bei der Fi

Messerschmitt Me 328 B*

Hersteller		Messerschmitt
Muster		Me 328 B
Triebwerk		2× Argus As 014
Standschub	kN	2 × 2,9 = 5,8
	kp	2 × 300 = 600
Besatzung		1
Länge	m	7,05
Höhe	m	2,87
Spannweite	m	7,00
Flügelfläche	m^2	8,50
Flügelstreckung		5,76
Rüstmasse	kg	1 510
Kraftstoff	kg	1 630
Besatzung	kg	100
Nutzmasse	kg	500
Zuladung	kg	2 230
Startmasse	kg	3 740
Flächenbelastung beim Start	kg/m^2	440,00
bei der Landung	kg/m^2	208,00
Masse – Schubverhältnis	kg/kN	644,80
	kg/kp	6,20
Flächenschub	kN/m^2	0,68
	kp/m^2	70,60
Höchstgeschwindigkeit	km/h	600[1]
in Höhe	m	0
Reisegeschwindigkeit	km/h	565
in Höhe	m	1 000
Steiggeschwindigkeit	m/s	10,0[2]
Dienstgipfelhöhe	m	2200
Reichweite	km	580[3]
max. Flugzeit	h	0,90[3]
Landegeschwindigkeit	km/h	182
Zuladung in % von der Flugmasse		59
Nutzlast in % v. d. Flugmasse		13
Baujahr		1943

* Quelle: Angebotsbaubeschreibung Messerschmitt Me 328 B, gez.: Voigt vom 15. Dezember 1942

1 Leistungen mit 500 kg Nutzmasse mit Außenlast, 700 km/h ohne Nutzmasse

2 am Boden ohne Nutzmasse, mit 500 kg Nutzmasse 5,6 m/s

3 am Boden

103 V 1, die auch von einer As 014 angetrieben wird, ergeben sich durch Schwingungen der Triebwerke bald vielerlei Schwierigkeiten. Mit Hilfe dafür besonders vorgesehener Einrichtungen müssen die Triebwerke mehrmals abgeworfen werden. Zwei Prototypen gehen durch Bruch von Flugzeugteilen infolge starker Schwingungen verloren. Geplant ist eine Serienherstellung durch den Flugzeugbau Jakob Schweyer, der auch die ersten Prototypen baut. Die Schwierigkeiten mit den Triebwerken führen schließlich zur Einstellung der Flugversuche und Aufgabe des Projektes. Daran können auch die folgenden verbesserten Versionen und eine Me 328 B und C nichts ändern, auch nicht die geplante Verwendung eines Jumo 004-Triebwerkes. Zeitweise scheint die Me 328 sogar als Selbstaufopferungsgerät vorgesehen gewesen zu sein. Bei einer Invasion sollten sich die Piloten mit dem Flugzeug auf die Landungsschiffe stürzen. Die Vorbereitungen für solche Einsätze werden aber untersagt.

AUSLAND
Strahlflugzeuge in Großbritannien und den USA

Bei einem historischen Überblick über den deutschen Anteil am Strahlflug darf nicht vergessen werden, daß auch in Großbritannien und in den USA zur gleichen Zeit Strahltriebwerke und Strahlflugzeuge entwickelt und mit Erfolg geflogen werden.
Sir Frank Whittle schreibt bereits 1928 im RAP College-Journal einen Bericht über »Die Zukunftsversion eines Flugzeugantriebes«. Er schlägt ein Triebwerk vor, das Luft ansaugt, sie aufheizt und mit hoher Geschwindigkeit durch eine Düse ausströmen läßt.
Sir Frank Whittle wird Pilot und Fluglehrer der RAF. Er läßt sich 1930 mit 23 Jahren ein Patent auf seinen Luftstrahlantrieb erteilen. 1935 gründet er eine Firma Power Jets Ltd. und startet sein Triebwerk am 12. April 1937 – etwa zur gleichen Zeit, als *Ohain's* Demonstrationstriebwerk bei Heinkel in Marienehe läuft. Im März 1938 erhält *Whittle* vom Luftfahrt-Ministerium einen offiziellen Auftrag auf ein verbessertes Triebwerk. Am 15. Mai 1941, ein Jahr und neun Monate nach dem Erstflug der He 178, hebt Englands erstes Strahlflugzeug Gloster E.28/39 zum Jungfernflug ab. Am 5. März 1943 folgt die zweistrahlige Gloster Meteor, ein Konkurrenzflugzeug der Me 262. Als drittes englisches Flugzeug mit diesem Triebwerk fliegt die De Havilland Vampire am 20. September 1943 und erreicht Mitte 1944 bereits 805 km/h Geschwindigkeit, wird aber erst Ende des Krieges serienreif.
Die meisten Antriebe der ersten englischen und auch amerikanischen Strahlflugzeuge basieren auf dem Whittle-Triebwerk. Der wichtigste Unterschied zwischen der englischen und deutschen Strahlflug-Entwicklung liegt beim Antrieb. Die Engländer bevorzugen gleich *Ohain* den Radialverdichter, lediglich Metropolitan-Vickers macht eine Ausnahme und hat wenig Erfolg damit. Die Deutschen bevorzugen dagegen den Axialverdichter. Weiterhin behalten die Engländer noch lange Zeit nach dem Krieg den geraden Tragflügel bei, während die Deutschen schon sehr früh zum gepfeilten Tragflügel neigen und sogar Versuche mit verstellbarer Pfeilung unternehmen. Ähnliches gilt für die amerikanische Entwicklung. Besonders augenfällig ist die hohe Flächenbelastung der deutschen Flugzeuge im Vergleich zu englischen Maschinen. Während die Engländer und Amerikaner anfangs nur an Jagdflugzeugen arbeiten, planen die Deutschen schon seit 1942 strahlangetriebene Bomber, und zwar vier- (Ar 234 C) und sechsstrahlige Flugzeuge (Ju 287), die gegen Kriegsende teils bereits flugerprobt und nahezu serienreif sind (Ar 234 C).

Gloster E.28/39, das erste britische Strahlflugzeug

Die Idee zum Bau eines englischen Strahlflugzeuges geht auf persönliche Kontakte zwischen Glosters Chefkonstrukteur *George Carter* und *Sir Frank Whittle* zurück[1]. Am 3. Februar

1 Derek N. James: Gloster Aircraft since 1917. Putnam & Company, London, 1971.

Erstes britisches Strahlflugzeug, Gloster E.28/39, startet am 13. Mai 1941 zum Jungfernflug. Der Tiefdecker konventioneller Bauweise mit Lufteinlauf in der Rumpfspitze dient hauptsächlich zur Erprobung des Whittle-Triebwerkes

1940 erhält die Firma Gloster, von ihren Rennflugzeugen um den Schneiderpokal weltbekannt, vom Luftfahrt-Ministerium unter der Vertragsnummer SB 3229 den Auftrag, nach der Spezifikation E.28/39 ein Strahlflugzeug zu bauen. Die Spezifikation sieht ein Versuchsmuster mit 600 km/h Geschwindigkeit mit einem Turbo-Strahltriebwerk mit 5,3 kN (550 kp) Schub vor und einer Bewaffnung von vier Maschinenkanonen. Das Flugzeug entsteht in engster Zusammenarbeit zwischen *Frank Whittle* und *George Carter*. Gloster baut gleichzeitig zwei Prototypen, einen mit der internen Bezeichnung W 4041 und einen zweiten mit der Bezeichnung W 4046. Zwei Tragflügel werden für das erste Flugzeug gebaut, einer erhält das Schnellflug-Profil EC 1240 und der zweite Flügel das NACA-Profil 23012.

Von dem bekannten englischen Flugversuchspiloten Captain *Erich M. Brown*[2], der insbesondere nach dem Kriege die deutschen Strahlflugzeuge nachgeflogen und beurteilt hat, liegt ein Kapitel aus seinem Buch über die Gloster E.28/39 vor, die er geflogen hat. Das Flugzeug ist in erster Linie zur Erprobung des Whittle-Triebwerkes gebaut worden. Das Cockpit des Tiefdeckers in konventioneller Bauweise mit Lufteinlauf in der Rumpfspitze ist mit den verschiedenen Meßgeräten für die Triebwerküberwachung ausgestattet.

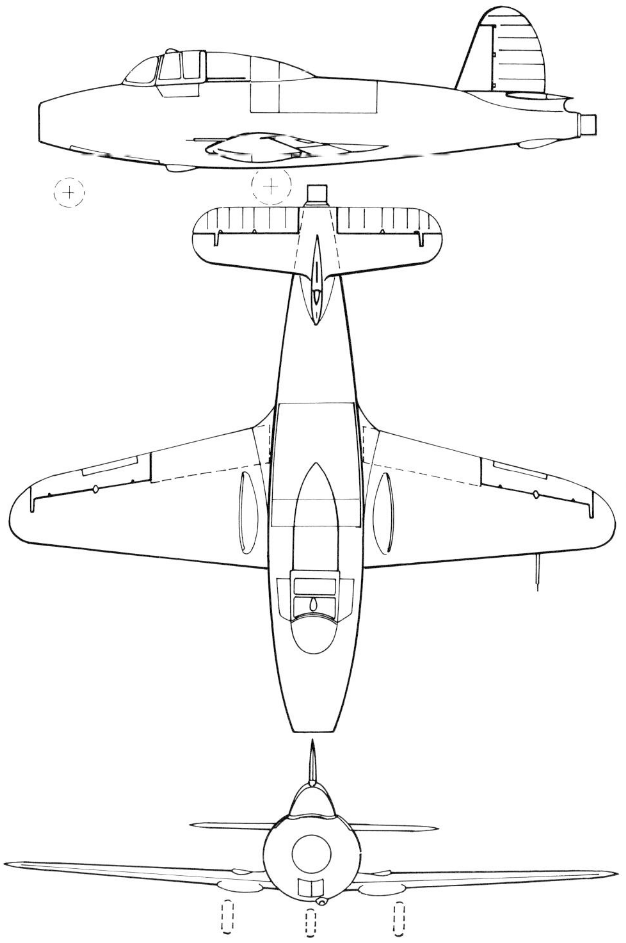

Gloster E.28/39, von der zwei Stück gebaut werden, mit der internen Bezeichnung W 4041 und W 4046. Die Flugzeuge werden mit verschiedenen Tragflügeln mit einem Schnellflug- und einem NACA-Profil erprobt

Das 1943 bei Power Jets gebaute Whittle-Triebwerk W2/700 hat einen Standschub von 9,8 kN (1000 kp) und ist der Vorläufer der Rolls-Royce Welland- und Derwent-Triebwerke

Die Gloster E.28/39 hat ein steuerbares, hydraulisch einziehbares Bugradfahrwerk, dessen Druckspeicher vor dem Start jeweils geladen werden muß. Die Spalt-Landeklappen werden durch eine Handpumpe bedient. Im April 1941 beginnen mit dem ersten Flugzeug W 4041 mit NACA-Profil die Rollversuche mit kurzen Sprüngen, an denen sich auch *Whittle* beteiligt. Der streng geheim gehaltene Erstflug findet am 15. Mai 1941 in Cranwell statt und dauert 17 Minuten. Das Flugzeug hebt nach 500 m bis 600 m ab, der Schub beträgt 3,9 kN (400 kp) bei 16 000 min^{-1}. Flugversuchspilot *Sayer* meint nach dem Flug: »Eigentlich ist nur das Höhenruder etwas empfindlich«. Nach zehn Flugstunden erhält das Muster ein verbessertes Whittle-Triebwerk W 1 A und den zweiten Tragflügel für den Schnellflug. Anfang 1943 wird die Gloster E.28/39 W 4041 zur weiteren Flugerprobung an das britische Flugversuchszentrum in

2 Eric M. Brown: Chapter 19, Gloster E.28/39.

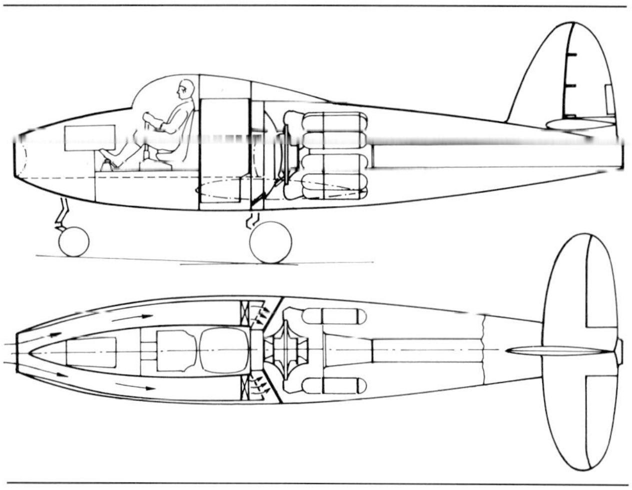

Anordnung des Whittle-Triebwerkes in der Gloster E.28/39. Der Schub des ersten Triebwerkes erreicht 3,9 kN (400 kp). Später werden stärkere Whittle-Triebwerke verwendet

Farnborough abgegeben. Im Mai 1943 folgt der zweite Prototyp mit einem von Rover gebauten, verbesserten Triebwerk W 2 B. Es geht allerdings schon am 30. Juli 1943 verloren, als die Querruder in 10 000 m Höhe durch Vereisung blockieren und der Pilot aussteigen muß. Daraufhin wird der erste Prototyp mit dem Hochgeschwindigkeits-Flügel und einem leistungsstärkeren Whittle-Triebwerk W.2/500 ausgerüstet. Zwei Endscheiben am Höhenleitwerk verbessern die Stabilität. Der Führersitz erhält eine abwerfbare Kabinenhaube.

Die im April 1944 beginnende zehnstündige Flugerprobung zeigt bedeutend bessere Leistungen. Zu diesem Zeitpunkt wird *Eric Brown* in das Flugversuchsprogramm eingeschaltet. Das neue W.2/500-Triebwerk hat 7,85 kN (800 kp) Schub im Vergleich zu 3,83 kN (400 kp) des W 1-Triebwerkes. Die Abflugmasse ist auf 1700 kg gestiegen. Das Flugzeug ist nach Aussage von *Eric Brown* leicht zu fliegen, die Sicht aus dem Cockpit ist gut und das Rollen mit dem steuerbaren Bugrad sehr einfach. In 3000 m Höhe wird eine Höchstgeschwindigkeit von 750 km/h erreicht. Die Beschleunigung ist beim Start bereits gut; nach dem Einfahren des Fahrwerkes wird mit 16 200 min^{-1} und 400 km/h Geschwindigkeit gestiegen. 9100 m Höhe erreicht die Maschine in 22 Minuten. Aus 10 800 m Höhe erfliegt *Brown* Mach 0,82 unter starkem Andrücken und im Sturzflug unter einem Winkel von 40°, wobei das Flugzeug, das keine gepfeilten Tragflügel hat, sehr unruhig wird. Bei normaler Geschwindigkeit arbeitet die Steuerung einwandfrei. Bei höheren Geschwindigkeiten lassen sich die Querruder immer schwerer bewegen. Aus dem Flugzeug könnte nach Ansicht *Browns* mit leistungsstärkeren Triebwerken und größerer Kraftstoffkapazität ein brauchbares Jagdflugzeug entstehen. Doch die Gloster E.28/39 flog nur noch einmal am 11. Dezember 1944 vor der Presse und kommt am 28. April 1946 ins Kensington Science Museum.

Gloster E.28/39, Englands erstes Turbo-Luftstrahlflugzeug

Hersteller		Gloster
Muster		E.28/39 W 4041
Triebwerk		Whittle Power Jet W.2/500
Standschub	kN kp	7,85 800[1]
Besatzung		1
Länge	m	7,60
Höhe	m	2,70
Spannweite	m	8,80
Flügelfläche	m²	13,50
Flügelstreckung		5,75
Rüstmasse	kg	1 308
Kraftstoff	kg	298
Schmierstoff	kg	4
Besatzung	kg	90
Nutzmasse	kg	–
Zuladung	kg	392
Startmasse	kg	1 700
Flächenbelastung	kg/m²	126,00
Masse – Schubverhältnis	kg/kN kg/kp	216,50 2,10
Flächenschub	kN/m² kp/m²	0,60 59,25
Höchstgeschwindigkeit	km/h	750
in Höhe	m	3 000
Reisegeschwindigkeit	km/h	–
in Höhe	m	–
Steiggeschwindigkeit	m/s	6,90[2]
Dienstgipfelhöhe	m	9 700
Reichweite	km	300
max. Flugzeit	min	30
Startrollstrecke	m	550
Landerollstrecke	m	500
Landegeschwindigkeit	km/h	138
Zuladung in % von der Flugmasse		23
Baujahr		1941

[1] das erste in die E.28/39 eingebaute Whittle-Triebwerk W.I hat einen Schub von 3,9 kN (400 kp)
[2] durchschnittliches Steigen auf 9 100 m Höhe mit 400 km/h; am Boden 9,45 m/s Steigen

Gloster Meteor F.9/40, Konkurrenz zur Me 262

Glosters Chefkonstrukteur *George Carter* kommt Mitte 1940 durch Vergleichsstudien zu der Überzeugung, daß ein einstrahliges Jagdflugzeug zumindest 9,80 kN (1000 kp) Schub benötigt, wenn es den derzeitigen Kolbentriebflugzeugen an Geschwindigkeit überlegen sein will. Weil es viel länger dauern wird, ein Strahltriebwerk dieser Schubstärke zu bauen als ein Flugzeug, hat nach *Carter* der einstrahlige Jäger vorerst wenig Chancen. Für einen zweistrahligen Jäger stände dagegen der benötigte Schub von zwei Triebwerken mit insgesamt 9,80 kN (1000 kp) zur Verfügung. Um dies zu dokumentieren, reicht er dem Luftfahrt-Ministerium den Entwurf eines zweistrahligen Jagdflugzeuges mit Triebwerken mit entsprechendem Schub ein. Der Tiefdecker hat ein einziehbares Dreibeinfahrwerk, hoch gelegenes Leitwerk mit je einem Triebwerk in den Tragflügeln ohne Pfeilung. Anhand dieses Entwurfes arbeitet das Ministerium eine Spezifikation F.9/40 aus. Am 7. Februar 1941 erhält Gloster vom britischen Produktions-Ministerium einen Auftrag, nach dieser Spezifikation zwölf Prototypen mit Whittle-Triebwerken zu bauen und gleichzeitig Vorbereitungen für einen Serienanlauf von 80 Maschinen im Monat zu treffen. Die Aufträge steigen weit vor Fertigstellung des ersten Flugzeuges auf 300 Stück. Am 22. Juli 1942 beginnt der Prototyp F.9/40 mit ersten Rollversuchen. Nun tritt in England dieselbe Situation ein wie in Deutschland, nämlich das Warten auf die Fertigstellung der Triebwerke.

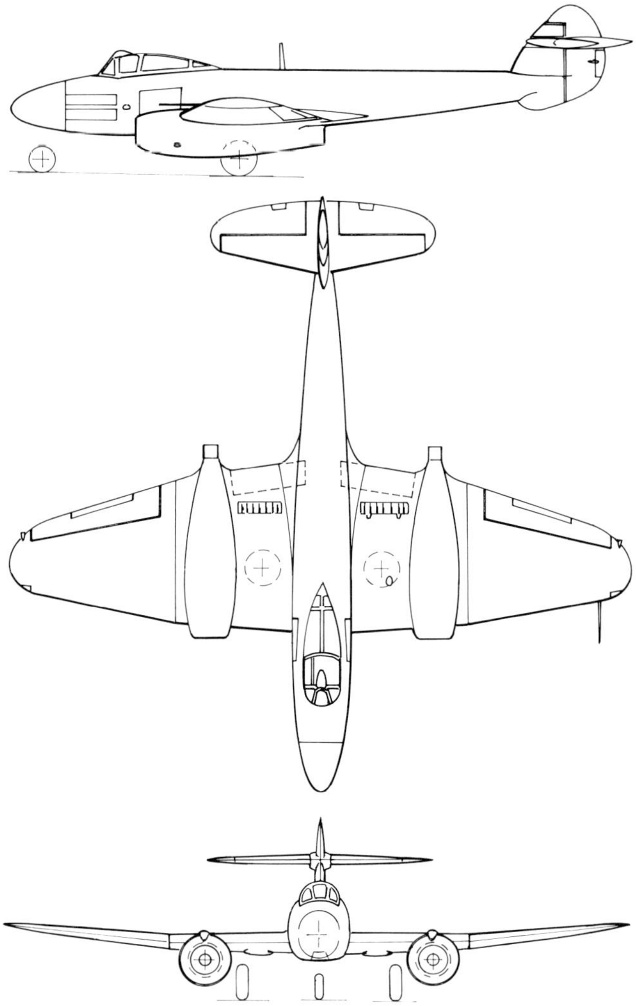

Dritter Prototyp F.9/40 der Gloster Meteor mit Metropolitan Vikers F.2-Axialtriebwerden unterhalb der Tragflächen ▷

Glosters Chefkonstrukteur George Carter kommt gleich Woldemar Voigt von Messerschmitt zu der Überzeugung, daß der zweistrahlige Jäger wegen der geringen Schubstärke der damaligen Turbo-Luftstrahltriebwerke bessere Leistungen verspricht als der Einstrahlige.
Am 5. März 1943 startet Michael Daunt mit der zweistrahligen Gloster Meteor zum Erstflug

Erster englischer zweistrahliger Jäger*

Hersteller		Gloster	Gloster	Messerschmitt
Muster		Meteor F.9/40[1] DG 206[2]	Meteor MK 4[4]	Me 262 A-1a
Triebwerk		Power-Jet W.2/500	Rolls Royce Derwent[5]	Jumo 004 B
Standschub	kN	2 × 7,35 = 14,70	2 × 15,60 = 31,20	2 × 8,83 = 17,66
	kp	2 × 750 = 1 500	2 × 1 590 = 3 180[3]	2 × 900 = 1 800
Besatzung		1	1	1
Länge	m	12,60	12,49	10,60
Höhe	m	3,90	3,90	2,80
Spannweite	m	13,40	13,10	12,65
Flügelfläche	m^2	34,75	34,70	21,70
Flügelstreckung		5,16	4,95	7,37
Rüstmasse	kg	4 480	4 770	3 803
Kraftstoff	kg	1 105	1 340[4]	2 262[4]
Schmierstoff	kg	10	20	30
Besatzung	kg	90	90	90
militärische Nutzmasse	kg	345	340	512
Zuladung	kg	1 550	1 790	2 894
Startmasse	kg	6 030	6 560	6 697
Flächenbelastung	kg/m^2	173,50	189,00	308,60
Masse – Schubverhältnis	kg/kN	410,20	210,25	379,20
	kg/kp	4,02	2,06	3,72
Flächenschub	kN/m^2	0,42	0,90	0,82
	kp/m^2	43,17	91,64	82,95
Höchstgeschwindigkeit	km/h	690	764	825
in Höhe	m	9 100	9 000	6 000
Geschwindigkeit	km/h	619	685	835
in Höhe	m	0	0	0
Steiggeschwindigkeit	m/s	11,0	20	13,00[6]
Dienstgipfelhöhe	m	11 000	13 400	11 400[7]
Reichweite	km	–	500[5]	1 230[8]
max. Flugzeit	min	–	40	90[8]
Startstrecke	m	–	–	1 020
mit Starthilfe	m			780
Landestrecke	m	–	–	600
Landegeschwindigkeit	km/h	150	160	175
Zuladung in % von der Flugmasse		26	27	43
Nutzlast in % von der Flugmasse		6	5	7
Baujahr		1943	1945	1944/45

1 Prototyp
2 Quellle: Dereck N. James, Gloster Aircraft since 1917, Putnam Company, 1971; Jane's 1947
3 Verbrauch Derwent 5 143 kg/kNh (1,40 kg/kph). Laut Green u. R. Cross, The Jet Aircraft of the World; Macdonalt 1955
4 ohne Zusatztanks
5 keine Angaben über dazugehörige Höhe erhältlich
6 durchschnittliches Steigen auf 9 100 m
7 mit halber Kraftstoffkapazität
8 in 9 000 m Höhe, am Boden 525 km und 39 min Flugzeit

Die Engländer besitzen anfangs nur das Turbo-Luftstrahltriebwerk von Whittle. In seiner kleinen Firma Power Jets kann dieses Triebwerk nicht in Serie gebaut werden. Das britische Luftfahrt-Ministerium schaltet nunmehr die Firmen De Havilland und Metropolitan Vickers mit eigenen Konstruktionen, Rolls-Royce und Rover zum Nachbau und zur Verbesserung des Whittle-Triebwerkes ein. Als erstes erreicht das von De Havilland gebaute und nach Halford benannte H-1-Triebwerk Flugreife und kann in den inzwischen fertiggestellten fünften Prototyp DG 206/G, auch F.9/40 oder Gloster Meteor genannt, eingebaut werden. Am 5. März 1943 startet Flugversuchspilot *Michael Daunt* zum gelungenen Erstflug. Ein weiteres Flugzeug fliegt im November 1943. Eine Ausführung Meteor F.1 mit Bewaffnung und W.2B/23 C Welland-Triebwerk von Rover wird im Rahmen eines Austauschabkommens gegen eine amerika-

nische Bell XP-59 Airacomet nach den USA verschickt. Gloster liefert am 12. Juni 1944 die ersten 15 Meteor für die Royal Air Force (RAF). Am 4. August 1944 wird die erste deutsche V 1 durch eine Meteor zum Absturz gebracht. Nachdem der Pilot der Meteor eine Ladehemmung hatte, tippte er die V 1 mit der Tragfläche an. Die Meteor ist nach dem Krieg in großer Stückzahl gebaut und weltweit geflogen worden.
Bis 1945 werden 20 und bis 1947 210 Meteor hergestellt. 1955 gibt es nicht weniger als 13 verschiedene Versionen, insgesamt werden 3880 Flugzeuge geliefert.

De Havilland Vampire

Mit der Vampire baut De Havilland – ähnlich wie Gloster mit seiner Meteor – einen erfolgreichen, einsitzigen Jäger, der nach dem Krieg nicht nur in England, sondern in vielen Staaten der Welt von den verschiedensten Luftwaffen geflogen wird. Die DH 100 Vampire entsteht 1941 auf dem Reißbrett gemäß Spezifikation F.6/41 des britischen Luftfahrt-Ministeriums mit der Forderung nach einer Höchstgeschwindigkeit von 800 km/h, einer Bewaffnung mit vier 20 mm Hispano-Bordkanonen und einem Aktionsradius von

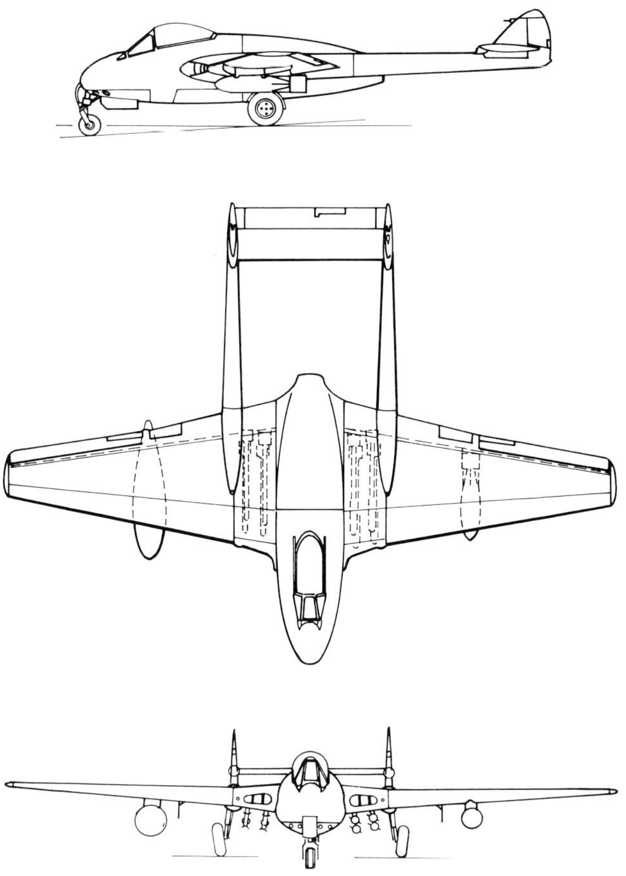

De Havilland DH 100 Vampire Mk 5 mit radialem Goblin-Triebwerk mit 13,80 kN (1400 kp) Schub ▷

Am 20. September 1943 startet die DH 100 Vampire mit Geoffry De Havilland jr. am Steuer zum Erstflug. Die erste Serienmaschine fliegt wenige Tage vor dem Kriegsende. Die Vampire wird nach dem Krieg in der Schweiz, in Frankreich und in vielen Ländern der Welt geflogen. Die abgebildete Maschine ist ein Lizenzbau der französischen SNCASE

Großserienbau der DH 100 Vampire bei De Havilland für den Export

500 km entsprechend einer Reichweite von 1000 km. Als Triebwerk dient das von Major *Halford* bei De Havilland konstruierte Halford-Triebwerk, aus dem unter Mitarbeit der Konstrukteure *C. C. Walker* und *R. E. Bishop* das leistungsfähige und zuverlässige, radiale Goblin-Triebwerk mit 13,80 kN (1400 kp) Schub entsteht. 16 Monate nach Beginn der Entwurfsarbeiten, am 20. September 1943, startet die Vampire mit *Geoffry De Havilland* (jr.) am Steuer zum Erstflug. Am 13. Mai 1944 erhält das Werk einen Auftrag auf 120 Flugzeuge unter der offiziellen Bezeichnung F. Mk. I Vampire. Ohne voneinander zu wissen, kommt *De Havilland* in England mit der Vampire zu einer fast gleichen Auslegung wie Focke-Wulf mit dem Projekt P VII »Flitzer« aus dem Jahre 1942. Eine sehr ähnliche Auslegung hatte übrigens auch eine einstrahlige Vorstufe der Me 262 von *Voigt.* Die DH 100 ist ein Mitteldecker, hat ein Bugradfahrwerk und zwei rohrförmige Leitwerksträger. Der Lufteinlauf befindet sich in der Flügelwurzel beiderseits des Rumpfes, um die schwierige Gestaltung des Rumpfbuges mit Lufteinlauf zu umgehen. Das Triebwerk ist im hinteren Teil des kurzen Rumpfes angeordnet. Das erste Serienflugzeug fliegt wenige Tage vor Kriegsende. Der Verfasser hatte 1954 Gelegenheit, die Trainer-Ausführung der Vampire mit Flugversuchspilot *Thornton* am Doppelsteuer zu fliegen[3]. Das zuverlässige und leicht zu fliegende Flugzeug ist in einer Zahl von 4206 Stück gebaut worden.

3 Flugwelt 1/1955: Wolfgang Wagner; Flug mit dem Vampire-Trainer, S. 31–37.

Englands zweiter einstrahliger Jäger*

Hersteller		De Havilland
Muster		D H 100 Vampire
Triebwerk		De Havilland Goblin II[1]
Standschub	kN	13,80
	kp	1 400
Besatzung		1
Länge	m	9,40
Höhe	m	2,40
Spannweite	m	12,20
Flügelfläche	m^2	24,70
Flügelstreckung		6,02
Rüstmasse	kg	2 890
Kraftstoff	kg	1 120
Schmierstoff	kg	10
Besatzung	kg	90
Nutzmasse	kg	200[2]
Zuladung	kg	1 420
Startmasse	kg	4 310
Flächenbelastung	kg/m^2	174
Masse – Schubverhältnis	kg/kN	312,30
	kg/kp	3,10
Flächenschub	kN/m^2	0,56
	kp/m^2	56,68
Höchstgeschwindigkeit	km/h	800
in Höhe	m	5 300
Steiggeschwindigkeit	m/s	21,00[3]
Dienstgipfelhöhe	m	13 700
Reichweite in 9 000 m	km	1 170[4]
am Boden	km	560
max. Flugzeit in 9 000 m	h	1,50
am Boden	min	45
Startrollstrecke	m	800
Startstrecke bis 15 m Höhe	m	1 105
Landerollstrecke	m	700
Landestrecke aus 15 m Höhe	m	1 005
Landegeschwindigkeit	km/h	150
Zuladung in % von der Flugmasse		33
Nutzlast in % von der Flugmasse		5
Baujahr		1943

* Werkunterlagen, Jane's All The World's Aircraft
[1] Prototypen Goblin I mit 12,00 kN (1 225 kp)
[2] kann mit Bomben oder Zusatztanks auf 1 453 kg und 5 563 kg Abflugmasse gesteigert werden
[3] durchschnittliches Steigen 1 280 m/min
[4] bei 610 km/h in 9 100 m mit zwei abwerfbaren Tanks mit je 455 l (368 kg) 1 840 km Reichweite

Die zweistrahlige Bell XP 59 A wird in geringer Stückzahl gebaut und zur Schulung verwendet ▷

Bell P-59 A Airacomet und Langstreckenjäger Bell XP-83

Angeregt durch die erfolgreichen Arbeiten Englands mit der Gloster E.28/39, die den amerikanischen Luftwaffen-General *Arnold* bei einer Vorführung besonders beeindruckt, beginnt die Firma Bell im September 1941 mit Entwürfen eines zweistrahligen Jägers. Wegen der noch zu schwachen Triebwerke überspringt das Werk bewußt eine einstrahlige Version. Nach Vorlage des Projektes erhält Bell von der Amerikanischen Luftwaffe unter der Nummer W 535 AC einen Auftrag auf drei Prototypen des Modells 27, das aus Gründen der Geheimhaltung die Bezeichnung XP-59 A, eines aufgegebenen Prototyps, erhält. Eine Entwicklungsförderung beläuft sich auf 1,6 Millionen Dollar. Mit der Konstruktion des Flugzeuges wird nach entsprechenden Vorarbeiten sechs Monate später begonnen.

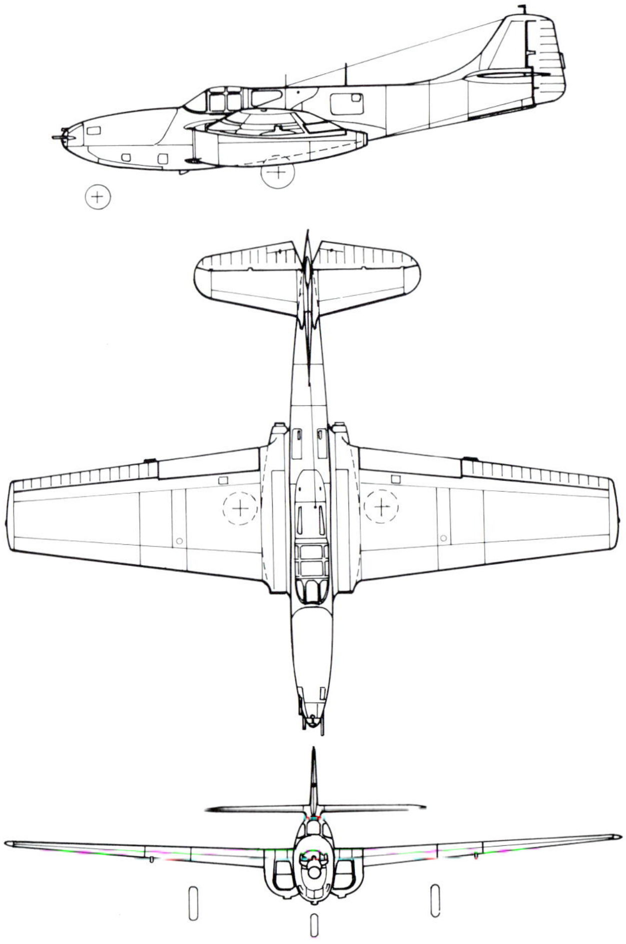

Amerikas erstes Strahlflugzeug Bell XP 59 A startet mit Robert Stanley am Steuer am 2. Oktober 1942 zum Erstflug. Das Flugzeug wird in seinen Leistungen aber von den amerikanischen Kolbentriebjägern übertroffen

Zum Antrieb der Bell XP 59 A dienen zwei von General Electric nachgebaute Whittle-Triebwerke mit je 7,35 kN (750 kp) Schub

Das aus diesem Auftrag hervorgehende Strahlflugzeug Bell XP-59 A ist ein Mitteldecker mit Bugradfahrwerk, normalem Leitwerk und Tragflügeln mit gerader Flügelvorderkante; die beiden Triebwerke sind eng am Rumpf liegend, halb in der Flügelwurzel, halb unter den Tragflügeln eingebaut. Diese Bauweise hat bei Ausfall eines Triebwerkes den Vorteil von nur kleinen asymmetrischen Kräften. Während der Herstellung der ersten drei Muster erhält Bell einen zusätzlichen Auftrag auf weitere 17 Maschinen. Der erste Prototyp einer XP-59 A startet am 2. Oktober 1942 mit Flugversuchspilot *Robert M. Stanley* am Steuer zum Jungfernflug. Das Flugzeug ist mit zwei von General Electric (GE) nachgebauten Whittle-Turbinen mit der Bezeichnung GE I-A ausgerüstet. Die Engländer stellen den Amerikanern im Rahmen eines Austauschabkommens über kriegswichtige Erfindungen ein Whittle-Triebwerk mit Zeichnun-

Erste amerikanische Turbo-Strahlflugzeuge*

Hersteller		Bell	Bell	Bell	Messerschmitt
Muster		XP-59A	P-59B	XP-83	Me 262
Triebwerk		General Electric I-16	General Electric GE 31	General Electric GE J 33-GE-5	Jumo 004 B
Standschub	kN	2 × 7,35 = 14,70	2 × 8,90 = 17,80	2 × 16,70 = 33,40	2 × 8,83 = 17,66
	kp	2 × 750 = 1 500	2 × 900 = 1 800	2 × 1 700 = 3 400	2 × 900 = 1 800
Besatzung		1	1	1	1
Länge	m	11,63	11,84	13,42	10,60
Höhe	m	3,35	3,35	5,10	2,80
Spannweite	m	13,87	13,87	16,20	12,65
Flügelfläche	m^2	35,80	35,80	40,00	21,70
Flügelstreckung		5,37	5,37	6,55	7,37
Rüstmasse	kg	3 610	3 700	6 400	3 803
Kraftstoff	kg	1 090	1 090	4 445	2 252
Schmierstoff	kg	30	30	120	30
Besatzung	kg	90	90	90	90
Nutzmasse	kg	200	200	500	522
Zuladung	kg	1 410	1 410	5 155	2 894
Startmasse	kg	5 020	5 110	11 555	6 697
Flächenbelastung	kg/m^2	140,20	142,70	288,90	308,60
Masse – Schubverhältnis	kg/kN	341,50	287,10	345,95	379,20
	kg/kp	3,35	2,85	3,40	3,72
Flächenschub	kN/m^2	0,40	0,50	0,84	0,82
	kp/m^2	41,89	50,25	85,00	82,95
Höchstgeschwindigkeit	km/h	640	665	840	870
in Höhe	m	10 600	9 000	4 800	6 000
Dienstgipfelhöhe	m	13 000	14 000	12 900	11 400
Reichweite in 9 000 m	km	500	500	2 100	1 200
max. Flugzeit in 9 000 m	min	50	50	160	90
Zuladung in % von der Flugmasse		28	28	45	43
Nutzlast in % von der Flugmasse		4	4	4	7
Baujahr		1942			1944

* Quelle: Werkunterlagen, Jane's All The World's Aircraft

Lieferungen der Bell XP-59A

Typ	Anzahl
XP-59A	3
YP-59A	13
P-59A	20
P-59B	30
XP-83	2

gen zur Verfugung. Im August 1944 fliegt das erste Vorserienflugzeug P-59 A, das mit einem von General Electric (GE) wesentlich geänderten Triebwerk J 31 GE 3 ausgerüstet wird. Die Leistungen des Flugzeuges bleiben dennoch hinter denen neuester Kolbentriebjäger zurück. Deshalb werden die Maschinen als Übungsflugzeuge verwandt, um Piloten mit den Besonderheiten des Strahlfluges vertraut zu machen und auf die kommende Lockheed P-80 Shooting Star vorzubereiten. Das dritte Flugzeug der Null-Serie YP-59 A wird nach England geschickt im Tausch gegen die Gloster Meteor. Die Höchstgeschwindigkeit einer verbesserten P-59 B liegt bei 665 km/h in 9000 m Höhe mit verbessertem GE 31-Triebwerk mit 8,90 kN (900 kp) Schub. Auf die P-59 B gehen 80 Aufträge ein, die aber am 30. Oktober 1943 auf 30 reduziert werden, weil sich herausstellt, daß die Leistungen der verbesserten Ausführung auch nicht ausreichen. Die Amerikaner sind ganz auf Flugzeuge mit großer Reichweite eingestellt und nur zu überrascht über den enormen Kraftstoffverbrauch des Whittle-Triebwerkes mit knapp einer halben Stunde Flugzeit in geringer Höhe. Am 31. März 1943 erhält Bell unter der Kontrakt-Nummer 352728 einen Auftrag von der Heeres-Luftwaffe auf den Entwurf eines Langstrecken-Interzeptors zum Begleiten von Bomberverbänden bei ihren Einflügen in Deutschland. Bell baut die P-59 B unter Berücksichtigung der neuen Forderungen entsprechend um und erhält am 24. März 1944 einen endgültigen Auftrag zum Bau von zwei Prototypen. Die Ausschreibung sieht eine geringfügig vergrößerte P-59 B vor mit zwei wesentlich stärkeren GE J 33-GE-5-Triebwerken mit je 16,70 kN (1700 kp) Schub. Angestrebt werden 2800 km Reichweite. Wie die Tabelle zeigt, sind bestenfalls 2100 km in großer Höhe zu erreichen. Den Daten nach kann allerdings bei der XP-83 benannten neuen Ausführung von einem gelungenen Langstreckenjäger gesprochen werden, sollte das Flugzeug die vom Werk angegebenen Leistungen erreichen. Am 27. Februar 1945 startet der neue Langstreckenjäger XP-83 zum gelungenen Erstflug und am 19. Oktober 1945 folgt der zweite Prototyp. Beide Flugzeuge finden nach Beendigung des Krieges als Versuchsträger für Staustrahltriebwerke Verwendung. Ein Vergleich mit der Me 262 zeigt etwa gleiche Geschwindigkeit bei nahezu doppeltem Triebwerkschub der XP-83 und nahezu doppelte Reichweite bei doppelter Kraftstoffzuladung.

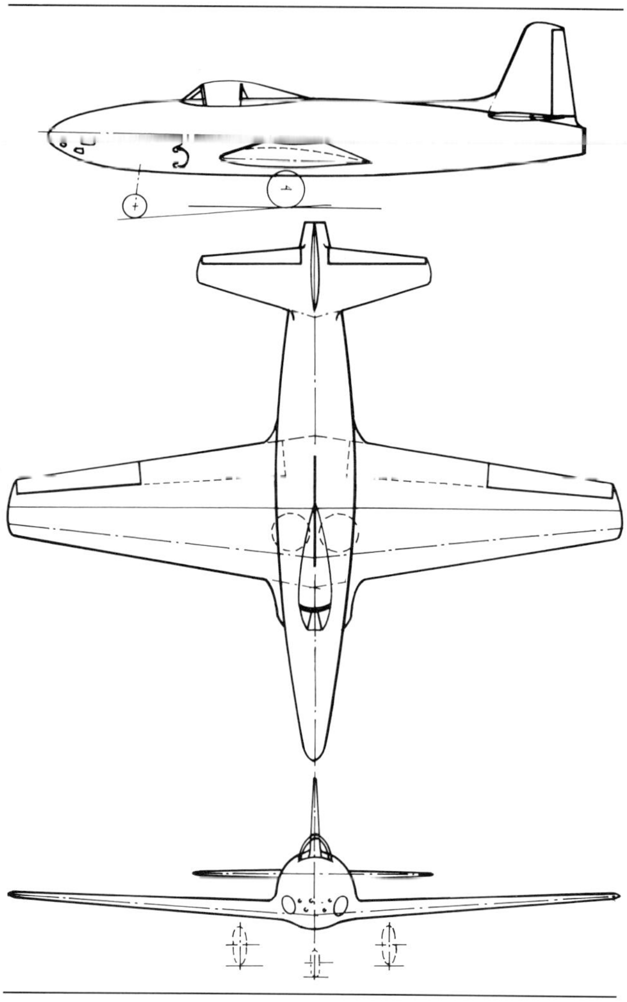

P 80 A Shooting Star mit englischem H-1-Triebwerk, das bald gegen ein Allison GE J 33-Triebwerk ausgetauscht wird

Lockheed P-80 Shooting Star

Als erste amerikanische Strahlflugzeuge treffen wenige Tage vor dem Kriegsende in Italien zwei Lockheed P-80 Shooting Star ein. Das Flugzeug ist von seltener Eleganz. Es findet sechs Jahre später als zweitschnellste amerikanische Maschine im Koreakrieg Verwendung, wird zum Gegner der MiG 15, aber meist im Erdkampf eingesetzt.

Die Lockheed P 80 Shooting Star startet nach sechs Monaten vom ersten Strich bis zum fertigen Flugzeug am 8. Januar 1944 mit Milo Burscham am Steuer zum Jungfernflug

Lockheed Shooting Star P-80 A

Hersteller		Lockheed	Messerschmitt
Muster		Shooting Star P-80 A	Me 262 A-1a
Triebwerk		General Electric J 33 A-11	Jumo 004 B
Standschub	kN	17,16	2 × 8,83 = 17,66
	kp	1 750	2 × 900 = 1 800
Besatzung		1	1
Länge	m	10,50	10,60
Höhe	m	3,45	2,80
Spannweite	m	12,20	12,65
Flügelfläche	m^2	22,10	21,70
Flügelstreckung		6,70	7,37
Rüstmasse	kg	3 595	3 803
Kraftstoff	kg	2 130[1]	2 252
Schmierstoff	kg	40	30
Besatzung	kg	90	100
Nutzmasse	kg	500	512
Zuladung	kg	2 760	2 894
Startmasse	kg	6 355	6 697
Flächenbelastung	kg/m^2	287,50	308,60
Masse – Schubverhältnis	kg/kN	370,30	379,20
	kg/kp	3,63	3,72
Flächenschub	kN/m^2	0,78	0,82
	kp/m^2	79,20	82,95
Höchstgeschwindigkeit	km/h	898	835
in Höhe	m	0	0
Reisegeschwindigkeit	km/h	818	825
in Höhe	m	9 000	6 000
Steiggeschwindigkeit	m/s	20[2]	20[4]
Dienstgipfelhöhe	m	13 700	11 400
Reichweite in 9 000 m	km	1 865[3]	1 230[5]
max. Flugzeit	h	2,28	1,50
Startrollstrecke mit Starthilfe	m	990	780
Landerollstrecke	m		600
Landegeschwindigkeit	km/h	180	175
Zuladung in % von der Flugmasse		43	43
Nutzlast in % von der Flugmasse		8	7
Baujahr		1944	1944

* Quelle: Flugwelt 1950; Luftkrieg über Korea, S. 244, Tabelle S. 245 + S. 316
[1] davon 1 010 kg in zwei Flügelendtanks
[2] durchschnittliches Steigen auf 6 000 m
[3] mit Zusatztanks
[4] 13 m/s bis auf 6 000 m oder 7,5 min auf 6 000 m
[5] Der Unterschied in der Reichweite liegt wahrscheinlich in einem geringeren Verbrauch des amerikanischen Triebwerkes und in besserem Material begründet. Die Amerikaner geben einen Verbrauch von 112 kg/kNh (1,1 kg/kph) und Junkers 173 kg/kNh (1,7 kg/kph) in 9 000 m Höhe an.

Die Vorarbeiten an der P-80 beginnen bei Lockheed im Juni 1943 auf Veranlassung der Heeres-Luftwaffe, die einen einsitzigen Jäger mit dem radialen De Havilland H-1-Triebwerk fordert. Lockheeds Chefkonstrukteur, *Clarence L. Johnson,* arbeitet in einer Woche das Projekt aus und verspricht, innerhalb von fünf Monaten ein fertiges Flugzeug abzuliefern. Das Werk erhält daraufhin einen Auftrag auf drei Prototypen und 13 Vorserienflugzeuge. Nach sechs Monaten ist das Flugzeug fertig, und am 8. Januar 1944 startet Flugversuchspilot *Milo Burscham* zu den beiden ersten Flügen.

Die P-80 ist ein Tiefdecker mit Bugradfahrwerk, leicht gepfeiltem Flügel und einem üblichen Leitwerk mit ebenfalls leichter Pfeilung der Höhenflosse. Ein Teil des Flügels hat eine laminare Strömung und eine scharfe Flügelvorderkante. Der Übergang vom Rumpf zum Tragflügel ist

Lockheed Shooting Star mit Zusatz-Tanks

sorgfältig verkleidet. Lockheed entschließt sich zu einem Lufteinlauf beiderseits des Rumpfes. Das zu verwendende H-1-Triebwerk hat einen Schub von 13,35 kN (1360 kp). Als Bewaffnung sind fünf Maschinenkanonen vorgesehen. Das von der Firma Allis Chalmers nachgebaute H-1-Triebwerk bereitet aber solche Schwierigkeiten, daß die von Allison übernommene und weiterentwickelte General Electric GE J 33 mit 16,70 kN (1700 kp) Schub in die beiden folgenden Prototypen mit der Bezeichnung XP-80 A eingebaut wird. Der erste dieser verbesserten Prototypen hebt am 11. Juni 1944 mit dem bekannten Flugversuchspiloten *Tony Le Vier* am Steuer zum Erstflug ab.
Lockheed erhält nach den Erfolg versprechenden Leistungen des Flugzeuges den Auftrag, den Serienanlauf von 5000 Maschinen vorzubereiten. Davon werden 3000 allerdings nach Kriegsende gestoppt. Die ersten Lieferungen an die amerikanische Luftwaffe beginnen im Dezember 1945. Das Flugzeug erhält zur Verbesserung der Reichweite Flügelendtanks; diese Gewichtserhöhungen werden durch stärkere Triebwerke ausgeglichen. Eine verbesserte Ausführung F-80 B wird beispielsweise 1946 mit einem GE J 33-A-21-Triebwerk mit 23,15 kN (2360 kp) Schub mit Wassereinspritzung und einem dünneren Flügel ausgerüstet. Eine Ausführung der Serienmaschine P-80 A läßt Lockheed für einen Geschwindigkeits-Weltrekord vorbereiten, bei dem unter Führung von Oberst *Albert Boyd* am 19. Juni 1947 eine Geschwindigkeit von 1004,3 km/h erreicht wird.
Auf eine Weiterentwicklung P-80 C werden die mit dem Rennflugzeug gesammelten Erfahrungen übertragen, gleichzeitig übernimmt man dessen verbessertes Triebwerk GE J 33-A-23. Spätere Ausführungen der P-80 C werden mit der GE J 33-A-35 mit 24,05 kN (2450 kp) Schub ausgerüstet.

Eine zweisitzige Trainer-Abwandlung der F-80 wird mit großem Erfolg bis in die heutigen Tage geflogen. Ein Vergleich der 1950 in Korea eingesetzten Lockheed P-80, Baujahr 1944/45, mit der Me 262 zeigt, daß beide Flugzeuge sehr ähnliche Maße, gleiches Gewicht, gleichen Schub und annähernd gleiche Leistungen haben. Der Verbrauch der in Amerika mit hochwertigen Rohstoffen hergestellten Triebwerke ist aber wesentlich geringer als der aus Ersatz- und heimischen Stoffen gefertigten Junkers-Triebwerke, so daß sich für die P-80 eine bedeutend größere Reichweite ergibt.

DEUTSCHE TURBO-LUFTSTRAHLTRIEBWERKE
Junkers Motorenwerke

Im Kapitel über die Heinkel-Strahlflugzeuge sind Beschreibungen der ersten Turbo-Luftstrahltriebwerke He S 3B, He S 8A, He S 011, außerdem der zahlreichen sich noch in der Erprobung oder Entwicklung befindlichen Triebwerke vorweggenommen worden. Ferner wurden die frühen Arbeiten von Professor Dr.-Ing. Herbert Wagner *beim Junkers-Flugzeugbau gewürdigt. Noch zu berichten ist über die Turbo-Luftstrahltriebwerke des Junkers-Motorenbaues, von BMW, Bramo und Daimler-Benz. Da aber in dieser Buchreihe schon der Band »Flugmotoren und Strahltriebwerke« von* Kyrill von Gersdorff *und* Kurt Grasmann *erschienen ist, wird nur in ergänzender Form auf diese Triebwerke eingegangen.*

Junkers Jumo 004*

Als im Juli 1939 die He 176 und kurz danach die He 178 ihre denkwürdigen Erstflüge mit Raketen und Turbo-Luftstrahlantrieben unternehmen, unterschreibt Professor *Dr.-Ing. Otto Mader* einen Entwicklungsauftrag des RLM über ein Turbo-Luftstrahltriebwerk. Die Ausschreibung sieht folgende Daten vor:

- Schub in 1,5 km Höhe 600 kg
- Standschub ab Boden 900 kg
- Durchsatzluftgewicht 20 kg/s
- achtstufiger Axialverdichter
- Druckverhältnis 3,2
- volle Drehzahl 9000 min^{-1}

Er beauftragt *Dr.-Ing. Anselm Franz*[1], erste Studien über den neuen Antrieb auszuarbeiten. *Franz* hat bisher aerodynamische Untersuchungen an Ladern unternommen und an Abgasstrahlantrieben gearbeitet, um die Leistungen der Junkers-Kolbentriebwerke zu verbessern. Ihm stehen für die neue Aufgabe anfangs etwa 30 bis 40 meist junge Ingenieure zur Verfügung, die mit Elan so schnell wie möglich ein funktionsfähiges Triebwerk auf den Prüfstand bringen wollen.

Dr.-Ing. Anselm Franz, der Schöpfer des Junkers Turbo-Luftstrahltriebwerkes Jumo 004

Dabei stellt man zunächst Fragen wie Gewicht, Verbrauch, Größe des Durchmessers und die Einsparung hochwertiger Rohstoffe zurück. Das neue Triebwerk soll vielmehr überzeugend zeigen, daß das Prinzip des neuen Antriebes richtig ist, und die bei der Prüfstanderprobung gesammelten Erfahrungen sollen in ein zweites Triebwerk einfließen[2].

Der Entwurf des Jumo 004 von *Anselm Franz* sieht einen achtstufigen Verdichter mit einem Druckverhältnis von 3,4 vor, sechs Einzelbrennkammern, eine einstufige Turbine, ein Schubrohr, das von vornherein für die Verwendung einer Anlage zur Nachverbrennung eingerichtet ist. Eine verstellbare Schubdüsennadel im Schubrohr, auch Pilz oder Konus genannt, soll automatisch gesteuert werden und eine konstante Gastemperatur und Austrittsgeschwindigkeit der

* Anmerkungen auf Seite 235

Entwicklung des Jumo 004

Beginn Konstruktion:	Oktober 1939
Erster Lauf auf Prüfstand:	11. Oktober 1940
Erste Vollgas-Schubmessung: 4,2 kN (430 kp) Schub	28. Januar 1941
Erster Zehn-Stundenlauf mit 600 kp Schub:	22. Dezember 1941
Erreichter Standschub von 9,8 kN (1000 kp).	Januar 1942
Erster Flug im Erprobungsträger Me 110:	15. März 1942
Erster Flug mit 004 A in Me 262:	18. Juli 1942

Der Jumo 004 ist nach dem Krieg ein gesuchtes Objekt für Ausstellungen und Museen

Gase bei vollem Schub unter allen Flugbedingungen gewährleisten.

Die von BMW und Heinkel gebauten Turbo-Luftstrahltriebwerke sind – wie sich später herausstellt – anfangs nur mit Hilfe dieser Junkers-Regelung einwandfrei zu handhaben. *Franz*[3] ist von seiner früheren Tätigkeit her mit den Radialladern der Junkers-Flugmotoren bestens vertraut. Wenn er sich in Zusammenarbeit mit der AVA in Göttingen dennoch für einen Axialverdichter entscheidet, so sind zwei Gründe dafür maßgebend: der kleinere Durchmesser des Axialtriebwerkes und die gerade, ungestörte Durchströmung mit dem damit verbundenen besseren Wirkungsgrad. Den Entwurf der Verdichterschaufeln übernimmt Dipl.-Ing. *Walter Encke* von der Aerodynamischen Versuchs-Anstalt (AVA) in Göttingen, der auch den Verdichter für das BMW 003-Triebwerk entwirft.

Der theoretische Wirkungsgrad des Verdichters liegt bei 81 bis 82 Prozent. Praktisch erreicht werden etwa 75 Prozent. *Dr. Franz* schwebt wegen des geringeren Durchmessers eine ringförmige Brennkammer vor, aber er entschließt sich zu Einzelkammern, weil sie eine wesentlich längere Brennlänge haben, eine Drallrose erlauben und schneller zu entwickeln sind. In den Versuchsanlagen von Junkers kann er auch wegen des hohen Leistungsbedarfs nur Einzelkammern prüfen, nicht aber die großvolumige Ringbrennkammer. Der Turbinenläufer entsteht in enger Zusammenarbeit mit der Allgemeinen Elektrizitäts-Gesellschaft (AEG) nach dem Prinzip der dort für Dampfmaschinen verwendeten Turbinenräder. Die Turbinenschaufeln des Versuchstriebwerkes 004 A und Serientriebwerkes 004 B-1 bestehen aus massiven Schmiedestücken. *Dr. Franz* ist bestrebt, für die Turbinenschaufeln des 004 so schnell wie möglich luftgekühlte Hohlschaufeln zu verwenden, um Gewicht und Kraftstoffverbrauch zu senken. Die Entwicklung der Hohlschaufeln läuft schon bald nach der Erprobung der geschmiedeten Schaufeln an, benötigt allerdings mehr Zeit.

Das Turbo-Luftstrahltriebwerk 004 wird, nachdem anfangs auch Erdöl im Gespräch war, für die Verwendung von Dieselöl ausgelegt. Maßgebend dafür ist der wesentlich geringere Preis und eine höhere Sicherheit vor Bränden. Im RLM ist man anfangs etwas enttäuscht über das hohe Gewicht des Triebwerkes von etwa 750 kg und seinem großen Durchmesser. Die Vorschläge von BMW sehen zwar einen kleineren Durchmesser und geringeres Gewicht vor, beim Leistungsvergleich besteht jedoch Proportionalität. *Franz* warnt das RLM, selbst das robuste und schwere Triebwerk werde noch genug Probleme bereiten, und ein spezifisch leichteres Triebwerk, das er auch auf dem Reißbrett habe, werde für diesen Krieg keine Bedeutung mehr erlangen.

Anfangs ist beabsichtigt, eine verkleinerte Ausführung des Verdichters durch einen 294 kW (400 PS) Kolbenmotor anzutreiben und zu erproben. Das verkleinerte Modell wird noch vor Kriegsbeginn fertiggestellt, aber bei ersten Versuchen beschädigt. *Franz* entschließt sich deshalb, nach Ausbruch des Krieges im September 1939, das 004-Triebwerk gleich in voller Größe zu bauen. Für den Versuchsbau ist es nicht leicht, das Gerät in weniger als einem Jahr fertigzustellen, zumal erst Kopierfräsmaschinen für die vielerlei Verdichterschaufeln (Alu) und Turbinenschaufeln

(Cr-Ni-Stahl) in Eigenfertigung entwickelt und gebaut werden müssen. Auch die Herstellung so umfangreicher und präziser Blechkonstruktionen setzt besondere Erfahrungen voraus; geeignete Lieferanten sind zu suchen und zu finden. Der konventionelle Werkzeugmaschinenpark ist für die neuen Aufgaben kaum ausreichend, obwohl eine Riesenauswahl modernster Geräte bereitsteht.
Dennoch bringt der Versuchsbau im Oktober 1940 das erste Triebwerk auf den Prüfstand, und es läuft dank der einfachen Auslegung von Anbeginn einwandfrei. Vielleicht ist es, wie *Anselm Franz* in seinem Buch »From jets to tanks« ausführt, auch der ungestüme Drang seiner jungen Ingenieure gewesen, die unbelastet an die neue Aufgabe herangehen.
Im Dezember 1940 wird bereits eine Drehzahl von 9000 min^{-1} erreicht. Große Schwierigkeiten bereiten aber Schwingungen der Leitschaufeln des Verdichters. Im Januar 1941 werden mit dem Triebwerk 4,23 kN (430 kp) Schub erreicht. Es dauert Monate, um die Ursachen der Schwingungen zu finden, und das Problem kann erst Mitte 1941 durch doppelseitige Halterungen der Leitschaufeln gelöst werden. Ein entsprechend verbessertes Triebwerk erreicht am 6. August 1941 den vom RLM geforderten Schub von 5,88 kN (600 kp).

Jumo 004 A, Versuchstriebwerk

Im Dezember 1941 gelingt der erste Zehn-Stundenlauf eines 004 A-Triebwerkes. Das fünfte Versuchstriebwerk, das schon für 8,23 kN (840 kp) Schub ausgelegt ist, erreicht auf dem Prüfstand im Januar 1942 bereits 9,80 kN (1000 kp) Schub. Dieses Triebwerk wird erstmals am 15. März 1942 an einer zum fliegenden Prüfstand umgebauten Me 110 erprobt. Zwei weitere 004 A-Triebwerke absolvieren am 18. Juli 1942 erfolgreich ihren Erstflug in einer Me 262.
Im Spätsommer 1942 werden von einem Auftrag auf 80 Triebwerke die ersten dreißig 004 A fertiggestellt, die zur Erprobung durch die verschiedensten Institutionen und Werke bestimmt sind, um praktische Erfahrungen zu sammeln. Das 004 A-Triebwerk ist wegen des zu hohen Anteils an hochwertigen Materialien wie Nickel, Kobalt oder Molybdän nicht für den Serienbau geeignet. Die Forderungen lauten auf Vereinfachung der Fertigung, Senkung des Gewichtes und Austausch aller hochwertigen Materialien gegen Ersatzstoffe. Die Materialien der Brennkammer und des Schubrohrs können zum Beispiel aus gewöhnlichen Tiefziehblechen (Fliegwerkstoff 1010) hergestellt werden. Die fertigen Teile erhalten gegen Oxydation einen Schutzüberzug durch eine Aluminium-Aufspritzung mit Sinterung. Neue Methoden der Luftkühlung müssen erfunden werden, um durch das Abzapfen von Luft vom Verdichter Brennkammer, Turbine und Schubrohr kühlen zu können.
Das erste Vorserientriebwerk 004 B-0 wird im Januar 1943 fertiggestellt. Es gleicht zwar noch der A-Ausführung, unterscheidet sich aber von dieser durch den Austausch von Gußteilen gegen Bleche zur Verminderung des Gewichtes und durch den Tausch hochwertiger Metalle wie Nickel, Molybdän und Kobalt gegen Ersatzstoffe wie Chrom und Mangan, mit denen das Triebwerk auf dem Prüfstand erneut gründlich erprobt werden muß. Es gelingt, den Schub von 8,23 kN (840 kp) unverändert zu halten, eine der bedeutendsten Ingenieurleistungen in der damaligen Zeit. Das Gewicht kann von 850 kg auf 750 kg gesenkt und der Bedarf an den genannten hochwertigen Legierungszusätzen um die Hälfte gemindert werden. Nur wenige dieser Versuchstriebwerke 004 B-0 werden gebaut, weil man erkennt, daß durch eine kleine Änderung an den beiden ersten Stufen des Verdichters der Schub von 8,23 kN (840 kp) auf 8,80 kN (900 kp) erhöht werden kann.

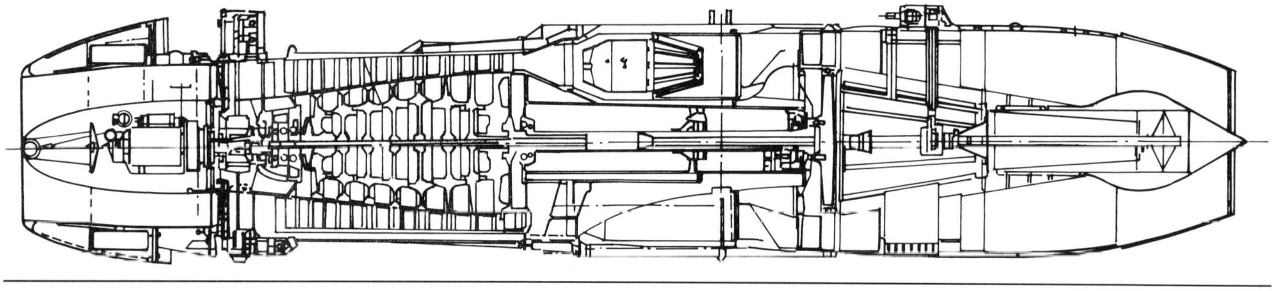

Achtstufiger Axialverdichter des Jumo 004 mit sechs Einzelbrennkammern, einstufiger Axialturbine und verstellbarer Schubdüsennadel. Von den Versionen B-1 und B-4 sind mehr als 6000 Stück in Großserie gebaut worden

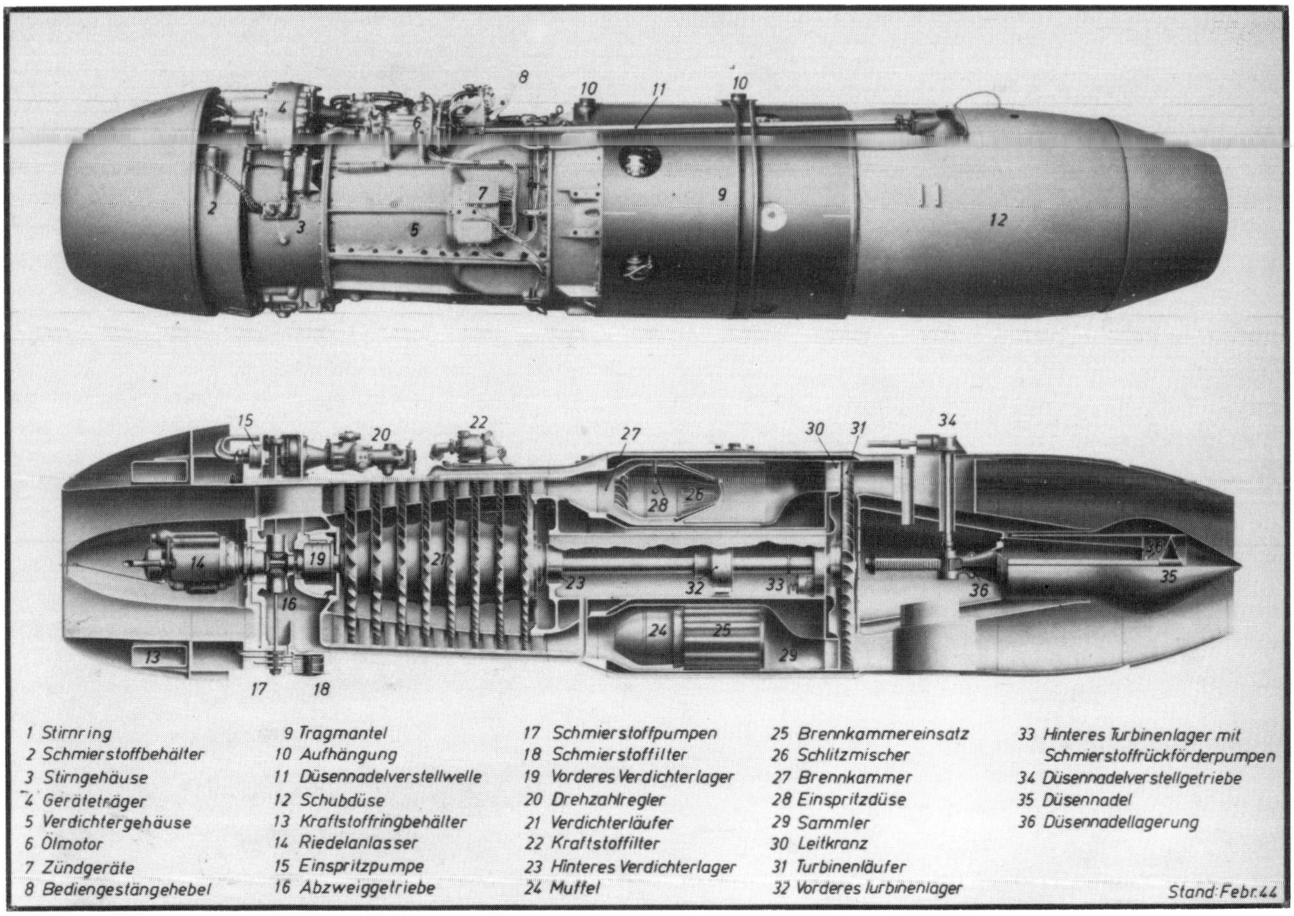

Jumo 004 und seine Arbeitsweise

Serientriebwerk Jumo 004 B-1

Die erwähnten Änderungen führen Mitte 1943 zum 004 B-1. Die ersten Triebwerke gehen Mitte 1943 an die Firma Messerschmitt und werden in die Me 262 eingebaut. 100 Stundenläufe werden absolviert, und die Überholzeit beträgt 50 Stunden. Im Sommer stellen sich plötzlich ernsthafte Schwierigkeiten durch Schwingungen und Brüche von Turbinenschaufeln ein. Sie entstehen, wenn bei voller Drehzahl Blätter der Turbine mit einer ziemlich niedrigen Eigenfrequenz durch eine Anregung der sechs Brennkammern in Resonanz kommen. Dieses grundlegende Problem kann schließlich gelöst werden durch eine Zuspitzung der Schaufeln und durch eine Reduzierung der höchstzulässigen Drehzahl von 9000 auf 8700 min^{-1}. Ende des Jahres 1943 erreicht das 004 B-1-Triebwerk einen Schub von 8,80 kN (900 kp), der Verbrauch beträgt 142,7 kg/kN/h (1,4 kg/kph).

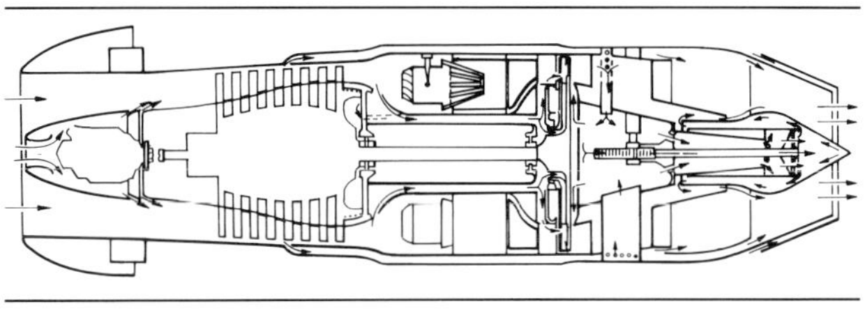

Leitung der Kühlluft durch den Jumo 004. Die Luft wird an der vierten und achten Verdichterstufe abgenommen

Die Turbine hat noch aus dem vollen gefräste Schaufeln. Das Triebwerk hat eine Trockenmasse von 745 kg, einen Durchmesser von 760 mm, eine Länge von 3860 mm und eine Gastemperatur von 775° C. Zu diesem Zeitpunkt gibt das RLM den inzwischen vorbereiteten Serienanlauf der Baureihe 004 B-1 frei, der im Januar 1944 anläuft. Das Triebwerk

zeichnet sich besonders durch seinen Regler aus. Vom nicht automatisch geregelten Anfahrbereich abgesehen hält der Regler die mit dem Schubhebel gewählte Drehzahl gleich einer automatischen Verstell-Luftschraube bei allen Flugzuständen konstant. Beim Beschleunigen und Verzögern wird ein Abreißen des Verdichters, ein Überhitzen oder Ausgehen des Triebwerkes durch eine entsprechende Begrenzung der Kraftstoffmenge verhindert. Versuche auf einem Höhenprüfstand zeigen, daß mit dieser Strahldüsen-Regelung bei konstanter voller Drehzahl ebenfalls eine konstante Gastemperatur erreicht werden kann. Die Drehzahlregler werden – wie schon erwähnt – von Heinkel und BMW übernommen. Mit einer verbesserten Ausführung mit geändertem Lufteinlauf werden bei Junkers auch 9,10 kN (930 kp) Schub erreicht.
Während der letzten Monate des Jahres 1944 wird der Jumo 004 B-1 durch den Jumo 004 B-4 mit luftgekühlten Hohlschaufeln abgelöst, den man in Großserie fertigt. Für Mitte 1943 war noch eine verbesserte 004 B-2-Version für den Serienbau vorgesehen. Das Triebwerk sollte einen von der AVA in Göttingen gänzlich neu überarbeitenden Verdichter erhalten, der aber so starke Schaufelschwingungen hat, daß das Triebwerk nicht gebaut werden kann.

Jumo 004 B-4 mit Hohlschaufeln

Der Jumo 004 B-4 kann dagegen dank der Hohlschaufeln mit höheren Temperaturen und mit größerem Schub betrieben werden. Nach vielerlei Versuchen gelingt es der Firma Wellner, eine geschweißte Hohlschaufel aus Cromadur ohne Nickel-Zusatz herzustellen, womit der wohl größte Engpaß beseitigt werden kann. Ein 004 B-4-Triebwerk benötigt nunmehr nur noch ganze 2,2 kg Chrom und kann weitgehend aus heimischen Rohstoffen erzeugt werden. Eine Me 262 mit B-4-Triebwerk erreicht inzwischen eine Höchstgeschwindigkeit von 940 km/h.

Jumo 004 C

Die Arbeiten an dem Jumo 004 C, der ja in vielen Projekten der verschiedenen Werke als Antrieb vorgesehen ist, werden Ende 1944 eingestellt. An seine Stelle tritt der Jumo 004 E.

Jumo 004 D mit neuem Regler

Die Einführung eines neuen Reglers am Triebwerk 004 B führt zu der Version Jumo 004 D[4]. Der Regler erlaubt es dem Piloten, die Drehzahl auch im unteren Bereich genauer einzuhalten. Das Triebwerk hat im Stand einen Schub von 9,8 kN (1000 kp). Verbrauch, Maße und Gewicht bleiben gegenüber der B-Version gleich. Die Baureihe 4 dieses Triebwerkes ist vom Mai 1945 an für den Serienbau vorgesehen.

Jumo 004 E – Der Welt erstes Nachbrenner-Triebwerk

Der Jumo 004 E ist bereits mit einer Zusatzeinspritzung, heute Nachbrenner genannt, ausgerüstet. Der Kraftstoff wird unmittelbar vor den Leitschaufeln der Turbinenblätter eingespritzt. Die etwas verzögerte Zündung findet erst hinter dem Turbinenläufer statt. Vorerst bleibt die Zusatzeinspritzung auf 30 s beschränkt. Mit Hilfe des Reglers für die verstellbare Schubdüsennadel wird der verstellbare Austrittsquerschnitt am Ende des Schubrohres automatisch den besten Bedingungen für die ausströmenden heißen Gase angepaßt. Der 004 E erreicht 9,8 kN (1000 kp) Schub ohne und 11,8 kN (1200 kp) Schub mit Nachverbrennung. Die Turbinen-Eintrittstemperatur kann auf 870° C gesteigert werden. Zur Verbesserung des Höhenverhaltens werden Doppeldüsen eingeführt, je zwei automatisch gesteuerte Einspritzdüsen in jeder Brennkammer. Das Triebwerk absolviert mehrere 100 Stundenläufe und soll im Juli 1945 den 004 D ablösen[5].
Zu den engsten Mitarbeitern von *Dr. Franz,* die zu diesem ersten Triebwerk der Welt mit Nachverbrennung beigetragen haben, gehören die Ingenieure: *Siegfried Decher* (Entwurf und Forschung), *Fritz Boettger* (Konstruktion Verdichter), *Wolfgang Stein* (Turbine), *Dr.-Ing. Schmitt* (Prüfstandversuche), *Dr. Heinrich Adenstedt* (Werkstoff-Forschung) und *Heinz Moellmann* (Regelung). Zuständig für die Arbeiten im Versuchsbau (1000 Beschäftigte) war *Martin Graalmann,* der an vielen Verbesserungen Anteil hatte, so an dem luftgekühlten Turbinenlaufrad, das die Laufzeiten von 25 Stunden auf über 250 Stunden verbessert.

Jumo 012 mit drei Tonnen Schub

Unabhängig von den Arbeiten am 004 entwickelt Junkers während der letzten beiden Kriegsjahre auf Veranlassung des RLM ein weit stärkeres Jumo 012-Triebwerk. Das Projekt ist für einen Schub von 29,40 kN (3000 kp) ausgelegt, für eine Drehzahl von 6000 min^{-1}, mit einem Durchmesser (insgesamt) von 1080 mm, eine Länge von 4945 mm und eine

Schubdüsennadel oder Pilz-Einstellung beim Jumo 004 im Stand, beim Start oder im Flug

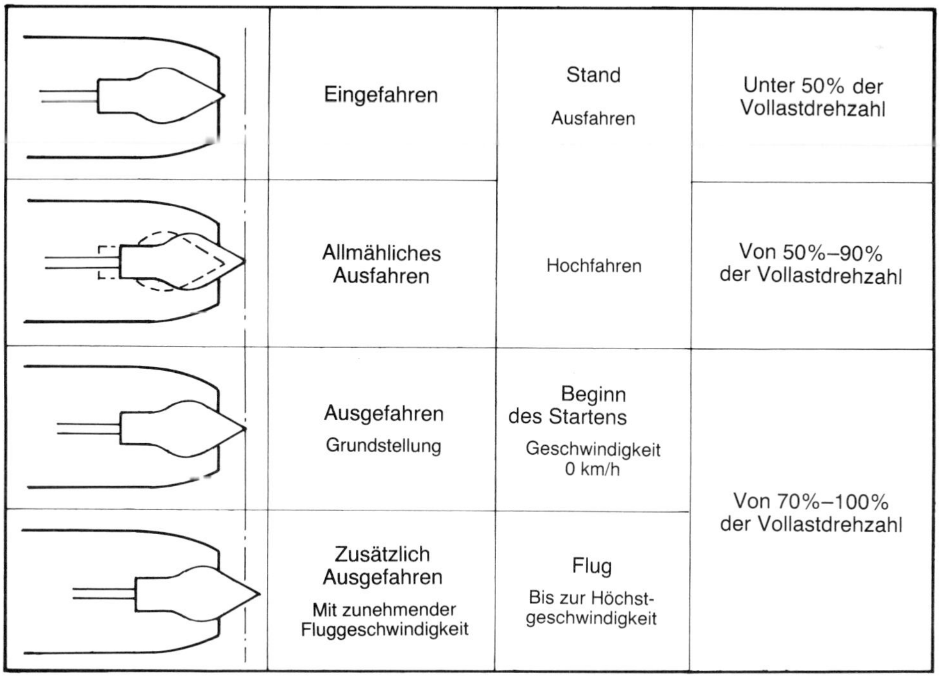

Schubdüsennadelstellung

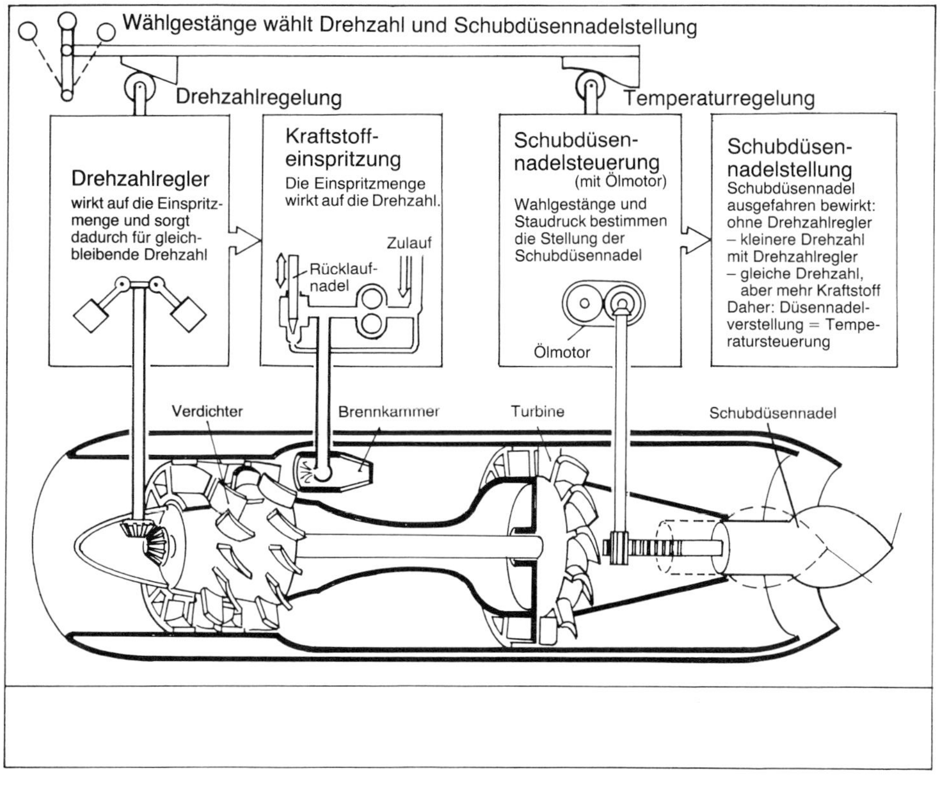

Regelung der Schubdüsennadel oder des Pilzes beim Jumo 004 in Abhängigkeit von Drehzahl und Temperatur

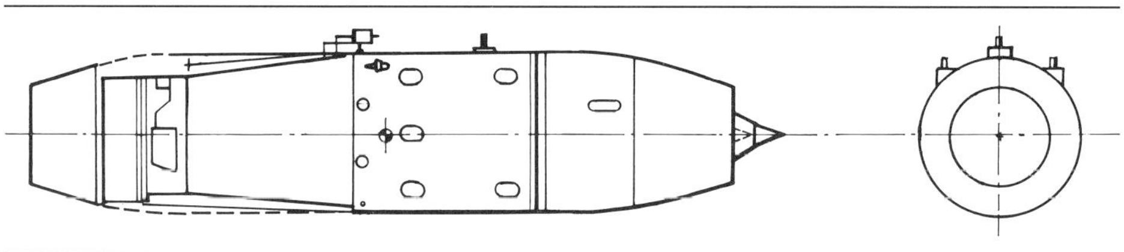

Junkers arbeitet unabhängig vom Jumo 004 an dem bedeutend stärkeren Triebwerk Jumo 012 mit 29,40 kN (3000 kp) Schub und einer Trockenmasse von 1600 kg

Trockenmasse von 1600 kg. Der Verdichter besitzt elf Stufen, und der Luftdurchsatz am Boden beträgt 50 kg/s. Im Versuchsbau entstehen fünf Triebwerke, die aber über die Montage nicht hinauskommen.

Jumo 004 H mit elfstufigem Verdichter

In der Konstruktion befindet sich der Jumo 004 H, ein Triebwerk mit einem elfstufigen Axialverdichter mit einem Schub von 17,60 kN (1800 kp) bei 6700 min^{-1}, eine Verkleinerung des Jumo 012. Das Triebwerk hat einen Durchmesser von 865 mm, eine Trockenmasse von 1130 kg, acht Brennkammern und eine zweistufige Turbine. Der Luftdurchsatz liegt bei 33 kg/s. Die zweistufige Turbine hat Hohlschaufeln.

Jumo 022 – Propellerturbine für den Langstreckenflug

Der Jumo 022 ist eine projektierte Propellerturbine mit 50 Prozent Propeller- und 50 Prozent Strahlschub, die in Anlehnung an Baugruppen des Jumo 012 hätte gebaut werden können. Berechnungen ergeben in 8000 m Höhe bei einer Fluggeschwindigkeit von 800 km/h eine Leistung von 4420 kW (6000 PS). Die Turbine ist dreistufig ausgelegt. Erwartet wird ein Verbrauch von 475 bis 515 g/kWh (350–380 g/PSh). Der Durchmesser entspricht mit einem Meter dem des 012. Das Gewicht wird mit 3000 kg angegeben.
Der Verdichter hat elf Stufen; das Druckverhältnis wird bei 5,5 und der Luftdurchsatz bei 50 kg/s am Boden liegen. Das erste Triebwerk wird noch fertiggestellt; das Kriegsende verhindert aber die Erprobung.
Vergleicht man den Jumo 004, seine Versionen und die erzielten Leistungen mit den Triebwerken der Engländer und Amerikaner, so darf nicht vergessen werden, daß unsere damaligen Gegner Nickel, Chrom, Kobalt und andere wertvolle Metalle in ausreichendem Maße besitzen, während in Deutschland Ersatzstoffe verarbeitet werden müssen. Der Serienbau erfolgt in den Werken Zittau, Köthen, Muldenstein und Leipzig. Als Städte und Industrie durch Bomben schon so gut wie zerstört sind, werden im Januar 1945 noch 950 Jumo 004 hergestellt, im Februar 1100 und im März 1300. Insgesamt schätzt *Dr. Franz* die Produktion auf mehr als 6000 Stück[6]. Ohne die Ausbringung zu verringern, kann ein Teil der Fertigung in die Mittelwerke in Nordhausen und Halberstadt unter die Erde verlegt werden.

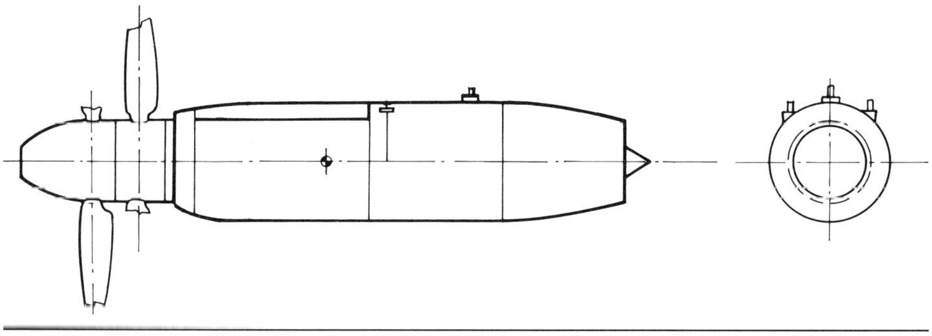

Propellerturbine Jumo 022 mit gegenläufigen Luftschrauben. Das Triebwerk ist für 4420 kW (6000 PS) Leistung in 8000 m Höhe ausgelegt. In der Sowjetunion erreicht eine Weiterentwicklung 3675 kW (5000 PS) und einen Verbrauch von nur 380 g/kWh (280 g/PSh)

Junkers Strahltriebwerke*

Muster		004 B-1	004 D 4**	004 E***	004 H	012	022 PTL
Baujahr		1943	1944	1945	1945	1945	1945
Bauart		TL	TL	TL	TL	TL	PTL
Verdichter							
Luftdurchsatz	kg/s	21,4	21,4	21,4	33	50	50
Stufenzahl		8 A	8 A	8 A	11 A	11 A	11 A
Druckverhältnis		3,14	3,5	3,5	5,5	5,50	5,50
Brennkammer		6	6	6	8	8	ringförmig
Turbine, Stufen		1	1	1	2	2	3
Abmessungen							
Länge	mm	3 860	3 860	3 860	3 950	4 945	5 600
Durchmesser	mm	760	760	760	865	1 080	1 080
Trockenmasse	kg	745	760	770	1 130	1 600	3 000
Standschub							
mit Nachbrenner	kN (kp)			11,8 (1 200)			
Standschub							
ohne Nachbrenner	kN (kp)	8,8 (900)	9,8 (1 000)	9,8 (1 000)	17,60 (1 800)	29,4 (3 000)	kW 4 420/PS 6 000
Drehzahl	min^{-1}	8 700	8 700	8 700	6 700	6 000	5 300
spez. Verbrauch	kg/kNh	143	143	143	117	117	g/kWh 489
	kg/kph	1,4	1,4	1,4	1,20	1,20	g/PSh 360
Einheitsmasse	kg/kN (kg/kp)	84,65 (0,82)	77,59 (0,75)	65,25 (0,64)	64,2 (0,60)	54,40 (0,53)	kg/kW 0,68 kg/PS 0,50
Stirnflächenschub	kN/m^2 (kp/m^2)	19,55 (2 000)	21,77 (2 220)	26,22 (2 660)	30,3 (3 100)	32,1 (3 300)	kW/m^2 4 857 PS/m^2 6 593
Durchsatzschub	kN/kg/s	0,41	0,46	0,55	0,53	0,59	kW/kg/s 88,4
	kp/kg/s	42,0	46,70	56,1	54,5	60	PS/kg/s 120

* Quelle: Flugwelt II/1950 S. 162, Flugwelt III/1951 S. 41 ff S. 235; Dipl.-Ing. S. Decher, Die Entwicklung des Triebwerkes 004 Junkers Werkunterlagen; TI report. A 436, 26. 6. 1945. Junkers-Bericht OMW Konstruktionsbüro Sondertriebwerke L/341, Akte 2610 vom 10. 1. 1945, Dr. Frz/Me
** Neuer Regler, Hohlschaufeln
*** mit Nachverbrennung

Bemerkungen:
TL = Turbo-Luftstrahltriebwerk
A = Axialstufen
R = Radialstufen
D = Diagonalstufen

Anmerkungen

1 Anselm Franz wird am 21. Januar 1900 in Schladming in Österreich geboren. Er studiert an der Technischen Hochschule in Graz und legt 1924 sein Examen als Dipl.-Ingenieur ab. Er bleibt bis 1928 als Assistent des Lehrstuhls für Turbinenbau in Graz. Nach kurzer Tätigkeit bei der Firma Schwartzkopf in Berlin erhält Franz einen Auftrag auf die Konstruktion eines hydraulischen Getriebes an der Technischen Universität Zürich. Er kehrt 1929 zur Firma Schwartzkopf zurück. Als die Junkerswerke 1936 entwicklungsfreudige Ingenieure suchen, bewirbt sich Franz und wird im Junkers-Motorenbau mit der Entwicklung von Abgasstrahlantrieben für die Junkers Kolbentriebwerke beauftragt. 1938 avanciert er zum Leiter der Abteilung für Strömungsmaschinen im Junkers-Motorenbau und befaßt sich mit der Konstruktion von Ladern für den Jumo 210 und Jumo 211. Ein Jahr später überträgt ihm Professor Dr.-Ing. Mader, der Leiter des Junkers-Motorenbaues, einen Entwicklungsauftrag des RLM über ein Turbo-Luftstrahltriebwerk. Da er keine hochqualifizierten Fachleute aus dem Junkers-Motorenbau abziehen darf, beginnt er mit einer Gruppe junger Ingenieure die Entwicklung dieses ganz neuen Antriebes, der in technisch unbekanntes Neuland führt. Anselm Franz wird 1940 von der Technischen Universität Berlin für seine Arbeit auf dem Gebiete des Abgasstrahlantriebes die Würde eines Dr.-Ing. der Luftfahrt verliehen und 1969 der Titel eines Dr.-Ing. e.h. von der Technischen Universität Graz. Nach dem Tode von Professor Mader wird Dr.-Ing. Anselm Franz im Oktober 1944 dessen Nachfolger. Das von ihm konzipierte Junkers-Turbo-Luftstrahltriebwerk Jumo 004 wird das erfolgreichste deutsche Strahltriebwerk, von dem bis Mai 1945 mehr als 6000 Stück gebaut werden. Von 1946 bis 1950 ist Anselm Franz wissenschaftlicher Berater der U.S. Air Force auf der Wright Patterson Air Force Base; von 1951 bis 1968 arbeitet er als Ingenieur, Vizepräsident und Assistent des Generaldirektors bei

den Lycoming-Werken in Stratford. Seit 1968 ist er dem Werk als Berater weiterhin verbunden.
2 Dipl.-Ing. S. Decher, Die Entwicklung des Triebwerkes Jumo 004 bei den Junkers-Flugzeug- und Motorenwerken in Dessau, Flugwelt 1/1951, S. 41 ff. und S. 235.
3 Robert Schlaifer, USA 1950, Manuskript gedruckt.
4 Junkers Flugzeug- und Motorenwerke, Dessau (IFM), Junkers Sondertriebwerk 109 004 D, Einbau-Unterlagen vom 15. 1. 1945, gez. Mei/Zei.
5 Otto Mader-Werk, OMW-Konstruktionsbüro, Sondertriebwerke, Bericht Nr. L/341, Akte 2610, vom 10. 1. 1945, gez. Dr.Frz/Me.
6 Anselm Franz, From Jets to Tanks, My contribution to the Turbine Age.

Bayerische Motorenwerke (BMW)

Strahltriebwerkstudien*

Im August 1938 erhalten die Brandenburgischen Motorenwerke (Bramo) in Berlin-Spandau vom RLM den Auftrag für eine Projektstudie für einen Turbo-Luftstrahlantrieb für Jagdflugzeuge. Das Unternehmen ist aus der früheren Flugmotorenabteilung der Siemens & Halske AG hervorgegangen und gehört später zur Siemens Apparate & Maschinen GmbH (SAM). Aus dieser Flugmotorenabteilung von Siemens entstehen 1936 die Brandenburgischen Motorenwerke GmbH (Bramo), die auch den Bau von Siemens Sternmotoren weiterführen. Anteilseigner an dieser Firma sind ab 1938 die Siemens & Halske AG und die BMW AG in München. Technischer Direktor der Bramo ist Dipl.-Ing. *Bruno Bruckmann,* Geschäftsführer Dipl.-Ing. *Harald Wolff* und Leiter einer der Entwicklungsabteilungen *Dr.-Ing. Hermann Oestrich.* Mitte 1939 verkauft die Siemens & Halske AG ihren 50prozentigen Anteil an BMW. Die Bramo wird in BMW-Flugmotorenwerke Brandenburg GmbH umbenannt. Die Entwicklung und Serienfertigung luftgekühlter Flugmotoren wird vorerst in München und Berlin weitergeführt. Die BMW-Werke München stehen seit 1938 unter der Technischen Leitung von *Helmuth Sachse,* das Werk Berlin-Spandau bleibt unter der Entwicklungsleitung von Dipl.-Ing. *Bruno Bruckmann.* Die Entwicklung der Turbo-Luftstrahltriebwerke übernimmt in Berlin *Dr.-Ing. Hermann Oestrich,* für die Raketenantriebe zeichnet in Berlin-Spandau Dipl.-Ing. *Helmut Graf von Zborowski* verantwortlich. Nach Übernahme der gesamten Entwicklungsleitung von BMW durch *Bruno Bruckmann* werden die Entwicklungsbereiche getrennt und die Motorenentwicklung nach München und die Strahltriebwerk-Entwicklung in Berlin konzentriert.

Unter Leitung von *Hermann Oestrich*[1] beginnt das Werk Spandau 1938 mit vergleichenden Untersuchungen über die verschiedenen möglichen Luftstrahlantriebe. In diesem Zusammenhang soll nicht unerwähnt bleiben, daß *Oestrich* sich schon 1931 in Berichten der DVL mit den Möglichkeiten des Strahlantriebes befaßt hat. Die Studien zeigen, daß zwei Antriebsarten Erfolg versprechen, der Motor-Luftstrahl (ML-)Antrieb, bei dem der Verdichter durch einen Kolbenmotor angetrieben wird, oder das Turbo-Luftstrahltriebwerk.

* Anmerkungen auf Seite 244.

Motor-Luftstrahltriebwerk (ML) fliegt

Man entschließt sich bei BMW in Berlin-Spandau, einen kompletten flugfähigen ML-Antrieb zu bauen. Für Geschwindigkeiten um 800 km/h erscheint der ML-Antrieb am geeignetsten. *Oestrich* ersetzt bei einem normalen Flugmotor Bramo 325 mit 117 kW (160 PS) die Luftschraube durch ein vierflügeliges axiales Gebläserad, das von einer Haube umschlossen wird, ähnlich einer NACA-Haube. Der Austrittsquerschnitt für den Luftstrahlantrieb ist veränderlich, um ihn Geschwindigkeit und Höhe anpassen zu können. Bei einem Durchmesser des Gebläses von 1470 mm wird überraschend ein Schub von 12,75 kN (1300 kp) erreicht. Da dieses Ergebnis damals angezweifelt wird, läßt Bramo das Triebwerk in einem Focke-Wulf Fw 44 J Stieglitz einbauen und praktisch erproben. Niemand anders als *Hanna Reitsch* fliegt das Flugzeug einwandfrei mit dem ML-Triebwerk.

Bei Modellversuchen bei der AVA Göttingen mit einem Bramo 329-14-Zylinder-Doppelsternmotor fallen die Ergebnisse weniger günstig aus, und die AVA rät von weiteren Versuchen ab, ohne eine Erklärung für die auftretenden großen Schubverluste zu finden.

Das RLM spricht sich 1939 dennoch dafür aus, die Studien über die Kombination Kolbentrieb-Strahltriebwerk fortzusetzen. *Hermann Oestrich* verspricht sich von einem

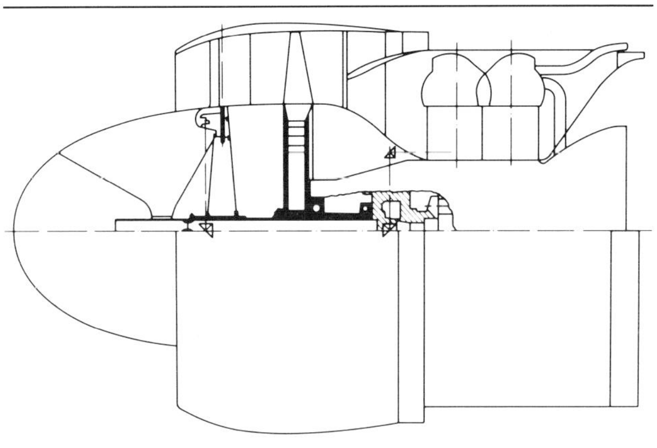

ML-Antrieb des BMW-Werkes in Berlin-Spandau. Mit Hilfe eines Bramo 325 mit 117 kW (160 PS) gelingt es, einen Schub von 12,75 kN (1300 kp) zu erreichen

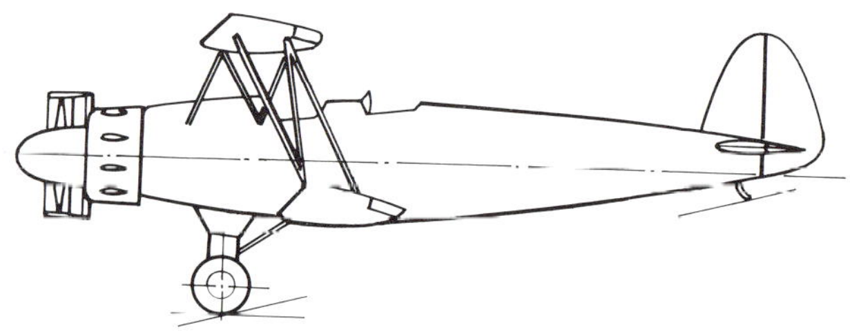

Mit einem Focke-Wulf Stieglitz Fw 44 J demonstriert Hanna Reitsch, daß einwandfrei mit Motor-Luftstrahltriebwerken (ML) geflogen werden kann

ML-Antrieb mit besonders kleinem Durchmesser bessere Ergebnisse. Bei einem neuen Entwurf wird die durch den Lufteinlauf eintretende Luft in einem Niederdruckgebläse verdichtet und in drei Ströme unterteilt. Der erste Strom geht über den Lader zum Motor, einem Bramo-Zwölf-Zylinder-Doppelkolben-Zweitaktmotor. Der zweite Strom kühlt den Motor und erhitzt sich dabei, der dritte Strom wird

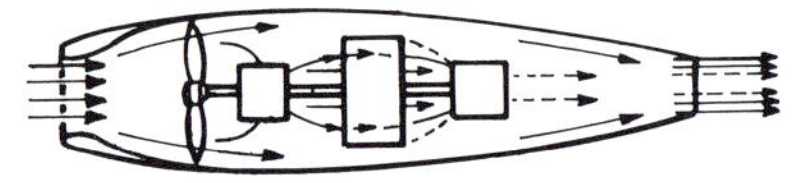

Arbeitsweise eines verbesserten projektierten Motor-Luftstrahltriebwerkes (ML) mit Zwölfzylinder-Doppelkolben-Zweitakt-Motor. Die eintretende Luft wird zunächst in einem Niederdruckgebläse verdichtet. Sie teilt sich dann in drei Ströme. Der erste geht über den Lader zum Motor, der zweite dient zur Kühlung der Zylinder und nimmt Hitze (Energie) auf, und der dritte wird außen herum unmittelbar zur Schubdüse geführt.

in eine Schubdüse am Ende des Triebwerkes geleitet. Der Abgasturbine strömt die Abgasluft des Motors und ein Teil der Ladeluft zu. Hinter der Turbine vereinigen sich die Kühlluft des Motors, die Abgasluft und der Luftstrom vom Verdichter und erzeugen dadurch den Vorwärtsschub. Abgasturbine und Ottomotor treiben über ein Getriebe den Verdichter und Lader an. Obwohl das Triebwerk in dieser Form Erfolg verspricht, würde die Entwicklung des Zweitaktmotors zuviel Zeit erfordern.

Weitere Untersuchungen und Projektberechnungen mit verschiedenen Strahlantriebskonzepten mit radialen und axialen Verdichtern fallen eindeutig zugunsten des Axialverdichters aus, wobei eine Gasturbine mit gegenläufiger Verdichterleit- und Laufräderbeschaufelung theoretisch die günstigste Lösung ist. Das ML-Triebwerk schneidet dagegen hinsichtlich Startschub und Verbrauch bei Teillast besser ab. Da ein gegenläufiges Gerät jedoch eine wesentlich größere Entwicklungszeit benötigt, hält *Dr. Oestrich* eine gleichlaufende Verdichterbeschaufelung mit festen Leitschaufeln für günstiger[2].

Weinrich-Triebwerk mit gegenläufigem Verdichter

Durch Zufall hört *Hans Mauch* als damals zuständiger Sachbearbeiter im RLM von einem Chemnitzer Ingenieur namens *Helmut Weinrich,* der eine Gasturbine mit gegenläufig arbeitendem Axialverdichter für die Marine entwickelt. *Weinrich* hat sich – wie *Mauch* feststellt – schon 1936 mit dem Vorschlag eines Propellerturbinen-Triebwerkes mit zwei gegenläufig arbeitenden axialen Verdichtern an das RLM

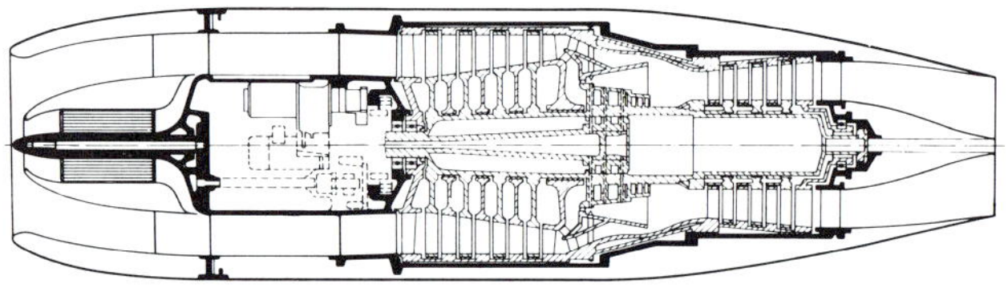

BMW 109-002-Weinrich-Triebwerk mit gegenläufig arbeitenden Axialverdichtern, das für 5,89 kN (600 kp) Schub ausgelegt ist

gewandt, aber keine Antwort erhalten. Er ist dabei, ein verkleinertes Versuchstriebwerk dieser Art zu bauen. Das RLM empfiehlt daraufhin Bramo, sich mit *Weinrich* in Verbindung zu setzen. Nach einem Mitte 1939 mit BMW abgeschlossenen Vertrag übernimmt *Weinrich* Entwurf und Konstruktion und Bramo Bau und Erprobung des Triebwerkes, das die Werksbezeichnung P 3304 und die RLM-Bezeichnung 109-002 erhält. Erwartet werden 5,89 kN (600 kp) Schub.

BMW P 3302 (V 1 bis V 10)

Unabhängig von dem Auftrag auf das Weinrich-Triebwerk erhalten die Brandenburgischen Motorenwerke Anfang 1939 ebenso wie Junkers und BMW in München einen Auftrag zur Entwicklung eines axialen Turbo-Luftstrahltriebwerkes für anfangs zwei und später zehn Prototypen,

Versuchstriebwerk P 3302, das anfangs auf dem Prüfstand (1940) 2,54 kN (260 kp) Schub erreicht, das aber durch zahlreiche Verbesserungen auf 4,9 kN (500 kp) Schub gesteigert werden kann

die 5,89 kN (600 kp) Schub bei 900 km/h Geschwindigkeit erreichen sollen.

Bramo hat nun reiche Erfahrungen mit Radialverdichtern von Ladern für Flugmotoren, aber keinerlei praktische Erfahrungen mit axialen Verdichtern. Das Unternehmen setzt sich deshalb mit der AVA in Göttingen in Verbindung, die gerade auf diesem Gebiet mit bedeutenden Forschungsergebnissen hervorgetreten ist. Das Institut ist zur Zusammenarbeit bereit, und Dipl.-Ing. *Walter Encke* übernimmt den Entwurf eines Verdichters für das vom RLM 109-003 und von BMW P 3302[3] bezeichnete Triebwerk. Der Verdichter mit sechs Stufen wird für ein Druckverhältnis von 2,77 ausgelegt. Die Spandauer Ingenieure haben schon 1938 bei ihrer vergleichenden Studie über die verschiedenen Antriebsmöglichkeiten für Strahltriebwerke mit gutem Erfolg Versuche mit ringförmigen Brennkammern unternommen, so daß einer solchen Anordnung der Vorzug gegeben wird. Diese Bauart trägt auch dazu bei, den Durchmesser des Triebwerkes klein zu halten. Bei der Turbineneintritts-Temperatur ist man sehr vorsichtig und legt vorerst 600° C zugrunde.

Als das erste P 3302-Triebwerk im Frühjahr 1940 auf dem Prüfstand läuft[4], erreicht es nur einen Schub von 2,54 kN (260 kp). Soll der verlangte Auslegungsschub erreicht werden, sind ein viel größerer Luftdurchsatz und ein höheres Druckverhältnis notwendig. Das kann aber nur durch einen neuen Verdichter mit zumindest sieben Stufen erreicht werden. An der Turbine treten außerdem Schaufelschäden auf. Die Schweißverbindungen zwischen Turbinenläufer und Laufschaufel sind nur schwierig einwandfrei herzustellen. Hinzu kommen große Probleme mit der Brennkammer, die nur einen Ausbrenngrad von etwa 60 Prozent hat. Überdies ist ein hoher Druckverlust vorhanden. Die Temperaturverteilung am Turbineneintritt ist ungleichmäßig, ein Teil des Kraftstoffes verläßt unverbrannt die Brennkammer. Es bleibt nichts anderes übrig, als Mitte 1940 mit einem neuen Triebwerk zu beginnen, das einen neuen Verdichter, einen um 30 Prozent höheren Luftdurchsatz und ein Druckverhältnis von 3,1 aufweist, mit einer neuen Turbine und einer neuen Brennkammer.

Der neue Verdichter erhält sieben Stufen und Verdichterschaufeln mit NACA-Profilen. Die Brennkammer wird mit Hilfe der Firma Henschel und von Ingenieuren der Luftwaffen-Akademie in Gatow neu gestaltet. Die Arbeiten an den neuen Komponenten schreiten aber nur langsam vorwärts, weil ein Teil der Belegschaft an dem Weinrich-Triebwerk und ein anderer Teil an der Weiterentwicklung des ersten Triebwerkes P 3302 arbeitet, um hier die gröbsten Mängel zu beheben. Zudem steht BMW durch den Beginn des Großserienbaues des BMW 801 für die Fw 190 im Werk München-Allach unter einem enormen Arbeitsdruck. Die Arbeiten an dem Weinrich-Triebwerk werden deshalb Mitte 1942 vom RLM gestoppt, nachdem sich zeigt, daß es noch eine lange Entwicklungszeit benötigt. Inzwischen werden die ersten beiden BMW P 3302 (V 11 bis V 14)-Triebwerke Mitte November 1941 in verbesserter Form an Messerschmitt in Augsburg geliefert und in die Me 262 eingebaut. Das Flugzeug ist aber nicht 1941 mit dem BMW-Triebwerk geflogen, wie vielfach in der Literatur angegeben wird, sondern erst vier Monate später. Am 25. März 1942 startet eine Me 262 mit Flugkapitän *Fritz Wendel* am Steuer mit den beiden BMW-Strahltriebwerken zum Erstflug. Beide Triebwerke versagen kurz nach dem Start; *Wendel* kann aber die Maschine mit Hilfe des Kolbenmotors Jumo 210 sicher an den Boden bringen. Dabei wird allerdings das Fahrwerk beschädigt.

BMW 003 A

Mitte 1942 werden der neue Verdichter, eine verbesserte Brennkammer und eine neue Turbine für das nunmehr 109-003 genannte Triebwerk zum Zusammenbau fertig. Die Konstruktion übernimmt unter Leitung von *Dr Oestrich* Ing. *Hans Rosskopf* in Spandau. Ende 1942 kommt das Triebwerk auf den Prüfstand. Das erste Triebwerk 003 A erreicht 5,40 kN (550 kp) Schub. Inzwischen verlangt

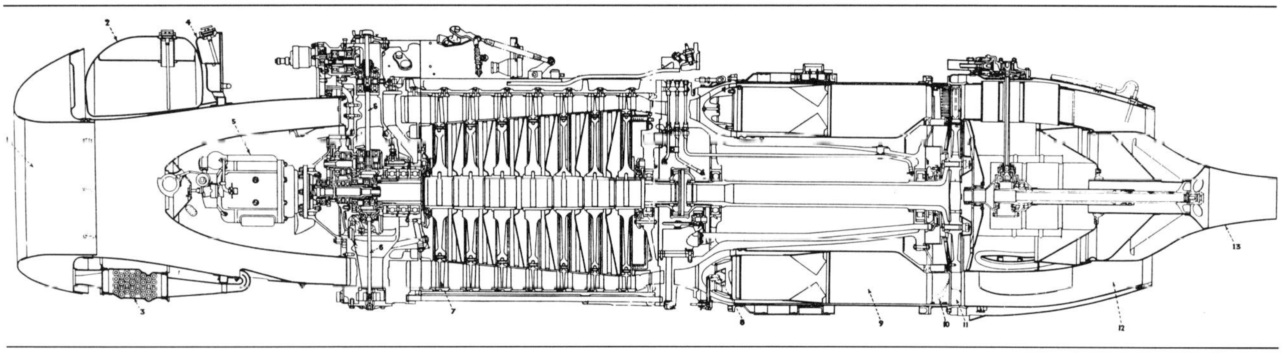

BMW 003 A-0 mit siebenstufigem Axialverdichter, Ringbrennkammer und einstufiger Turbine erreicht Mitte 1943 einen Schub von 7,85 kN (800 kp)

aber das RLM bereits 7,85 kN (800 kp) Schub. Wiederum gibt es erhebliche Schwierigkeiten mit der Brennkammer. Außerdem treten am Verdichter Schwingungen auf, die laufend zur Zerstörung von Verdichterschaufeln führen. Hinzu kommen Schwierigkeiten mit dem Anlassen durch einen sehr hohen Widerstand beim Durchdrehen des Triebwerkes. Fast ein Jahr benötigt BMW, um dieser Probleme Herr zu werden.

Vorserientriebwerk BMW 003 A-0

Schließlich gelingt es Mitte 1943, den Wirkungsgrad der Turbine zu steigern. Die Schwierigkeiten beim Anlassen werden durch eine verstellbare Schubdüse beseitigt. Der Lufteinlauf erhält eine Enteisungsanlage. Durch Komponentenverbesserungen erreicht der Schub nunmehr 7,84 kN (800 kp) und der spezifische Verbrauch einen Wert von 137 kg/kNh (1,35 kg/kph). Dauerläufe von 20 und später 50 Stunden werden erreicht. Die ersten Vorserientriebwerke 003 A-0 werden mit Hilfe eines fliegenden Prüfstandes Ju 88 im Oktober 1943 erprobt.

Um diese Zeit erreicht aber der Jumo 004 bereits 8,80 kN (900 kp) Schub und mehr. Dieses Triebwerk ist weiter entwickelt und zuverlässiger und hat einen einwandfrei arbeitenden automatischen Regler. Dennoch hat der BMW 003 Aussichten, den Schub des Jumo 004 zu erreichen, und bietet zudem folgende Vorteile: seine Stirnfläche ist geringer, das Triebwerk hat eine niedrigere Masse, und der 003 ist einfacher herzustellen. Bei dem 004 unterliegen beispielsweise die Brennkammern hohem Verschleiß; das ganze Triebwerk muß zerlegt werden, um sie auszutauschen. Bei dem 003 ist der Turbinenläufer der Pferdefuß des Triebwer-

BMW 003 A auf der Oldtimer-Triebwerkschau der ILA 1986 in Hannover

kes, er kann aber bei eingebautem Triebwerk schnell gewechselt werden. Das RLM veranlaßt nun, daß der Jumo 004 B-1 ohne jede weitere Änderung in Großserie geht. Es fordert BMW auf, den 003 schnellstens weiter zu entwickeln. Das Reglersystem des 004 soll von BMW übernommen und von einer Weiterentwicklung des eigenen Reglersystems vorerst abgesehen werden. Die Zahl der Mitarbeiter steigt bei BMW erst 1942, als in Spandau die Fertigung von Kolbentriebwerken eingestellt wird. Sie erreicht 700 Beschäftigte im Jahre 1942 und steigt 1945 auf 1000. Von der Motoren-Entwicklungsabteilung werden zeitweise 200 Ingenieure für den BMW 003 in Anspruch genommen.

Serientriebwerk BMW 003 A-1

Bei der Weiterentwicklung konzentriert sich BMW besonders auf eine weitere Verringerung des Arbeitsaufwandes bei der Serienherstellung und auf den Austausch hochwertiger Werkstoffe gegen Ersatzstoffe. Das RLM setzt ein Limit von 500 Arbeitsstunden je Triebwerk und verlangt die Reduzierung des Nickelverbrauches von 25 kg je Triebwerk auf einen Minimalwert von einem Kilogramm. Durch weitgehende Verwendung von Blechen anstelle von Gußteilen kann die Masse des 003 A-1 von 750 kg auf 610 kg vermindert werden. Ferner werden neue Brenner entwickelt, um anstelle des Gasolins J2-Kraftstoff verwenden zu können, der aus heimischen Stoffen synthetisch hergestellt werden kann. Die hohlen Turbinenschaufeln werden wie die der Abgasturbinen der BMW 801 J-Motoren durch Verschweißen zweier im Gesenk gebogener Bleche hergestellt. Mit diesen Hohlschaufeln werden bis zu 200 Stunden Laufzeit erreicht. Beim Anlauf der Serie muß allerdings aus Kapazitätsgründen die Herstellung der Schaufeln an zwei andere Fertigungswerke vergeben werden, deren Schaufeln aber wieder nur eine Lebensdauer von 50 bis 60 Stunden haben. Die ersten 100 Triebwerke des BMW 003 A-1 werden bis August 1944 geliefert.

BMW 003 A-2 mit höherem Schub

Das Serientriebwerk 003 A-1 ist für die Heinkel He 162 vorgesehen und für die kurz vor Kriegsende anlaufende vierstrahlige Arado Ar 234 C. Durch stetige Verbesserungen des Wirkungsgrades und der Komponenten gelingt es, den Schub des 003-Triebwerkes gegen Kriegsende auf 8,8 kN (900 kp) zu erhöhen. Dieses Triebwerk erhält die Bezeichnung BMW 003 A-2, wird aber nicht mehr geliefert.

BMW 003 R, Strahl- und Raketentriebwerk

Über das Kombinationstriebwerk 003 R, das durch den Anbau des Raketentriebwerkes 109-718 (BMW P 3395) an das Strahltriebwerk BMW 003 A-2 entsteht, ist schon im Kapitel über den Heimatschützer Me 262 C-2b (D-1) bei Messerschmitt berichtet worden. An dieses Triebwerk knüpft BMW große Hoffnungen[5], weil bei einem entsprechenden Anschluß am Geräteträger des 003-Triebwerkes die Pumpen zur Förderung des Raketentreibstoffes vom

Das kombinierte Luftstrahl-Raketen-Triebwerk BMW 003 R erreicht einen Schub von insgesamt 17,65 kN (1800 kp)

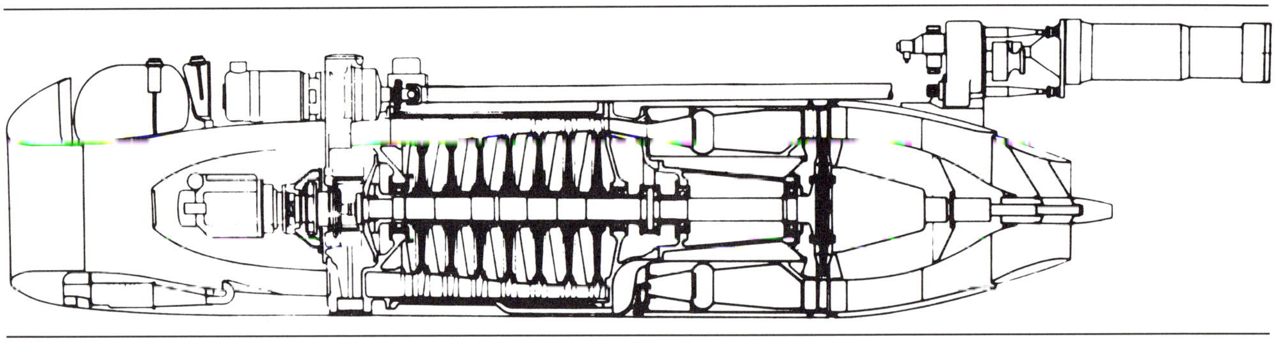

Das BMW 003 R-Triebwerk entsteht durch Zuschaltung des Raketentriebwerkes 109-718 (BMW P 3395) an das Strahltriebwerk BMW 003 A-2

Muttertriebwerk angetrieben werden können und das Raketentriebwerk weit einfacher ausgeführt werden kann als ein selbständiges Raketentriebwerk.
Man denkt bei BMW weniger an eine Starthilfe, sondern mehr an eine Reserve für gefährliche Situationen oder beim Einsatz, weil beim Einschalten des zusätzlichen Raketenantriebes 100 m/s bis 180 m/s Steiggeschwindigkeit erreicht werden können. Der Startschub kann auf insgesamt 17,65 kN (1800 kp) über drei Minuten gesteigert werden. Der spezifische Verbrauch des TL-Triebwerkes beträgt 142 kg/kNh (1,40 kg/kph) und etwa 5,2 kg je Tonne Schub und Sekunde für das Raketentriebwerk. Man unterschätzt wohl das große Risiko für das Bodenpersonal und die Piloten beim Umgang mit Raketentreibstoffen, besonders unter den erschwerten Verhältnissen im Krieg. Bei BMW ist man von der Überlegenheit dieses Triebwerkes aber so überzeugt, daß der 003 A-2 einen zusätzlichen Abtrieb für die Pumpen des Raketengerätes erhalten soll.
Eine Arado Ar 234 mit Triebwerken des Typs 003 A-0 erreicht im September 1944 eine Höhe von 13 000 m. Kurz vor dem Kriegsende liegt die Fertigungszeit für das 003-Triebwerk bei etwas über 400 Stunden.
Auf Veranlassung des RLM verkauft BMW die Konstruktions-Unterlagen des 003-Triebwerkes nach Japan[6]. Das Land soll dafür 20 Millionen RM gezahlt haben. Die Unterlagen sind auf zwei japanische U-Boote verladen worden, von denen das eine Japan glücklich erreicht, das andere aber unterwegs versenkt wird.

BMW 003 C mit neuem Verdichter

Die Firma Brown Boveri erhält auf Wunsch des RLM von BMW einen Auftrag auf einen Verdichter für ein in Entwicklung stehendes BMW 003 C-Triebwerk[7]. Der neue Verdichter, von *Hermann Reuter* entwickelt, ist siebenstufig ausgelegt mit einem Druckverhältnis von 3,4, läuft aber nur als Versuchsstück. Standschub 8,83 kN (900 kp), spezifischer Kraftstoffverbrauch am Stand 132 kg/kNh (1,3 kg/kph), Luftdurchsatz 20 kg/s, Drehzahl 9500 min^{-1}. Sonst gleicht das Triebwerk dem 003 A.

BMW 003 D mit zweistufiger Turbine

Auf Anregung von *Helmut Schelp,* dem zuständigen Referenten im RLM, nimmt BMW 1944, nachdem die größten Probleme mit dem 003-Triebwerk gelöst sind, ein neues Triebwerk 003 D in Angriff, das äußerlich zwar dem 003 A gleicht, dessen Verdichter, Brennkammer und Turbine aber neu ausgelegt werden. Das Triebwerk erhält einen achtstufigen Verdichter mit einem um 30 Prozent größeren Luftdurchsatz im Vergleich zur A-Ausführung. Der Standschub soll 10,80 kN (1100 kp) betragen bei einer Drehzahl von 10 000 min^{-1}. Den spezifischen Kraftstoffverbrauch hofft man auf 112 kg/kNh (1,1 kg/kph) senken zu können. Der neue Antrieb wird auf eine Gastemperatur von 750° C vor der Turbine ausgelegt. Die Turbine ist zweistufig vorgesehen. Die Firma Brückner & Kanis in Dresden arbeitet an einem neuen Verdichter, dessen Konstruktion in den Händen von Dipl.-Ing. *Rudolf Friedrich* liegt, der seinerzeit den Verdichter für das Heinkel-Triebwerk He S 30 konzipiert hat. Es zeichnet sich bald ab, daß mit dem neuen Verdichter ein Druckverhältnis von 4,95 zu erreichen ist, und man hofft, im Verlaufe der Entwicklung auf 85 Prozent Wirkungsgrad zu kommen.
Das 003 D-Triebwerk befindet sich noch im Konstruktionsstadium, als das Kriegsende die weiteren Arbeiten unterbricht.

BMW 3306 bleibt ein Projekt

Kurz vor Kriegsende wird ein BMW 3306-Triebwerk projektiert mit einem siebenstufigen Axialverdichter, Ringbrennkammer, einstufiger Turbine und einem Standschub von 16,68 kN (1700 kp) mit kurzzeitiger Steigerung auf 17,85 kN (1820 kp). Durchmesser 850 mm, Länge 3200 mm, Gewicht 900 kg, Druckverhältnis 4,2, Luftdurchsatz 40 kg/s, mittlere Temperatur vor der Turbine 750° C, spezifischer Kraftstoffverbrauch 122 kg/kNh (1,2 kg/kph).

Verlustgerät BMW 3307

Ein Entwurf BMW 3307 ist ein Verlustgerät zum Einbau in geplante Flugkörper mit einem Standschub von 6,37 kN (650 kp), 690 mm Durchmesser, 2800 mm Länge, siebenstufigem Verdichter und einstufiger Turbine. Das Triebwerk, das einen Fertigungsaufwand von nur 100 Arbeitsstunden haben soll, wird aber nicht mehr gebaut.

Propellerturbine BMW 028 für Kampfflugzeuge

Im Einvernehmen mit dem RLM beginnt BMW schon 1940 mit Entwürfen für ein Turbo-Luftstrahltriebwerk für Kampfflugzeuge mit großen Reichweiten. Projektiert wird anfangs eine Propellerturbine 109-028 mit einer Startleistung von 5840 kW (7940 PS) mit zwei gegenläufig arbeitenden Vierblatt-Luftschrauben. Von einem zwölfstufigen Verdichter erwartet man ein Druckverhältnis von 7. Eine vierstufige Turbine soll unter einer Turbineneintritts-Temperatur von 800° C arbeiten. Die Propellerturbine ermöglicht es, gegenüber den damaligen Turbo-Luftstrahltriebwerken zehn bis 20 Prozent Kraftstoff einzusparen. Sie ist für 640 km/h Geschwindigkeit in 6100 m Höhe konzipiert und könnte in die He 177 oder Messerschmitt Me 264 eingebaut werden.

Weiterentwicklung BMW 028 zur BMW 018

1943 aber ändert das RLM seine Vorstellungen über Propellerturbinen, weil Schwierigkeiten mit gegenläufigen Luftschrauben und den Getrieben zu erwarten sind. Es empfiehlt eine Zurückstellung des Projektes zugunsten eines einfacheren Turbo-Luftstrahltriebwerkes. BMW leitet nunmehr aus der 028 ein Turbo-Luftstrahltriebwerk ab, anfangs als P 3303, dann als BMW 109-018 bezeichnet, mit einem Schub von 33,3 kN (3500 kp), für das ein zwölfstufiger Verdichter und nun eine dreistufige Turbine entwickelt werden. Der spezifische Kraftstoffverbrauch wird auf 120 kg/kNh (1,18 kg/kph) geschätzt. Teile für zwei Versuchstriebwerke stehen 1944 zur Montage bereit. Als das erste Triebwerk – für einen Höhenerkunder Henschel P-122 vorgesehen – nahezu fertig ist, wird es bei einem Luftangriff auf das Werk Spandau zerstört. Danach können die Arbeiten an dem zweiten Triebwerk nicht mehr fortgesetzt werden.

Innerhalb von fünfeinhalb Jahren ist sowohl bei BMW als auch bei Junkers eine ganz neue Triebwerkkategorie zur Serienreife gebracht worden, ohne daß man auf vorhandenen Erfahrungen aufbauen konnte. Insgesamt werden bei BMW 450 Triebwerke hergestellt, und es wird eine Ferti-

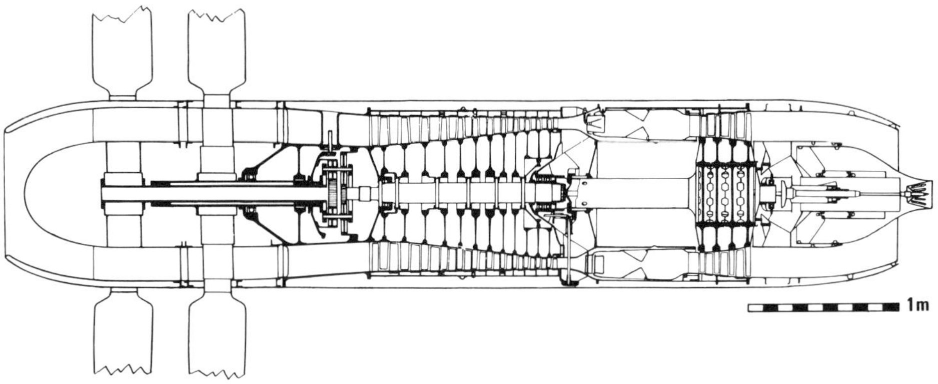

Propeller-Turbine BMW 028 mit gegenläufigen Luftschrauben, die für 5840 kW (7940 PS) Wellenvergleichsleistung in 6100 m Höhe bei 640 km/h Geschwindigkeit ausgelegt ist

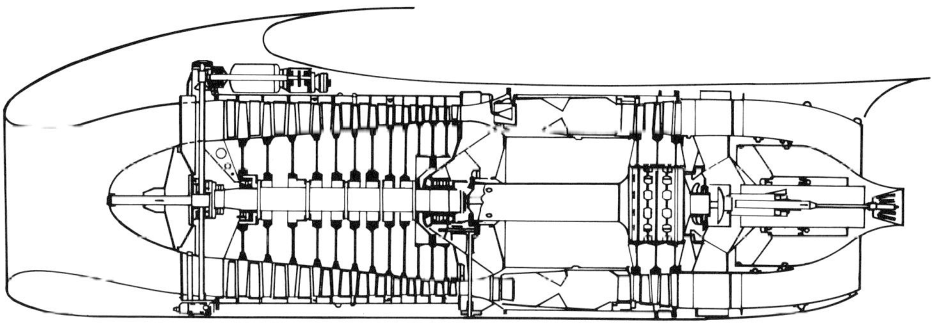

BMW 018, der für 33 kN (3500 kp) Schub ausgelegt und fertig montiert für Prüfstandläufe vorgesehen ist, wird kurz zuvor (1945) durch Bomben zerstört

gungszeit von nur 400 Stunden je Triebwerk erreicht – eine besondere Leistung unter den damaligen Verhältnissen wie der Notwendigkeit zum Austausch aller hochwertigen Werkstoffe gegen Sparstoffe, der Verlagerung des Werkes Spandau unter die Erde und der Aufrechterhaltung der Produktion während des Umzuges in das Salzbergwerk bei Staßfurt.

Weiterarbeit in Frankreich

Nach dem Krieg stellt *Dr. Oestrich* auf Veranlassung des französischen Luftfahrt-Ministeriums ein Entwicklungsteam von 120 Mitarbeitern zusammen, größtenteils BMW-Ingenieure, zu denen auch namhafte Fachleute von Junkers und anderen Werken stoßen. Die Gruppe nimmt die bisherigen Arbeiten in Rickenbach am Bodensee wieder auf. 1946 siedelt sie nach Frankreich über. Dort entsteht in enger Zusammenarbeit mit französischen Ingenieuren das ATAR-Strahltriebwerk, das heute noch in Frankreich geflogen und gebaut wird. *Dr. Oestrich* wird Technischer Direktor der staatlichen Flugmotorenwerke SNECMA. Diese beispielhafte Zusammenarbeit ist ein Baustein zur deutsch-französischen Freundschaft geworden, die heute im Erfolg mit dem Airbus ihre Krönung findet.

Anmerkungen

1 Hermann Oestrich wird am 30. Dezember 1903 in Duisburg geboren und studiert an der Technischen Hochschule in Hannover und Berlin. Er wird 1928 Mitarbeiter der Motorenabteilung der DVL in Berlin-Adlershof. 1935 tritt Oestrich in das Siemens-Flugmotorenwerk in Berlin-Spandau ein und befaßt sich dort mit Fragen von Kolbentriebwerken und Höhenmotoren. Schon während seiner Tätigkeit bei der DVL im Jahre 1931 gilt sein Interesse den Strahlantrieben. 1938 übernimmt er als Leiter einer der Entwicklungsabteilungen bei den Brandenburgischen Motorenwerken die vom RLM in Auftrag gegebenen Vorstudien für Turbo-Luftstrahltriebwerke und bald darauf die Leitung der Strahltriebwerk-Entwicklung bei den BMW Flugmotorenwerken Brandenburg, wo er 1943 zum Abteilungsdirektor avanciert und der Vater des BMW 003 und seiner Weiterentwicklungen wird.

2 Hermann Oestrich: Die Entwicklung der L-Triebwerke bei BMW Spandau. Vortrag gehalten vor der Deutschen Akademie der Luftfahrtforschung, Berlin, 1941.

3 Dr.techn. Hermann Hagen: Zur Geschichte des Strahltriebwerkes, Die Entwicklung bei BMW in den Jahren 1938 bis 1945. Vortrag auf der Jahrestagung 1981 der DGLR in Aachen.

4 Dr. Hermann Oestrich: Vom BMW 003 zum ATAR 101. Vortrag gehalten im Jahre 1948.

5 BMW EZS Bericht Nr. 37/43: Das TL-Gerät mit R-Schubhilfe als Antrieb für Jäger (Peter Kappus).

6 Hans Georg Münzberg: Einsatz von Modellstudien bei der Entwicklung von Turbo-Strahltriebwerken. Hermann Oestrich-Vorlesung zum 4. Tag der europäischen Luftfahrtpioniere, Paris, 26. 4. 1979.

7 Dr.-Ing. Hermann Oestrich: Die Entwicklung der Flug-Gasturbine bei den Bayerischen Motorenwerken während des Krieges. Flugwelt 4/1950, S. 69 ff.

BMW Turbo-Luftstrahltriebwerke*/**

Muster		003 A-0	003 A-2	003 D	018	028
Baujahr		1943	1944	1944	1943	1942
Bauart		TL	TL	TL	TL	PTL
Verdichter						
Luftdurchsatz	kg/s	19	20	25	83	83
Stufenzahl		7 A	7 A	8 A	12 A	12 A
Druckverhältnis		3,1	3,4	4,95	7,1	7,0
Bypassverhältnis						
Brennkammer		Ring	Ring	Ring	Ring	Ring
Turbine		1	1	2	3	4
Abmessungen						
Länge	mm	3 530	3 530	3 530	4 750	6 000
Durchmesser	mm	690	690	690	1 250	1 250
Trockenmasse	kg	595	595	630	2 200	3 200
Standschub mit Nachbrenner	kN (kp)					
Standschub ohne Nachbrenner	kN (kp)	7,8 (800)	8,83 (900)	10,80 (1 100)	33,34 (3 500)	kW 5 840 PS 7 940***
Drehzahl	min^{-1}	9 500	9 500	10 000	6 000	6 000
spez. Verbrauch	kg/kNh	143	132,5	112,10	120	kg/kWh 0,45
	kg/kph	1,40	1,30	1,1	1,18	kg/PSh 0,33
Einheitsmasse	kg/kN	76,30	67,38	58,30	66,70	kg/kW 0,54
	kg/kp	0,74	0,66	0,57	0,63	kg/PS 0,40
Stirnflächenschub	kN/m^2	21,10	23,85	29,20	26,82	kW/m^2 4 786
	kp/m^2	2 162	2 432	2 970	2 845	PS/m^2 6 508
Durchsatzschub	kN/kg/s	0,41	0,44	0,43	0,40	kW/kg/s 38,50
	kp/kg/s	42,10	45,0	44	42,17	PS/kg/s 95,60
Temperatur vor Turbine	°C	770	770	750	800	800
Stirnfläche	m^2	0,37	0,37	0,37	1,23	1,22

* TL = Turbo-Luftstrahltriebwerk
A = Axialstufen
PTL = Propellerturbine

** Daten entnommen Aufsatz Dr. H. Oestrich: Die Entwicklung der Fluggasturbine bei den Bayerischen Motorenwerken während des Krieges; Flugwelt II. Jahrgang 4/1950 S. 69 ff

*** 3 100 PS Wellenleistung und 2 750 kp Schub. Wellenvergleichsleistung 5 840 kW (7 940 PS) bei 640 km/h in 6 100 m Höhe. Verbrauch 334 g/PSh

Daimler-Benz

Zweistromtriebwerk DB 109-007

Daimler-Benz befaßt sich verhältnismäßig spät mit der Entwicklung eines Turbo-Luftstrahltriebwerkes, weil die Firma durch die Herstellung der Jägermotoren DB 601, DB 603 und DB 605 und durch deren laufende Verbesserungen bis an die Grenzen ihrer Kapazität ausgelastet ist. Der vom RLM erteilte Auftrag sieht ein Turbo-Luftstrahltriebwerk mit geringerem Kraftstoffverbrauch vor, als ihn die bei Junkers und BMW derzeit entwickelten Jägertriebwerke aufweisen. Professor *Karl Leist,* der bisher im Werk an der Entwicklung von Abgasturboladern für Kolbentriebwerke arbeitet und mit der neuen Aufgabe betreut wird, beginnt 1939 mit Untersuchungen[1] über ein ML-Triebwerk, weil diese Aggregate von vornherein eine starke Senkung des Kraftstoffverbrauches versprechen. Zum Antrieb des Verdichters soll der DB 604, ein 24-Zylinder-Höhen- und Einspritzmotor in X-Form mit 1840 kW (2500 PS) verwendet werden. Das Triebwerk hat einen Durchmesser von 1380 mm. Die Kühler liegen als Ringkühler vor dem Motor. Hinter dem Motor ist eine Nachverbrennungskammer für zusätzlichen Schub vorgesehen. Die Berechnungen ergeben bei 900 km/h Geschwindigkeit für 6000 m Höhe einen Schub von 5,88 kN (600 kp). Die Anlage ist jedoch mit 1700 kg zu schwer. Nach Untersuchungen an einem intermittierend arbeitenden Triebwerk wendet sich *Karl Leist* dem größeren Erfolg versprechenden Zweistromtriebwerk zu, das während der Arbeiten die RLM-Bezeichnung DB 109-007 erhält. Um einen niedrigen Verbrauch zu erzielen, legt *Leist* diesem Triebwerk einen Flugwert-Schub von 6,0 kN (610 kp) in 6000 m Höhe zugrunde, ein Druckverhältnis von acht und relativ hohe Gastemperaturen.

Die Auslegung eines gegenläufigen Verdichters übernimmt *Walter Encke* bei der AVA in Göttingen. Er besteht aus zwei beschaufelten, gegenläufigen Trommeln. Die innere Trommel hat neun Schaufelreihen, die äußere Trommel innen acht Schaufelreihen. Auf der Außenseite im Nebenstromkanal sind nochmals drei Verdichterstufen angeordnet. Die

1 Daimler-Benz-Archiv, Stuttgart-Untertürkheim.

Zweistrom-Turbo-Luftstrahltriebwerk DB 109-007 mit gegenläufigen Axialverdichtern kommt 1943 auf den Prüfstand

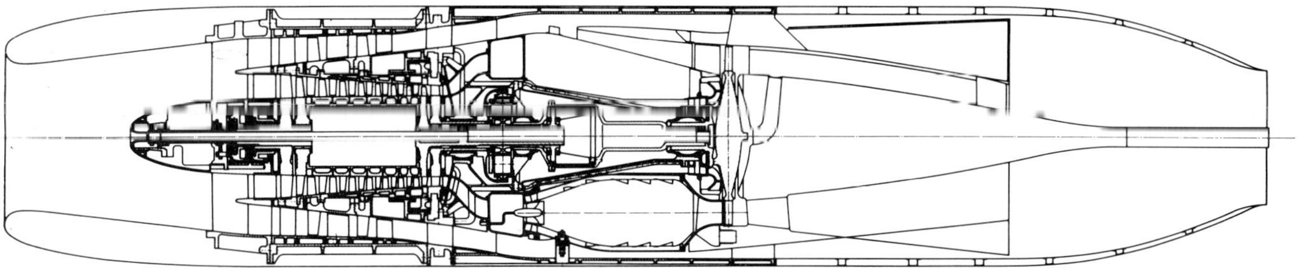

DB 109-007 erreicht auf dem Prüfstand eine Laufzeit von 150 Stunden. Das Triebwerk ist für einen Standschub von 13,7 kN (1400 kp) ausgelegt

Trommeln sind über ein Planetengetriebe miteinander verbunden. In Bodennahe liegt der Luftdurchsatz des Innenstromes bei 14,8 kg/s und der des Außenstromes bei 35,8 kg/s, so daß sich ein Nebenstromverhältnis von 2,42 ergibt[2]. Die Brennkammer besteht zunächst aus vier Einzelkammern, zu der später noch eine fünfte Kammer hinzukommt. Die Turbine ist einstufig, und die Turbinenschaufeln werden durch eine Kühlluft-Teilbeaufschlagung mit Nebenstomluft gekühlt. Die Turbinen-Eintrittstemperatur liegt bei 1100° C. Berechnungen ergeben am Boden einen Stand-Schub von 13,7 kN (1400 kp). Die Masse des Triebwerkes wird mit 1000 kg angegeben. Das erste von drei Triebwerken kommt am 1. April 1943 in Stuttgart-Untertürkheim auf den Prüfstand. Für das neuartige und komplizierte Triebwerk müssen viele Einzelelemente auf entsprechenden Versuchsanlagen für Komponenten geprüft und erprobt werden, was viel Zeit erfordert. Das Versuchstriebwerk DB 109-007 V 1 erreicht auf dem Prüfstand 152 Stunden Laufzeit. Das RLM verfügt im März 1944 den Abbruch der Entwicklungsarbeiten.

Bei Daimler-Benz laufen zu jener Zeit weitere Studien über ein Projekt DB 109-016 mit Verdichtern ohne Gegenläufigkeit und zwei einstufigen Turbinen. Ferner wird an einer Studie über ein Triebwerk mit trommelförmigem Verdichter und gekühlten Turbinenschaufeln gearbeitet.

Professor *Dr.-Ing. Karl Leist* verläßt nach dem Baustop des DB 109-007-Triebwerkes die Firma Daimler-Benz. Die Triebwerkentwicklungs-Abteilung wird mit der Abteilung W 60 KV Konstruktions-Vorentwicklung unter Leitung von Oberingenieur *Freytag* zusammengelegt. Hier setzt man die bei Heinkel begonnenen Arbeiten an der Propellerturbine PTL 021 fort, die für die Arado Ar 234 vorgesehen ist und die die Firma Heinkel Hirth-Zuffenhausen wegen Arbeitsüberlastung an Daimler-Benz abgegeben hat.

2 Erinnerungen 1934–1984 an den Flugtriebwerkbau in München. Herausgeber MTU, München.

Daimler-Benz setzt die Entwicklungsarbeiten der vom Heinkel-Hirth-Triebwerkbau übernommenen Propellerturbine He S 21 unter der Bezeichnung DB PTL 109-021 fort. Das Triebwerk sollte eine Leistung von 1470 kW (2000 PS) und einen Restschub von 7,75 kN (790 kp) erreichen

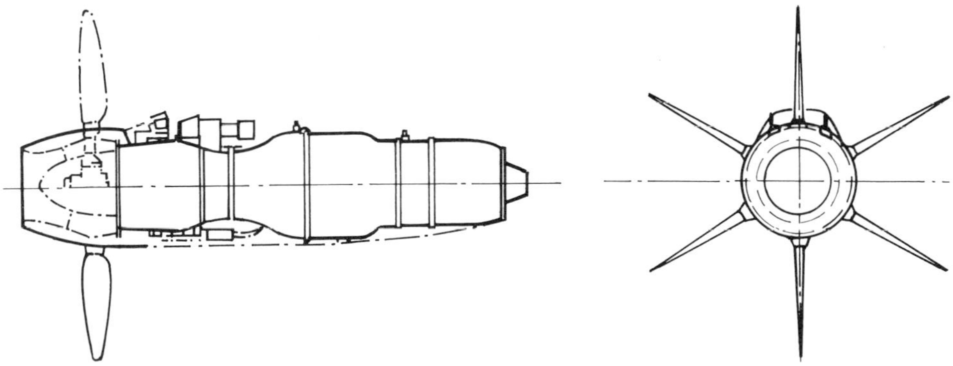

Paul Schmidt und das Argus-Rohr

Seit 1929 befaßt sich der Münchner Dipl.-Ing. *Paul Schmidt* mit dem Strahlantrieb. Er erhält ab 1931 die erste finanzielle Unterstützung, die eine deutsche Regierung für den Strahlantrieb gewährt. Seine Arbeit wird anfangs von der Forschungsabteilung des Reichsverkehrs-Ministeriums und danach vom Reichsluftfahrt-Ministerium gefördert. Schmidt erfindet einen Antrieb, der im Krieg unter der Bezeichnung Verpuffungsstrahlrohr oder Pulso-Strahltriebwerk eine besondere Rolle spielt. Wie *Ohain* und *Whittle* hat auch er Vorgänger, deren Arbeiten ihm unbekannt bleiben. Dazu zählt ein Ingenieur namens *Karavodine,* der 1906 ein Verpuffungsrohr erfindet, das bei Versuchen selbständig arbeitet. Der Italiener *Marconnet* schlägt wenige Jahre später (1909) ein Verpuffungs-Gasstrahlrohr zum Antrieb eines Flugzeuges vor. *Schmidt* fehlen für seine Arbeit sowohl theoretische Grundlagen als auch Erfahrungsberichte. Dennoch gelingt es ihm, 1930 ein Patent auf einen Rückstoßantrieb mit pulsierender Verbrennung zu erhalten. Aber erst Professor *Adolf Busemann,* dem Erfinder des Pfeilflügeleffektes, gelingt es, den Arbeitsvorgang im intermittierend arbeitenden Strahlrohr aufgrund seiner Erfahrungen in der Gasdynamik zu klären. Es zeigt sich, daß der Wirkungsgrad des Verpuffungsantriebes im Bereich von 500 bis 700 km/h Geschwindigkeit besser ist als der des mit Gleichdruck arbeitenden Staustrahlantriebes. Auch hat das pulsierende Strahlrohr den großen Vorteil, daß es einen Standschub liefert, der nur geringfügig unter dem Höchstschub liegt. Das Gewicht des Antriebes ist außerdem gering, der Kraftstoffverbrauch allerdings hoch.

Wiederum unabhängig von *Paul Schmidt* und seinen Vorgängern entdeckt *Dr.-Ing. Günther Dietrich,* der seit 1938 bei der Firma Argus mit Fragen der Schubsteigerung durch Nachverbrennung beschäftigt ist, den Effekt der schwingenden Verbrennung. Das RLM empfiehlt *Schmidt* daraufhin eine gemeinsame Weiterarbeit mit *Dietrich.* 1940 kommt es zwischen den beiden Partnern zwar zu einem Vertrag, aber zu keiner erfolgreichen Zusammenarbeit. Die Firma Argus erhält nun über *Dietrich* Einblick in *Schmidts* Arbeiten und läßt den Antrieb im Windkanal untersuchen. Nach Änderungen am Einlauf und am Klappenkasten werden mit einem Versuchstriebwerk Laufzeiten bis zu einer Stunde erreicht. Unter der Leitung von *Dr.-Ing. Fritz Gosslau* baut Argus mehrere Versuchsgeräte und erreicht damit auf dem Prüfstand 1,2 kN (120 kp) Schub.

Am 30. April 1941 gelingt der erste Flug mit einem unter dem Rumpf eines Schulflugzeuges befestigten Versuchstriebwerkes. Die Weiterentwicklung führt zum Antrieb der fliegenden Bombe Fieseler Fi 103, die unter dem Namen V 1 bekannt wird. Das Argus-Schmidt-Pulso-Rohr genannte Gerät erreicht unter der Bezeichnung Argus 014 in der Serienausführung einen Schub von 3,61 kN (370 kp) bei 700 km/h Geschwindigkeit. Mehrere tausend Schubrohre werden zum Preis von jeweils 770 RM gebaut. Argus findet eine verständliche Erklärung für die Arbeitsweise dieser einfachen und genialen Erfindung:

»Das Argus-Schmidt-Pulso-Rohr ist ein einseitig durch ein Ventil abgeschlossenes Rohr von auffälliger Länge, akustisch durch Verpuffungen erregt, das imstande ist, ohne Zuhilfenahmen bewegter Teile Gase anzusaugen und auszustoßen und einen thermischen Kreisprozeß durchzuführen, bei dem es nicht einmal einer Zündeinrichtung bedarf.«

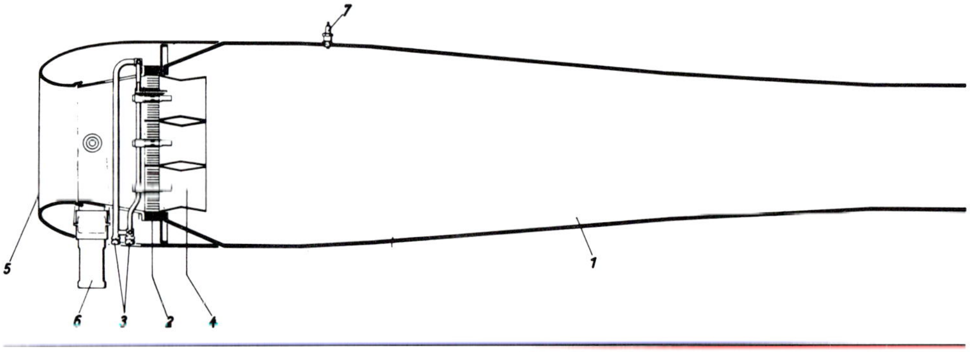

1 Rohrkörper
2 Klappenregister
3 Kraftstoff- und Anlaßluftleitung
4 Blende
5 Fang-Diffusor
6 Aufhängung
7 Zündkerze

Klappkasten des Argus 014-Triebwerkes mit Blattfederventilen und Einspritzdüsen

Der Standschub des Argus-Pulso-Triebwerkes wird durch laufende Verbesserungen bis auf 4,1 kN (420 kp) gesteigert. Versuche bei der DFS, als Kraftstoff gemahlenen Kohlenstaub zu verwenden, verlaufen erfolgversprechend. Durch Wassereinspritzung hofft man, den Schub weiter steigern zu können. Wegen des sehr hohen Lärmpegels findet diese Antriebsart nach dem Kriege keine praktische Anwendung, obwohl verschiedentlich Versuche zum Antrieb von Rotoren für Trag- und Hubschrauber unternommen werden.

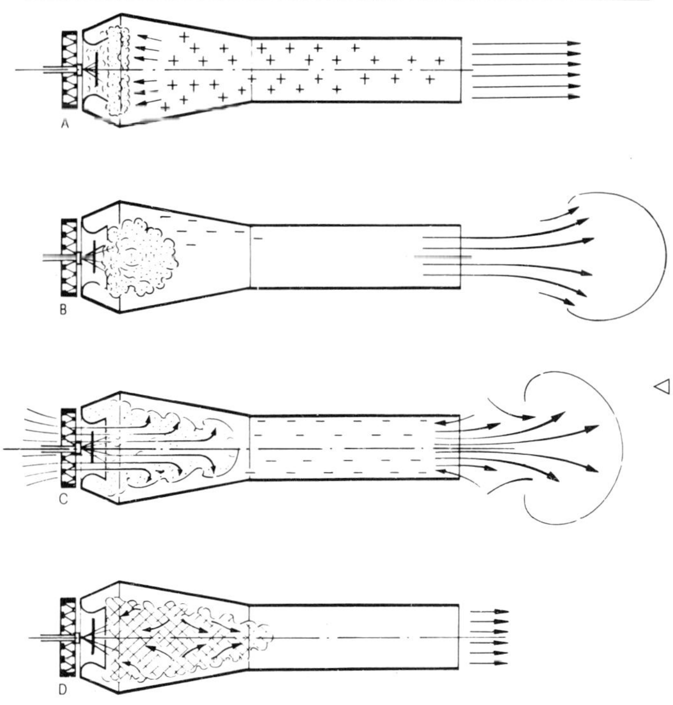

◁ *Schematische Funktionsweise des Argus-Schmidt-Rohres*

Das Pulso-Strahltriebwerk wird nach seinem Erfinder, Paul Schmidt aus München, allgemein Schmidt-Rohr genannt. Beim Anlassen des Pulso-Triebwerkes wird Preßluft durch die Ventilklappen geblasen, Brennstoff eingespritzt und mit einer Zündkerze das Gemisch gezündet. Der Verbrennungsdruck schließt einerseits die Klappen und stößt andererseits die verbrannten heißen Gase nach hinten aus, es wird Schub erzeugt. (A) Durch das Abströmen der Gassäule (B) entsteht an den Klappen ein Unterdruck, der wieder frische Luft von vorne (C) ansaugt. Bei entsprechend abgestimmter Rohrlänge entsteht eine Druckwelle in Resonanz. Das frische Gasgemisch entzündet sich periodisch an den heißen Restgasen (D) ohne Einwirkung eines elektrischen Zündfunkens.

Anhang

Historische Daten zum Strahlflug*

1935

6. 10. 1935	Volta-Tagung in Rom; Vortrag Adolf Busemann: »Auftrieb bei Überschallgeschwindigkeit« (Pfeilflügel)

1936

3. 3. 1936	Prof. Robert W. Pohl macht Heinkel auf Hans-Joachim Pabst von Ohains Arbeiten am Rückstoßantrieb aufmerksam
17. 3. 1936	Ohain unterrichtet Ernst Heinkel über seine Arbeiten am Rückstoßantrieb

1937

März/April 1937	Gelungene Erstläufe der He S 2 mit 1,28 kN (130 kp) Schub
12. 4. 1937	Erstes Whittle-Triebwerk läuft auf dem Prüfstand

1938

14. 8. 1938	Junkers-Patent des Erfinders Herbert Wagner auf ein Turbo-Luftstrahltriebwerk

1939

26. 4. 1939	Me 209 erfliegt unter Führung von Fritz Wendel mit 755 km/h Geschwindigkeits-Weltrekord
7. 6. 1939	Einreichung Projekt Messerschmitt P 1065 zur Genehmigung an RLM; März 1940 erfolgt Auftrag auf drei Prototypen
20. 6. 1939	Erstflug Raketenflugzeug He 176 unter Führung von Erich Warsitz
20. 6. 1939	Beginn Attrappenbau He 180
3. 7. 1939	Vorführung He 176 durch Erich Warsitz in Rechlin
27. 8. 1939	Erstes Turbo-Luftstrahlflugzeug He 178 startet mit He S 3 B und Erich Warsitz am Steuer zum Jungfernflug
1. 9. 1939	Einmarsch deutscher Truppen in Polen
26. 9. 1939	Attrappenbesichtigung He 180 und Entscheidung Heinkels für den Bau der He 280
18. 10. 1939	Ernst Udet ordnet über das RLM die Finanzierung von Heinkels Arbeiten an Turbo-Luftstrahl-Triebwerken und -Flugzeugen an
1. 11. 1939	Heinkel schlägt den Vertretern des RLM anläßlich der Vorführung der He 178 die Entwicklung des zweitstrahligen Jägers He 280 vor, die bisher von ihm privat betrieben worden ist

1940

3. 2. 1940	Gloster erhält vom britischen Luftfahrt-Ministerium einen Auftrag auf den Bau eines Strahljägers unter der Spezifikation E.28/39
28. 8. 1940	Erstflug Caproni-Campini C.C.1 unter Führung von Mario de Bernardi
22. 9. 1940	Paul Bader von der Erprobungsstelle Rechlin unternimmt Erstflug mit der He 280 ohne Triebwerke im Schleppflug
10. 10. 1940	Paul Bader überführt He 280 im Schlepp nach Marienehe zu Heinkel
11. 10. 1940	Erstlauf des Jumo 004 mit 4,2 kN (430 kp) Schub
22. 12. 1940	Zehnstundenlauf des Jumo 004 mit 5,88 kN (600 kp) Schub

1941

7. 2. 1941	Gloster erhält einen Auftrag des britischen Produktions-Ministeriums, zwölf Prototypen eines zweistrahligen Jägers zu bauen
30. 3. 1941	Erstflug He 280 V 2 mit Triebwerken mit Fritz Schäfer am Steuer
5. 4. 1941	Paul Bader führt He 280 den Spitzen des RLM vor
18. 4. 1941	Erstflug Me 262 V 1 mit Jumo 210 mit Fritz Wendel am Steuer
30. 4. 1941	Erstflug eines als Erprobungsträger dienenden Schulflugzeuges mit einem Argus-Schmidt-Pulso-Rohr
15. 5. 1941	Erstflug der Gloster E.28/39 in Cranwell
30. 5. 1941	Ernst Heinkel kauft die Hirth-Motorenwerke in Stuttgart
25. 7. 1941	Auftrag RLM an Messerschmitt auf fünf V-Muster und 20 Vorserienflugzeuge
6. 8. 1941	Jumo 004 erreicht den vom RLM geforderten Schub von 5,88 kN (600 kp)
2. 10. 1941	Heini Dittmar erreicht mit der Me 163 1003 km/h Geschwindigkeit

* Aus Platzgründen können nur Ereignisse mit vollständigen Daten angeführt werden. Würden auch die Vorgänge mit Hinweis auf Monat, Jahresdatum oder beides wiedergegeben, würde die Aufstellung den mehrfachen Umfang annehmen. Es handelt sich folglich nur um eine Auswahl aus historischen Daten.

30. 11. 1941	Caproni-Campini C.C.2 fliegt von Mailand nach Rom
1. 12. 1941	Beginn der Konstruktion der B-Version der Me 163

1942

15. 3. 1942	Erster Flug mit Jumo 004 im Erprobungsträger Me 110
25. 3. 1942	Erstflug Me 262 V 1 mit zwei BMW P 3302 zuzüglich Kolbentriebwerk. Notlandung mit Bruch Fahrwerk wegen Versagens beider Turbo-Luftstrahltriebwerke
25. 4. 1942	Vereinbarung mit den Walter-Werken, ein stärkeres Raketentriebwerk bis 6./7. 1943 für die Me 163 B zu liefern
5. 5. 1942	Aufstellung Erprobungs-Kommando 16 durch Wolfgang Späte
22. 5. 1941	Letzter und 20ster Schleppflug von Flugbaumeister Fritz Schäfer mit He 280 V 1
26. 6. 1942	Erprobung Me 163 B V 1 im Schlepp ohne Triebwerk
16. 7. 1942	Spitzengespräch im RLM über Auslegung He S 011
18. 7. 1942	Gelungener erster Start Me 262 V 3 mit Fritz Wendel am Steuer mit Jumo 004 A-Triebwerken
2. 10. 1942	Robert Stanley startet mit dem ersten amerikanischen Strahlflugzeug Bell XP 59 A zum Erstflug
2. 11. 1942	Auftrag RLM auf den Bau von 24 V-Typen He 280
18. 11. 1942	Auftrag auf 24 V-Typen wird annulliert
2. 12. 1942	Auseinandersetzung zwischen RLM und Messerschmitt wegen zu langsamen Fortschreitens der Arbeiten an der Me 262
11. 12. 1942	Fliegerstabs-Ing. Heinrich Beauvais aus Rechlin fliegt He 280 V 3
17. 12. 1942	Vergleichsfliegen und Luftkampfübung He 280 V 3 mit Fw 190 vor Vertretern RLM

1943

13. 1. 1943	Schleppflug He 280 V 1 mit Argus-Rohren durch zwei Me 110. Vereisung Schlepp-Kupplung und erster gelungener Absprung des Piloten mit Schleudersitz. Flugzeug geht zu Bruch
8. 2. 1943	Fritz Schäfer wird mit He 280 V 3 durch Triebwerkschaden zur Notlandung gezwungen. Nur leichte Beschädigung
5. 3. 1943	Jungfernflug der zweistrahligen F.9/40 Gloster Meteor unter Führung von Flugversuchspilot Michael Daunt
27. 3. 1943	He 280 wird durch RLM vom Bauprogramm abgesetzt
31. 3. 1943	Bell erhält von der US-Heeres-Luftwaffe einen Auftrag auf die Vorlage eines Projektes für einen Langstreckenjäger
17. 4. 1943	Wolfgang Späte fliegt die Me 262
18. 4. 1943	Flugversuchspilot Wilhelm Ostertag stürzt mit Me 262 V 2 tödlich ab
19. 4. 1943	Erstflug He 280 V 7 im Schlepp ohne Triebwerke
20. 4. 1943	Überführung He 280 V 7 im Schlepp nach Hörsching
29. 4. 1943	Schäfer fliegt He 280 V 2 mit Jumo 004-Triebwerken
22. 5. 1943	Adolf Galland fliegt Me 262 V 4
23. 5. 1943	Hanns Klemm scheidet aus seiner Firma aus, weil er kein Militärflugzeug (Me 163) bauen will und wird von der Gestapo bis 1945 verfolgt
25. 5. 1943	Amtschefbesprechung Milch im RLM und Serienauftrag auf Me 262
25. 5. 1943	Milch befiehlt Bau einer Vorserie von 100 Me 262
30. 7. 1943	Erstflug Ar 234 V 1 mit Flugkapitän Selle am Steuer
12. 8. 1943	Bericht Selle über Erstflug Ar 234 V 1
13. 9. 1943	Erstflug Ar 234 V 2 mit Selle am Steuer
20. 9. 1943	Erstflug der De Havilland DH 100 Vampire mit De Havilland jr. am Steuer
29. 9. 1943	Erstflug Ar 234 V 3
3. 10. 1943	Gerd Lindner erreicht mit Me 262 V 3 in 5000 m Höhe 950 km/h Geschwindigkeit
17. 10. 1943	Me 262 V 6 erhält ein einziehbares Bugrad, mit dem unter Hilfe der Erprobungsstelle Rechlin 30 Monate nach dessen dringlicher Anforderung durch die Flugversuchspiloten Ende 1944 Einsatzreife erzielt wird
26. 11. 1943	Stop Serienfertigung Me 209
26. 11. 1943	Hitler erklärt Me 262 zum Schnellbomber und verbietet den Bau als Jäger
9. 12. 1943	Aufstellung Erprobungs-Kommando Me 262 Thierfelder in Lechfeld
15. 12. 1943	Vorschlag RLM, Me 262 mit He S 011 A weiter zu entwickeln

1944

8. 1. 1944	Milo Bursham startet nach sechs Monaten Bauzeit mit der Lockheed P-80 zum Erstflug
24. 1. 1944	Siegfried Günter übernimmt von Arado die Zeichnungen der Arado Ar 234 C, um eine 1,5fache Vergrößerung – He 343 genannt – bei Heinkel herzustellen
25. 2. 1944/ 13. 4. 1944	Messerschmitt-Werk Augsburg wird durch Bomben zerstört
1. 3. 1944	Fertigstellung des Prototypes des Nurflügeljägers Ho IX ohne Triebwerke
12. 3. 1944	Erstflug Ar 234 B V 9 mit Einziehfahrwerk unter Ubbo Janssen
23. 3. 1944	Verlegung Erprobung Ho IX im Schlepp von Göttingen nach Oranienburg
24. 3. 1944	Bell erhält von der Heeres-Luftwaffe der USA einen Auftrag für den Bau von zwei Prototypen des Langstreckenjägers XP-83
24. 4. 1944	Flugplatz und Werk Leipheim werden zerstört. Serienanlauf Me 262 wieder unterbrochen
13. 5. 1944	De Havilland erhält den Auftrag, 120 Vampire F.MK I zu bauen
6. 6. 1944	Beginn der Invasion an der Kanalküste
12./13. 6. 1944	Vorführung Ar 234 V 10 in Rechlin, Vergleichsfliegen mit Me 262

12. 6. 1944	Gloster liefert die ersten 15 Meteor an die RAF
16. 6. 1944	Denkschrift Ernst Heinkel zu den Baumustern He 343 und Ju 287
20. 6. 1944	Erste Umschulung von Kampffliegern auf Me 262, Gründung des Erprobungs-Kommandos Schenk
29. 6. 1944	Reichweitenflug Ar 234 V 7 über zwei Stunden, 20 min durch Oberleutnant Erich Sommer über 1416 km Strecke
7. 1944	Ausschreibung RLM an die Flugzeugwerke für einen einmotorigen Strahljäger. Messerschmitt schlägt Sonderprojekt Me P 1101 vor mit verstellbarem Pfeilflügel zur Erforschung des Verhaltens von Flugzeugen mit Pfeilflügeln
9. 7. 1944	Stellungnahme von Heinrich Hertel zur Heinkel Denkschrift He 343 und Ju 287
19. 7. 1944	Attrappenbesichtigung vierstrahlige Ar 234 in Landeshut
27. 7. 1944	Aufstellung eines ersten englischen Strahljägerverbandes mit Gloster Meteor
4. 8. 1944	Abschuß der ersten V 1 durch eine Gloster Meteor
16. 8. 1944	Erstflug Junkers Ju 287 mit Siegfried Holzbaur am Steuer
17. 8. 1944	Zerstörung des Messerschmitt-Werkes Regensburg
30. 8. 1944	Die Alliierten überschreiten die Seine
6. 9. 1944	Erstflug Ar 234 B mit vier BMW 003 A-0
8. 9. 1944	Ausschreibung Einfachflugzeug durch Technisches Amt
15. 9. 1944	Vorlage erster Entwürfe von Arado, Blohm & Voss, Focke-Wulf und Heinkel
23. 9. 1944	Lucht, Chef der Technik im Amt des Generalluftzeugmeisters, besucht Heinkelwerke in Schwechat und entscheidet sich für den Bau der P 1073 (He 162)
24. 9. 1944	Beginn mit der Konstruktion der He 162
3. 10. 1944	Aufstellung Kommando Nowotny; erhält 30 Me 262
5. 10. bis 11. 10. 1944	Meßing. Erwin Schnell bereitet in Wien-Schwechat He 280 V 8 zwecks Überführung nach Hörsching vor zwecks Tausch Leitwerk gegen V-Leitwerk und dessen Erprobung
8. 11. 1944	Walter Nowotny fällt im Luftkampf
6. 12. 1944	Erstflug He 162 unter Führung von Flugkapitän Peter
10. 12. 1944	Absturz Gotthold Peter mit He 162
11. 12. 1944	Vorführung der Gloster E.28/39 vor der Presse
16. 12. 1944	Deutsche Ardennen-Offensive
22. 12. 1944	Entwicklungs-Hauptkommission in Berlin beschließt beschleunigte Weiterentwicklung der Me 163

1945

26. 1. 1945	DVL vergleicht kritisch – in höherem Auftrag – zwei Langstreckenentwürfe von Strahlflugzeugen von Junkers (Ju 287 S) und Messerschmitt (Me P 1107)
2. 2. 1945	Leutnant Ziller verunglückt bei einem Versuchsflug tödlich mit der Ho IX
6. 2. 1945	Zusammenziehen von He 162-Einheiten in Leck zu zwei Gruppen
25. 2. 1945	Vorlage verbesserter Entwürfe der Langstrecken-Strahlflugzeuge zuzüglich eines Nurflüglers Ho XVIII der Brüder Horten
27. 2. 1945	Gerd Lindner fliegt den Heimatschützer I Me 262 C-1a mit im Rumpfende eingebauter zusätzlicher Walter-Rakete 509 A2. Weitere Flüge erfolgen am 19. 3. 1945
13. 3. 1945	Abschluß Projektarbeiten verbesserter He 162 mit BMW 003 R
26. 3. 1945	Karl Baur fliegt den Heimatschützer II Me 262 C-2b (D-1) mit BMW 003 R
1. 4. 1945	JG 44 beginnt von München-Riem aus den Kampf gegen alliierte Bomberverbände
18. 4. 1945	Johannes Steinhoff verunglückt in München beim Start mit Me 262 und wird schwer verletzt
26. 4. 1945	Erster Tiefangriff He 162-Verband
26. 4. 1945	Adolf Galland kehrt verletzt vom Einsatz zurück. Heinz Bär wird sein Nachfolger als Kommandeur des JG 44
1. 5.1945	Treffen Kessler-Heinkel. Es stehen für Mai 1945 500 He 162 zur Montage fertig bereit
3. 5. 1945	Sprengung der Maschinen des JG 44 in Salzburg
8. 5. 1945	Übergabe der He 162-Flugzeuge in Leck an die Engländer

1946

22. 10. 1946	Abtransport der in Dessau zusammengezogenen Spezialisten der Junkerswerke in die Sowjetunion

1951

20. 6. 1951	Erstflug einer von den Amerikanern nach dem Krieg bei Bell abgeänderten Me P 1101, die die Bezeichnung Bell X-5 erhält

1955

4. 4. 1955	Dr.-Ing. Hanns Klemm wird als Pionier des Leichtflugzeugbaues Ehrenbürger der Stadt Böblingen

Personenregister

Typenregister*

Flugzeuge und Motoren

* Die halbfett gesetzten Seitenzahlen weisen auf ausführliche Beschreibung und/oder Tabelle des genannten Typs hin.

Sachregister

Der Autor

Wolfgang Wagner, geboren 1912 in Köln, kann auf ein vielseitiges fliegerisches und journalistisches Leben zurückblicken. Als Jagdflieger im Kriege abgeschossen und schwer verletzt, übernimmt er bei den Junkerswerken in Dessau als Pressereferent ein neues Aufgabengebiet.
Nach dem Kriege sitzt Wagner als einer der ersten Piloten wieder am Steuer, fliegt Segelflugzeuge, zahlreiche Sportflugzeuge und Strahlflugzeuge – letztere am Doppelsteuer. Die Flüge finden in Berichten der »Flugwelt« und später im »aerokurier« ihren Niederschlag.
Die 1949 von ihm gegründete »Flugwelt«, deren Herausgeber und Chefredakteur er war, wird eine führende, international anerkannte Luftfahrt-Fachzeitschrift. Nach Jahre währendem, hartem publizistischem Kampf um die Wiederzulassung der verbotenen Sport- und Verkehrsluftfahrt und des deutschen Flugzeugbaues avanciert die »Flugwelt« zum offiziellen Organ des Bundesverbandes der Deutschen Luftfahrtindustrie (BDLI).
Der Verfasser ist Gründungsmitglied des Deutschen Aero Clubs. Er lädt 1951 mit Wolf Hirth die Repräsentanten der ehemaligen deutschen Luftfahrtindustrie nach Kirchheim-Teck ein und gibt den Anstoß zur Gründung des Verbandes zur Förderung der Luftfahrt und seines Nachfolgers BDLI.
Wagner gründet 1953 den täglich erscheinenden »Flugwelt-Eildienst« und die Raumfahrtzeitschrift »Flugkörper«. 1963 übernimmt er die Redaktion der Zeitschrift »aerokurier«, die einen schnellen Aufstieg zum führenden Organ der General Aviation und der Industrie nimmt und vom Deutschen Aero Club als offizielles Organ anerkannt wird.
Sein umfangreiches Avicentra-Luftfahrt-Archiv bildet mit dem der Brüder Römer den Grundstock der Luftfahrt-Sondersammlung im Deutschen Museum.

Wagner ist 55 Jahre ununterbrochen geflogen. Er wurde Mitarbeiter des Lufthansa Jahrbuches und ist Autor mehrerer Bände der Buchreihe »Die Deutsche Luftfahrt«. Mit seiner Firma Avicentra-Archiv GmbH ist er auf den verschiedensten Gebieten der Luftfahrt weiterhin tätig.